高等职业教育（本科）土木建筑类专业系列教材

# 建筑工程计量与计价

## 第4版


主　编　王朝霞　张丽云

副主编　王　芳

参　编　孟文华　王学军　陈　峰



机械工业出版社

本书共6个项目，主要介绍了工程量清单的编制、建筑工程工程量计算、装饰装修工程工程量计算、建筑及装饰装修工程措施项目工程量计算、工程量清单计价方法、建筑工程计价文件编制（实例）。本书立足基本理论的阐述，注重实际能力的培养，体现了案例教学法的思想，具有实用性、系统性、先进性等特色。本书可作为职业本科建筑工程技术及工程造价管理专业的教材，也可作为本科、高职高专院校和自学辅导用书或相关专业人员学习参考用书。

本书配有微课、电子课件、课后习题答案等资源，凡使用本书作为教材的教师可登录机工教育服务网 www.cmpedu.com 下载。

**图书在版编目（CIP）数据**

建筑工程计量与计价 / 王朝霞，张丽云主编. 4版. -- 北京：机械工业出版社，2025. 1. --（高等职业教育（本科）土木建筑类专业系列教材）. -- ISBN 978-7-111-77371-9

Ⅰ. TU723.3

中国国家版本馆 CIP 数据核字第 2025QT0305 号

机械工业出版社（北京市百万庄大街22号　邮政编码100037）

策划编辑：王靖辉　　责任编辑：王靖辉　陈紫青

责任校对：龚思文　王　延　　封面设计：马精明

责任印制：常天培

河北虎彩印刷有限公司印刷

2025年6月第4版第1次印刷

184mm×260mm · 18.25印张 · 448千字

标准书号：ISBN 978-7-111-77371-9

定价：55.00元

电话服务

客服电话：010-88361066

010-88379833

010-68326294

网络服务

机　工　官　网：www.cmpbook.com

机　工　官　博：weibo.com/cmp1952

金　　书　　网：www.golden-book.com

机工教育服务网：www.cmpedu.com

# 前言

根据《职业院校教材管理办法》《国家职业教育改革实施方案》等文件相关精神，为了及时将新技术、新工艺、新规范纳入教学标准和教学内容，将职业技能等级标准有关内容有机融入专业课程教学，以适应“互联网+职业教育”新要求，编者对本书进行进一步修订。本次修订按照现行规范、标准的规定及职业技能等级标准对全书内容进行了修改、补充和完善，同时增加了信息化的部分。

教育、科技、人才是全面建设社会主义现代化国家的基础性、战略性支撑。本书在编写中坚持科技是第一生产力、人才是第一资源、创新是第一动力的思想理念，并据此构建编写框架体系和编写内容。

本书在编写上明确了每个项目的“学习目标”与“素质目标”，在内容的编排上对工程量清单计价方法进行了全面、系统的讲述，主要内容包括：工程量清单的编制；建筑工程工程量计算；装饰装修工程工程量计算；措施项目工程量计算；工程量清单计价方法；工程量清单编制及工程量清单计价综合实例的分析、讨论与讲解等。

本书特色之一：图多、实例多。全书小插图共70多个，实例40多个，且在书中配有一整套完整建筑工程施工图。在能力训练部分，对其对应的清单编制、工程量计算及清单计价进行了详细分析、讨论、讲解，在最后部分呈现了一份完整的建筑工程计价文件实例。通过大、小实例的分析、探讨，进一步提高读者识别、分析和解决某一具体问题的能力。

本书特色之二：信息化资源多。本次修订增加了大量微课视频，视频采用二维或三维动画，对书中难点、重点进行了形象化的补充讲解，微课更精炼、明确，对具体的知识点剖析更详尽，力求通过微课视频起到辅助教学作用。

本书由山西工程科技职业大学王朝霞、张丽云任主编，山西工程技术学院王芳任副主编，具体编写分工如下：王朝霞（项目1），张丽云（项目2），山西工程科技职业大学王学军（项目3），山西工程科技职业大学孟文华（项目4），王芳（项目5），山西工程科技职业大学陈峰（项目6）。

由于作者水平有限，错误和不足之处在所难免，恳请读者批评指正。

编　者

# 二维码视频列表

| 序号 | 二维码 | 页码 | 序号 | 二维码 | 页码 |
| --- | --- | --- | --- | --- | --- |
| 1 | 分部分项工程项目清单项目编码 | 5 | 9 | 现浇混凝土挑檐清单工程量计算 | 62 |
| 2 | 沟槽土方清单工程量计算 | 31 | 10 | 现浇混凝土楼梯清单工程量计算 | 64 |
| 3 | 回填方清单工程量计算 | 36 | 11 | 预制混凝土构件清单列项 | 67 |
| 4 | 基础与墙身的划分及清单列项 | 45 | 12 | 板受力钢筋工程量计算 | 71 |
| 5 | 实心砖墙清单工程量计算 | 48 | 13 | 板负筋及分布筋工程量计算 | 73 |
| 6 | 框架柱混凝土及模板清单工程量计算 | 59 | 14 | 框架梁钢筋工程量计算 | 73 |
| 7 | 构造柱混凝土及模板清单工程量计算 | 60 | 15 | 框架柱钢筋工程量计算 | 79 |
| 8 | 现浇混凝土梁工程量计算 | 61 | 16 | 钢柱清单项目编制 | 91 |

（续）

| 序号 | 二维码 | 页码 | 序号 | 二维码 | 页码 |
|---|---|---|---|---|---|
| 17 | 屋面防水工程量清单编制 | 98 | 21 | 清单项目综合单价的确定 | 208 |
| 18 | 楼地面工程项目清单列项 | 110 | 22 | 框架柱模板项目清单计价 | 211 |
| 19 | 墙、柱面一般抹灰、天棚抹灰项目清单工程量计算 | 123 | 23 | 总价措施项目清单列项和计价 | 214 |
| 20 | 建筑安装工程费用项目组成 | 183 | | | |

# 学习导言

建筑工程造价的计价是以建设项目、单项工程、单位工程、分部分项工程为研究对象，研究其在建设前期、工程实施和工程竣工全过程中计算工程造价的理论、方法以及工程造价运动的经济规律学科。

由于建筑产品本身的固定性、多样性、体积庞大、生产周期长等特征，建筑工程造价的计价，除具有一般商品计价的共同特点外，其生产过程也具有流动性、单一性、资源消耗多、造价的时间价值突出等特点。建筑工程造价的计价特征有：单件性计价、多次性计价、组合性计价等。

工程计价的形式和方法有多种，且各不相同，但工程计价的基本过程和原理是相同的。如果仅从工程费用计算角度分析，工程计价的顺序是：分部分项工程单价→单位工程造价→单项工程造价→建设项目总造价。影响建筑工程价格的基本要素有两个：基本构造要素的实物工程数量和基本构造要素的单位价格，即通常所说的“量”和“价”。工程造价可用下列基本计算式表达：

$$\text{工程造价} = \sum_{i=1}^{n}(\text{实物工程量} \times \text{单位价格})$$

式中　$i$——第 $i$ 个基本项目；

$n$——工程结构分解得到的基本子项目数。

基本子项的单位价格越高，工程造价越高；基本子项的实物工程数量越大，工程造价也越高。

本书框架体系构成及主要内容的编排，就是围绕建筑工程量的计算与建筑工程价格确定展开的。在招标文件中，工程量表现在工程量清单内，投标人投标时依据招标文件中的工程量清单逐项填报单价。本书的编排从理论到方法再到大小实例分析、讨论，并配套有信息化资源，以期逐步引导读者学习、理解、掌握建筑工程计价文件的编制方法。

# 目录

# 项目1

# 工程量清单的编制

**项目概述**

本项目主要学习分部分项工程量清单、措施项目清单、其他项目清单、规费项目清单、税金项目清单的编制方法。

**学习目标**

通过本项目的学习、训练，熟悉并理解《建设工程工程量清单计价规范》《房屋建筑与装饰工程工程量计算规范》的内容，并能运用规范进行工程量清单的编制。

**素质目标**

《建设工程工程量清单计价规范》与《房屋建筑与装饰工程工程量计算规范》是造价工作者编制招投标文件、工程审计、投资控制的依据，要正确理解清单规范的强制性和适用性，遵守职业道德准则，树立敬业、诚信、科学钻研精神。

工程量清单是指载明建设工程分部分项工程项目、措施项目、其他项目的名称和相应数量以及规费、税金项目等内容的明细清单。

编制工程量清单时，其编制依据有以下几个。

### 1.《建设工程工程量清单计价规范》

《建设工程工程量清单计价规范》规定，招标工程量清单应由具有编制能力的招标人或受其委托，具有相应资质的工程造价咨询人编制。招标工程量清单必须作为招标文件的组成部分，其准确性和完整性由招标人负责。招标工程量清单是工程量清单计价的基础，应作为编制招标控制价、投标报价、计算或调整工程量索赔等的依据之一。招标工程量清单应由单位（项）工程为单位编制，应由分部分项工程项目清单、措施项目清单、其他项目清单、规费和税金项目清单组成。

### 2.《房屋建筑与装饰工程工程量计算规范》

编制工程量清单，其项目编码、项目特征的描述、工程量计算及计量单位的确定依据该规范。

### 3. 国家或省级、行业建设主管部门颁发的计价定额和办法

### 4. 建设工程设计文件

建设工程设计文件，可以向工程量清单编制人提供的信息如下。

1）建设工程设计文件是计算分部分项工程量清单项目工程数量的依据，是确定清单项目施工过程、撰写清单项目名称和项目特征的依据。

2）建设工程设计文件也是考虑合理的施工方法、确定措施项目的依据。

除建设工程设计文件外，还有与建设工程项目有关的标准、规范、技术资料等，都是编制工程量清单的依据。



### 5. 招标文件及其补充通知、答疑纪要

招标文件及其补充通知、答疑纪要，可以向工程量清单编制人提供下列信息。

1）建设工程的招标范围划定了计算工程量清单项目工程量的范围。

2）工程建设标准的高低、工程的复杂程度、发包人对工程管理的要求都直接影响其他项目清单的内容。

3）工程概况、工期和工程质量的要求，是确定合理施工方法的依据，是编制措施项目清单的基础。

### 6. 施工现场情况、工程特点及常规施工方案

施工现场情况、工程特点及常规施工方案，是清单编制人编制措施项目清单的依据。

# 任务1 “计量计价规范”应用

《建设工程工程量清单计价规范》（GB 50500—2013）、《房屋建筑与装饰工程工程量计算规范》（GB 50854—2013）（以下将前者简称为“计价规范”，后者简称为“计量规范”），自2013年07月01日起实施。

## 一、“计量计价规范”的特点

### 1. 强制性

主要表现在：一是由建设主管部门按照国家强制性标准的要求批准发布，规定使用国有资金投资的建设工程发承包，必须采用工程量清单计价，且国有资金投资的建设工程招标，招标人必须编制招标控制价；二是明确工程量清单必须作为招标文件的组成部分，其准确性和完整性由招标人负责，规定招标人在编制分部分项工程量清单时应包括的五个要件，并明确安全文明施工费、规费和税金应按国家或省级、行业建设主管部门的规定计价，不得作为竞争性费用，为建立全国统一的建设市场和规范计价行为提供了依据。

### 2. 竞争性

主要表现在：一是规范中规定，招标人提供工程量清单，投标人依据招标人提供的工程量清单自主报价；二是规范中没有人工、材料和施工机械消耗量，投标企业可以依据企业定额和市场价格信息，也可以参照建设主管部门发布的社会平均消耗量定额，按照规范规定的原则和方法进行投标报价。将报价权交给企业，必然促使企业提高管理水平，引导企业学会编制企业自己的消耗量定额，适应市场竞争投标报价的需要。

**3. 通用性**

主要表现在：一是规范中对工程量清单计价表格规定了统一的表达格式，这样不同省市、不同地区和行业在工程施工招投标过程中，互相竞争就有了统一标准，利于公平、公正竞争；二是规范编制考虑了与国际惯例的接轨，工程量清单计价是国际上通行的计价方法。规范的规定，符合工程量计算方法标准化、工程量计算规则统一化、工程造价确定市场化的要求。

**4. 实用性**

主要表现在："计量规范"中工程量清单项目及计算规则的项目名称表现的是工程实体项目，项目名称明确清晰，工程量计算规则简洁明了，特别还列有项目特征和工程内容，编制工程量清单时易于确定具体项目名称，也便于投标人投标报价。



## 二、"计量计价规范"的组成

（一）"计价规范"的组成

"计价规范"由正文和附录两部分组成，其中正文包括：总则、术语、工程量清单编制、工程量清单计价、工程量清单计价表格。

**1. 总则**

总则中规定了"计价规范"的目的、依据、适用范围，工程量清单计价活动应遵循的基本原则及附录的作用。

（1）目的　规范工程造价计价行为，统一建设工程工程量清单的编制和计价方法。

（2）依据　根据《中华人民共和国建筑法》《中华人民共和国合同法》《中华人民共和国招标投标法》等法律法规，制定本规范。

（3）适用范围　本规范适用于建设工程发承包及实施阶段的计价活动。

建设工程是指建筑工程、装饰装修工程、安装工程、市政工程、园林绿化工程和矿山工程。

工程量清单计价活动指的是从招投标开始至工程竣工结算全过程的计价活动，包括工程量清单的编制，工程量清单招标控制价编制，工程量清单投标报价编制，工程合同价款的约定，合同价款的调整、期中支付、争议的解决，竣工结算的办理等活动。

"计价规范"规定，使用国有资金投资的建设工程发承包，必须采用工程量清单计价。

国有资金投资的工程建设项目包括使用国有资金投资项目和国家融资项目投资的工程建设项目。

1）使用国有资金投资项目的范围。

① 使用各级财政预算资金的项目。

② 使用纳入财政管理的各种政府性专项建设资金的项目。

③ 使用国有企事业单位自有资金，并且国有资产投资者实际又有控制权的项目。

2）国家融资项目的范围。

① 使用国家发行债券所筹资金的项目。

② 使用国家对外借款或者担保所筹资金的项目。

③ 使用国家政策性贷款的项目。

④ 国家授权投资主体融资的项目。

⑤ 国家特许的融资项目。

（4）工程量清单计价活动应遵循的原则 工程量清单计价是市场经济的产物，并随着市场经济的发展而发展，必须遵循市场经济活动的基本原则，即“客观、公正、公平”。工程量清单计价活动，除应遵守“计价规范”规定外，尚应符合国家现行有关标准的要求。

### 2. 术语

术语对“计价规范”中的特有名词给予定义。



### 3. 工程量清单编制

“计价规范”中的该部分规定了工程量清单编制人、工程量清单的组成、工程量清单的编制依据、原则等。

### 4. 工程量清单计价

“计价规范”中规定了工程量清单计价活动的工作范围，包括招标控制价编制、投标报价、工程合同价款约定、工程计量的原则、合同价款的调整、竣工结算与支付等内容。

### 5. 工程量清单计价表格

规定了工程量清单计价统一格式和填写方法。

（二）“计量规范”的组成

“计量规范”由总则、术语、工程计量、工程量清单编制与附录组成。

### 1. 总则

说明了制定本规范的目的、本规范的使用范围。“计量规范”中规定，房屋建筑与装饰工程计价，必须按本规范规定的工程量计算规则进行工程计量。

### 2. 术语

对“工程量计算、房屋建筑、工业建筑、民用建筑”作了明确定义。

### 3. 工程计量

对在工程量计算过程中规范的应用进行说明。

### 4. 工程量清单编制

对分部分项工程项目、措施项目清单的编制作了较具体的规定。

### 5. 附录

按工种及装饰部位等从附录 A ~ 附录 S 共划分了 17 个附录，包括土石方工程，地基处理与边坡支护工程，桩基工程，砌筑工程，混凝土及钢筋混凝土工程，金属结构工程，木结构工程，门窗工程，屋面及防水工程，保温、隔热、防腐工程，楼地面装饰工程，墙、柱面装饰与隔断、幕墙工程，天棚工程，油漆、涂料、裱糊工程，其他装饰工程，拆除工程，措施项目。

附录中的详细内容以表格形式表现，其格式见表 1-1。

表 1-1 A. 1 土方工程（编号：010101）

| 项目编码 | 项目名称 | 项目特征 | 计量单位 | 工程量计算规则 | 工程内容 |
|---|---|---|---|---|---|
| 010101004 | 挖基坑土方 | 1. 土壤类别<br>2. 挖土深度<br>3. 弃土运距 | $m^3$ | 按设计图示尺寸以基础垫层底面积乘挖土深度计算 | 1. 排地表水<br>2. 土方开挖<br>3. 围护（挡土板）及拆除<br>4. 基底钎探<br>5. 运输 |

1）项目编码。项目编码是分部分项工程和措施项目清单项目名称的阿拉伯数字标识，是构成分部分项工程量清单的五个要件之一。项目编码共设 12 位数字。“计价规范”统一到前 9 位，10～12 位应根据拟建工程的工程量清单项目名称设置，同一招标工程的项目编码不得有重码。例如，同一个标段（或合同段）的一份工程量清单中含有三个单位工程，每一单位工程中都有项目特征相同的“实心砖墙砌体”，在工程量清单中又需反映三个不同单位工程的实心砖墙砌体工程量，此时工程量清单应以单位工程为编制对象，则第一个单位工程实心砖墙项目编码应为 010302001001，第二个单位工程实心砖墙项目编码应为 010302001002，第三个单位工程实心砖墙项目编码应为 010302001003，并分别列出其工程量。

分部分项工程项目清单项目编码



2）项目名称。项目的设置或划分以形成工程实体为原则，所以项目名称均以工程实体命名。工程实体是指构成建筑产品的主要实体部分（附属或次要部分均不设置项目），如实心砖墙、砌块墙、木楼梯、钢屋架等项目。项目名称是构成分部分项工程量清单的第二个要件，编制清单时要依据附录规定的项目名称结合拟建工程的实际进行设置。

3）项目特征。项目特征是指构成分部分项工程量清单项目、措施项目自身价值的本质特征，用来表述项目名称，它直接影响工程实体自身价值（或价格），如材质、规格等。在设置清单项目时，要按具体的名称设置，并表述其特征，如砌筑砖墙项目需要表述的特征有：墙体的类型，墙体的厚度、高度，砂浆强度等级、种类等，不同墙体的类型（外墙、内墙、围墙）、厚度、砂浆强度等级，在完成相同工程数量的情况下，因项目特征的不同，其价格不同，因而对项目特征的具体表述是不可缺少的。项目特征是构成分部分项工程量清单的第三个要件。

4）计量单位。附录中的计量单位均采用基本单位计量，如 $m^3$、$m^2$、m、t 等，编制清单或报价时一定要按附录规定的计量单位计算。计量单位是构成分部分项工程量清单的第四个要件。

5）工程量计算规则。工程量计算方法统一规定，附录中每一个清单项目都有一个相应的工程量计算规则。

6）工程内容。工程内容是规范规定完成清单项目实体所需的施工工序。完成项目实体的工程内容多或少会影响到该项目价格的高低。如“挖基坑土方”的工作内容包括“排地表水、土方开挖、围护及拆除、基底钎探、运输”，也就是说有个别清单项目综合了定额计价模式下若干分项工程，招标人编制清单确定招标控制价或投标人报价都需要特别注意，否则会引起控制价确定或报价失误。由于受各种因素的影响，同一个分项工程可能设计不同，因此所含工程内容可能会发生差异，附录中“工程内容”栏所列的工程内容没有区别不同设计而逐一列出，就某一个具体工程项目而言，确定综合单价时，附录中的工作内容仅供参考。

## 任务 2　分部分项工程量清单的编制

说明：本任务中除能力训练部分以外，所提附录皆指“计量规范”中的附录。

分部分项工程量清单是指构成建设工程实体的全部分项实体项目名称和相应数量的明细

清单，其格式见表 1-2。

表 1-2 分部分项工程量清单与计价表

工程名称： ××××　　　　　　　　　　　　　　　　　　　　第　页共　页

| 序号 | 项目编码 | 项目名称 | 项目特征描述 | 计量单位 | 工程量 | 金额/元 | | |
|---|---|---|---|---|---|---|---|---|
| | | | | | | 综合单价 | 合价 | 其中：暂估价 |
| E. 混凝土及钢筋混凝土工程 | | | | | | | | |
| 1 | 010501002001 | 带形基础 | C25 商品混凝土 | $m^3$ | 3.27 | | | |



“计量规范”规定（其中条款前加“★”符号的是规范中的强制性条文）：

★1）工程量清单应根据附录规定的项目编码、项目名称、项目特征、计量单位和工程量计算规则进行编制。

★2）工程量清单的项目编码，应采用十二位阿拉伯数字表示，一至九位应按附录的规定设置，十至十二位应根据拟建工程的工程量清单项目名称和项目特征设置，同一招标工程的项目编码不得有重码。

★3）工程量清单的项目名称应按附录的项目名称结合拟建工程的实际确定。

★4）工程量清单项目特征应按附录中规定的项目特征，结合拟建工程项目的实际予以描述。

★5）工程量清单中所列工程量应按附录中规定的工程量计算规则计算。

★6）工程量清单的计量单位应按附录中规定的计量单位确定。

7）编制工程量清单出现附录中未包括的项目，编制人应作补充，并报省级或行业工程造价管理机构备案，省级或行业工程造价管理机构应汇总报住房和城乡建设部标准定额研究所。

补充项目的编码由“计量规范”的代码 01 与 B 和三位阿拉伯数字组成，并应从 01B001 起顺序编制，同一招标工程的项目不得重码。工程量清单中需附有补充项目的名称、项目特征、计量单位、工程量计算规则、工程内容。不能计量的措施项目，须附有补充项目的名称、工作内容及包含范围。

## 一、项目编码

项目编码按“计量规范”规定，采用 5 级编码，12 位阿拉伯数字表示，第 1~9 位为统一编码，即必须依据规范设置。其中第 1、2 位（1 级）为专业工程代码，第 3、4 位（2 级）为附录分类顺序码，第 5、6 位（3 级）为分部工程顺序码，第 7~9 位（4 级）为分项工程顺序码，第 10~12 位（5 级）为清单项目名称顺序码，第 5 级编码由清单编制人根据设置的清单项目自行编制。

### 1. 专业工程代码（第 1、2 位，见表 1-3）

表 1-3 专业工程代码

| 第 1、2 位编码 | 专业工程 |
|---|---|
| 01 | 房屋建筑与装饰工程 |
| 02 | 仿古建筑工程 |
| 03 | 通用安装工程 |

（续）

| 第1、2位编码 | 专业工程 |
|---|---|
| 04 | 市政工程 |
| 05 | 园林绿化工程 |
| 06 | 矿山工程 |
| 07 | 构筑物工程 |
| 08 | 城市轨道交通工程 |
| 09 | 爆破工程 |

## 2. 附录分类顺序码（第3、4位，见表1-4）

以房屋建筑与装饰工程为例。

**表1-4 附录分类顺序码**

| 第3、4位编码 | 附录 | 对应的项目 | 前4位编码 |
|---|---|---|---|
| 01 | A | 土石方工程 | 0101 |
| 02 | B | 地基处理与边坡支护工程 | 0102 |
| 03 | C | 桩基工程 | 0103 |
| 04 | D | 砌筑工程 | 0104 |
| 05 | E | 混凝土及钢筋混凝土工程 | 0105 |
| 06 | F | 金属结构工程 | 0106 |
| 07 | G | 木结构工程 | 0107 |
| 08 | H | 门窗工程 | 0108 |
| ⋮ | ⋮ | ⋮ | ⋮ |

## 3. 分部工程顺序码（第5、6位）

表1-5为建筑工程中的现浇混凝土工程，按不同的结构构件编码。

**表1-5 分部工程顺序码**

| 第5、6位编码 | 对应的附录 | 适用的分部工程（不同结构构件） | 前6位编码 |
|---|---|---|---|
| 01 | E. 1 | 现浇混凝土基础 | 010501 |
| 02 | E. 2 | 现浇混凝土柱 | 010502 |
| 03 | E. 3 | 现浇混凝土梁 | 010503 |
| 04 | E. 4 | 现浇混凝土墙 | 010504 |
| 05 | E. 5 | 现浇混凝土板 | 010505 |
| ⋮ | ⋮ | ⋮ | ⋮ |

## 4. 分项工程顺序码（第7~9位）

表1-6为现浇混凝土梁的分项工程顺序码。

表 1-6 分项工程顺序码

| 第 7 ~9 位编码 | 对应的附录 | 适用的分项工程 | 前 9 位编码 |
|---|---|---|---|
| 001 | E. 3 | 现浇混凝土基础梁 | 010503001 |
| 002 | E. 3 | 现浇混凝土矩形梁 | 010503002 |
| 003 | E. 3 | 现浇混凝土异形梁 | 010503003 |
| 004 | E. 3 | 现浇混凝土圈梁 | 010503004 |
| 005 | E. 3 | 现浇混凝土过梁 | 010503005 |
| 006 | E. 3 | 现浇混凝土弧形、拱形梁 | 010503006 |

### 5. 清单项目名称顺序码（第 10 ~12 位）

以现浇混凝土矩形梁为例进行说明。

现浇混凝土矩形梁考虑混凝土强度等级，还有抗渗、抗冻等要求，其编码由清单编制人在全国统一 9 位编码的基础上，在第 10 ~12 位上自行设置，编制出项目名称顺序码 001、002、003、…，假如还有抗渗、抗冻等要求，就可以继续编制 004、005、006 等，如：现浇混凝土矩形梁 C20，编码 010503002001；现浇混凝土矩形梁 C30，编码 010503002002；现浇混凝土矩形梁 C35，编码 010503002003。

清单编制人在自行设置编码时应注意：

1）一个项目编码对应于一个项目名称、计量单位、计算规则、工程内容、综合单价，因而清单编制人在自行设置编码时，以上五项中只要有一项不同，就应另设编码。如同一个单位工程中分别有 M10 水泥砂浆砌筑 370mm 建筑物外墙和 M7. 5 水泥砂浆砌筑 370mm 建筑物外墙，这两个项目虽然都是实心砖墙，但砌筑砂浆强度等级不同，因而这两个项目的综合单价就不同，故第 5 级编码就应分别设置，其编码分别为 010402001001（M10 水泥砂浆砖外墙）和 010402001002（M7. 5 水泥砂浆砖外墙）。

2）项目编码不应再设付码。因第 5 级编码的编码范围从 001 ~999 共有 999 个，对于一个项目即使特征有多种类型，也不会超过 999 个，在实际工程应用中足够使用。如用 010402001001 -1（付码）和 010402001001 -2（付码）编码，分别表示 M10 水泥砂浆外墙和 M7. 5 水泥砂浆外墙就是错误的表示方法。

3）同一个分项工程中第 5 级编码不应重复。即同一性质项目，只要形成的综合单价不同，第 5 级编码就应分别设置，如墙面抹灰中的混凝土墙面和砖墙面抹灰，其第 5 级编码就应分别设置。

4）清单编制人在自行设置编码时，并项要慎重考虑。如某多层建筑物挑檐底部抹灰与室内天棚抹灰的砂浆种类、抹灰厚度都相同，但这两个项目的施工难易程度有所不同，因而要慎重考虑并项。

## 二、项目名称

分部分项工程量清单的项目名称应按附录的项目名称结合拟建工程的实际确定。

“计量规范”中，项目名称一般是以工程实体命名的。如水泥砂浆楼地面、筏片基础、矩形柱、圈梁等。应该注意：附录中的项目名称所表示的工程实体，有些是可用适当的计量单位计算的简单完整的分项工程，如砌筑砖墙，也有些项目名称所表示的工程实体是分项工程的组合，如楼地面项目就是由找平层、面层等分项工程组成。

在进行工程量清单项目设置时，切记不可只考虑附录中的项目名称，忽视附录中的项目特征及完成的工程内容，而造成工程量清单项目的丢项、错项或重复列项。比如预制钢筋混凝土柱清单项目就包括构件的制作、运输、安装、接头灌缝等工作内容，编制工程量清单时，注意这四项不能单独列项，只能列预制钢筋混凝土柱，把相应的个体特征在“项目特征”栏内描述出来，以供投标人核算工程量及准确报价之用。



## 三、项目特征

项目特征是指分部分项工程量清单项目自身价值的本质特征。清单项目特征应按附录中规定的项目特征，结合拟建工程项目的实际予以描述。如某块料楼地面的项目特征如下：

10mm 厚瓷质耐磨地砖（300mm×300mm）楼面，干水泥擦缝；
撒素水泥面（洒适量水）；
20mm 厚 1:4 干硬性水泥砂浆结合层。

实行工程量清单计价，在招投标工作中，招标人提供工程量清单，投标人依据工程量清单自主报价，而分部分项工程量清单的项目特征是确定一个清单项目综合单价的重要依据，因而需要对工程量清单项目特征进行仔细、准确描述，以确保投标人准确报价。

在编制分部分项工程量清单进行项目特征描述时：

### 1. 必须描述的内容

1）涉及正确计量的内容必须描述：如门窗洞口尺寸或框外围尺寸，“计量规范”规定计量单位按“樘/$m^2$”计量，如采用“樘”计量，1 樘门或窗有多大，直接关系到门窗的价格，因而对门窗洞口或框外围尺寸进行描述就十分必要。

2）涉及结构要求的内容必须描述：如混凝土构件的混凝土强度等级，是使用 C20 还是 C30 或 C40 等，因混凝土强度等级不同，其价格也不同，必须描述。

3）涉及材质及品牌要求的内容必须描述：如油漆的品种，是调和漆还是硝基清漆等；砌体砖的品种，是页岩砖还是煤灰砖等；墙体涂料的品牌及档次等，材质及品牌直接影响清单项目价格，必须描述。

4）涉及安装方式的内容必须描述：如管道工程中钢管的连接方式是螺纹连接还是焊接；塑料管是粘接连接还是热熔连接等，必须描述。

5）组合工程内容的特征必须描述：如“计量规范”中屋面排水管清单项目，组合的工程内容有排水管及配件安装固定，雨水斗、山墙出水口、雨水箅子安装，接缝、嵌缝，刷漆。任何一道工序的特征描述不清或不描述，都会造成投标人组价时漏项或错误，因而必须进行仔细描述。

### 2. 可不详细描述的内容

1）无法准确描述的可不详细描述：如土壤类别，由于我国幅员辽阔，南北东西差异较大，特别是对于南方来说，在同一地点，由于表层土与表层土以下的土壤，其类别是不相同的，要求清单编制人准确判定某类土壤的所占比例是困难的，在这种情况下，可考虑将土壤类别描述为综合，注明由投标人根据地勘资料确定土壤类别，决定报价。

2）施工图纸、标准图集标注明确，可不再详细描述：对这些项目可描述为见××图集××页号及节点大样等。施工图纸、标准图集是发承包双方都应遵守的技术文件，这样描述，可以有效减少在施工过程中对项目理解的不一致。同时，对不少工程项目，真要将项目特征一一描述清楚，也是一件费力的事情，如果能采用这一方法描述，就可以事半功倍。

## 四、计量单位

“计量规范”规定，分部分项工程量清单的计量单位应按附录中规定的计量单位确定，如挖土方的计量单位为 $m^3$，楼地面工程的计量单位为 $m^2$，钢筋工程的计量单位为 t 等。

## 五、工程量

工程量的计算，应按“计量规范”规定的统一计算规则进行计量。工程数量的有效位数应遵守下列规定：

1）以“t”为单位，应保留小数点后三位数字，第四位四舍五入。

2）以“$m^3$”“$m^2$”“m”为单位，应保留小数点后两位数字，第三位四舍五入。

3）以“个”“项”等为单位，应取整数。

## 六、分部分项工程量清单的编制程序

在进行分部分项工程量清单编制时，其编制程序为：

【例 1-1】 某 C25 钢筋混凝土带形基础，其长 10m，剖面图如图 1-1 所示。编制其工程量清单。

【解】

1）项目名称：带形基础。

2）项目特征：混凝土强度等级 C25，商品混凝土。

3）项目编码：010501001001。

4）计量单位：$m^3$。

5）工程数量：$[1.2m \times 0.21m + (1.2 + 0.46)m \times 0.09m \times 0.5] \times 10m = 3.27m^3$。

6）表格填写（表 1-2）。

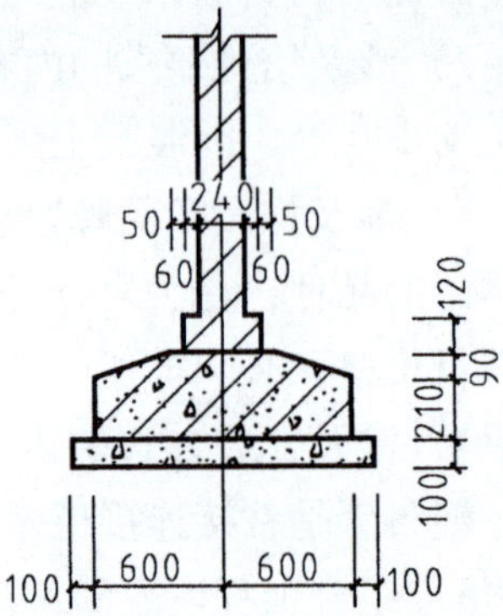


图 1-1 带形基础剖面图

### 能力训练 1-1 编制分部分项工程量清单

【训练目的】 明确“计量计价规范”的有关规定，熟悉“计量计价规范”附录中清单项目的设置及对应清单项目的有关特征描述和所要完成的工作内容，掌握分部分项工程量清单项目项目编码的方法及项目名称的设置等。

**【能力目标】** 具有编制一般土建工程分部分项工程量清单的能力。

**【原始资料】** ××办公楼设计文件（见项目6任务1）

**【训练步骤】**

1. 准备工作

(1) 了解招标文件的有关要求 包括招标范围、现场施工条件、材料购置情况、对施工质量的要求等。

(2) 读图 以项目6任务1中提供的施工图设计文件为例进行分析。

1）通过阅读建筑施工图（图6-1～图6-8）需要明确以下内容：

① 轴线尺寸、墙体外边线尺寸、外墙体外侧与外墙轴心线间的关系，室外设计标高、层高、檐口高度等。

② 内外墙体厚度及材质。

③ 门窗洞口的尺寸及形式要求。

④ 楼地面、内外墙面装饰、顶棚等工程做法。

⑤ 上人孔、女儿墙压顶泛水、排水口、台阶、地沟等节点做法。

2）通过阅读结构施工图（图6-9～图6-17）需要明确以下内容：

① 结构形式、基础形式、地基处理方式。

② 砌筑砂浆种类、强度等级，各种钢筋混凝土结构构件（基础、梁、板、柱）强度等级。

③ 各种钢筋混凝土结构构件的尺寸、标高及构件间的关系（如基础与基础梁间的关系、门窗上是否单独设置过梁、框架梁的底标高是否为过梁的底标高等）。

④ 钢筋保护层的厚度。

⑤ 基础、框架梁、框架柱、板的配筋情况，特别注意钢筋的锚固、搭接以及图纸中未标明但在施工中存在的钢筋，如：基础底板在施工时，需要支撑上下底板钢筋所用的架立筋（俗称马凳）；板中负弯矩筋下的分布筋等。

⑥ 梁平面整体表示方法制图规则和构造。

(3) 地质勘察报告 了解不同深度的土质情况、地下水位的高低等。

2. 分部分项工程量清单的编制

在进行分部分项工程工程量清单编制时，可按照“计量规范”中附录顺序编制。另外，关于分部分项工程量清单中的工程量计算问题，在项目2中叙述，该部分主要谈及的内容是项目编码的确定和项目名称的设置等。

(1) 土石方工程工程量清单 按照“计量规范”附录A清单项目设置规定，同时考虑招标文件的要求或招标人的意图（平整场地按未平整考虑，挖出的土方运至距施工现场3km处堆放）。根据项目6任务1中提供的施工图设计文件，土方工程工程量清单与计价表见表1-7。

**表 1-7 土方工程工程量清单与计价表**

工程名称：××办公楼建筑及装饰装修工程 第 页共 页

| 序号 | 项目编码 | 项目名称 | 项目特征描述 | 计量单位 | 工程量 | 金额/元 | | |
|---|---|---|---|---|---|---|---|---|
| | | | | | | 综合单价 | 合价 | 其中：暂估价 |
| 土（石）方工程 | | | | | | | | |
| 1 | 010101001001 | 平整场地 | Ⅱ类土 | $m^2$ | 略 | | | |
| 2 | 010101003001 | 挖一般土方 | Ⅱ类土，大面积土方开挖，3∶7 灰土换土垫层，底面积为 $600.85m^2$，挖土深度 2.3m，弃土运距 3km | $m^3$ | 略 | | | |
| 3 | 010103001001 | 基底 3∶7 灰土填料碾压 | （换土垫层）分层碾压，土方运距 3km | $m^3$ | 略 | | | |
| 4 | 010103001001 | 基础土方回填 | 回填土分层夯填，土方运距 3km | $m^3$ | 略 | | | |
| 5 | 010103001002 | 室内土方回填 | 回填土分层夯填，土方运距 3km | $m^3$ | 略 | | | |

针对表 1-7 中所列工程量清单项目进行分析：

1）项目名称的设置。

① 招标文件中提出平整场地未进行，按照“计量规范”要求，平整场地项目单独编码列项。

② 挖基坑土方项目，“计量规范”中包括了土方开挖、基底钎探、土方运输等工作内容，因而在项目特征栏内，对其土壤类别、基础类型（考虑基础的开挖方法）、垫层底面积、弃土运距要进行仔细描述，以便于投标人准确报价。

③ 基础土方回填指室外设计地坪以下的土方回填，室内土方回填指室内外地坪之间主墙内的土方回填，因受作业面的限制后者较前者施工难度要大，故基础土方回填与室内土方回填分别编码列项。

2）项目编码的确定。表中的 5 个项目属于附录 A 中的 A. 1、A. 3 土方工程和回填清单项目，前四位编码为 0101，第 5、6 位编码分别为 01、03，第 7、8、9 位编码分别为 001 或 003，清单编制人自行设置的编码从 001 开始。表中的后 3 个项目是 A. 1. 3 土（石）方回填中的项目，因这 3 个项目施工工艺、操作难度上有所不同，故分别列项，项目编码从第 5 级上分开，前 9 位编码均为 010103001，后 3 位分别为 001、002、003。

砌筑工程、混凝土及钢筋混凝土工程、木结构工程、屋面及防水工程、保温工程略。

（2）楼地面装饰工程工程量清单 在“计量规范”附录 L 中关于整体面层和块料面层各清单项目的工程内容一栏内，包括了从基层清理、抹找平层到面层铺设等工序；项目特征一栏内，对相应项目的构造层的个体特征都要求进行仔细描述。规范中说明：“楼地面混凝土垫层按附录 E. 1 垫层项目编码列项，除混凝土外的其他材料垫层按 D. 4 垫层项目编码列项。”

根据项目6任务1中提供的施工图设计文件，楼地面装饰工程（包括面层下找平层、垫层、防水层）工程量清单与计价表见表1-8。

表1-8 分部分项工程量清单与计价表

工程名称：××办公楼建筑及装饰装修工程　　　　第　页共　页

| 序号 | 项目编码 | 项目名称 | 项目特征描述 | 计量单位 | 工程量 | 金额/元 | | |
|---|---|---|---|---|---|---|---|---|
| | | | | | | 综合单价 | 合价 | 其中：暂估价 |
| | | | 楼地面装饰工程 | | | | | |
| 1 | 011102001001 | 花岗岩地面（一层地面） | 20mm厚芝麻白磨光花岗岩（600mm×600mm）铺面<br>撒素水泥面（洒适量水）<br>30mm厚1:4干硬性水泥砂浆结合层<br>刷素水泥浆一道 | $m^2$ | 略 | | | |
| 2 | 010501001001 | 混凝土垫层（一层地面） | 60mm厚C15混凝土 | $m^3$ | 略 | | | |
| 3 | 010404001001 | 灰土垫层（一层地面） | 150mm厚3:7灰土垫层 | $m^3$ | 略 | | | |
| 4 | 011102003001 | 地砖地面（一层卫生间） | 10mm厚瓷质耐磨地砖（300mm×300mm）楼面，干水泥擦缝<br>撒素水泥面（洒适量水）<br>20mm厚1:4干硬性水泥砂浆结合层<br>60mm厚C20细石混凝土找坡层，最薄处不小于30mm厚 | $m^2$ | 略 | | | |
| 5 | 011102001002 | 花岗岩台阶平台（正立面） | 20mm厚芝麻白磨光花岗（600mm×600mm）铺面<br>撒素水泥面（洒适量水）<br>30mm厚1:4干硬性水泥砂浆结合层刷素水泥浆一道 | $m^2$ | 略 | | | |
| 6 | 010501001002 | 混凝土垫层（平台处） | 60mm厚C15混凝土 | $m^3$ | 略 | | | |
| 7 | 010404001002 | 灰土垫层（平台处） | 150mm厚3:7灰土垫层<br>素土夯实 | $m^3$ | 略 | | | |
| 8 | 010904003001 | 地面涂膜防水（一层卫生间） | 聚氨酯涂膜防水层1.5～1.8mm，防水层周边卷起150mm | $m^2$ | 略 | | | |
| 9 | 011101006001 | 平面找平层（一层卫生间） | 40mm厚C20细石混凝土随打随抹平 | $m^2$ | 略 | | | |
| 10 | 010404001002 | 灰土垫层（一层卫生间） | 150mm厚3:7灰土垫层 | $m^3$ | 略 | | | |

（续）

| 序号 | 项目编码 | 项目名称 | 项目特征描述 | 计量单位 | 工程量 | 金额/元 | | |
|---|---|---|---|---|---|---|---|---|
| | | | | | | 综合单价 | 合价 | 其中：暂估价 |
| | | | 楼地面装饰工程 | | | | | |
| 11 | 011102003002 | 地砖楼面（+2.27m卫生间） | 10mm厚瓷质耐磨地砖（300mm×300mm）楼面，干水泥擦缝<br>撒素水泥面（洒适量水）<br>20mm厚1:4干硬性水泥砂浆结合层<br>60mm厚C20细石混凝土找坡层，最薄处不小于30mm厚 | $m^2$ | 略 | | | |
| 12 | 010904003002 | 楼面涂膜防水（+2.27m卫生间） | 聚氨酯涂膜防水层1.5～1.8mm，防水层周边卷起150mm | $m^2$ | 略 | | | |
| 13 | 011101006002 | 平面砂浆找平层（+2.27m卫生间） | 20mm厚1:3水泥砂浆找平层，四周抹八字角 | $m^2$ | 略 | | | |
| 14 | 011102003002 | 全玻磁化砖楼面（二层地面） | 8mm厚米黄全玻磁化砖（600mm×600mm）铺面，干水泥擦缝<br>撒素水泥面（洒适量水）<br>32mm厚1:4干硬性水泥砂浆结合层<br>刷素水浆结合层一道 | $m^2$ | 略 | | | |
| 15 | 011101001001 | 水泥砂浆台阶面层（背立面台阶） | 20mm厚1:2.5水泥砂浆抹面压实赶光<br>素水泥浆结合层一道 | $m^2$ | 略 | | | |
| 16 | 010507004001 | 混凝土台阶（背立面台阶） | 60mm厚C15混凝土（厚度不包括踏步三角部分）台阶面向外坡1% | $m^2$ | 略 | | | |
| 17 | 010404001003 | 灰土垫层（背立面台阶处） | 150mm厚3:7灰土垫层，素土夯实 | $m^3$ | 略 | | | |
| 18 | 011101001002 | 水泥砂浆面层（背立面台阶平台） | 20mm厚1:2.5水泥砂浆抹面压实赶光<br>素水泥浆结合层一道 | $m^2$ | 略 | | | |
| 19 | 010501001003 | 混凝土垫层（背立面台阶平台处） | 60mm厚C15混凝土 | $m^3$ | 略 | | | |
| 20 | 010404001004 | 灰土垫层（背立面台阶平台处） | 150mm厚3:7灰土垫层，素土夯实 | $m^3$ | 略 | | | |
| 21 | 011107001001 | 花岗岩台阶（正立面台阶） | 30mm厚芝麻白机刨花岗岩（350mm×1200mm）铺面，稀水泥擦缝<br>撒素水泥面（洒适量水）<br>30mm厚1:4干硬性水泥砂浆结合层，向外坡1%<br>刷素水泥浆结合层一道 | $m^2$ | 略 | | | |
| 22 | 010507004002 | 混凝土台阶（正立面） | 60mm厚C15混凝土 | $m^3$ | 略 | | | |

（续）

| 序号 | 项目编码 | 项目名称 | 项目特征描述 | 计量单位 | 工程量 | 金额/元 | | |
|---|---|---|---|---|---|---|---|---|
| | | | | | | 综合单价 | 合价 | 其中：暂估价 |
| | | | 楼地面装饰工程 | | | | | |
| 23 | 010404001005 | 灰土垫层（正立面台阶处） | 150mm 厚 3:7 灰土垫层 | $m^3$ | 略 | | | |
| 24 | 011105002001 | 花岗岩踢脚板（平直部分） | 稀水泥擦缝<br>安装 12mm 厚高 120mm 花岗岩板<br>20mm 厚 1:2 水泥砂浆灌贴<br>刷界面处理剂一道 | $m^2$ | 略 | | | |
| 25 | 011105002002 | 花岗岩踢脚板（锯齿形部分） | 稀水泥擦缝<br>安装 12mm 厚高 120mm 花岗岩板<br>20mm 厚 1:2 水泥砂浆灌贴<br>刷界面处理剂一道 | $m^2$ | 略 | | | |
| 26 | 011106001001 | 花岗岩楼梯面层 | 18mm 厚芝麻白磨光花岗岩（350mm × 1200mm）铺面<br>Z5 强力黏结剂<br>20mm 厚 1:3 水泥砂浆找平 | $m^2$ | 略 | | | |

墙、柱面工程，天棚工程，门窗工程，油漆、涂料、裱糊工程，其他装饰工程略。

**【注意事项】** 在编制分部分项工程量清单时，列项问题即项目名称的确定要依据规范附录中相应清单项目的“工作内容”来确定，项目特征的描述，直接影响投标人的报价准确程度。如：带骨架幕墙清单项目中，“计量规范”的工作内容要求：骨架制作、运输、安装；面层安装；隔离带、框边封闭；嵌缝、塞口等包括在内，注意对骨架材料种类、规格、中距，面层材料品种、规格、颜色、固定方式，隔离带、框边封闭材料品种、规格等进行仔细描述。

**【讨论】**

1）分部分项工程量清单项目的设置依据是什么？与招标文件的要求（或招标人的意图）有无关系？

2）墙、柱面工程，天棚工程，门窗工程在项目特征栏内对项目哪些个体特征要进行仔细描述？

3）油漆工程是包括在相应的项目内（如门窗、金属等），还是要单独列项？

## 任务3 措施项目清单的编制

措施项目清单是指为完成工程项目施工，发生于该工程施工准备和施工过程中的技术、生活、安全、环境保护等方面的项目，如脚手架工程、模板工程、安全文明施工、冬雨季施工等。



### 一、措施项目清单的列项条件

措施项目清单的列项条件见表1-9。

表1-9 措施项目清单的列项条件

| 序号 | 项目名称 | 措施项目发生的条件 |
|---|---|---|
| 1 | 安全文明施工（包括：环境保护、文明施工、安全施工、临时设施） | 正常情况下都要发生 |
| 2 | 脚手架工程 | |
| 3 | 混凝土模板及支架 | |
| 4 | 垂直运输 | |
| 5 | 二次搬运 | |
| 6 | 地上、地下设施、建筑物的临时保护设施 | |
| 7 | 已完工程及设备保护 | |
| 8 | 大型机械设备进出场及安拆 | 施工方案中有大型机具的使用方案，拟建工程必须使用大型机具 |
| 9 | 超高施工增加 | 单层建筑物檐口高度超过20m，多层建筑物超过6层时 |
| 10 | 施工排水、降水 | 依据水文地质资料，拟建工程的地下施工深度低于地下水位 |
| 11 | 夜间施工 | 拟建工程有必须连续施工的要求，或工期紧张有夜间施工的倾向 |
| 12 | 非夜间施工照明 | 在地下室等特殊施工部位施工时 |
| 13 | 二次搬运 | 施工场地条件限制所发生的材料、成品等二次或多次搬运 |
| 14 | 冬雨季施工 | 冬雨季施工时 |

“计量计价规范”规定：

1）措施项目清单应根据拟建工程的实际情况列项。

2）能计量的措施项目（即单价措施项目），其清单编制同分部分项工程量清单。

能计量的措施项目有：脚手架、混凝土模板及支架、垂直运输、超过施工增加、大型机械设备进出场及安拆、施工排水、降水。

3）不能计量的措施项目编制工程量清单时，按表1-10的格式完成。

**表 1-10 总价措施项目清单与计价表**

| 序号 | 项目编码 | 项目名称 | 计算基础 | 费率（%） | 金额/元 | 调整费率（%） | 调整金额/元 | 备注 |
|---|---|---|---|---|---|---|---|---|
| 1 | 011707001 | 安全文明施工 | | | | | | |
| 2 | 011707002 | 夜间施工 | | | | | | |
| 3 | 011707003 | 非夜间施工照明 | | | | | | |
| 4 | 011707004 | 二次搬运 | | | | | | |
| 5 | 011707005 | 冬雨季施工 | | | | | | |
| 6 | 011707006 | 地上、地下设施、建筑物的临时保护设施 | | | | | | |
| 7 | 011707007 | 已完工程及设备保护 | | | | | | |

## 二、可以计算工程量的措施项目清单的编制

措施项目中，可以计算工程量的项目，典型的有模板工程、脚手架工程、垂直运输工程等。

如要求根据图 1-2 所示编制钢筋混凝土模板及支架措施项目清单，钢筋混凝土模板及支架属于可以计算工程量的项目，采用分部分项工程量清单的方式编制，见表 1-11。

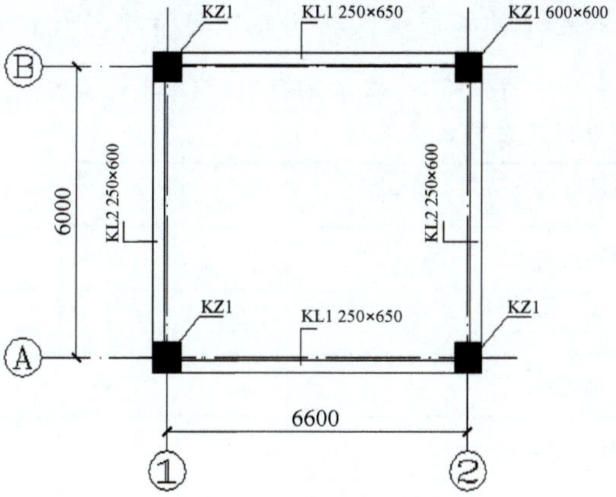


说明：层高 3.60m，板厚 120mm，柱截面 600mm×600mm。

图 1-2 梁、板、柱平面布置图（局部）

**表 1-11 单价措施项目清单与计价表**

工程名称： 第 页 共 页

| 序号 | 项目编码 | 项目名称 | 项目特征描述 | 计量单位 | 工程量 | 金额/元 | |
|---|---|---|---|---|---|---|---|
| | | | | | | 综合单价 | 合价 |
| 1 | 011702002001 | 现浇钢筋混凝土矩形柱 | 截面 600mm×600mm<br>支模高 3.48m | $m^2$ | 略 | | |
| 2 | 011702006001 | 现浇钢筋混凝土矩形梁 | 截面 250mm×650mm、250mm×600mm<br>支模高 3.48m | $m^2$ | 略 | | |
| 3 | 011702016001 | 现浇钢筋混凝土平板 | 板厚 120mm，支模高 3.48m | $m^2$ | 略 | | |

## 能力训练 1-2 编制措施项目清单

【训练目的】 明确"计量计价规范"的有关规定，能根据招标文件的要求（或招标人的意图），在熟悉施工图设计文件及现场施工条件的情况下，正确编制出措施项目清单。

【能力目标】 具有编制一般土建工程措施项目清单的能力。

【原始资料】 ××办公楼设计文件（见项目6任务1）。



【训练步骤】

1. 准备工作

同分部分项工程量清单的编制。

2. 措施项目清单的编制

根据工程的特点，考虑现场施工的实际情况，结合招标文件的要求，措施项目在通常情况下所列的项目有：安全文明施工，二次搬运，工程定位复测、工程点交、场地清理；因地基处理采用换土垫层，从基础垫层往下挖深1m，并且每边扩出基础1m，因而挖土需采用机械大开挖的方式，选用履带式反铲挖掘机，应列大型机械设备进出场及安拆项目；为了保证施工质量，浇筑混凝土时会有夜间施工现象，故应列夜间施工项目；另外，考虑到地面工程中铺有花岗岩石材，墙面刷有涂料等，需对室内进行空气污染测试，再列上室内空气污染测试项目。以上这些项目不宜计算工程量，其措施项目清单与计价表详见表1-12。

**表1-12 总价措施项目清单与计价表**

工程名称：××办公楼建筑及装饰装修工程　　　　第　页共　页

| 序号 | 项目名称 | 计算基础 | 费率（%） | 金额/元 |
|---|---|---|---|---|
| 1 | 安全文明施工 | | | |
| 2 | 二次搬运 | | | |
| 3 | 夜间施工 | | | |
| 4 | 大型机械设备进出场 | | | |
| 5 | 室内空气污染测试 | | | |
| 6 | 工程定位复测、工程点交、场地清理 | | | |
| 合计 | | | | |

因柱、梁、板全是现浇混凝土，故应列混凝土、钢筋混凝土模板及支架项目，包括基础、柱、梁、板、楼梯等构件。本施工图设计文件是二层框架结构，其中一层层高4.8m，二层层高3.9m，施工时需要搭设脚手架，包括主体满堂脚手架、砌筑里脚手架、室内装饰满堂脚手架等。为解决垂直运输问题需要垂直运输机械，故垂直运输机械应列项，详见表1-13。

表 1-13　单价措施项目清单与计价表

工程名称：××办公楼建筑及装饰装修工程　　　　第　页共　页

| 序号 | 项目编码 | 项目名称 | 项目特征描述 | 计量单位 | 工程量 | 金额/元 | |
|---|---|---|---|---|---|---|---|
| | | | | | | 综合单价 | 合价 |
| 1 | 脚手架工程 | | | | | | |
| 1.1 | 011701006001 | 主体施工满堂脚手架 | 钢管扣件式脚手架，一层层高4.80m，二层层高3.90m | $m^2$ | 略 | | |
| 1.2 | 011701003001 | 砌筑里脚手架 | 承插式钢管支柱，一层层高4.80m，二层层高3.90m | $m^2$ | 略 | | |
| 1.3 | 011701006002 | 室内装饰满堂脚手架 | 钢管扣件式脚手架，一层层高4.80m，二层层高3.90m | $m^2$ | 略 | | |
| 1.4 | 011701004001 | 室外装饰悬空脚手架 | 手动吊篮脚手架，女儿墙上料平台距室外设计地坪10.80m | $m^2$ | 略 | | |
| 2 | 模板工程 | | | | | | |
| 2.1 | 011702001001 | 独立基础 | 独立基础，截面见结施2、3 | $m^2$ | 略 | | |
| | 其余略 | | | | | | |
| 3 | 垂直运输机械 | | | | | | |
| 3.1 | 011703001001 | 垂直运输 | 龙门架、框架结构、檐高10.8m | $m^2$ | 略 | | |

**【注意事项】**

1）措施项目的发生，涉及多种因素，而影响各个具体的单位工程措施项目的因素又各有不同，因此，清单编制人必须熟悉施工图设计文件，并根据经验和有关规范的规定拟订合理的施工方案，为投标人提供较全面的措施项目清单。

2）措施项目中可以计算工程量的项目清单采用分部分项工程量清单的方式编制；不能计算工程量的项目清单，以“项”为计量单位。

## 任务4　其他项目清单的编制

其他项目清单是指除分部分项工程量清单、措施项目清单外，由于招标人的特殊要求而设置的项目清单。

“计价规范”规定，其他项目清单宜按照下列内容列项：暂列金额；暂估价，包括材料暂估价、专业工程暂估价；计日工；总承包服务费。

出现上述未列的项目，可根据工程实际情况补充。

## 一、暂列金额

暂列金额指招标人在工程量清单中暂定并包括在合同价款中的一笔款项。它包括用于施工合同签订时尚未确定或者不可预见的所需材料、设备、服务的采购，施工中可能发生的工程变更、合同约定调整因素出现时的工程价款调整以及发生的索赔、现场签证确认等的费用。



“计价规范”要求招标人将暂列金额与拟用项目明细列出，但如确实不能详列也可只列暂定金额总额，投标人应将上述暂列金额计入投标总价中。暂列金额格式见表1-14。

## 二、暂估价

暂估价指招标人在工程量清单中提供的用于支付必然发生但暂时不能确定价格的材料的单价以及专业工程的金额。材料暂估价、专业工程暂估价格式见表1-15和表1-16。

## 三、计日工

计日工指在施工过程中，完成发包人提出的施工图纸以外的零星项目或工作（所需的人工、材料、施工机械台班等），按合同中约定的综合单价计价。计日工格式见表1-17。

## 四、总承包服务费

总承包服务费指总承包人为配合协调发包人进行的工程分包自行采购的设备、材料等进行管理、服务以及施工现场管理、竣工资料汇总整理等服务所需的费用。总承包服务费格式见表1-18。

### 能力训练1-3 编制其他项目清单

【训练目的】 明确“计价规范”中的有关规定，能根据招标文件的要求（或招标人的意图），在熟悉施工图设计文件及现场施工条件的情况下，正确编制出其他项目清单。

【能力目标】 具有编制一般土建工程其他项目清单的能力。

【原始资料】 ××办公楼设计文件（见项目6任务1）。

【训练步骤】

1. 准备工作

同分部分项工程量清单的编制。

2. 其他项目清单的编制

1）项目6任务1中提供的施工图设计文件表达内容比较清楚、准确，考虑施工过程中可能发生的设计变更及清单有误等，暂定金额2.5万元；考虑政策性调整和材料价格风险，暂定金额2.5万元。暂列金额见表1-14。

**表 1-14 暂列金额明细表**

工程名称：××办公楼建筑及装饰装修工程　　　　第　页共　页

| 序号 | 项目名称 | 计量单位 | 暂定金额/元 | 备注 |
|---|---|---|---|---|
| 1 | 工程量清单中工程量偏差和设计变更 | | 25000 | |
| 2 | 政策性调整和材料价格风险 | | 25000 | |
| 3 | | | | |
| 4 | | | | |
| 合计 | | | 50000 | — |

注：此表由招标人填写，如不能详列，也可只列暂定金额总额，投标人应将上述暂列金额计入投标总价中。

2）项目6任务1的招标文件中，对外墙勒脚装饰及室内地面、墙面块料，提出均须为合格品，但市场上块料种类繁多，价格相差很大，为了确定招标控制价及便于投标人报价，暂估其价格，见表1-15。另按招标人的意图，将塑钢门窗进行分包，且要求为中档产品，暂估其价格10000元，见表1-16。

**表 1-15 材料暂估单价表**

工程名称：××办公楼建筑及装饰装修工程　　　　第　页共　页

| 序号 | 材料名称、规格、型号 | 计量单位 | 数量 | | 暂估金额/元 | | 确认金额/元 | | 差额±/元 | | 备注 |
|---|---|---|---|---|---|---|---|---|---|---|---|
| | | | 暂估 | 确认 | 单价 | 合价 | 单价 | 合价 | 单价 | 合价 | |
| 1 | 600mm×600mm 芝麻白花岗岩 | $m^2$ | 331 | | 150 | 49650 | | | | | 用在一层地面 |
| 2 | 300mm×300mm 耐磨地砖 | $m^2$ | 10 | | 40 | 400 | | | | | 用在卫生间地面 |
| 3 | 600mm×600mm 全玻磁化砖 | $m^2$ | 302 | | 90 | 27180 | | | | | 用在二层地面 |
| 4 | 350mm×1200mm 芝麻白磨光花岗岩 | $m^2$ | 77 | | 170 | 13090 | | | | | 用在楼梯及台阶面层 |
| 5 | 25mm 厚毛石花岗岩板 | $m^2$ | 82 | | 160 | 4920 | | | | | 用于外墙勒脚 |
| 6 | 5mm 厚内墙釉面砖 | $m^2$ | 38 | | 60 | 2280 | | | | | 用于内墙面 |

注：1. 此表由招标人填写，并在备注栏说明暂估价的材料拟用在哪些清单项目上，投标人应将上述材料暂估单价计入工程量清单综合单价报价中。

2. 材料包括原材料、燃料、构配件以及按规定应计入建筑安装工程造价的设备。

**表 1-16 专业工程暂估价表**

工程名称：××办公楼建筑及装饰装修工程　　　　第　页共　页

| 序号 | 工程名称 | 工程内容 | 暂估金额/元 | 结算金额/元 | 差额±/元 | 备注 |
|---|---|---|---|---|---|---|
| 1 | 塑钢窗 | 制作、安装 | 10000 | | | 用在该办公楼所有采用塑钢窗户的清单项目中 |
| 合计 | | | 10000 | | | — |

注：此表由招标人填写，投标人应将上述专业工程暂估价计入投标总价中。结算时按合同约定结算金额填写。

3）另考虑在施工过程中承包人完成发包人提出的施工图纸以外的零星项目或工作所需要的人工、材料、机械台班，为了便于工程结算，暂估其计日工，工程结算时，按实际发生计，见表1-17。

**表1-17 计日工表**

工程名称：××办公楼建筑及装饰装修工程　　　　第　页共　页

| 编号 | 项目名称 | 单位 | 暂定数量 | 实际数量 | 综合单价/元 | 合价/元 | |
|---|---|---|---|---|---|---|---|
| | | | | | | 暂定 | 实际 |
| 一 | 人　工 | | | | | | |
| 1 | （1）普工 | 工日 | 50 | | | | |
| 2 | （2）瓦工 | 工日 | 30 | | | | |
| 3 | （3）抹灰工 | 工日 | 30 | | | | |
| 人工小计 | | | | | | | |
| 二 | 材　料 | | | | | | |
| 1 | （1）42.5级矿渣水泥 | kg | 300 | | | | |
| 材料小计 | | | | | | | |
| 三 | 施工机械 | | | | | | |
| 1 | （1）载重汽车 | 台班 | 20 | | | | |
| 2 | | | | | | | |
| 施工机械小计 | | | | | | | |
| 总计 | | | | | | | |

4）按招标人的意图，将塑钢门窗进行分包，因而在投标人部分考虑上总承包服务费项目，见表1-18。

**表1-18 总承包服务费计价表**

工程名称：××办公楼建筑及装饰装修工程　　　　第　页共　页

| 序号 | 工程名称 | 项目价值/元 | 服务内容 | 计算基础 | 费率（%） | 金额/元 |
|---|---|---|---|---|---|---|
| 1 | 发包人发包专业工程 | 10000 | 1. 按专业工程承包人的要求提供施工工作面并对施工现场进行统一管理，对竣工资料进行统一整理汇总。<br>2. 为塑钢窗安装后进行补缝和找平并承担相应费用 | | | |
| 合计 | | | | | | |

注：此表工程名称、服务内容由招标人填写，编制招标控制价时，费率及金额由招标人按有关计价规定确定；投标时，费率及金额由投标人自主报价，计入投标总价中。

5）其他项目清单与计价汇总，见表1-19。

表1-19　其他项目清单与计价汇总表

工程名称：××办公楼建筑及装饰装修工程　　　　第　页共　页

| 序号 | 项目名称 | 金额/元 | 结算金额/元 | 备注 |
| --- | --- | --- | --- | --- |
| 1 | 暂列金额 | 50000 | | 明细详见表1-14 |
| 2 | 暂估价 | 10000 | | |
| 2.1 | 材料暂估价 | — | | 明细详见表1-15 |
| 2.2 | 专业工程暂估价 | 10000 | | 明细详见表1-16 |
| 3 | 计日工 | | | 明细详见表1-17 |
| 4 | 总承包服务费 | | | 明细详见表1-18 |
| 合计 | | | | — |

注：材料暂估单价进入清单项目综合单价，此处不汇总。

【讨论】

其他项目清单中暂列金额、计日工数量，清单编制人该如何预估？

## 任务5　规费项目清单的编制

规费项目清单是指根据省级政府或省级有关权力部门规定必须缴纳的，应计入建筑安装工程造价的费用项目明细清单。

“计价规范”规定，规费项目清单包括的内容有：社会保险费（包括养老保险费、失业保险费、医疗保险费、工伤保险费、生育保险费）；住房公积金；工程排污费。

当出现“计价规范”上述未列的项目，投标人应根据省级政府或省级有关权力部门的规定列项。

## 任务6　税金项目清单的编制

税金是指施工企业从事建筑服务，根据国家税法规定，应计入建筑安装工程造价内的增值税销项税额。

## 思考与练习题

1. 实行工程量清单计价的意义何在？
2. 《建设工程工程量清单计价规范》由哪几部分构成？
3. 编制分部分项工程量清单时应包括的五个要件是什么？
4. 分部分项工程量清单中的项目编码共由多少位数字组成？每级编码表示什么？
5. 清单编制人在自行设置第五级编码时，应注意什么？
6. 项目特征的描述在清单编制中起何作用？试举例说明。
7. 什么是措施项目清单？一般土建工程中的措施项目，正常情况下列哪几项？
8. 其他项目清单包括哪些内容？其含义是什么？

# 项目2

# 建筑工程工程量计算

**项目概述**

本项目基础知识部分详细编写了建筑工程中土石方工程、砌筑工程、混凝土及钢筋混凝土工程等工程量清单项目工程量的计算方法，并强调了各清单项目所包含的工程内容及要描述的项目特征。在能力训练部分通过对一个完整工程实例的具体分析、计算、讨论，来进一步说明建筑工程中工程量清单项目的工程量计算方法。

**学习目标**

通过本项目的学习及综合训练，能较熟练地完成建筑工程工程量清单项目的工程量计算。

**素质目标**

通过“超级工程——上海中心大厦”等工程建设，不断关注行业新技术、新动态。

作为当代大学生，一方面感受中国力量，感受中国基建人的责任担当，另一方面增强民族自豪感和自信心，深刻领会“科技是第一生产力，人才是第一资源，创新是第一动力”的二十大精神。

## 任务1 建筑面积的计算

本任务根据国家标准《建筑工程建筑面积计算规范》（GB/T 50353—2013）编制，适用于新建、扩建、改建的工业与民用建筑工程的面积计算。

### 一、建筑面积的概念及作用

建筑面积是指建筑物外墙勒脚以上各层结构外围水平投影面积的总和。建筑面积包括使用面积、辅助面积和结构面积三部分。使用面积是指建筑物各层平面布置中可直接为生产或生活使用的净面积总和。辅助面积是指建筑物各层平面布置中为生产或生活服务所占的净面积的总和，如楼梯间、走廊、电梯井等。结构面积是指建筑物各层平面布置中的墙体、柱、垃圾道、通风道等所占的面积的总和。建筑面积是衡量建筑技术经济效果的重要指标，它的作用主要表现在以下几个方面：

1）建筑面积是确定建筑工程经济技术指标的重要依据。如每平方米造价指标，每平方米人工、材料消耗量指标，都以建筑面积为依据。

$$\text{建筑工程 }1\text{m}^2\text{ 造价}=\frac{\text{建筑工程总造价}}{\text{建筑面积}}$$

$$\text{建筑工程 }1\text{m}^2\text{ 人工消耗量}=\frac{\text{建筑工程人工总消耗量}}{\text{建筑面积}}$$

$$\text{建筑工程 }1\text{m}^2\text{ 材料消耗量}=\frac{\text{建筑工程材料总消耗量}}{\text{建筑面积}}$$



2）建筑面积是控制工程进度和竣工任务的重要指标。如“已完工面积”“已竣工面积”和“在建面积”都是以建筑面积指标来表示的。

3）装饰工程单方造价是衡量装饰工程装饰标准的主要指标。

4）建筑面积是划分建筑工程类别的标准之一。例如某省的公共建筑划分标准如下：建筑面积≥20000m$^2$的为特大型工程，建筑面积≥15000m$^2$的为一类工程，建筑面积≥8000m$^2$的为二类工程，建筑面积≥3000m$^2$的为三类工程，建筑面积＜3000m$^2$的为四类工程。

## 二、建筑面积计算规则

### 1. 计算建筑面积的规定

1）建筑物的建筑面积，应按自然层外墙结构外围水平面积计算，结构层高在2.20m及以上者应计算全面积；结构层高在2.20m以下的，应计算1/2面积。

说明：

① 自然层指按楼地面结构分层的楼层。

② 结构层高指楼面或地面结构层上表面至上部结构层上表面之间的垂直距离。

2）建筑物内设有局部楼层时，对于局部楼层的二层及以上楼层，有围护结构（指围合建筑空间的墙体、门、窗）的应按其围护结构外围水平面积计算，无围护结构的应按其结构底板水平面积计算。结构层高在2.20m及以上的，应计算全面积；结构层高在2.20m以下的，应计算1/2面积。建筑物平面、剖面示意图分别如图2-1和图2-2所示。

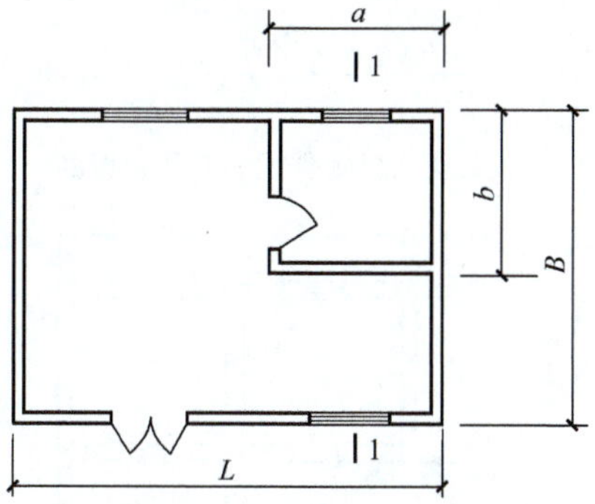


图2-1　建筑物平面示意图

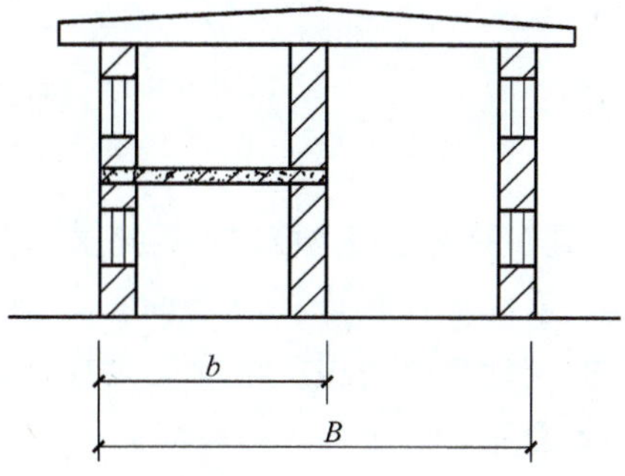


图2-2　建筑物剖面示意图

其建筑面积可用下式表示：

$$S = LB + ab$$

式中 S——部分带楼层的单层建筑物面积；

L——两端山墙勒脚以上结构外表面之间的水平距离；

B——两纵墙勒脚以上结构外表面之间的水平距离；

a、b——楼层部分结构外表面之间的水平距离。

3）形成建筑空间的坡屋顶，结构净高在2.10m及以上的部位应计算全面积：结构净高在1.20～2.10m（不含2.10m）的部位应计算1/2面积；结构净高在1.20m以下的部位不应计算建筑面积。



说明：结构净高指楼面或地面结构层上表面至上部结构层下表面之间的垂直距离。

4）场馆看台下的建筑空间，结构净高在2.10m及以上部位应计算全面积；结构净高在1.20m及以上至2.10m以下的部位应计算1/2面积；结构净高在1.20m以下的部位不应计算建筑面积。

室内单独设置的有围护设施的悬挑看台，应按看台结构底板水平投影面积计算建筑面积。有顶盖无围护结构的场馆看台应按其顶盖水平投影面积的1/2计算面积。

说明：围护设施指为保障安全而设置的栏杆、栏板等围挡。

5）地下室、半地下室应按其结构外围水平面积计算。结构层高在2.20m及以上的，应计算全面积；结构层高在2.20m以下的，应计算1/2面积。

说明：

① 地下室是指室内地平面低于室外地平面的高度超过室内净高的1/2的房间。

② 半地下室是指室内地平面低于室外地平面的高度超过室内净高的1/3，且不超过1/2的房间。

6）出入口外墙外侧坡道有顶盖的部位（图2-3），应按其外墙结构外围水平面积的1/2计算面积。

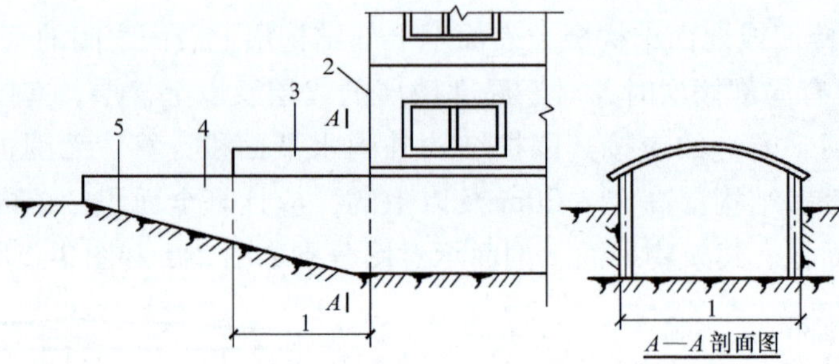


图2-3 地下室出入口

1—计算1/2投影面积部位 2—主体建筑 3—出入口顶盖 4—封闭出入口侧墙 5—出入口坡道

7）建筑物架空层及坡地建筑物吊脚架空层（图2-4），应按其顶盖水平投影计算建筑面积。结构层高在2.20m及以上的应计算全面积；结构层高在2.20m以下的，应计算1/2面积。

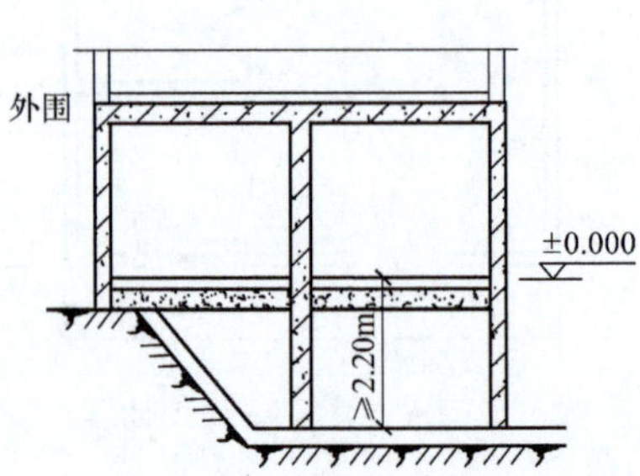


图2-4 吊脚架空层示意图

8）建筑物的门厅、大厅按一层计算建筑面积。门厅、大厅内设置的走廊应按走廊结构底板水平投影面积计算建筑面积。结构层高在2.20m及以上的，应计算全面积；结构层高在 2.20m 以下的，应计算 1/2 面积。

**【例 2-1】** 某 3 层实验综合楼设有大厅带回廊，其平面和剖面示意图如图 2-5 所示。试计算其走廊建筑面积。

**【解】** 依据图 2-5 所示，计算如下：

走廊部分建筑面积$[30\times12-(12-2.1\times2)\times(30-2.1\times2)]m^2\times2=317.52m^2$

9）建筑物间的架空走廊，有顶盖和围护结构的，应按其围护结构外围水平面积计算全面积，如图 2-6 所示。无围护结构、有围护设施的，应按其结构底板水平投影面积计算 1/2 面积，如图 2-7 所示。



10）立体书库、立体仓库、立体车库，有围护结构的，应按其围护结构外围水平面积计算建筑面积：无围护结构、有围护设施的，应按其结构底板水平投影面积计算建筑面积。无结构层的应按一层计算，有结构层的应按其结构层面积分别计算。结构层高在 2.20m 及以上的，应计算全面积；结构层高在 2.20m 以下的，应计算 1/2 面积。

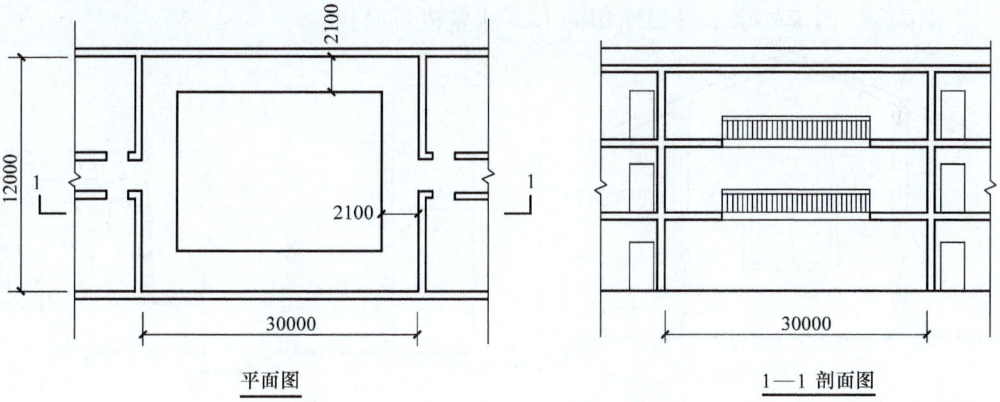


图 2-5 某实验楼大厅、走廊示意图

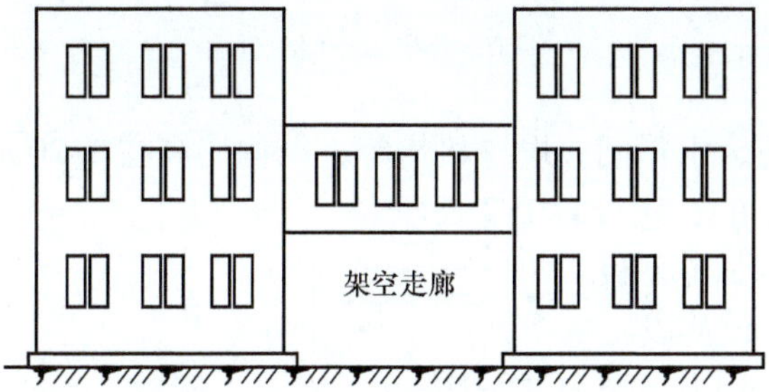


图 2-6 有围护结构的架空走廊

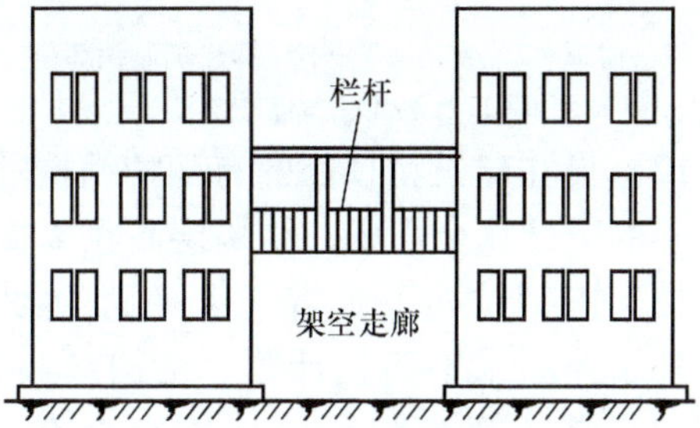


图 2-7 无围护结构的架空走廊

11）有围护结构的舞台灯光控制室，应按其围护结构外围水平面积计算。结构层高在 2.20m 及以上的，应计算全面积；结构层高在 2.20m 以下的，应计算 1/2 面积。

12）附属在建筑物外墙的落地橱窗，应按其围护结构外围水平面积计算。结构层高在 2.20m 及以上的，应计算全面积；结构层高在 2.20m 以下的，应计算 1/2 面积。

说明：落地橱窗是指在商业建筑临街面设置的下槛落地、可落在室外地坪也可落在室内首层地板，用来展览各种样品的玻璃窗。

13）窗台与室内楼地面高差在 0.45m 以下且结构净高在 2.10m 及以上的凸（飘）窗，应按其围护结构外围水平面积计算 1/2 面积。

说明：凸（飘）窗是指凸出建筑物外墙面的窗户。

14）有围护设施的室外走廊（挑廊），应按其结构底板水平投影面积的1/2计算，有围护设施（或柱）的檐廊，应按其围护设施（或柱）外围水平面积计算1/2面积。

说明：

① 走廊是指建筑物中的水平交通空间。

② 挑廊是指挑出建筑物外墙的水平交通空间。

③ 檐廊是指建筑物挑檐下的水平交通空间，如图2-8所示。



15）门斗应按其围护结构外围水平面积计算建筑面积。结构层高在2.20m及以上的，应计算全面积；结构层高在2.20m以下的，应计算1/2面积。

说明：门斗是指建筑物入口处两道门之间的空间，如图2-9所示。

16）门廊应按其顶板水平投影面积的1/2计算建筑面积；有柱雨篷应按其结构板水平投影面积的1/2计算建筑面积；无柱雨篷的结构外边线至外墙结构外边线的宽度在2.1m及以上的，应按雨篷结构板的水平投影面积的1/2计算建筑面积。

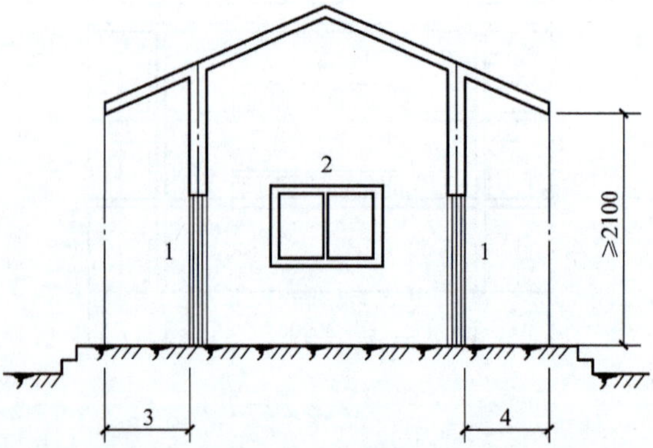


图2-8 檐廊

1—檐廊 2—室内 3—不计算建筑面积部位 4—计算1/2建筑面积部位

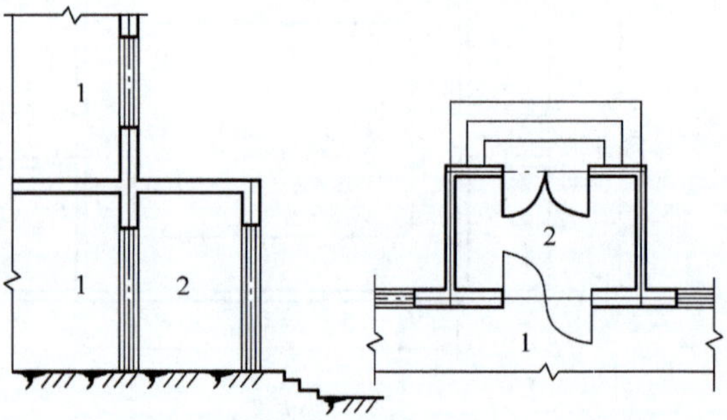


图2-9 门斗

1—室内 2—门斗

17）设在建筑物顶部的有围护结构的楼梯间、水箱间、电梯机房等，结构层高在2.20m及以上的应计算全面积；结构层高在2.20m以下的，应计算1/2面积。

18）围护结构不垂直于水平面的楼层，应按其底板面的外墙外围水平面积计算。结构净高在2.10m及以上的部位，应计算全面积；结构净高在1.20m及以上至2.10m以下的部位，应计算1/2面积；结构净高在1.20m以下的部位，不应计算建筑面积。

19）建筑物的室内楼梯、电梯井、提物井、管道井、通风排气竖井、烟道，应并入建筑物的自然层计算建筑面积。

有顶盖的采光井（图2-10）应按一层计算面积。结构净高在2.10m及以上的，应计算全面积；结构净高在2.10m以下的，应计算1/2面积。

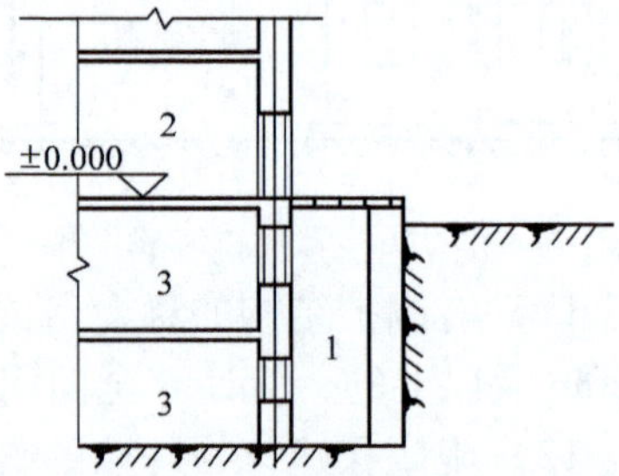


图2-10 有顶盖的采光井

1—采光井 2—室内 3—地下室

20）室外楼梯应并入所依附建筑物自然层，并应按其水平投影面积的1/2计算建筑面积。

21）在主体结构内的阳台，应按其结构外围水平面积计算全面积；在主体结构外的阳台，应按其结构底板水平投影面积计算 1/2 面积。

22）有顶盖无围护结构的车棚、货棚、站台、加油站、收费站等，应按其顶盖水平投影面积的 1/2 计算建筑面积。

23）以幕墙作为围护结构的建筑物，应按幕墙外边线计算建筑面积。

24）建筑物外墙外保温层，应按其保温材料的水平截面积计算，并计入自然层建筑面积。

25）与室内相通的变形缝，应按其自然层合并在建筑物建筑面积内计算。对于高低联跨的建筑物，当高低跨内部连通时，其变形缝应计算在低跨面积内。 

26）对于建筑物内的设备层、管道层、避难层等有结构层的楼层，结构层高在 2.20m 及以上的，应计算全面积；结构层高在 2.20m 以下的，应计算 1/2 面积。

### 2. 不应计算面积的部位

1）与建筑物内不相连通的建筑部件。

2）骑楼（建筑物底层沿街面后退且留出公共人行空间的建筑物）、过街楼（跨越道路上空并与两边建筑相连接的建筑物）底层的开放公共空间和建筑物通道。

3）舞台及后台悬挂幕布和布景的天桥、挑台等。

4）露台、露天游泳池、花架、屋顶的水箱及装饰性结构构件。

5）建筑物内的操作平台、上料平台、安装箱和罐体的平台。

6）勒脚、附墙柱、垛、台阶、墙面抹灰、装饰面、镶贴块料面层、装饰性幕墙、主体结构外的空调室外机搁板（箱）、构件、配件、挑出宽度在 2.10m 以下的无柱雨篷和顶盖高度达到或超过两个楼层的无柱雨篷。

7）窗台与室内楼地面高差在 0.45m 以下且结构净高在 2.10m 以下的凸（飘）窗，窗台与室内楼地面高差在 0.45m 及以上的凸（飘）窗。

8）室外爬梯、室外专用消防钢楼梯。

9）无围护结构的观光电梯。

10）建筑物以外的地下人防通道，独立烟囱、烟道、地沟、油（水）罐、气柜、水塔、贮油（水）池、贮仓、栈桥等构筑物。

## 能力训练 2-1　建筑面积的计算

【训练目的】 通过能力训练，进一步熟悉建筑面积的计算规则，掌握建筑面积的计算方法。

【能力目标】 能结合实际工程图纸准确计算各类工业与民用建筑工程的建筑面积。

【原始资料】 某二层办公楼设计图纸建筑、结构及详图（图 6-1 ~ 图 6-17）；建筑面积的计算规则。

【训练步骤】

1. 分析

首先应熟悉该工程的建筑平面图、立面图、剖面图及详图。由图可知，此建筑物有两层，平面布局只是一个简单的矩形，所以单层的建筑面积就等于建筑物图示的外包长度乘以外包宽度；一层有一个弧形雨篷有柱，雨篷挑出外墙的宽度为 4.4m > 2.1m，应按雨篷结构板的水平投影面积的1/2计算建筑面积。

2. 工程量计算

(1) 首层建筑面积

$$首层建筑面积=(32.25\times11.25)m^2=362.81m^2$$

(2) 雨篷建筑面积 按图6-14所示尺寸计算。

$$\begin{aligned}雨篷建筑面积&=雨篷顶盖的水平投影面积的一半\\&=\frac{1}{2}\left[\frac{\pi r^2\theta}{360}-\frac{d(r-h)}{2}\right]\\&=\frac{1}{2}\times\left[\frac{3.14\times10.215^2\times113.14}{360}-\frac{17.05\times(10.215-4.4)}{2}\right]m^2\\&=26.70m^2\end{aligned}$$



其中：$r=(10.09+0.125)m=10.215m$

$d=(3.0\times3+3.9\times2+0.125\times2)m=17.05m$

$h=(2.4+2.1+0.125-0.225)m=4.4m$

$\theta=2\arcsin(\sin\theta)=2\arcsin\left(\frac{8.525}{10.215}\right)=113.14°$

(3) 二层建筑面积

$$二层建筑面积=(32.25\times11.25)m^2=362.81m^2$$

(4) 总建筑面积

$$\begin{aligned}总建筑面积&=首层建筑面积+雨篷建筑面积+二层建筑面积\\&=(362.81+26.70+362.81)m^2=752.32m^2\end{aligned}$$

【注意事项】

在本例中主要应注意弧形雨篷建筑面积的计算，从图6-13中可以看出，弧形半径 $R=10090mm$ 为圆心至雨篷弧形梁中心线的长度，而雨篷面积应按结构板的外围水平投影面积的一半计算。所以，弧形雨篷的实际半径应为10215mm。

【讨论】

1）本例中如果雨篷挑出墙外的宽度为2.10m，雨篷是否计算建筑面积？雨篷无柱、独立柱或两根以上柱的情况下，建筑面积计算方法是否一致？

2）封闭阳台与不封闭阳台建筑面积的计算方法是否相同？

3）设有围护结构不垂直于水平面而向建筑物内倾斜的墙体的建筑物，层高在2.2m以上，其建筑面积如何计算？

## 任务2 土石方工程

土石方工程适用于建筑物和构筑物的土石方开挖及回填工程，包括平整场地、挖一般土方、挖沟槽土方、挖基坑土方、回填等项目。

### 一、平整场地

平整场地项目适用于建筑场地厚度≤±300mm的挖、填、运、找平。

### 1. 工程量计算

平整场地工程量按设计图示尺寸以建筑物首层建筑面积计算。计算式为：$S$ = 建筑物首层建筑面积。

注意：当施工组织设计规定超面积平整场地时，清单工程量仍按建筑物首层建筑面积计算，只是投标人在报价或招标人确定招标控制价时，所确定的工程量要按超面积平整计算，且超出部分包含在平整场地清单项目价格中。

### 2. 项目特征



需描述土壤类别、弃土运距、取土运距。其中，土壤类别共分四类，详见“计算规范”附录A，如土壤类别不能准确划分时，招标人可注明为综合，由投标人根据地勘报告决定报价；弃土运距、取土运距是指在工程中，有时可能出现场地 ±30cm 以内全部是挖方或填方，且需外运土方或回运土方，这时描述弃土运距或取土运距，并将此运输费用包含在报价中。弃、取土运距也可以不描述，但应注明由投标人根据施工现场实际情况自行考虑，决定报价。

### 3. 工程内容

包含土方挖填、场地找平、运输。

注意：厚度 > ±300mm 的竖向布置挖土或山坡切土应按“挖一般土方”项目编码列项。

## 二、挖一般土方、挖沟槽土方、挖基坑土方

挖一般土方项目适用于超出挖沟槽、挖基坑范围的挖土，“挖沟槽土方”项目适用于底宽≤7m 且底长 > 3 倍底宽的挖土，“挖基坑土方”项目适用于底长≤3 倍底宽且底面积≤150m$^2$的挖土，且项目中均包括指定范围内的土方运输。

### 1. 工程量计算

（1）挖沟槽土方、挖基坑土方　挖沟槽土方、挖基坑土方工程量按设计图示尺寸以基础垫层底面积乘以挖土深度计算，计算式如下：

$$V = \text{基础垫层底面积} \times \text{挖土深度}$$

当基础为带形基础时，外墙基础垫层长取外墙中心线长，内墙基础垫层长取内墙基础垫层净长。挖土深度应按基础垫层底表面标高至交付施工场地标高确定，无交付施工场地标高时，应按自然地面标高确定。

沟槽土方清单工程量计算

注意：挖沟槽、基坑、一般土方因工作面和放坡增加的工程量是否并入土方工程量中，应按各省、自治区、直辖市或行业建设主管部门的规定实施：如并入土方工程量中，办理工程结算时，按经发包人认可的施工组织设计规定计算，编制工程量清单时，可按表 2-1 和表 2-2的规定计算。

表 2-1　基础施工所需工作面宽度计算表

| 基础材料 | 每边各增加工作面宽度/mm |
|---|---|
| 砖基础 | 200 |
| 浆砌毛石、条石基础 | 150 |
| 混凝土基础垫层支模板 | 300 |
| 混凝土基础支模板 | 300 |
| 基础垂直面做防水层 | 1000（防水层面） |

表 2-2 放坡系数表

| 土类别 | 放坡起点/m | 人工挖土 | 机械挖土 | | |
|---|---|---|---|---|---|
| | | | 在坑内作业 | 在坑上作业 | 顺沟槽在坑上作业 |
| 一、二类土 | 1.20 | 1:0.5 | 1:0.33 | 1:0.75 | 1:0.5 |
| 三类土 | 1.50 | 1:0.33 | 1:0.25 | 1:0.67 | 1:0.33 |
| 四类土 | 2.00 | 1:0.25 | 1:0.10 | 1:0.33 | 1:0.25 |

注：1. 沟槽、基坑中土类别不同时，分别按其放坡起点、放坡系数，依不同土类别厚度加权平均计算。
2. 计算放坡时，在交接处的重复工程量不予扣除，原槽、坑做基础垫层时，放坡自垫层上表面开始计算。



当工作面、放坡增加的工程量并入土方工程量时，挖沟槽、基坑如图 2-11 和图 2-12 所示。

$$挖沟槽土方工程量 = (a + 2c + KH)HL$$

$$挖基坑土方工程量 = (a + 2c + KH)(b + 2c + KH)H + \frac{1}{3}K^2H^3$$

式中 $a$——垫层长度；
$b$——垫层宽度；
$c$——工作面宽度，按表 2-1 计算；
$L$——沟槽长度；
$H$——挖土深度；
$K$——放坡系数，按表 2-2 计算。

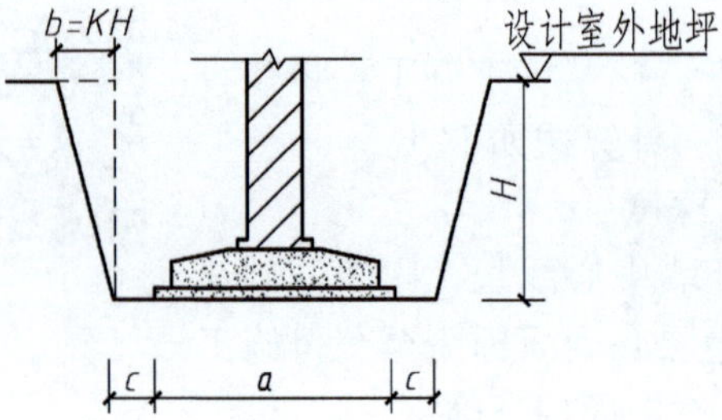


图 2-11 挖沟槽断面图

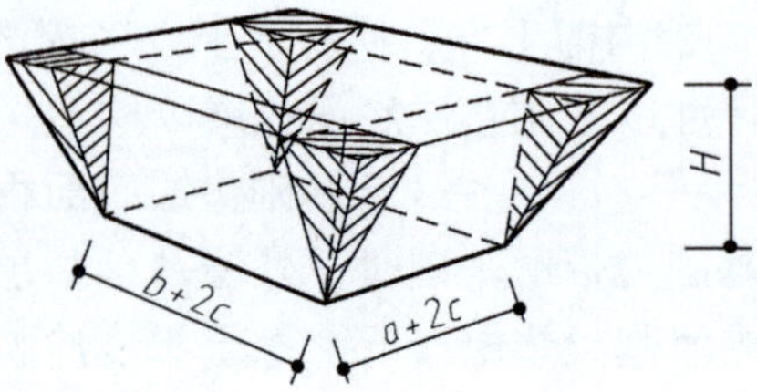


图 2-12 挖基坑示意图

（2）挖一般土方 挖一般土方工程量按设计图示尺寸以体积计算。当工作面、放坡增加的工程量并入土方工程量时，工程量计算方法同挖基坑土方项目。

注意：

1）土方体积按挖掘前的天然密实体积计算。非天然密实土方应按表 2-3 折算。

2）指定范围内的土方运输是指由招标人指定的弃土地点或取土地点的运距。若招标文件规定由投标人确定弃土地点或取土地点时，此条件不必在工程量清单中描述，但其运输费用应包含在基础土方清单项目价格内。

3）桩间挖土不扣除桩的体积，并在项目特征中加以描述。

表 2-3 土方体积折算系数表

| 天然密实度体积 | 虚方体积 | 夯实后体积 | 松填体积 |
|---|---|---|---|
| 0.77 | 1.00 | 0.67 | 0.83 |
| 1.00 | 1.30 | 0.87 | 1.08 |
| 1.15 | 1.50 | 1.00 | 1.25 |
| 0.92 | 1.20 | 0.80 | 1.00 |

注：1. 虚方指未经碾压、堆积时间≤1 年的土壤。

2. 设计密实度超过规定的，填方体积按工程设计要求执行；无设计要求按各省、自治区、直辖市或行业建设主管部门规定的系数计算。

### 2. 项目特征

需描述土壤类别、挖土深度、弃土运距。弃土运距也可以不描述，但应注明由投标人根据施工现场实际情况自行考虑，决定报价。

从项目特征中可发现：挖沟槽、基坑、一般土方项目不考虑不同施工方法（即人挖或机挖及机械种类）对土方工程量的影响。投标人在报价时，应根据施工组织设计，结合本企业施工水平，考虑竞争需要进行报价。

### 3. 工程内容

包含排地表水、土方开挖、围护（挡土板）及拆除、基底钎探、运输。

从工程内容可以看出：本项目应包含指定范围内的土方一次或多次运输、装卸以及基底夯实、修理边坡、清理现场等施工工序。挖土方如需截桩头时，应按桩基工程相关项目列项。

【例 2-2】 某建筑物基础平面图及断面图如图 2-13 所示。已知土壤类别为Ⅲ类土，土方运距 3km，条形基础下设 C15 素混凝土垫层。试计算其挖基础土方的清单工程量、定额工程量，并列出挖土方清单。

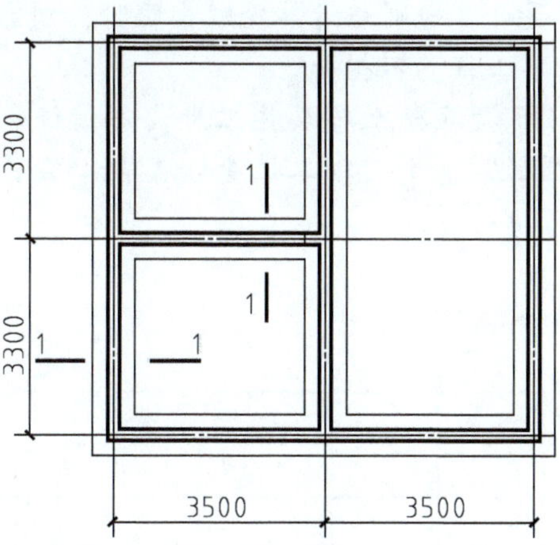


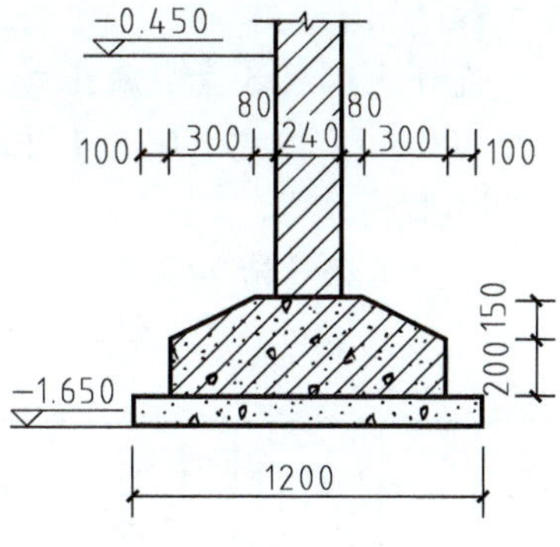


图 2-13 某建筑物基础平面图及剖面图

【解】 1. 挖土方清单工程量

清单工程量是指按工程量清单计价规范由招标人计算的工程量。由图 2-11 可以看出，本工程带形基础下设 100mm 厚混凝土垫层。

情况1：某省规定，挖沟槽、基坑的工程量中不考虑因工作面、放坡增加的工作量，则挖土底宽 =1.2m<7m，应按“挖沟槽土方”编列清单项目。

挖沟槽土方工程量 = 基础垫层长 × 基础垫层宽 × 挖土深度

外墙基础垫层长取外墙中心线长，内墙基础垫层长取内墙下垫层间净长。其中，外墙中心线是指外墙中线至中线之间的距离。本例中，外墙厚240mm，其中线与定位轴线重合，则外墙中心线长即为定位轴线长。挖土深度 =(1.65−0.45)m =1.2m< 放坡起点 1.5m，故挖沟槽土方工程量中不计算放坡。



外墙中心线长 =(3.5×2+3.3×2)m×2 =13.6m×2 =27.2m

内墙垫层间净长 =(3.5−0.6×2+3.3×2−0.6×2)m =7.7m

挖沟槽土方清单工程量 $=[(27.2+7.7)\times1.2\times(1.65-0.45)]\mathrm{m}^3$

$=(34.9\times1.2\times1.2)\mathrm{m}^3=50.26\mathrm{m}^3$

情况2：某省规定，挖沟槽、基坑的工程量中考虑因工作面、放坡增加的工作量，则挖土底宽中应增加工作面宽度为(1.2+0.3×2)m =1.8m<7m，应按“挖沟槽土方”编列清单项目。

挖沟槽土方工程量 = 挖沟槽长 × 挖沟槽层宽 × 挖土深度

外墙挖土长取外墙中心线长，内墙挖土长取内墙下沟槽底间净长。

内墙下沟槽底间净长 =(3.5−0.6×2−0.3×2+3.3×2−0.6×2−0.3×2)m =6.5m

挖沟槽土方清单工程量 $=(27.2+6.5)\times1.8\times(1.65-0.45)\mathrm{m}^3$

$=(33.7\times1.8\times1.2)\mathrm{m}^3=72.79\mathrm{m}^3$

2. 挖沟槽土方定额工程量

定额工程量是指按计价定额工程量计算规则及结合所采用的施工方案所计算的工程量。招标人按此工程量确定招标控制价，投标人按此工程量进行投标报价。

需要说明的是，对于同一个清单项目，当招标人和不同投标人在计算定额工程量时，施工考虑所采用的施工方案或依据的计价定额工程量计算规则与清单规则相同时，则定额工程量与清单工程量相等；不同时，定额工程量与清单工程量不相等。

本例中设计采用C15素混凝土垫层，假设C15素混凝土垫层施工时，支模板所需的工作面宽度为300mm，因挖土深为1.2m，所以不需放坡。则定额工程量与清单工程量相等。

3. 编制工程量清单

挖沟槽土方工程量清单见表2-4。

**表2-4 分部分项工程量清单与计价表**

工程名称：××× 标段： 第 页共 页

| 序号 | 项目编码 | 项目名称 | 项目特征描述 | 计量单位 | 工程量 | 金额/元 | | |
|---|---|---|---|---|---|---|---|---|
| | | | | | | 综合单价 | 合价 | 其中：暂估价 |
| | | A.1土（石）方工程 | | | | | | |
| 1 | 010101003001 | 挖沟槽土方 | 土壤类别：Ⅲ类土<br>挖土深度：1.2m<br>弃土运距：3km | $\mathrm{m}^3$ | 50.26<br>(72.79) | | | |

## 三、挖淤泥、流砂

淤泥是一种稀软状，不易成型的灰黑色、有臭味，含有半腐朽的植物遗体（占60%以上），置于水中有动植物残体渣滓浮于水面，并常有气泡由水中冒出的泥土。流砂是指在坑内抽水时，坑底的土会成流动状态，随地下水涌出。

**1. 工程量计算**

按设计图示位置、界限以体积计算。

挖方出现淤泥、流砂时，如设计未明确，在编制工程量清单时，其工程数量可为暂估量，结算时应根据实际情况由发包人与承包人双方现场签证确认工程量。

**2. 项目特征**

需描述挖掘深度，弃淤泥、流砂距离。

**3. 工程内容**

包含开挖、运输。

## 四、管沟土方

管沟土方项目适用于管道（给排水、工业、电力、通信）、光（电）缆沟［包括：人（手）孔、接口坑］及连接井（检查井）等。

**1. 工程量计算**

管沟土方以米计算，按设计图示以管道中心线长度计算；管沟土方以立方米计算，按设计图示管底垫层面积乘以挖土深度计算；无管底垫层按管外径的水平投影面积乘以挖土深度计算。不扣除各类井的长度，井的土方并入。

管沟因工作面和放坡增加的工程量是否并入土方工程量中，应按各省、自治区、直辖市或行业建设主管部门的规定实施；如并入土方工程量中，办理工程结算时，按经发包人认可的施工组织设计规定计算，编制工程量清单时，可按表 2-5 规定计算。

表 2-5 管沟施工每侧所需工作面宽度计算表

| 管沟材料 | 管道结构宽/mm | | | |
|---|---|---|---|---|
| | ≤500 | ≤1000 | ≤2500 | >2500 |
| 混凝土及钢筋混凝土管道/mm | 400 | 500 | 600 | 700 |
| 其他材质管道/mm | 300 | 400 | 500 | 600 |

注：管道结构宽，有管座的按基础外缘，无管座的按管道外径。

**2. 项目特征**

需描述土壤类别、管外径、挖沟深度、回填要求。

挖沟平均深度按以下规定计算：有管沟设计时，挖沟深度以沟垫层底表面标高至交付施工场地标高计算；无管沟设计时，直埋管（无沟盖板，管道安装好后，直接回填土）深度应按管底外表面标高至交付施工场地标高的平均高度计算。

**3. 工程内容**

包含排地表水，土方开挖，围护（挡土板）的支撑、运输、回填。

从工程内容可以看出，管沟土方项目内，除包含土方开挖外，还包含土方运输及土方回填，计价时应注意。另外，管沟的宽窄不同，施工费用就有所不同，计算时应注意区分。

## 五、回填方

回填方项目适用于场地回填、室内回填和基础回填，并包括指定范围内的土方运输以及

回填方清单工程量计算

借土回填的土方。

**1. 工程量计算**

按设计图示尺寸以体积计算。

（1）场地回填 $V$ = 回填面积 × 平均回填厚度

（2）室内回填 $V$ = 主墙间净面积 × 回填厚度

式中“主墙”是指结构厚度在120mm以上（不含120mm）的各类墙体。主墙间净面积可按下式计算：

主墙间净面积 = 底层建筑面积 − 内、外墙体所占水平平面面积

（3）基础回填

$V$ = 挖方清单项目工程量 − 自然地坪以下埋设的基础体积（包括基础垫层及其他构筑物）

**2. 项目特征**

需描述填方密实度要求，填方材料品种，填方粒径要求，填方来源、运距。

填方密实度要求在无特殊要求情况下，项目特征可以描述为满足设计和规范要求；填方材料品种可以不描述，但应注明由投标人根据设计要求验方后方可填入，并符合相关工程的质量规范要求；填方粒径要求在无特殊要求情况下可以不描述；如需买土回填，应在填方来源中描述，并注明买土方数量。

**3. 工程内容**

包含运输、回填、压实。

因地质情况变化或设计变更引起的土方工程量的变更，由业主与承包人双方现场认证，依据合同条件进行调整。

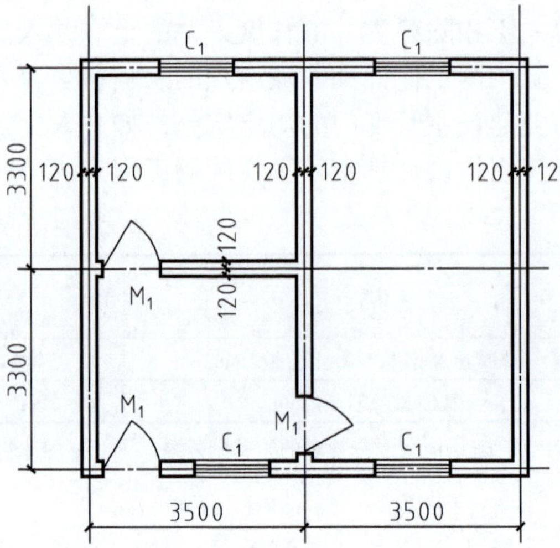


图2-14 某建筑物平面图

**【例2-3】**（接例2-2）图2-14所示为某建筑物平面图。已知图2-13中室外地坪以下C10混凝土垫层体积为4.19m³，钢筋混凝土基础体积为10.83m³，砖基础体积为6.63m³；室内地面标高为±0.000，地面厚220mm。试计算土方回填清单工程量、定额工程量，并列出土方回填清单（$M_1$洞口尺寸为900mm×2100mm）。

**【解】** 按例2-3中的情况1计算。

1. 土方回填清单工程量

基础土方回填工程量 = 挖土体积（清单工程量）− 设计室外地坪以下埋设的基础、垫层体积

$= (50.26 - 10.83 - 6.63 - 4.19)\text{m}^3 = 28.61\text{m}^3$

室内土方回填工程量 = 主墙间净面积 × 回填厚度

$= [(3.5-0.24)\times(3.3-0.24)\times2+(3.5-0.24)\times(6.6-0.24)]\text{m}^2\times(0.45-0.22)\text{m}$

$= (40.68\times0.23)\text{m}^3 = 9.36\text{m}^3$

2. 土方回填定额工程量

基础土方回填工程量 = 挖土体积（定额工程量）－设计室外地坪以下埋设的基础、垫层体积

$= (72.79 - 10.83 - 6.63 - 4.19)m^3 = 51.14m^3$

室内土方回填定额工程量同清单工程量，即9.36$m^3$。

3. 编制工程量清单

土方回填工程量清单见表2-6。



**表2-6 分部分项工程量清单与计价表**

工程名称：×××　　　　标段：　　　　第　页共　页

| 序号 | 项目编码 | 项目名称 | 项目特征描述 | 计量单位 | 工程量 | 金额/元 | | |
|---|---|---|---|---|---|---|---|---|
| | | | | | | 综合单价 | 合价 | 其中：暂估价 |
| A.1土（石）方工程 | | | | | | | | |
| 1 | 010103001001 | 基础土方回填 | 密实度要求：满足设计和规范要求<br>填方材料品种：素土夯填<br>土方来源：原土方回运，运距5km | $m^3$ | 28.61 | | | |
| 2 | 010103001002 | 室内土方回填 | 密实度要求：满足设计和规范要求<br>填方材料品种：素土夯填<br>土方来源：原土方回运，运距5km | $m^3$ | 9.36 | | | |

## 六、余方弃置

### 1. 工程量计算

按挖方清单项目工程量减去利用回填方体积（正数）计算。计算式如下：

$V$ = 挖方清单项目工程量 − 回填土体积

### 2. 项目特征

需描述废弃料品种、运距。

### 3. 工程内容

包含余方点装料运输至弃置点。

## 能力训练2-2 计算土石方工程工程量

说明：项目2~4各任务能力训练部分清单项目工程量计算，都是为了编制工程量清单，故所计算的工程量皆为清单工程量。

【训练目的】 掌握土石方工程中各清单项目工程量的计算方法。

【能力目标】 能结合实际工程进行清单项目的列项及工程量的计算。

【原始资料】 ××办公楼设计图（见项目6任务1）；土质为Ⅱ类土；现场不留土，弃土运距3km。

【训练步骤】

1. 分析及列项

从能力训练1-1可以知道，本例应列清单项目有：平整场地、挖一般土方、基底3∶7灰土填料碾压、基础土方回填、室内土方回填。

2. 工程量计算

为了方便各个清单项目工程量的计算，首先算出以下数据：首层建筑面积、外墙中心线长、外墙中心线长、内墙净长线长。其中，外墙外边线长是指外墙外侧与外侧之间的距离，内墙净长线长是指内墙与外墙（或内墙）交点之间的距离。



首层建筑面积 $=(32.25\times11.25)\text{m}^2=362.81\text{m}^2$

外墙外边线长 $=(32.25+11.25)\text{m}\times2=87\text{m}$

外墙中心线长 $=\left(87-\dfrac{0.25}{2}\times8\right)\text{m}=86\text{m}$

200mm 内墙净长线长 $=(7.8+3-0.025\times2)\text{m}\times2=21.5\text{m}$

120mm 内墙净长线长 $=(3.6-0.025-0.1)\text{m}=3.475\text{m}$

（1）平整场地

平整场地工程量 = 建筑物首层建筑面积 $=362.81\text{m}^2$

（2）挖一般土方

挖土深度 $=(3.5-1.2)\text{m}=2.3\text{m}>1.2\text{m}$，故应放坡开挖。3∶7灰土回填1m范围内垂直开挖，剩余1.3m部分放坡开挖。3∶7灰土施工不留工作面，故 $C=0$。机械在坑上作业时，$K=0.75$。

$V_1$ = 3∶7灰土垫层长 × 3∶7灰土垫层宽 × 挖土深度

$=\{[(31.8+1.5\times2+1\times2)\times(10.8+1.2+1.5+1\times2)+2.1\times(9.0+1.75\times2+1\times2)]\times1.0\}\text{m}^3$

$=600.85\text{m}^3$

$V_2=(a+2c+KH)(b+2c+KH)H+\dfrac{1}{3}K^2H^3$ − 应扣除体积

$=\{[(31.8+1.5\times2+1\times2+0.75\times1.3)\times(13.2+1.2\times2+1\times2+0.75\times1.3)]\times1.3+\dfrac{1}{3}\times0.75^2\times1.3^3-(2.4+1.2-1.5)\times(3.6+3.9\times2+1.5-1.75)\times1.3\times2\}\text{m}^3$

$=(37.78\times18.58\times1.3+0.41-60.88)\text{m}^3=852.07\text{m}^3$

挖一般土方工程量 $=V_1+V_2=(600.85+852.07)\text{m}^3=1452.92\text{m}^3$

（3）基础土方回填

由图6-3、图6-8、图6-9、图6-11可知，室外地坪以下埋设有3∶7灰土填料、独立基础及其垫层、基础梁、暖沟垫层、散水下3∶7灰土，所以

基础土方回填工程量 = 挖土体积 − 设计室外地坪以下埋设的基础等体积

$=[1452.92-600.85_{(3:7灰土填料)}-65.92_{(基础)}-19.16_{(垫层)}-27.05_{(基础梁)}-4.17_{(暖沟垫层)}-10.52_{(散水下3:7灰土)}]\text{m}^3$

$=725.25\text{m}^3$

式中，基础、基础梁的体积计算见能力训练2-5，基础下垫层、暖沟垫层、散水下3∶7灰土

垫层的体积计算如下：

基础下垫层体积 $V=[2.6\times2.6\times0.1\times4_{(J-1)}+3.2\times3.2\times0.1\times8_{(J-2)}+3.9\times3.2\times0.1\times2_{(J-3)}+3.2\times2.6\times0.1\times2_{(J-4)}+3.7\times5.55\times0.1\times2_{(J-5)}]m^3$

$=19.16m^3$

暖沟垫层体积 $V=[(31.8-0.145\times2)+(10.8-1.49-0.145\times2)+(7.8-0.1)\times2]m\times1.49m\times0.1m$

$=8.33m^3$

因暖沟垫层底标高为 $-1.25m$，设计室外地坪为 $-1.2m$，所以基础土方回填体积中应扣除暖沟垫层体积的一半 $4.17m^3$。

散水下 3:7 灰土垫层体积 $V$ = 散水面积 × 散水厚

$=[70.15_{(见能力训练2\text{-}4)}\times0.15]m^3=10.52m^3$

（4）室内土方回填

由图 6-1 可知，本工程中一层卫生间地面厚 0.265m，卫生间以外其他地面厚 0.26m；由图 6-6 可知，室内外高差为 1.2m，则卫生间土方回填厚度 $=(1.2-0.265)m=0.935m$，卫生间以外其他房间土方回填厚度 $=(1.2-0.26)m=0.94m$。由图 6-3 可知，卫生间 $M_3$ 处墙厚 120mm，不是主墙，故其土方回填取至 120mm 厚墙的中线。

卫生间土方回填工程量 = 主墙间净面积 × 回填厚度

$=[(3.6-0.025-0.1)\times(1.5-0.025)\times0.935]m^3$

$=(3.475\times1.475\times0.935)m^3$

$=4.8m^3$

卫生间以外土方回填工程量 = 主墙间净面积 × 回填厚度

=（首层建筑面积 − 主墙、卫生间所占面积）× 回填厚度 − 暖沟及其垫层所占体积

$=[362.81-(0.37\times86+0.37\times21.5)_{(主墙)}-5.13]m^2\times0.94m-[(31.8-0.145\times2+10.8-0.145\times2-1.39+7.8\times2)\times1.39\times(0.94-0.05)]m^3_{(暖沟)}-4.17m^3_{(暖沟垫层)}$

$=[(362.81-39.78-5.13)\times0.94-69.56-4.17]m^3$

$=225.1m^3$

室内土方回填工程量 = 卫生间土方回填工程量 + 卫生间以外土方回填工程量

$=(4.8+225.1)m^3=229.9m^3$

**【注意事项】** 土石方工程的列项及工程量计算与现场施工情况息息相关，进行工程计价时，应详细了解有关资料，如施工现场周边环境、场地大小、施工组织设计等。

**【讨论】**

1）现若有一住宅楼工程，且首层设计有阳台，其平整场地工程量的计算与阳台是否有关？

2）挖一般土方项目的工程量是按 3:7 灰土垫层底面积乘以挖土深并考虑放坡增加工程量计算的。当工程中不进行地基处理时，条形基础、独立基础、满堂基础的土方工程量分别应如何计算？计算方法与本例相同吗？

3）若设计要求基槽内回填3:7灰土，其工程量与本例回填素土相等，所列项目是否有所变化？

4）某工程设计有地下室，则该工程进行计价时，回填土部分的列项与本例相同吗？其工程量的计算又有何变化？

## 任务3 地基处理与边坡支护工程



地基处理与边坡支护工程适用于地基与边坡的处理、加固，包括地基处理、基坑与边坡支护等项目。

### 一、地基处理

#### 1. 换填垫层

地基处理的方法之一就是换土垫层法。换填垫层项目适用于换填砂石、碎石、三合土、矿渣、素土等。

（1）工程量计算　按设计图示尺寸以体积计算。

（2）项目特征　需描述材料种类及配比，压实系数，掺加剂品种。

（3）工程内容　包含分层铺填，碾压、振密或夯实，材料运输。

#### 2. 强夯地基

强夯地基项目适用于各种夯击能量的地基夯击工程。

（1）工程量计算　按设计图示处理范围以面积计算，即根据每个点位所代表的范围乘以点数计算。如图2-15所示，工程量 $=4A\times5B$。

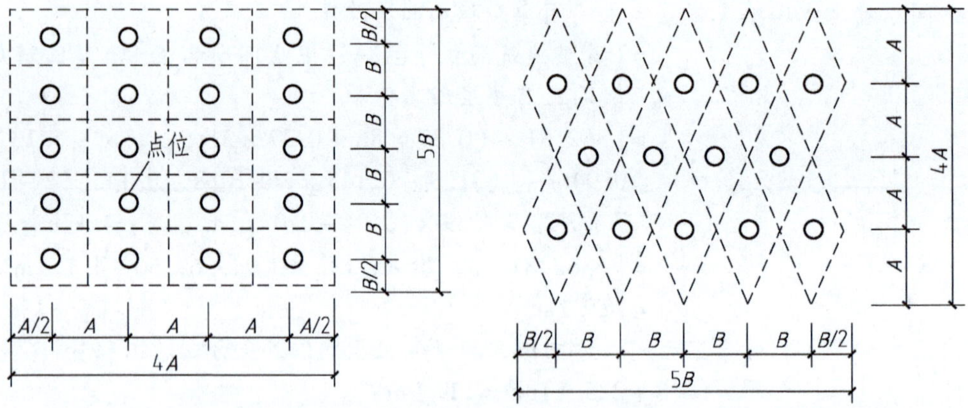


图2-15　强夯地基工程量计算示意图

（2）项目特征　需描述夯击能量，夯击遍数，夯击点布置形式、间距，地耐力要求，夯填材料种类。

（3）工程内容　包含铺设夯填材料，强夯，夯填材料运输。

#### 3. 振冲桩（填料）

振冲桩项目适用于振冲法成孔，灌注填料加以振密所形成的桩体。

（1）工程量计算　以米计量，按设计图示尺寸以桩长（包括桩尖）计算；以立方米计量，按设计桩截面乘以桩长（包括桩尖）以体积计算。

（2）项目特征　需描述地层情况，空桩长度、桩长，桩径，填充材料种类。

地层情况按“计量规范”附录A中土壤分类表、岩石分类表的规定，并根据工程勘察报告按单位工程各地层所占比例（包括范围值）进行描述，对无法准确描述的地层情况，可注明由投标人根据岩土工程勘察报告自行决定报价；桩长包括桩尖，空桩长度=孔深－桩长，孔深为自然地面至设计桩底的深度。下同。

1）为避免地层情况描述内容与实际地质情况有差异而造成重新组价，可采用以下方法进行处理：第一种方法是描述各类土石的比例及范围值；第二种方法是分不同土石类别分别列项；第三种方法是直接描述“详见勘察报告”。



2）为避免“空桩长度、桩长”的描述引起重新组价，可采用以下方法进行处理：第一种方法是描述“空桩长度、桩长”的范围值，或描述“空桩长度、桩长”的比例及范围值；第二种方法是空桩部分单独列项。

（3）工程内容　包含振冲成孔、填料、振实，材料运输，泥浆运输。

从工程内容可以看出，振冲桩项目内，除包含振冲桩外，还包含泥浆运输，计价时应注意。

#### 4. 砂石桩

砂石桩项目适用于各种成孔方式（振动沉管、锤击沉管）的砂石灌注桩。

（1）工程量计算　以米计量，按设计图示尺寸以桩长（包括桩尖）计算；以立方米计量，按设计桩截面乘以桩长（包括桩尖）以体积计算。

（2）项目特征　需描述地层情况，空桩长度、桩长，桩径，成孔方法，材料种类、级配。

（3）工程内容　包含成孔，填充、振实，材料运输。

#### 5. 深层搅拌桩

（1）工程量计算　按设计图示尺寸以桩长计算。

（2）项目特征　需描述地层情况，空桩长度、桩长，桩截面尺寸，水泥强度等级、掺量。

（3）工程内容　包含预搅下钻、水泥浆制作、喷浆搅拌提升成桩，材料运输。

#### 6. 粉喷桩

粉喷桩项目适用于水泥、生石灰粉等粉喷桩。

（1）工程量计算　按设计图示尺寸以桩长计算。

（2）项目特征　需描述地层情况，空桩长度、桩长，桩径，粉体种类、掺量，水泥强度等级、石灰粉要求。

（3）工程内容　包含预搅下钻、喷粉搅拌提升成桩，材料运输。

#### 7. 灰土（土）挤密桩

灰土（土）挤密桩项目适用于各种成孔方式的灰土（土）、石灰、水泥粉、煤灰等挤密桩。

（1）工程量计算　按设计图示尺寸以桩长（包括桩尖）计算。

（2）项目特征　需描述地层情况，空桩长度、桩长，桩径，成孔方法，灰土级配。

（3）工程内容　包含成孔，灰土拌和、运输、填充、夯实。

注意：

1）采用泥浆护壁成孔时，工程内容还包含土方、废泥浆外运。

2）采用沉管灌注成孔时，工程内容还包含桩尖制作、安装。

## 二、基坑与边坡支护

### 1. 地下连续墙



地下连续墙项目适用于各种导墙施工的复合型地下连续墙工程。

（1）工程量计算　按设计图示墙中心线长乘以厚度乘以槽深以体积计算，计算式如下：

$$V = 墙中心线长 \times 厚度 \times 槽深$$

（2）项目特征　需描述地层情况，导墙类型、截面，墙体厚度，成槽深度，混凝土种类、强度等级，接头形式。

混凝土种类是指清水混凝土、彩色混凝土等。如在同一地区既使用预拌（商品）混凝土，又允许现场搅拌混凝土时，应同时注明。

（3）工程内容　包含导墙挖填、制作、安装、拆除，挖土成槽、固壁、清底置换，混凝土制作、运输、灌注、养护，接头处理，土方、废泥浆外运，打桩场地硬化及泥浆池、泥浆沟。

从工程内容可以看出，地下连续墙项目内，除包含地下连续墙外，还包含导墙的挖槽、固壁，回填，土方、废泥浆外运及打桩场地硬化及泥浆池、泥浆沟，计价时应注意。

注意：地下连续墙中钢筋的制作、安装，按混凝土与钢筋混凝土工程中相关项目列项。

### 2. 锚杆（锚索）

锚杆项目是指在需要加固的土体中设置锚杆（钢管或粗钢筋、钢丝束、钢绞线）并灌浆，之后进行锚杆张拉并固定后所形成的支护。

（1）工程量计算　以米计量，按设计图示尺寸以钻孔深度计算；以根计量，按设计图示数量计算。

（2）项目特征　需描述地层情况，锚杆（锚索）类型、部位，钻孔深度，钻孔直径，杆体材料种类、规格、数量，预应力，浆液种类、强度等级。

（3）工程内容　包含钻孔、浆液制作、运输、压浆，锚杆（锚索）制作、安装，张拉锚固，锚杆（锚索）施工平台搭设、拆除。

### 3. 土钉

土钉项目是指在需要加固的土体中设置一排土钉（变形钢筋或钢管、角钢等）并灌浆，在加固的土体面层上固定钢丝网后，喷射混凝土面层后所形成的支护。

（1）工程量计算　同锚杆（锚索）。

（2）项目特征　需描述地层情况，钻孔深度，钻孔直径，置入方法；杆体材料品种、规格、数量，浆液种类、强度等级。其中，土钉置入方法包括钻孔置入、打入或射入等。

（3）工程内容　包含钻孔、浆液制作、运输、压浆，土钉制作、安装，土钉施工平台搭设、拆除。

注意：

1）本任务各清单项目适用于工程实体，如地下连续墙适用于构成建筑物、构筑物地下结构永久性的复合型地下连续墙（即复合型地下连续墙应列在分部分项工程量清单项目中）。作为深基础支护结构，应列入措施项目清单费内，在分部分项工程量清单中不反映其项目。

2）锚杆、土钉支护项目中的钻孔、布筋、锚杆安装、灌浆、张拉等需要搭设的脚手架，应列入措施项目清单费内。

3）地下连续墙、锚杆支护及土钉支护的钢筋网制作、安装，应按钢筋工程项目编码列项。

### 能力训练 2-3 计算地基处理与边坡支护工程工程量



【训练目的】 掌握地基处理与边坡支护工程中各清单项目工程量的计算方法。

【能力目标】 能结合实际工程进行清单项目的列项及工程量的计算。

【原始资料】 ××办公楼设计图（见项目6任务1）。

【训练步骤】

1. 分析及列项

从能力训练1-1可以知道，本例应列清单项目有：换填垫层（基底3:7灰土填料碾压）。

2. 工程量计算

基底3:7灰土填料碾压工程量 = 回填面积 × 回填厚度

$$= (600.85 \times 1)\,\text{m}^3 = 600.85\text{m}^3$$

【讨论】

若本例采用深层搅拌桩来进行地基处理，其清单项目应如何编列？

## 任务4 桩基工程

桩基工程包括打桩、灌注桩等项目。

### 一、打桩

#### 1. 预制钢筋混凝土方桩、预制钢筋混凝土管桩

（1）工程量计算 以米计量，按设计图示尺寸以桩长（包括桩尖）计算；以立方米计量，按设计图示截面积乘以桩长（包括桩尖）以实体积计算；以根计量，按设计图示数量计算。

（2）项目特征

1）预制钢筋混凝土方桩。需描述地层情况，送桩深度、桩长，桩截面，桩倾斜度，沉桩方法，接桩方式，混凝土强度等级。其中，桩截面、混凝土强度等级可直接用标准图代号进行描述。

2）预制钢筋混凝土管桩。需描述地层情况，送桩深度、桩长，桩外径、壁厚，桩倾斜度，沉桩方法，桩尖类型，混凝土强度等级，填充材料种类，保护材料种类。其中，桩截面、混凝土强度等级可直接用标准图代号进行描述。

（3）工程内容 包含工作平台搭拆，桩机竖拆、移位，沉桩，接桩，送桩。预制钢筋混凝土管桩还包含桩尖制作、安装，填充材料、刷防护材料。

从工程内容可以看出，预制钢筋混凝土方桩、预制钢筋混凝土管桩项目内，除包含预制钢筋混凝土方桩、预制钢筋混凝土管桩外，还包含接桩、送桩及管桩的桩尖，计价时应

注意。

注意：

1）预制钢筋混凝土方桩、预制钢筋混凝土管桩项目是以成品桩编制的，应包括成品桩的购置费；如果用现场预制，应包括现场预制桩的所有费用。

2）打试验桩和打斜桩应按相应项目单独列项，并应在项目特征中注明试验桩或斜桩（斜率）。

3）试桩与打桩之间间歇时间，机械在现场的停滞，应包括在打试桩项目价格内。

4）预制钢筋混凝土管桩桩顶与承台的连接构造按混凝土与钢筋混凝土工程中相关项目列项。

5）预制桩刷防护材料应包含在该项目价格内。

#### 2. 钢管桩

（1）工程量计算　以吨计量，按设计图示尺寸以质量计算；以根计量，按设计图示数量计算。

（2）项目特征　需描述地层情况，送桩深度、桩长，材质，管径、壁厚，桩倾斜度，沉桩方法，填充材料种类，保护材料种类。

（3）工程内容　包含工作平台搭拆，桩机竖拆、移位，沉桩，接桩，送桩，切割钢管、精割盖帽，管内取土，填充材料、刷防护材料。

#### 3. 截（凿）桩头

截（凿）桩头项目适用于本项目任务 3、4 所列桩的桩头截（凿）。

（1）工程量计算　以立方米计量，按设计桩截面乘以桩头长度以体积计算；以根计量，按设计图示数量计算。

（2）项目特征　需描述桩类型，桩头截面、高度，混凝土强度等级，有无钢筋。其中，桩类型可直接用设计桩型进行描述。

（3）工程内容　包含截（切割）桩头，凿平，废料外运。

从工程内容可以看出，截（凿）桩头项目内，除包含截（凿）桩头项目外，还包含废料外运，计价时应注意。

### 二、灌注桩

#### 1. 泥浆护壁成孔灌注桩

泥浆护壁成孔灌注桩是指在泥浆护壁条件下成孔，采用水下灌注混凝土的桩。

（1）工程量计算　以米计量，按设计图示尺寸以桩长（包括桩尖）计算；以立方米计量，按不同截面在桩上范围内以体积计算；以根计量，按设计图示数量计算。

（2）项目特征　需描述地层情况，空桩长度、桩长，桩径，成孔方法，护筒类型、长度，混凝土种类、强度等级。其中，成孔方法包括冲击钻成孔、冲抓锥成孔、回旋钻成孔、潜水钻成孔、泥浆护壁的旋挖成孔。

（3）工程内容　包含护筒埋设，成孔、固壁，混凝土制作、运输、灌注、养护，土方、废泥浆外运，打桩场地硬化及泥浆池、泥浆沟。

注意：

1）钻孔固壁泥浆的搅拌运输，土方、废泥浆外运，打桩场地硬化及泥浆池、泥浆沟，应包含在该项目价格内。

2）桩钢筋的制作、安装，应按混凝土与钢筋混凝土工程中相关项目编码列项。

### 2. 沉管灌注桩

（1）工程量计算　同泥浆护壁成孔灌注桩。

（2）项目特征　需描述地层情况，空桩长度、桩长，复打长度，桩径，沉管方法，桩尖类型，混凝土种类、混凝土强度等级。其中，沉管方法包括锤击沉管法、振动沉管法、振动冲击沉管法、内夯沉管法等。

（3）工程内容　包含打（沉）拔钢管，桩尖制作、安装，混凝土制作、运输、灌注、养护。



### 3. 挖孔桩土（石）方

（1）工程量计算　按设计图示尺寸（含护壁）截面积乘以挖孔深度以立方米计算。

（2）项目特征　需描述地层情况，挖孔深度，弃土（石）的运距。

（3）工程内容　包含排地表水，挖土、凿石，基底钎探，运输。

从工程内容可以看出，挖孔桩土（石）方项目内，除包含挖土（石）方项目外，还包含排地表水、基底钎探及土（石）方外运，计价时应注意。

### 4. 灌注桩后压浆

（1）工程量计算　按设计图示以注浆孔数计算。

（2）项目特征　需描述注浆导管材料、规格，注浆导管长度，单孔注浆量，水泥强度等级。

（3）工程内容　包含注浆导管制作、安装，浆液制作、运输、压浆。

## 任务5　砌筑工程

砌筑工程适用于建筑物、构筑物的砌筑工程，包含砖砌体、砌块砌体、石砌体、垫层等项目。

基础与墙身的划分及清单列项

### 一、基础与墙（柱）身的划分

基础与墙（柱）身按表2-7划分。

表2-7　基础与墙（柱）身划分

<table>
<tr><th colspan="3">材料名称</th><th>划分方法</th></tr>
<tr><td rowspan="3">砖</td><td rowspan="2">基础与墙身</td><td>基础与墙（柱）身使用同一种材料</td><td>以设计室内地面为界（有地下室的，按地下室室内设计地面为界），以下为基础，以上为墙（柱）身</td></tr>
<tr><td>基础与墙身使用不同材料</td><td>位于设计室内地面高度≤±300mm时，以不同材料为分界线；高度>±300mm时，以设计室内地面为分界线，以下为基础，以上为墙身</td></tr>
<tr><td colspan="2">砖围墙</td><td>以设计室外地坪为界，以下为基础，以上为墙身</td></tr>
<tr><td rowspan="3">石</td><td colspan="2">基础与勒脚</td><td>以设计室外地坪为界，以下为基础，以上为勒脚</td></tr>
<tr><td colspan="2">勒脚与墙身</td><td>以设计室内地面为界，以下为勒脚，以上为墙身</td></tr>
<tr><td colspan="2">石围墙</td><td>围墙内外地坪标高不同时，应以较低地坪标高为界，以下为基础；围墙内外标高之差为挡土墙时，挡土墙以上为墙身</td></tr>
</table>

## 二、砖基础

砖基础项目适用于各种类型砖基础，包括柱基础、墙基础、管道基础等。

### 1. 工程量计算

按设计图示尺寸以体积计算，计算式如下：

$$V=基础长度\times 基础断面面积+应增加体积-应扣除体积$$



式中，基础长度以外墙按中心线长计算，内墙按内墙净长线长计算；砖基础及折加高度如图2-16所示，其断面面积计算方法如下式：

$$砖基础断面积=基础墙墙厚\times 基础高度+大放脚增加面积$$

或

$$砖基础断面积=基础墙墙厚\times(基础高度+折加高度)$$

$$折加高度=\frac{大放脚增加面积}{基础墙墙厚}$$

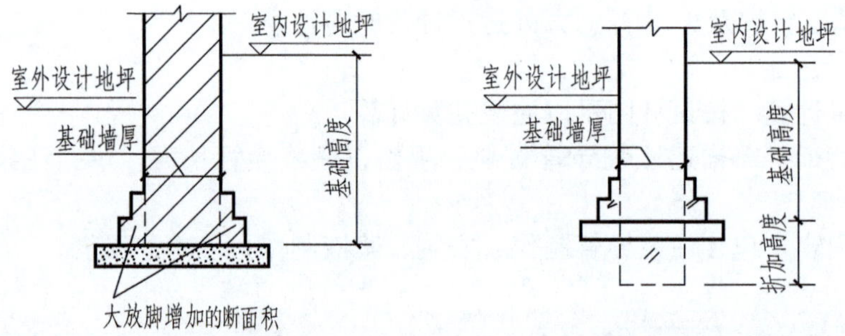


a) 等高式大放脚　　b) 折加高度示意图

图2-16　砖基础及折加高度示意图

大放脚增加面积及折加高度见表2-8，砖基础应增加或扣除或不加、不扣的体积见表2-9。

表2-8　等高不等高砖墙基大放脚折加高度和大放脚增加断面积

| 放脚层高 | 折加高度/m | | | | | | | | | | | | 增加断面积/$m^2$ | |
|---|---|---|---|---|---|---|---|---|---|---|---|---|---|---|
| | $\frac{1}{2}$砖（0.115） | | 1砖（0.24） | | $1\frac{1}{2}$砖（0.365） | | 2砖（0.49） | | $2\frac{1}{2}$砖（0.615） | | 3砖（0.74） | | | |
| | 等高 | 间隔式 | 等高 | 间隔式 | 等高 | 间隔式 | 等高 | 间隔式 | 等高 | 间隔式 | 等高 | 间隔式 | 等高 | 间隔式 |
| 一 | 0.137 | 0.137 | 0.066 | 0.066 | 0.043 | 0.043 | 0.032 | 0.032 | 0.026 | 0.026 | 0.021 | 0.021 | 0.01575 | 0.01575 |
| 二 | 0.411 | 0.342 | 0.197 | 0.164 | 0.129 | 0.108 | 0.096 | 0.080 | 0.077 | 0.064 | 0.064 | 0.053 | 0.04725 | 0.03938 |
| 三 | | | 0.394 | 0.328 | 0.259 | 0.216 | 0.193 | 0.161 | 0.154 | 0.128 | 0.128 | 0.106 | 0.0945 | 0.07875 |
| 四 | | | 0.656 | 0.525 | 0.432 | 0.345 | 0.321 | 0.253 | 0.256 | 0.205 | 0.213 | 0.170 | 0.1575 | 0.126 |
| 五 | | | 0.984 | 0.788 | 0.647 | 0.518 | 0.482 | 0.380 | 0.384 | 0.307 | 0.319 | 0.255 | 0.2363 | 0.189 |
| 六 | | | 1.378 | 1.083 | 0.906 | 0.712 | 0.672 | 0.530 | 0.538 | 0.419 | 0.447 | 0.351 | 0.3308 | 0.2599 |
| 七 | | | 1.838 | 1.444 | 1.208 | 0.949 | 0.900 | 0.707 | 0.717 | 0.563 | 0.596 | 0.468 | 0.441 | 0.3465 |
| 八 | | | 2.363 | 1.838 | 1.553 | 1.208 | 1.157 | 0.900 | 0.922 | 0.717 | 0.766 | 0.596 | 0.567 | 0.4411 |
| 九 | | | 2.953 | 2.297 | 1.942 | 1.510 | 1.447 | 1.125 | 1.153 | 0.896 | 0.958 | 0.745 | 0.7088 | 0.5513 |
| 十 | | | 3.610 | 2.789 | 2.372 | 1.834 | 1.768 | 1.366 | 1.409 | 1.088 | 1.171 | 0.905 | 0.8663 | 0.6694 |

表 2-9 砖基础工程量中应增加或扣除内容

| 项目 | 包含内容 |
|---|---|
| 增加的体积 | 附墙垛基础宽出部分体积 |
| 扣除的体积 | 地梁（圈梁）、构造柱所占体积 |
| 不增加的体积 | 靠墙暖气沟的挑檐 |
| 不扣除的体积 | 基础大放脚T形接头处的重叠部分，嵌入基础内的钢筋、铁件、管道、基础砂浆防潮层和单个面积0.3$m^2$以内的孔洞所占体积 |

### 2. 项目特征

需描述砖品种、规格、强度等级，基础类型，砂浆强度等级，防潮层材料种类。

### 3. 工程内容

包含砂浆制作、运输，砌砖，防潮层铺设，材料运输。

【例2-4】 某房屋平面及基础断面如图2-17所示。内、外墙基础上均设圈梁，体积为1.96$m^3$。试计算其砖基础工程量。

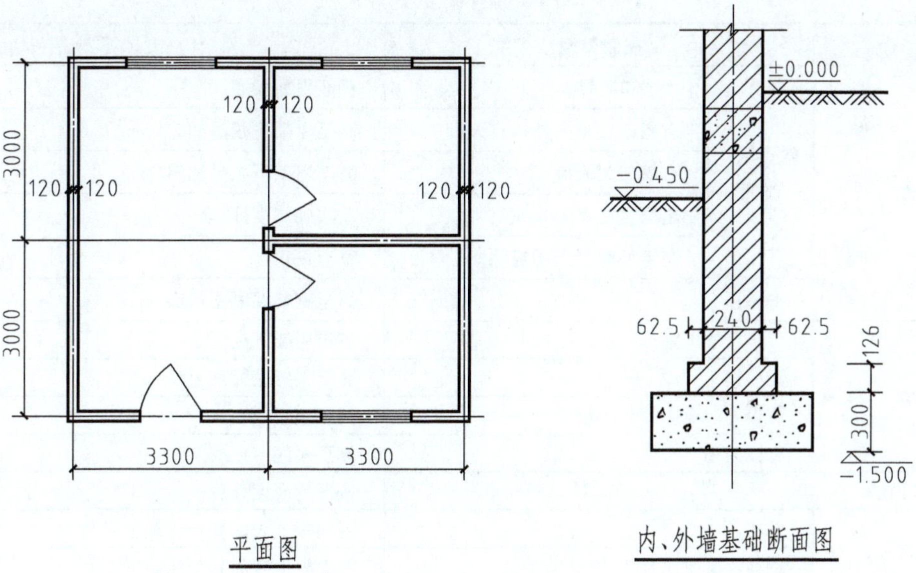


图2-17 某房屋平面及基础断面图

【解】 由图2-17可知：本例内、外墙厚均为240mm；基础上设有圈梁，其体积应从基础体积中扣除。

外墙中心线长 = (3.3×2+3×2)m×2 = 25.2m

内墙净长线长 = (6−0.24+3.3−0.24)m = 8.82m

砖基础断面面积 = 基础墙墙厚×基础高度+大放脚增加面积

= [0.24×(1.5−0.3)+0.01575]$m^2$ = 0.30$m^2$

砖基础工程量 = 基础长度×砖基础断面面积+应增加体积−应扣除体积

= [(25.2+8.82)×0.30−1.96]$m^3$

= (34.02×0.30−1.96)$m^3$ = 8.25$m^3$

## 三、实心砖墙、空心砖墙

实心砖墙项目适用于各种类型的实心砖墙，包括外墙、内墙、围墙、弧形墙等；“空心

实心砖墙清单工程量计算

砖墙”项目适用于各种规格的空心砖砌筑的墙体。

### 1. 工程量计算

按设计图示尺寸以体积计算，计算式如下：

$$V = 墙长 \times 墙厚 \times 墙高 - 应扣除体积 + 应增加体积$$

式中，墙长以外墙按外墙中心线长、内墙按内墙净长线长、女儿墙按女儿墙中心线长计算；墙厚按表2-10 计算；墙高取值见表2-11；应扣除、不扣除、应增加或不增加体积按表2-12 规定执行。框架间墙不分内外墙，按墙体净尺寸以体积计算。



**表 2-10　标准墙计算厚度**

| 砖数（厚度） | 1/4 | 1/2 | 3/4 | 1 | 1.5 | 2 | 2.5 | 3 |
|---|---|---|---|---|---|---|---|---|
| 计算厚度/mm | 53 | 115 | 180 | 240 | 365 | 490 | 615 | 740 |

**表 2-11　墙体高度计算规定**

| 墙体名称 | 屋面类型 | | 墙体高度计算方法 |
|---|---|---|---|
| 外墙 | 斜（坡）屋面 | 无檐口天棚 | 算至屋面板底 |
| | | 有屋架且室内外均有天棚 | 算至屋架下弦另加 200mm |
| | | 有屋架无天棚 | 算至屋架下弦另加 300mm |
| | | 出檐宽度≥600mm | 按实砌高度计算 |
| | | 与钢筋混凝土楼板隔层 | 算至板顶 |
| | 平屋顶 | | 算至钢筋混凝土板底 |
| 内墙 | 位于屋架下弦 | | 算至屋架下弦底 |
| | 无屋架 | | 算至天棚底另加 100mm |
| | 有钢筋混凝土楼板隔层 | | 算至楼板顶 |
| | 有框架梁 | | 算至梁底 |
| 内、外山墙 | | | 按平均高度计算 |
| 女儿墙 | 砖压顶 | | 屋面板上表面算至压顶上表面 |
| | 钢筋混凝土压顶 | | 屋面板上表面算至压顶下表面 |
| 围墙 | 砖压顶 | | 算至压顶上表面 |
| | 钢筋混凝土压顶 | | 算至压顶下表面 |

**表 2-12　墙体体积计算中的有关规定**

| 项目 | 包含内容 |
|---|---|
| 增加体积 | 凸出墙面的砖垛及附墙烟囱、通风道、垃圾道（扣除孔洞所占体积）的体积 |
| 扣除体积 | 门窗、洞口、嵌入墙内的钢筋混凝土柱、梁、圈梁、挑梁、过梁及凹进墙内的壁龛、管槽、暖气槽、消火栓箱所占体积 |
| 不增加体积 | 凸出墙面的腰线、挑檐、压顶、窗台线、虎头砖、门窗套的体积 |
| 不扣除体积 | 梁头、板头、檩头、垫木、木楞头、沿缘木、木砖、门窗走头、砖墙内的加固钢筋、木筋、铁件、钢管及单个面积≤0.3$m^2$的孔洞所占体积 |

注：1. 附墙烟囱、通风道、垃圾道的孔洞内，当设计规定需抹灰时，应单独按装饰工程清单项目编码列项。

2. 不论三皮砖以上或以下的腰线、挑檐，其体积都不计算；压顶凸出墙面部分不计算体积，凹进墙面部分也不扣除。

3. 砌体内加筋的制作、安装，应按混凝土及钢筋混凝土工程中相关项目编码列项。

4. 墙内砖过梁体积不扣除，其费用包含在墙体报价中。

### 2. 项目特征

需描述砖品种、规格、强度等级，墙体类型，砂浆强度等级、配合比要求。

注意：当实心砖墙类型不同时，其价格就不同，因而清单编制人在描述项目特征时必须详细，以便投标人准确报价。例如，应描述它是外墙还是内墙，砌筑砂浆的种类及强度等级等。

### 3. 工程内容

包含砂浆制作、运输，砌砖，刮缝，砖压顶砌筑，材料运输。

注意：砖砌体的勾缝按墙、柱面装饰与隔断、幕墙工程中相关项目编码列项。

**【例2-5】** 图2-18所示为某房屋平面图。已知墙体计算高度为3m，M5混合砂浆砌筑，墙体内埋件及门窗洞口尺寸见表2-13。试列出墙体的工程量清单项目并计算其工程量。

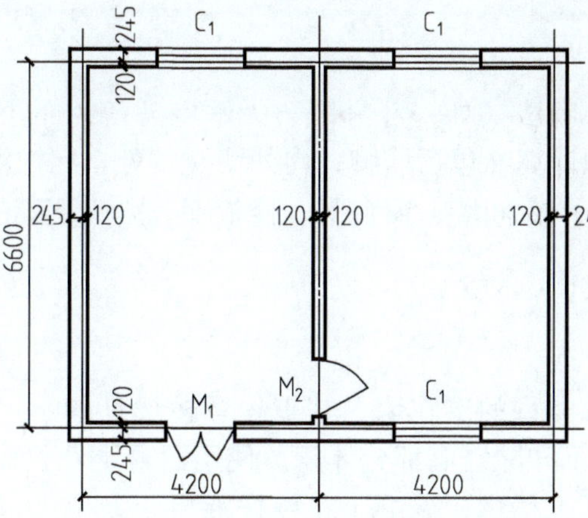


图2-18　某房屋平面图

**表2-13　门窗洞口尺寸及墙体埋件体积表**

| 门窗名称 | 洞口尺寸$\left(\frac{宽}{mm}\times\frac{高}{mm}\right)$ | 构件名称 | | 构件体积/$m^3$ |
|---|---|---|---|---|
| $M_1$ | 1200×2100 | 过梁 | 外墙 | 0.51 |
| $M_2$ | 1000×2100 | | 内墙 | 0.06 |
| $C_1$ | 1500×1500 | 圈梁 | 外墙 | 2.23 |
| | | | 内墙 | 0.31 |

**【解】** 1. 列项

由图2-18可知，本例设计有外墙和内墙，其墙厚分别为365mm、240mm，故应列清单项目见表2-14。

**表2-14　应列清单项目**

| 序号 | 项目编码 | 项目名称 | 项目特征 |
|---|---|---|---|
| 1 | 010401003001 | 实心砖墙 | M10标准砖，365mm厚外墙，M5混合砂浆砌筑 |
| 2 | 010401003002 | 实心砖墙 | M10标准砖，240mm厚内墙，M5混合砂浆砌筑 |

2. 工程量计算

外墙中心线长 $=(4.2\times2+0.0625\times2+6.6+0.0625\times2)\text{m}\times2=30.5\text{m}$

内墙净长线长 $=(6.6-0.24)\text{m}=6.36\text{m}$

外墙墙体工程量 = 墙长 × 墙厚 × 墙高 − 应扣除体积 + 应增加体积

= 墙长 × 墙厚 × 墙高 − 门窗洞口及埋件所占体积

$=[30.5\times0.365\times3-(1.2\times2.1+1.5\times1.5\times3)\times0.365-0.51-2.23]\text{m}^3$

$=[33.40-3.38-0.51-2.23]\text{m}^3=27.28\text{m}^3$



内墙墙体工程量 = 墙长 × 墙厚 × 墙高 − 应扣除体积 + 应增加体积

= 墙长 × 墙厚 × 墙高 − 门窗洞口及埋件所占体积

$=(6.36\times0.24\times3-1\times2.1\times0.24-0.06-0.31)\text{m}^3$

$=(4.58-0.50-0.06-0.31)\text{m}^3=3.71\text{m}^3$

## 四、空斗墙

空斗墙项目适用于各种砌法（如一斗一眠、无眠空斗等）的空斗墙，其工程量按设计图示尺寸以空斗墙外形体积计算，包括墙脚、内外墙交接处、门窗洞口立边、窗台砖、屋檐处的实砌部分体积。空斗墙的窗间墙、窗台下、楼板下、梁头下等的实砌部分，按零星砌砖项目编码列项。

## 五、空花墙

空花墙项目适用于各种类型的空花墙，其工程量按设计图示尺寸以空花部分外形体积（包括空花的外框）计算，不扣除空洞部分体积。使用混凝土花格砌筑的空花墙，应分实砌墙体和混凝土花格分别计算工程量，混凝土花格按混凝土及钢筋混凝土预制零星构件编码列项。

## 六、填充墙

填充墙项目适用于黏土砖砌筑，墙体中形成空腔，填充以轻质材料的墙体。其工程量按设计图示尺寸以填充墙外形体积计算。

## 七、零星砌砖

零星砌砖项目适用于砖砌的台阶、台阶挡墙、梯带、锅台、炉灶、蹲台、池槽、池槽腿、砖胎膜、花台、花池、楼梯栏板、阳台栏板、地垄墙、小于等于 $0.3\text{m}^2$ 的孔洞填塞等。

### 1. 工程量计算

（1）台阶　按水平投影面积计算，不包括梯带或台阶挡墙，如图 2-19 所示。

（2）小型池槽、锅台、炉灶　按数量以个计算，并以“长 × 宽 × 高”的顺序标明其外形尺寸。

（3）小便槽、地垄墙　按长度计算。

（4）其他零星项目　按图示尺寸以体积计算，如梯带、台阶挡墙。

### 2. 项目特征

需描述零星砌砖名称、部位，砖品种、规格、强度等级，砂浆强度等级、配合比。

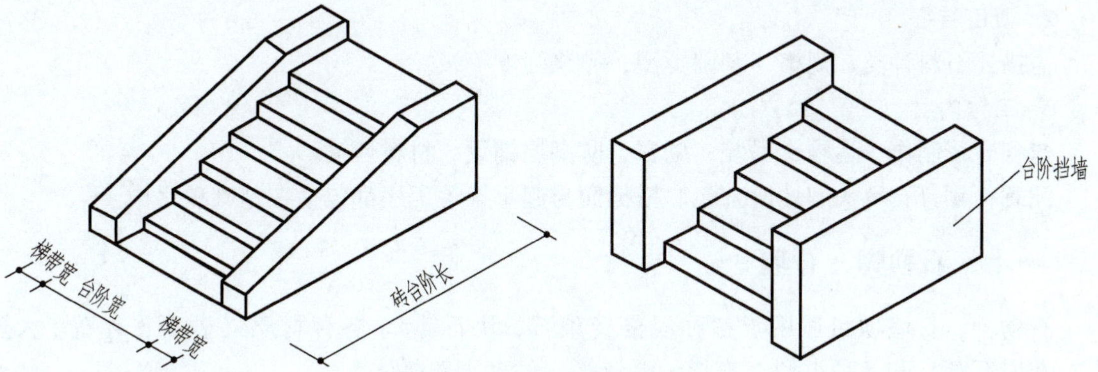


图 2-19 台阶示意图



### 3. 工程内容

包含砂浆制作、运输，砌砖，刮缝，材料运输。

## 八、砌块墙

砌块墙项目适用于各种规格的砌块砌筑的墙体。

（1）工程量计算　按设计图示尺寸以体积计算，计算式如下：

$$V = 墙长 \times 墙厚 \times 墙高 - 应扣除体积 + 应增加体积$$

式中，墙厚按设计尺寸计算；墙长、墙高及墙体中应扣除体积或应增加体积的规定同实心砖墙；嵌入砌块墙中的实心砖不扣除。

（2）项目特征　需描述砌块品种、规格、强度等级，墙体类型，砂浆强度等级。

（3）工程内容　包含砂浆制作、运输，砌砖、砌块，勾缝，材料运输。

注意：

1）砌体内加筋，墙体拉结的制作、安装，应按混凝土及钢筋混凝土工程中相关项目编码列项。

2）砌块排列应上、下错缝搭砌，如果搭错缝长度满足不了规定的压搭要求，应采取压砌钢筋网片的措施，具体构造要求按设计规定。若设计无规定时，应注明由投标人根据工程实际情况自行考虑；钢筋网片按金属结构工程中相应编码列项。

3）砌体垂直灰缝 >30mm 时，采用 C20 细石混凝土灌实，灌注的混凝土应按混凝土与钢筋混凝土工程相关项目编码列项。

## 九、石基础

石基础项目适用于各种规格（条石、块石等）、各种材质（砂石、青石等）和各种类型（柱基、墙基、直形、弧形等）基础。

### 1. 工程量计算

按设计图示尺寸以体积计算。包括附墙垛基础宽出部分的体积，不扣除基础砂浆防潮层及单个面积≤$0.3m^2$的孔洞，靠墙暖气沟的挑檐不增加体积。基础长度外墙按中心线，内墙按净长计算。

### 2. 项目特征

需描述石料种类、规格，基础类型，砂浆强度等级。

### 3. 工程内容

包含砂浆制作、运输，吊装，砌石，防潮层铺设，材料运输。

注意：剔打石料头、地座荒包、搭拆简易起重架等工序都包括在基础项目内。



## 十、石勒脚、石墙

石勒脚、石墙项目适用于各种规格（条石、块石等）、各种材质（砂石、青石、大理石、花岗石等）和各种类型（直形、弧形等）的勒脚和墙体。

### 1. 工程量计算

（1）石勒脚　按设计图示尺寸以体积计算，扣除单个面积 $>0.3m^2$ 的孔洞所占的体积。

（2）石墙　同实心砖墙。

### 2. 项目特征

需描述石料种类、规格，石表面加工要求，勾缝要求，砂浆强度等级、配合比。

### 3. 工程内容

包含砂浆制作、运输，吊装，砌石，石表面加工，勾缝，材料运输。

## 十一、砖散水、地坪

### 1. 工程量计算

按设计图示尺寸以面积计算。

### 2. 项目特征

需描述砖品种、规格、强度等级，垫层材料种类、厚度，散水、地坪厚度，面层种类、厚度，砂浆强度等级。

### 3. 工程内容

包含土方挖、运、填，地基找平、夯实，铺设垫层，砌砖散水、地坪，抹砂浆面层。

注意：砖散水、地坪的工程量清单项目应包括土方挖、运、填，垫层，结合层，面层等工序的费用。

## 十二、砖地沟、明沟

### 1. 工程量计算

以米计量，按设计图示以中心线长度计算。

### 2. 项目特征

需描述砖品种、规格、强度等级，沟截面尺寸，垫层材料种类、厚度，混凝土强度等级，砂浆强度等级。

### 3. 工程内容

包含土方挖、运、填，铺设垫层，底板混凝土制作、运输、浇筑、振捣、养护，砌砖，刮缝、抹灰，材料运输。

## 十三、垫层

除混凝土垫层项目按混凝土及钢筋混凝土工程相关项目编码列项外，没有包括垫层要求的清单项目应按本垫层项目编码列项，如楼地面工程中的3:7 灰土垫层。

### 1. 工程量计算

按设计图示以立方米计算。计算方法同混凝土垫层。

### 2. 项目特征

需描述垫层材料种类、配合比、厚度。

### 3. 工程内容

包含垫层材料的拌制，垫层铺设，材料运输。

## 能力训练 2-4　计算砌筑工程工程量

【训练目的】　掌握砌筑工程中各清单项目工程量的计算方法。

【能力目标】　能结合实际工程进行各清单项目的列项及工程量的计算。

【原始资料】　××办公楼设计图（见项目6任务1）。

【训练步骤】

1. 分析及列项

由图6-9可以看出，本工程地面以下墙体使用MU10普通烧结黏土砖及M7.5水泥砂浆砌筑，地面以上墙体使用A3.5加气混凝土砌块及M7.5混合砂浆砌筑，且未设地下室，故基础与墙身分界线取自材料分界处，即标高 -0.06m；由图6-3可以看出本工程设计有砖地沟。应列项目见表2-15。

表2-15　砌筑工程应列清单项目

| 序号 | 项目编码 | 项目名称 | 项目特征 |
|---|---|---|---|
| 1 | 010401001001 | 砖基础 | M7.5水泥砂浆、M10标准砖砌筑 |
| 2 | 010401003001 | 女儿墙 | M7.5混合砂浆砌筑标准砖，厚240mm |
| 3 | 010402001001 | 加气混凝土砌块墙 | M7.5混合砂浆砌筑A3.5加气混凝土砌块，外墙厚250mm |
| 4 | | 加气混凝土砌块墙 | M7.5混合砂浆砌筑A3.5加气混凝土砌块，内墙厚200mm |
| 5 | | 加气混凝土砌块墙 | M7.5混合砂浆砌筑A3.5加气混凝土砌块，内墙厚120mm |
| 6 | 010401014001 | 砖地沟 | 地沟净宽1m、净高1m，C10素混凝土垫层，M5混合砂浆砌筑 |
| 7 | 010401012001 | 零星砌砖 | M5混合砂浆砌筑台阶挡墙 |

2. 工程量计算

由图6-9可以看出，本工程基础及墙体中埋设有门窗洞口、预制GL、GZ、TZ，详见表2-16和表2-17。

表 2-16 门窗洞口面积计算 （单位：$m^2$）

| 门窗名称 | 洞口尺寸($\frac{长}{mm}\times\frac{宽}{mm}$) | 数量 | 洞口所在部位 | | | | |
|---|---|---|---|---|---|---|---|
| | | | 一层 | | | 二层 | |
| | | | 250mm 外墙 | 200mm 内墙 | 120mm 内墙 | 250mm 外墙 | 200mm 内墙 |
| $C_1$ | 2100×900 | 4 | 7.56 | | | | |
| $C_2$ | 1500×1800 | 4 | 5.4 | | | 5.4 | |
| $C_3$ | 1200×1200 | 4 | 5.76 | | | | |
| $C_5$ | 2100×1800 | 9 | 3.78 | | | 30.24 | |
| $C_6$ | 1200×1500 | 2 | | | | 3.6 | |
| $M_2$ | 1000×2100 | 7 | | 6.3 | | | 8.4 |
| $M_3$ | 750×2000 | 2 | | | 3 | | |
| $M_4$ | 1500×2400 | 1 | 3.6 | | | | |
| $M_5$ | 1500×2100 | 2 | | | | | 6.3 |
| 小计 | | | 26.1 | 6.3 | 3 | 39.24 | 14.7 |

表 2-17 砖基础、墙体埋件体积计算 （单位：$m^3$）

| 构件名称 | 构件所在部位 | | | | | |
|---|---|---|---|---|---|---|
| | 砖基础 | 一层 | | 二层 | | 女儿墙 |
| | | 250mm 外墙 | 200mm 内墙 | 250mm 外墙 | 200mm 内墙 | |
| 预制 GL | | 0.92 | 0.11 | 1.24 | 0.23 | |
| GZ | 0.42 | 1.18 | 0.22 | 1.23 | 0.68 | 1.65 |
| TZ | 0.15 | 0.24 | 0.33 | | | |
| 小计 | 0.57 | 2.34 | 0.66 | 2.47 | 0.91 | 1.65 |

注：表中预制 GL、GZ、TZ 的计算方法见能力训练2-5。

（1）砖基础

由图 6-9 可知，砖基础中设有构造柱 GZ 和 TZ，则

砖基础工程量 = 基础长度 × 基础断面面积 − GZ、TZ 所占体积

由图 6-10、表 2-17 可知：

Ⓑ、Ⓓ轴线：$[(31.8-0.45\times5)+(31.8-0.45\times3-0.5\times2)]\text{m}\times0.37\text{m}\times(0.99-0.18)\text{m}=17.68\text{m}^3$

①、②、⑦、⑧轴线：$[(10.8-0.45\times2)\times0.37\times(1.09-0.18)\times4]\text{m}^3=13.34\text{m}^3$

砖基础工程量 $=(17.68+13.34-0.57)\text{m}^3=30.45\text{m}^3$

（2）240mm 砖砌女儿墙

由图 6-5、图 6-8 可知：

女儿墙中心线长 $=[32.25-0.12\times2+(7.8+3+0.225\times2-0.12\times2)]\text{m}\times2=86.04\text{m}$

女儿墙工程量 = 女儿墙中心线长 × 墙高 × 墙厚 − 构造柱所占体积

$=[86.04\times(0.9-0.06)\times0.24-1.65]\text{m}^3=15.7\text{m}^3$

(3) 250mm 加气混凝土砌块外墙

由图 6-3、图 6-4、图 6-12、图 6-13 可知，本工程外墙上设有门窗洞口、预制 GL、GZ、TZ，具体数据见表 2-16、表 2-17，则

砌块外墙墙体工程量 = 框架间净空面积 × 墙厚 - 门窗洞口及预制 GL、GZ、TZ 所占体积

$$= [(3.6-0.45)\times 2\times(8.7-0.45\times 2)+(24.6-0.45\times 3)\times(8.7-0.75\times 2)+(3.6-0.45)\times 2\times(8.7-0.4\times 2)+(7.8-0.45)\times 2\times(8.7-0.65\times 2)]\,m^2\times 0.25m-(2.61+39.24)\,m^2\times 0.25m-(2.34+2.47)\,m^3$$

$$=78.5m^3$$

(4) 200mm 加气混凝土砌块内墙

由图 6-3、图 6-4、图 6-12、图 6-13 可知，本工程 200mm 内墙上设有门洞口、预制 GL、GZ、TZ，则砌块内墙墙体工程量 = 框架间净空面积 × 墙厚 - 门洞口及预制 GL、GZ、TZ 所占体积

由表 2-16 和表 2-17 可知：

一层：$[(3-0.45)\times 2\times(4.76-0.4)+(7.8-0.45)\times 2\times(4.76-0.65)]\,m^2\times 0.2m-(6.3\times 0.2)\,m^3-0.66m^3=14.61m^3$

二层：$[(32.25-0.225\times 2-3.6\times 2-0.45\times 3)\times(8.7-4.76-0.75)+(7.8-0.45)\times 2\times(8.7-4.76-0.65)+(7.8-0.1-0.025)\times 2\times(8.7-4.76-0.65)+(3-0.45)\times(8.7-4.76-0.4)]\,m^2\times 0.2m-(14.7\times 0.2)\,m^3-0.91m^3=32.57m^3$

砌块内墙墙体工程量 $=(14.61+32.57)\,m^3=47.18m^3$

(5) 120mm 加气混凝土砌块内墙

由图 6-3、图 6-4、图 6-12、图 6-13 可知，本工程 120mm 内墙上设有门洞口，由表 2-16可知：

砌块内墙墙体工程量 = 墙长 × 墙高 × 墙厚 - 门洞口所占体积

$$=[(3.6-0.025-0.1)\times(4.76-0.35-0.4)\times 0.12-3\times 0.12]\,m^3$$

$$=1.31m^3$$

(6) 砖地沟

由图 6-4、图 6-8 可知地沟设置的位置及立面尺寸，则

砖地沟工程量 = 砖地沟长

$$=(31.8-0.3-0.3-0.5)\,m+(10.8-0.3-0.3-0.5)\,m+(7.8+0.5)\,m\times 2$$

$$=57.00m$$

(7) 零星砌砖

由图 6-8 的台阶平面图及剖面图可以看出，本工程台阶设有台阶挡墙，其应列项目为零星砌砖。

零星砌砖工程量 = 台阶挡墙长 × 厚 × 高

$$=[(2.1+0.9)\times 0.37\times(1.12+0.5)]\,m^3\times 2=3.6m^3$$

【注意事项】 多层房屋设计中，不同层的砌体，砌筑砂浆强度等级往往不同，工程计价时，应注意区分。

【讨论】

1）当某房屋设计为砖混结构时，其墙体工程量的计算与本例框架结构的计算方法有无区别？长度、高度如何计取比较简便？

2）门窗洞口若采用钢筋砖过梁时，其体积是否从所在墙体工程量中扣除？钢筋砖过梁需要单独列项吗？



## 任务6 混凝土及钢筋混凝土工程

混凝土及钢筋混凝土工程适用于建筑物和构筑物的混凝土工程，包括各种现浇混凝土构件、预制混凝土构件及钢筋工程、螺栓铁件等项目，即均是以实体来命名的项目。而钢筋混凝土构件在施工中所需的模板，因是非实体项目，所以应在措施项目清单中列出。

### 一、现浇混凝土基础

现浇混凝土基础分为垫层、带形基础、独立基础、满堂基础、桩承台基础、设备基础。其中，垫层项目适用于各种基础下的混凝土垫层，楼地面垫层等；带形基础项目适用于各种带形基础，墙下的板式基础包括浇筑在一字排桩上面的带形基础；独立基础项目适用于块体柱基、杯形基础、无筋倒圆台基础、壳体基础、电梯井基础等；满堂基础项目适用于地下室的箱式基础、筏片基础等；桩承台基础项目适用于浇筑在组桩（如梅花桩）上的承台；设备基础项目适用于设备的块体基础、框架式基础等。

#### 1. 工程量计算

按设计图示尺寸以体积计算。不扣除伸入承台基础的桩头所占体积。

注意：所有现浇混凝土和钢筋混凝土构件体积中均不扣除构件内钢筋、螺栓、预埋铁件、张拉孔道所占体积，但应扣除劲性骨架的型钢所占体积。

（1）垫层 按设计图示尺寸以体积计算。其工程量计算式可表示为：

垫层工程量 = 垫层长 × 垫层宽 × 垫层厚

当为带形基础时，其中外墙基础下垫层长取外墙中心线长，内墙基础下垫层长取内墙基础下垫层净长。

（2）带形基础 带形基础按其形式不同可分为无梁式和有梁式两种，如图2-20所示。其工程量计算式如下：

$V$ = 基础断面积 × 基础长度

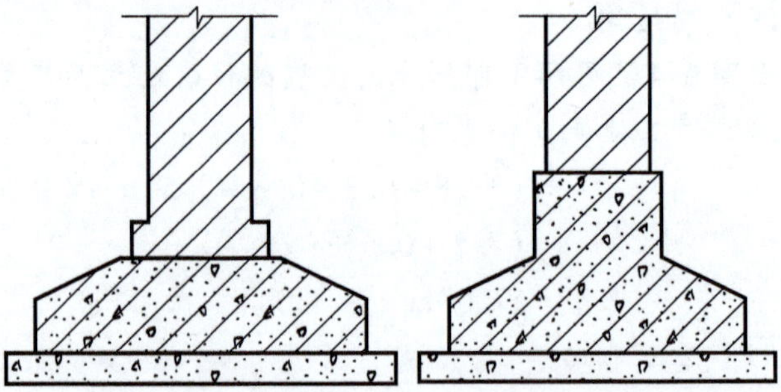


图2-20 带形基础

式中，基础长度的取值：外墙基础按外墙中心线长度计算，内墙基础按基础间净长线计算，如图2-21所示。

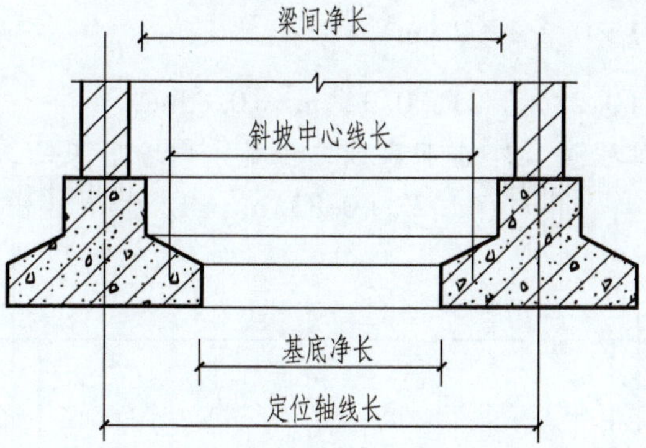


图2-21 内墙基础计算长度示意图

【例2-6】 图2-22所示为某房屋基础平面图及断面图，试计算基础工程量。

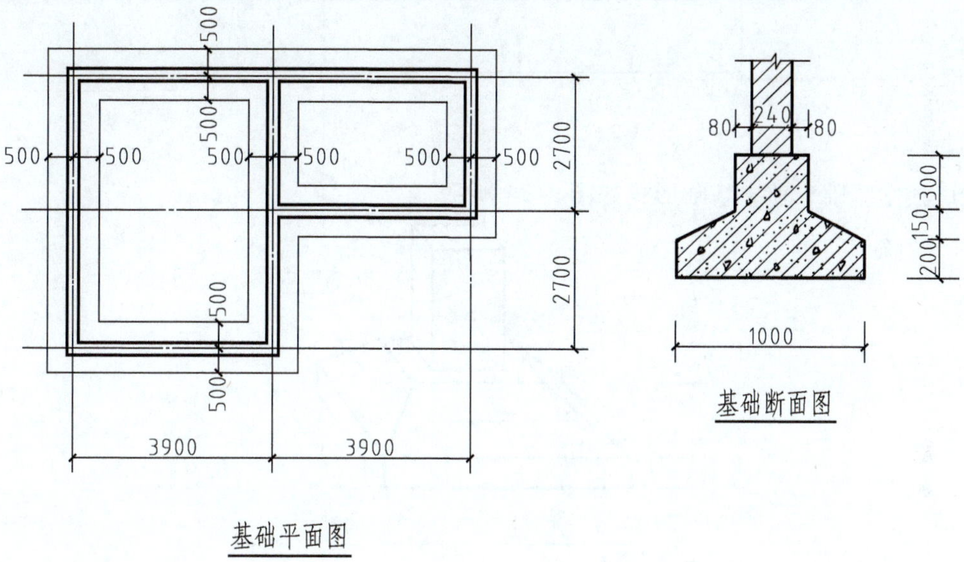


图2-22 某房屋基础平面图及断面图

【解】 基础工程量＝基础断面积×基础长度

外墙下基础工程量 $=\left[(0.08\times2+0.24)\times0.3+\dfrac{0.08\times2+0.24+1}{2}\times0.15+1\times0.2\right]\text{m}^2\times(3.9\times2+2.7\times2)\text{m}\times2$

$=[(0.12+0.105+0.2)\times26.4]\text{m}^3=11.22\text{m}^3$

图2-23所示为内、外墙基础交接示意图。从该图中可以看出，内墙下基础：

$$梁间净长=[2.7-(0.12+0.08)\times2]\text{m}=2.3\text{m}$$

$$斜坡中心线长=\left[2.7-\left(0.2+\frac{0.3}{2}\right)\times2\right]\text{m}=2.0\text{m}$$

$$基底净长=(2.7-0.5\times2)\text{m}=1.7\text{m}$$

内墙下基础工程量 $=\sum$(内墙下基础各部分断面积×相应计算长度)

$=\left[(0.08\times2+0.24)\times0.3\times2.3+\dfrac{0.08\times2+0.24+1}{2}\times0.15\times2.0+\right.$

$$1\times0.2\times1.7\Big]m^3$$
$$=(0.28+0.21+0.34)m^3=0.83m^3$$

基础工程量 = 外墙下基础工程量 + 内墙下基础工程量

$$=(11.22+0.83)m^3=12.05m^3$$



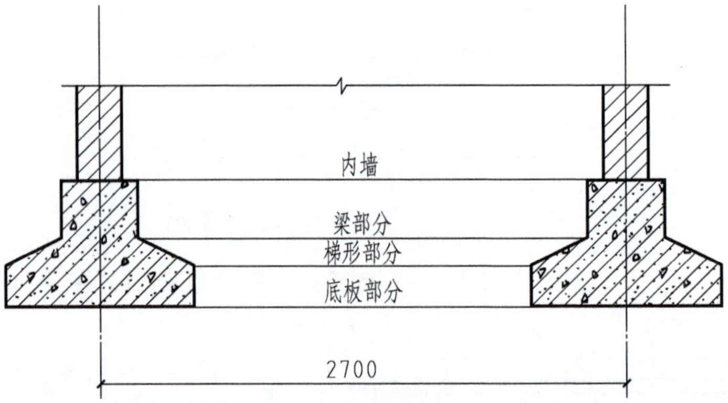


图 2-23　内、外墙基础交接示意图

(3) 独立基础　独立基础形式如图 2-24 所示。

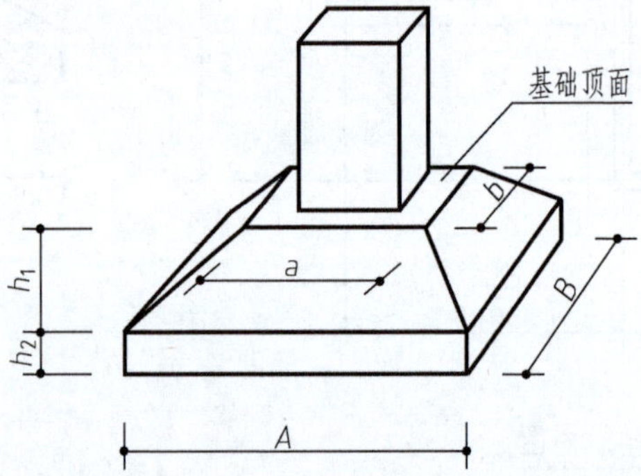


图 2-24　独立基础示意图

计算式如下：　$V=\frac{h_1}{6}[AB+ab+(A+a)(B+b)]+ABh_2$

(4) 满堂基础　满堂基础按其形式不同可分为无梁式和有梁式两种，如图 2-25 所示。

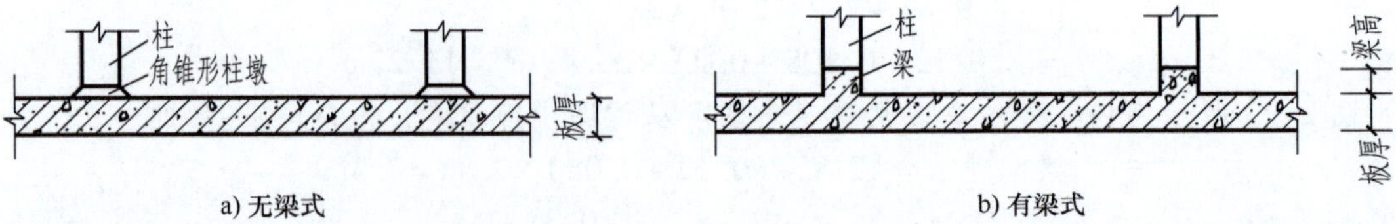


图 2-25　满堂基础

其工程量计算式如下：

无梁式满堂基础工程量 = 基础底板体积 + 柱墩体积

式中，柱墩体积的计算与角锥形独立基础的体积计算方法相同。

有梁式满堂基础工程量 = 基础底板体积 + 梁体积

### 2. 项目特征

需描述混凝土种类（预拌混凝土、现场搅拌混凝土等），砂浆强度等级。

混凝土种类是指清水混凝土、彩色混凝土等。如在同一地区既使用预拌（商品）混凝土，又允许现场搅拌混凝土时，应同时注明。如为毛石混凝土基础，应描述毛石所占比例。下同。

### 3. 工程内容



包含模板及支撑制作、安装、拆除、堆放、运输及清理模内杂物、刷隔离剂等，混凝土制作、运输、浇筑、振捣、养护。

本任务的现浇构件工程内容中，均叙述了模板及支撑制作、安装、拆除、堆放、运输及清理模内杂物、刷隔离剂等内容。模板及支架费用是否包含在混凝土构件的报价中按以下两种情况考虑：第一种情况，当招标人在措施项目清单中未编列现浇混凝土模板清单项目，模板及支架工程不再单列，按混凝土及钢筋混凝土实体项目执行，综合单价中应包含模板及支架等相关费用；第二种情况，当招标人在措施项目清单中单独编列现浇混凝土模板清单项目，模板及支架工程费用单独计算，混凝土及钢筋混凝土实体项目的综合单价中不包含模板及支架费用。

注意：

1）有肋带形基础、无肋带形基础应分别编码列项，并注明肋高。

2）箱式满堂基础可按满堂基础、柱、梁、墙、板分别编码列项，计算工程量。

3）框架式设备基础可按设备基础、柱、梁、墙、板分别编码列项，计算工程量。

## 二、现浇混凝土柱

现浇混凝土柱分为矩形柱、构造柱、异形柱，该项目适用于各种结构形式下的柱。

框架柱混凝土及模板清单工程量计算

### 1. 工程量计算

按设计图示尺寸以体积计算，其工程量计算式如下：

$$V = 柱断面面积 \times 柱高$$

式中，柱高可按表 2-18 规定计算。

表 2-18　柱高取值

| 名称 | 柱高取值 |
|---|---|
| 有梁板柱高 | 自柱基上表面（或楼板上表面）至上一层楼板上表面之间的高度 |
| 无梁板柱高 | 自柱基上表面（或楼板上表面）至柱帽下表面之间的高度 |
| 框架柱高 | 自柱基上表面至柱顶高度 |
| 构造柱高 | 全高 |

注：1. 有梁板是指现浇密肋板、井字梁板（即由同一平面内相互正交或斜交的梁与板所组成的结构构件）。

2. 无梁板是指没有梁、直接支撑在柱上的板。柱帽体积计入板工程量内。

### 2. 项目特征

需描述混凝土种类，混凝土强度等级。异形柱还需描述柱形状。

### 3. 工程内容

包含模板及支架（撑）制作、安装、拆除、堆放、运输及清理模内杂物、刷隔离剂等，混凝土制作、运输、浇筑、振捣、养护。

构造柱混凝土及模板清单工程量计算

注意：

1）构造柱嵌接墙体部分（马牙槎）并入柱身体积计算。

2）薄壁柱也称为隐壁柱，指在框剪结构中，隐藏在墙体中的钢筋混凝土柱。单独的薄壁柱根据其截面形状，确定以矩形柱或异形柱编码列项。

3）依附柱上的牛腿和升板的柱帽，并入柱身体积计算。其中，升板建筑是指利用房屋自身网状排列的承重柱作为导杆，将就地叠层生产的大面积楼板由下而上逐层提升、就位固定的一种方法。升板的柱帽是指升板建筑中联结板与柱之间的构件。

4）混凝土柱上的钢牛腿按“计量规范”中的相应钢构件编码列项。

**【例 2-7】** 图 2-26 显示了某房屋所设构造柱的位置。已知该房屋二层板面至三层板面高为 3.0m，圈梁高 300mm，圈梁与板平齐，墙厚 240mm，构造柱尺寸 240mm×240mm。试计算标准层构造柱工程量。

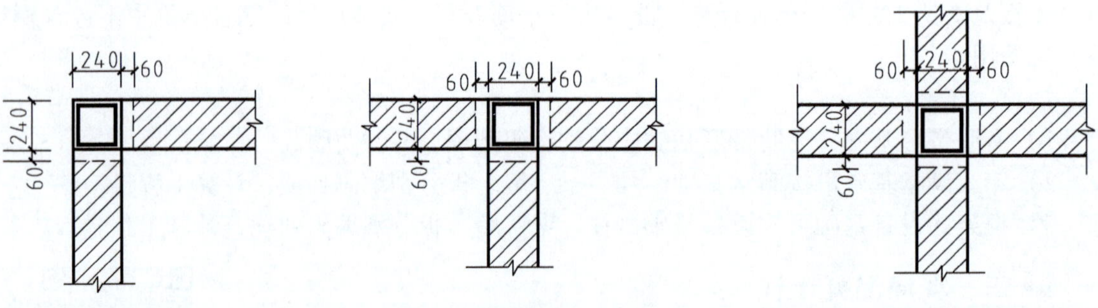


a) 转角处　　b) T形接头处　　c) 十字形接头处

图 2-26　构造柱设置示意图

**【解】**

1）图 2-26 所示的虚线表示构造柱与墙连接时，砖墙砌筑为马牙槎。其立面形式如图 2-27 所示。这就使构造柱的断面尺寸发生了变化。为了简化工程量的计算过程，构造柱的断面计算尺寸取至马牙槎的中心线，即图 2-27所示的虚线位置。则

构造柱断面积 = 构造柱的矩形断面积 + 马牙槎面积

构造柱工程量 = 构造柱断面积 × 构造柱高

2）构造柱的计算高度取全高，即层高。马牙槎只留设至圈梁底，故马牙槎的计算高度取至圈梁底。

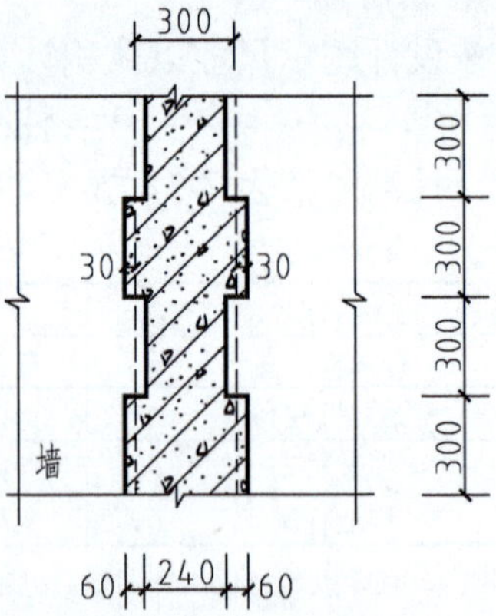


图 2-27　构造柱计算尺寸示意图

图 2-26a：$\left[0.24\times0.24\times3+\frac{1}{2}\times0.06\times0.24\times2\times(3-0.3)\right]m^3=0.21m^3$

图 2-26b：$\left[0.24\times0.24\times3+\frac{1}{2}\times0.06\times0.24\times3\times(3-0.3)\right]m^3=0.23m^3$

图 2-26c：$\left[0.24 \times 0.24 \times 3 + \frac{1}{2} \times 0.06 \times 0.24 \times 4 \times (3 - 0.3)\right] m^3 = 0.25m^3$

$$构造柱工程量 = (0.21 + 0.23 + 0.25)m^3 = 0.69m^3$$

## 三、现浇混凝土梁

现浇混凝土梁分为基础梁、矩形梁、异形梁、圈梁、过梁及弧形、拱形梁。其中，“基础梁”项目适用于独立基础间架设的，承受上部墙传来荷载的梁；“圈梁”项目适用于为了加强结构整体性，构造上要求设置的封闭型的水平梁；“过梁”项目适用于建筑物门窗洞口上所设置的梁；“矩形梁”“异形梁”“弧形、拱形梁”项目适用于除了以上三种梁外的截面为矩形、异形及形状为弧形、拱形的梁。

现浇混凝土梁
工程量计算

### 1. 工程量计算

按设计图示尺寸以体积计算。伸入墙内（砌筑墙）梁头、梁垫并入梁体积内。其工程量计算式如下：

$$V = 梁断面面积 \times 梁长$$

式中，梁长可按表 2-19 规定计算。

表 2-19　梁长取值

| 名称 | 梁长取值 |
|---|---|
| 梁与柱连接 | 算至柱侧面 |
| 主梁与次梁连接 | 次梁算至主梁侧面（即截面小的梁长算至截面大的梁侧面） |
| 圈梁 | 外墙圈梁长取外墙中心线长（当圈梁截面宽同外墙宽时），内墙圈梁长取内墙净长线 |

### 2. 项目特征

需描述混凝土种类，混凝土强度等级。

### 3. 工程内容

包含模板及支架（撑）制作、安装、拆除、堆放、运输及清理模内杂物、刷隔离剂等，混凝土制作、运输、浇筑、振捣、养护。

## 四、现浇混凝土墙

现浇混凝土墙分直形墙、弧形墙、短肢剪力墙、挡土墙。其中，直形墙、弧形墙两个项目除了适用于墙项目外，也适用于电梯井。短肢剪力墙是指截面厚度不大于 300mm、各肢截面高度与厚度之比的最大值大于 4 但不大于 8 的剪力墙。各肢截面高度与厚度之比的最大值不大于 4 的剪力墙按柱项目编码列项。

### 1. 工程量计算

按设计图示尺寸以体积计算。扣除门窗洞口及单个面积 $>0.3m^2$ 的孔洞所占体积，墙垛及凸出墙面部分并入墙体体积内计算。

### 2. 项目特征

需描述混凝土种类，混凝土强度等级。

### 3. 工程内容

包含模板及支架（撑）制作、安装、拆除、堆放、运输及清理模内杂物、刷隔离剂等，混凝土制作、运输、浇筑、振捣、养护。

注意：与墙相连接的薄壁柱按墙项目编码列项。

现浇混凝土挑檐清单工程量计算

## 五、现浇混凝土板

现浇混凝土板分为有梁板，无梁板，平板，拱板，薄壳板，栏板，天沟（檐沟）、挑檐板，雨篷、悬挑板、阳台板，空心板，其他板等。其中，有梁板项目适用于密肋板、井字梁板；无梁板项目适用于接支撑在柱上的板；平板项目适用于直接支撑在墙上（或圈梁上）的板；栏板项目适用于楼梯或阳台上所设的安全防护板。

### 1. 工程量计算

按设计图示尺寸以体积计算。不扣除单个面积≤0.3$m^2$的柱、垛以及孔洞所占体积。

1）有梁板（包括主、次梁和板）按梁、板体积之和计算。

2）无梁板按板和柱帽体积之和计算。

$$V=\text{板体积}+\text{柱帽体积}$$

因柱帽形状为倒置的四棱台，故其体积计算方法同独立基础计算方法。

3）薄壳板按板、肋和基梁体积之和计算。

4）各类伸入墙内的板称平板，其板头并入板体积内计算。

$$V=\text{板长}\times\text{板宽}\times\text{板厚}$$

式中，板长取全长，板宽取全宽。

5）天沟、挑檐板按设计图示尺寸以体积计算。当天沟、挑檐板与板（屋面板）连接时，以外墙外边线为界，与圈梁（包括其他梁）连接时，以梁外边线为界，外边线以外为天沟、挑檐。

6）雨篷和阳台板按设计图示尺寸以墙外部分体积计算（包括伸出墙外的牛腿和雨篷反挑檐的体积）。雨篷、阳台与板（楼板、屋面板）连接时，以外墙外边线为界，与圈梁（包括其他梁）连接时，以梁外边线为界，外边线以外为雨篷、阳台。

7）其他板按设计图示尺寸以体积计算。

注意：混凝土板采用浇筑复合高强薄型空心管时，其工程量应扣除管所占体积，复合高强薄型空心管应包括在混凝土板项目内。采用轻质材料浇筑在有梁板内，轻质材料应包括在内。压型钢板混凝土楼板扣除构件内压型钢板所占体积。

### 2. 项目特征

需描述混凝土种类，混凝土强度等级。

### 3. 工程内容

包含模板及支架（撑）制作、安装、拆除、堆放、运输及清理模内杂物、刷隔离剂等，混凝土制作、运输、浇筑、振捣、养护。

【例 2-8】 某房屋二层结构平面图如图 2-28 所示。已知一层板顶标高为 3.0m，二层板顶标高为 6.0m，现浇板厚 100mm，各构件混凝土强度等级为 C25，构件尺寸见表 2-20。试计算二层各钢筋混凝土构件工程量。

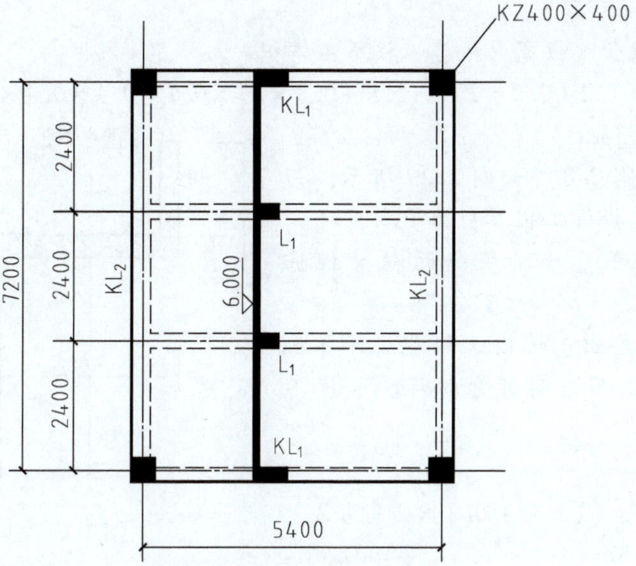


图 2-28 二层结构平面图

表 2-20 构件尺寸

| 构件名称 | 构件尺寸 |
| --- | --- |
| KZ | 400mm×400mm |
| $KL_1$ | 250mm×500mm（宽×高） |
| $KL_2$ | 300mm×650mm（宽×高） |
| $L_1$ | 250mm×400mm（宽×高） |

**【解】** 1. 列清单项目（表 2-21）

表 2-21 应列清单项目表

| 序号 | 项目编码 | 项目名称 | 项目特征 |
| --- | --- | --- | --- |
| 1 | 010502001001 | 现浇混凝土矩形柱 | C25，商品混凝土 |
| 2 | 010503002001 | 现浇混凝土矩形梁 | C25，商品混凝土 |
| 3 | 010505003001 | 现浇混凝土平板 | C25，商品混凝土 |

2. 工程量计算

（1）矩形柱（KZ）

矩形柱工程量 = 柱断面面积 × 柱高 × 根数 = $[0.4\times0.4\times(6-3)\times4]\text{m}^3=1.92\text{m}^3$

（2）矩形梁（$KL_1$、$KL_2$、$L_1$）

$$矩形梁工程量 = 梁断面面积 \times 梁长 \times 根数$$

$$KL_1 工程量 = [0.25\times(0.5-0.1)\times(5.4-0.2\times2)\times2]\text{m}^3=1.0\text{m}^3$$

$$KL_2 工程量 = [0.3\times(0.65-0.1)\times(7.2-0.2\times2)\times2]\text{m}^3=2.24\text{m}^3$$

$$L_1 工程量 = [0.25\times(0.4-0.1)\times(5.4+0.2\times2-0.3\times2)\times2]\text{m}^3=0.78\text{m}^3$$

$$矩形梁工程量 = KL_1、KL_2、L_1 工程量之和 = (1.0+2.24+0.78)\text{m}^3=4.02\text{m}^3$$

(3) 平板

平板工程量 = 板长 × 板宽 × 板厚 − 柱所占体积

$= [(7.2+0.2\times2)\times(5.4+0.2\times2)\times0.1-0.4\times0.4\times0.1\times4]\text{m}^3$

$=4.34\text{m}^3$

【例 2-9】（接例 2-8）如图 2-29 所示，若屋面设计为挑檐，其挑檐工程量应为多少？

【解】 挑檐工程量 = 挑檐断面积 × 挑檐长度

从图 2-29 可以看出：挑檐工程量应计算挑檐平板及立板部分。而这两部分的计算长度不同，故应分别计算。

由图 2-28 可知：

外墙外边线长 $=[(5.4+0.2\times2+7.2+0.2\times2)\times2]\text{m}=26.8\text{m}$

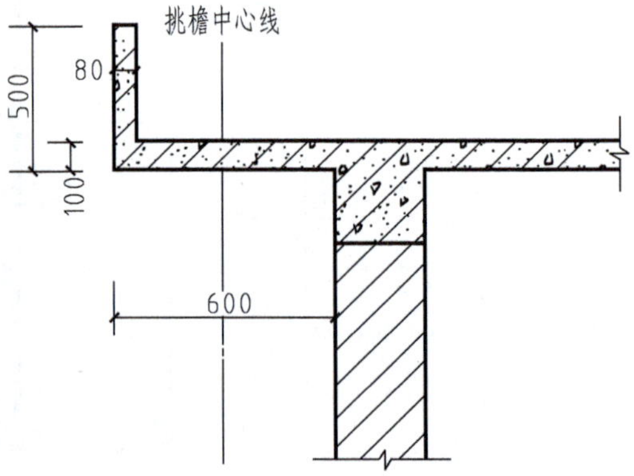


图 2-29 挑檐断面图

挑檐平板工程量 $=\left[0.6\times0.1\times\left(26.8+\frac{0.6}{2}\times8\right)\right]\text{m}^3=(0.6\times0.1\times29.2)\text{m}^3=1.75\text{m}^3$

挑檐立板工程量 $=(0.5-0.1)\text{m}\times0.08\text{m}\times\left[26.8+\left(0.6-\frac{0.08}{2}\right)\times8\right]\text{m}$

$=(0.4\times0.08\times31.28)\text{m}^3=1.0\text{m}^3$

挑檐工程量 = 挑檐平板工程量 + 挑檐立板工程量 $=(1.75+1.0)\text{m}^3=2.75\text{m}^3$

现浇混凝土楼梯清单工程量计算

## 六、现浇混凝土楼梯

现浇混凝土楼梯分为直形楼梯和弧形楼梯。

### 1. 工程量计算

按设计图示尺寸以水平投影面积计算。不扣除宽度≤500mm 的楼梯井，伸入墙内部分不计算。

注意：其水平投影面积包括休息平台、平台梁、斜梁以及楼梯与楼板连接的梁。当整体楼梯与现浇楼板无梯梁连接时，以楼梯的最后一个踏步边缘加 300mm 为界，如图 2-30 所示。其计算式如下：

$$\text{楼梯工程量}=\sum_{i=1}^{n}L_i\times B_i-\text{各层梯井所占面积(梯井宽}>500\text{mm 时)}$$

式中，$i$ 指楼梯层数。

当楼梯各层水平投影面积相等时

楼梯工程量 $=L\times B\times$ 楼梯层数 − 各层梯井所占面积（梯井宽 >500mm 时）

### 2. 项目特征

需描述混凝土种类，混凝土强度等级。

### 3. 工程内容

包含模板及支架（撑）制作、安装、拆除、堆放、运输及清理模内杂物、刷隔离剂等，混凝土制作、运输、浇筑、振捣、养护。

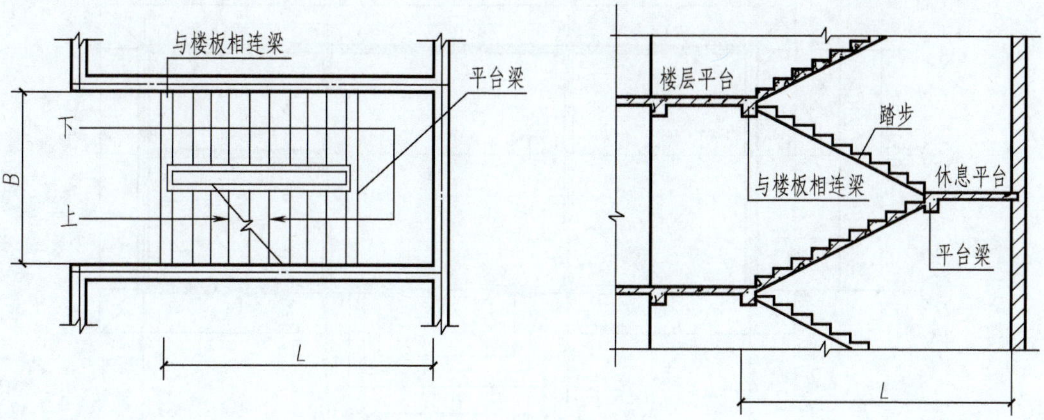


图 2-30 楼梯示意图



## 七、现浇混凝土其他构件

现浇混凝土其他构件分为散水、坡道，室外地坪，电缆沟、地沟，台阶，扶手、压顶，化粪池、检查井，其他构件。其中，散水、坡道项目适用于结构层为混凝土的散水、坡道；电缆沟、地沟项目适用于沟壁为混凝土的地沟项目；扶手是指依附之用的扶握构件，较窄；压顶是指加强稳定封顶的构件，较宽；其他构件项目适用于小型池槽、垫块、门框等。

### 1. 工程量计算

1）散水、坡道，室外地坪工程量按设计图示尺寸以面积计算，不扣除单个面积≤0.3$m^2$的孔洞所占面积。

2）电缆沟、地沟工程量：按设计图示尺寸以中心线长度计算。

3）台阶工程量以平方米计量，按设计图示尺寸水平投影面积计算；台阶工程量以立方米计量，按设计图示尺寸以体积计算。台阶与平台连接时，其分界线以最上层踏步外沿加300mm计算。

4）扶手、压顶工程量以米计量，按设计图示的中心线延长米计算；以立方米计量，按设计图示尺寸以体积计算。

5）其他构件等工程量按设计图示尺寸以体积计算，不扣除构件内钢筋、预埋铁件等所占体积；以座计量，按设计图示数量计算。

【例 2-10】 图 2-31a 所示为某房屋平面图，试计算其台阶和散水工程量。

【解】 1. 台阶工程量

由图 2-31a 可以看出，本例台阶与平台相连，故台阶应算至最上一层踏步外沿 300mm，如图 2-31b 所示。

台阶工程量 = 水平投影面积

$$= [(3.0+0.3\times4)\times(1.2+0.3\times2)-(3.0-0.3\times2)\times(1.2-0.3)]\text{m}^2$$

$$= (7.56-2.16)\text{m}^2 = 5.4\text{m}^2$$

2. 散水工程量

散水工程量 = 图示面积

= 散水中心线长 × 散水宽 − 台阶所占面积

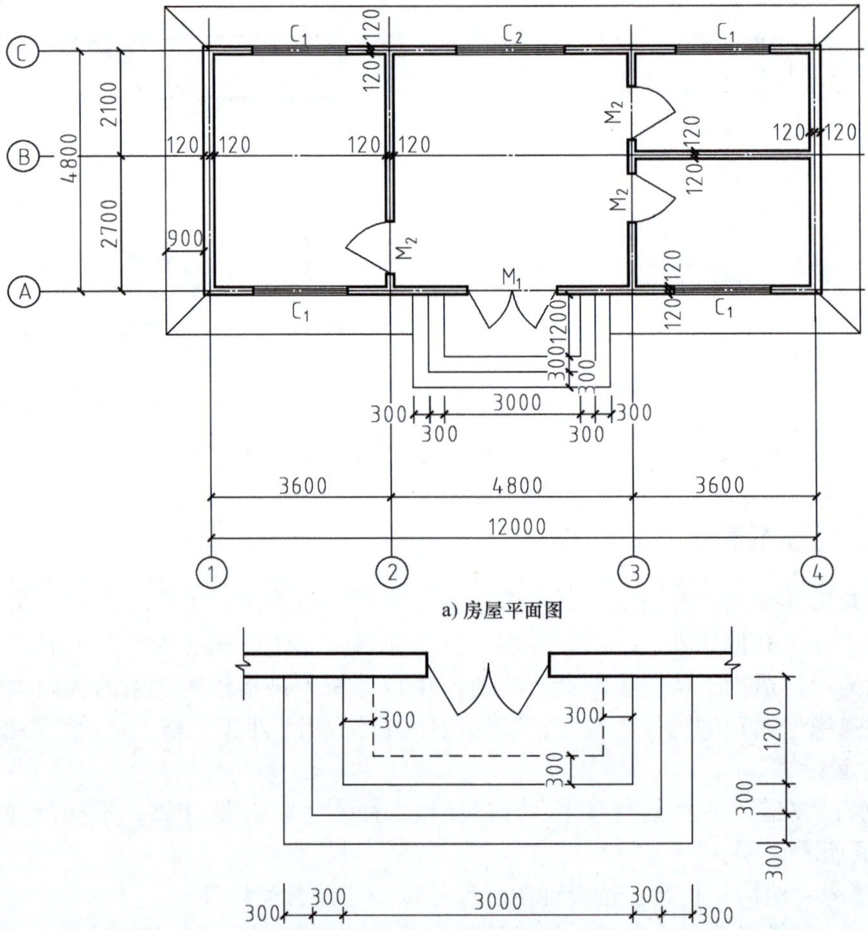


a) 房屋平面图

b) 台阶示意图

图 2-31　某房屋平面及台阶示意图

$$
=[(12+0.24+0.45\times2+4.8+0.24+0.45\times2)\times2\times0.9-(3+0.3\times4)\times0.9]\text{m}^2
$$

$$
=30.56\text{m}^2
$$

## 2. 项目特征

1）散水、坡道需描述垫层材料种类、厚度，面层厚度，混凝土种类，混凝土强度等级，变形缝填塞材料种类。

2）室外地坪需描述地坪厚度，混凝土强度等级。

3）电缆沟、地沟需描述土壤类别，沟截面净空尺寸，垫层材料种类、厚度，混凝土种类，混凝土强度等级，防护材料种类。

4）台阶需描述踏步高、宽，混凝土种类，混凝土强度等级。

5）扶手、压顶需描述断面尺寸，混凝土种类，混凝土强度等级。

6）其他构件需描述构件类型、规格、部位，混凝土种类，混凝土强度等级。

## 3. 工程内容

1）散水、坡道、室外地坪包含：地基夯实，铺设垫层，模板及支撑制作、安装、拆除、堆放、运输及清理模内杂物、刷隔离剂等，混凝土制作、运输、浇筑、振捣、养护，变形缝填塞。

2）电缆沟、地沟包含：挖填、运土石方，铺设垫层，模板及支撑制作、安装、拆除、堆放、运输及清理模内杂物、刷隔离剂等，混凝土制作、运输、浇筑、振捣、养护，刷防护材料。

3）台阶包含：模板及支撑制作、安装、拆除、堆放、运输及清理模内杂物、刷隔离剂等，混凝土制作、运输、浇筑、振捣、养护。

4）扶手、压顶，其他构件同台阶。

注意：

① 散水、坡道项目内包括垫层、结构层、面层及变形缝的填塞等内容。

② 电缆沟、地沟项目内包括挖运土石方、铺设垫层、混凝土浇筑等内容。若电缆沟、地沟的挖运土石方按管沟土方编码列项，则此项目不能再考虑挖运土石方。

③ 散水、坡道、电缆沟、地沟需抹灰时，其费用应包含在报价内。

④ 架空式混凝土台阶按现浇楼梯计算。

## 八、后浇带

后浇带是一种刚性变形缝，适用于不允许留设柔性变形缝的部位。后浇带的浇筑应待两侧结构主体混凝土干缩变形稳定后进行，一般宽在 700 ~ 1000mm 之间。后浇带项目适用于基础（满堂式）、梁、墙、板的后浇带。

### 1. 工程量计算

按设计图示尺寸以体积计算。

### 2. 项目特征

需描述混凝土种类，混凝土强度等级。

### 3. 工程内容

包含模板及支撑制作、安装、拆除、堆放、运输及清理模内杂物、刷隔离剂等，混凝土制作、运输、浇筑、振捣、养护及混凝土交接面、钢筋等的清理。

## 九、预制混凝土柱

预制混凝土柱分为矩形柱和异形柱。

### 1. 工程量计算

以立方米计量，按设计图示尺寸以体积计算；以根计量，按设计图示尺寸以数量计算。

注意：所有预制混凝土和钢筋混凝土构件体积中均不扣除构件内钢筋、螺栓、预埋铁件、张拉孔道所占体积，但应扣除劲性骨架的型钢所占体积。

预制混凝土构件清单列项

### 2. 项目特征

需描述图代号，单件体积，安装高度，混凝土强度等级，砂浆（细石混凝土）强度等级、配合比。

注意：

1）预制混凝土构件或预制钢筋混凝土构件，如施工图设计标注做法见标准图集时，项目特征描述时注明标准图集的编码、页号及节点大样即可。

2）以根计量时，必须描述单件体积。

### 3. 工程内容

包含模板及支撑制作、安装、拆除、堆放、运输及清理模内杂物、刷隔离剂等，混凝土制作、运输、浇筑、振捣、养护，构件运输、安装，砂浆制作、运输，接头灌缝、养护。

注意：

1）预制构件的制作、运输、安装、接头灌缝等工序都应包括在相应项目内，不需分别编码列项。但其吊装机械（如履带式起重机、塔式起重机等）不包含在内，应列入措施项目费。



2）预制混凝土及钢筋混凝土构件是按现场制作编制的项目，工作内容中均包括了模板的制作、安装、拆除等，编制工程量清单时不再单列。钢筋按预制构件钢筋项目编码列项。若是成品构件，钢筋和模板工程均不再单独列项，构件的综合单价中应包含钢筋和模板的费用。下同。

## 十、预制混凝土梁

预制混凝土梁分为矩形梁、异形梁、拱形梁等六个清单项目，其工程量计算、项目特征及工程内容同预制混凝土柱。

## 十一、预制混凝土屋架

预制混凝土屋架分为折线型屋架、组合式屋架、薄腹型屋架等。

### 1. 工程量计算

以立方米计量，按设计图示尺寸以体积计算；以榀计量，按设计图示尺寸以数量计算。

### 2. 项目特征

同预制混凝土柱。

### 3. 工程内容

同预制混凝土柱。

注意：

1）组合屋架中钢杆件应按金属结构工程中相应项目编码列项，工程量按重量以吨计算。

2）三角形屋架按折线型屋架项目编码列项。

## 十二、预制混凝土板

预制混凝土板分为平板、空心板、网架板、沟盖板、井圈等项目。

### 1. 工程量计算

以立方米计量，按设计图示尺寸以体积计算，不扣除单个面积≤300mm×300mm 的孔洞所占体积，扣除空心板空洞体积；以块计量，按设计图示尺寸以数量计算。

### 2. 项目特征

（1）平板、空心板、网架板　同预制混凝土柱。

（2）沟盖板、井圈　需描述单件体积，安装高度，混凝土强度等级，砂浆强度等级、配合比。

### 3. 工程内容

同预制混凝土柱。升板建筑要考虑升板提升。

注意：

1）不带肋的预制遮阳板、雨篷板、挑檐板、栏板等按平板项目编码列项。

2）预制F形板、双T形板、单肋板和带反挑檐的雨篷板、挑檐板、遮阳板等，应按带肋板项目编码列项。

3）预制大型墙板、大型楼板、大型屋面板等按大型板项目编码列项。



## 十三、预制混凝土楼梯

### 1. 工程量计算

以立方米计量，按设计图示尺寸以体积计算，扣除空心踏步板空洞体积；以段计量，按设计图示数量计算。

### 2. 项目特征

需描述楼梯类型，单件体积，混凝土强度等级，砂浆（细石混凝土）强度等级。

### 3. 工程内容

同预制混凝土柱。

## 十四、其他预制构件

其他预制构件分为烟道、垃圾道、通风道，其他构件两个项目。其中其他构件指的是预制小型池槽、压顶、扶手、垫块、隔热板、花格等构件。

### 1. 工程量计算

以立方米计量，按设计图示尺寸以体积计算，不扣除单个面积≤300mm×300mm的孔洞所占体积，扣除烟道、垃圾道、通风道的孔洞所占体积；以平方米计量，按设计图示尺寸以面积计算，不扣除单个面积≤300mm×300mm的孔洞所占面积；以根计量，按设计图示尺寸以数量计算。

### 2. 项目特征

需描述单件体积，混凝土强度等级，砂浆强度等级。其他构件还需描述构件的类型。

### 3. 工程内容

同预制混凝土柱。

## 十五、钢筋工程

钢筋工程分为现浇构件钢筋，预制构件钢筋，预应力钢筋、钢丝、钢绞线、支撑钢筋、声测管等十个项目。

### 1. 现浇及预制构件钢筋

（1）工程量计算　按设计图示钢筋（网）长度（面积）乘以单位理论质量以吨计算，计算式如下：

$$钢筋工程量 = 钢筋长度 \times 每米钢筋质量$$

式中，钢筋长度的计算方法与构件及钢筋类型有关；每米钢筋质量见表2-22。

**表 2-22 每米钢筋质量表**

| 直径/mm | 断面积/$cm^2$ | 每米钢筋质量/kg | 直径/mm | 断面积/$cm^2$ | 每米钢筋质量/kg |
|---|---|---|---|---|---|
| 4 | 0.126 | 0.099 | 18 | 2.545 | 2.00 |
| 5 | 0.196 | 0.154 | 19 | 2.835 | 2.23 |
| 6 | 0.283 | 0.222 | 20 | 3.142 | 2.47 |
| 8 | 0.503 | 0.395 | 22 | 3.801 | 2.98 |
| 9 | 0.636 | 0.499 | 25 | 4.909 | 3.85 |
| 10 | 0.785 | 0.617 | 28 | 6.158 | 4.83 |
| 12 | 1.131 | 0.888 | 30 | 7.069 | 5.55 |
| 14 | 1.539 | 1.210 | 32 | 8.042 | 6.31 |
| 16 | 2.011 | 1.580 | | | |

注意：现浇构件中伸出构件的锚固钢筋（锚固长度见表 2-23 ~ 表 2-26）、设计（包括规范规定）标明的钢筋连接时的搭接长度、预制构件的吊钩等，应并入钢筋工程量内。

**表 2-23 受拉钢筋基本锚固长度 $l_{ab}$**

| 钢筋种类 | 混凝土强度等级 | | | | | | | |
|---|---|---|---|---|---|---|---|---|
| | C25 | C30 | C35 | C40 | C45 | C50 | C55 | ≥C60 |
| HPB300 | $34d$ | $30d$ | $28d$ | $25d$ | $24d$ | $23d$ | $22d$ | $21d$ |
| HRB400、HRBF400、RRB400 | $40d$ | $35d$ | $32d$ | $29d$ | $28d$ | $27d$ | $26d$ | $25d$ |
| HRB500、HRBF500 | $48d$ | $43d$ | $39d$ | $36d$ | $34d$ | $32d$ | $31d$ | $30d$ |

**表 2-24 抗震设计时受拉钢筋基本锚固长度 $l_{abE}$**

| 钢筋种类 | 抗震等级 | 混凝土强度等级 | | | | | | | |
|---|---|---|---|---|---|---|---|---|---|
| | | C25 | C30 | C35 | C40 | C45 | C50 | C55 | ≥C60 |
| HPB300 | 一、二级 | $39d$ | $35d$ | $32d$ | $29d$ | $28d$ | $26d$ | $25d$ | $24d$ |
| | 三级 | $36d$ | $32d$ | $29d$ | $26d$ | $25d$ | $24d$ | $23d$ | $22d$ |
| HRB400、HRBF400 | 一、二级 | $46d$ | $40d$ | $37d$ | $33d$ | $32d$ | $31d$ | $30d$ | $29d$ |
| | 三级 | $42d$ | $37d$ | $34d$ | $30d$ | $29d$ | $28d$ | $27d$ | $26d$ |
| HRB500、HRBF500 | 一、二级 | $55d$ | $49d$ | $45d$ | $41d$ | $39d$ | $37d$ | $36d$ | $35d$ |
| | 三级 | $50d$ | $45d$ | $41d$ | $38d$ | $36d$ | $34d$ | $33d$ | $32d$ |

注：1. 四级抗震时，$l_{abE}=l_{ab}$。
2. 混凝土强度等级应取锚固区的混凝土强度等级。
3. 当锚固钢筋的保护层厚度不大于 $5d$ 时，锚固钢筋长度范围内应设置横向构造钢筋，其直径不应小于 $d/4$（$d$ 为锚固钢筋的最大直径）；对梁、柱等构件间距不应大于 $5d$，对板、墙等构件间距不应大于 $10d$，且均不应大于 100mm（$d$ 为锚固钢筋的最小直径）。

**表 2-25 受拉钢筋锚固长度 $l_a$**

| 钢筋种类 | 混凝土强度等级 | | | | | | | | | | | | | | | |
|---|---|---|---|---|---|---|---|---|---|---|---|---|---|---|---|---|
| | C25 | | C30 | | C35 | | C40 | | C45 | | C50 | | C55 | | ≥C60 | |
| | $d \le 25$ | $d > 25$ | $d \le 25$ | $d > 25$ | $d \le 25$ | $d > 25$ | $d \le 25$ | $d > 25$ | $d \le 25$ | $d > 25$ | $d \le 25$ | $d > 25$ | $d \le 25$ | $d > 25$ | $d \le 25$ | $d > 25$ |
| HPB300 | 34$d$ | — | 30$d$ | — | 28$d$ | — | 25$d$ | — | 24$d$ | — | 23$d$ | — | 22$d$ | — | 21$d$ | — |
| HRB400、HRBF400、RRB400 | 40$d$ | 44$d$ | 35$d$ | 39$d$ | 32$d$ | 35$d$ | 29$d$ | 32$d$ | 28$d$ | 31$d$ | 27$d$ | 30$d$ | 26$d$ | 29$d$ | 25$d$ | 28$d$ |
| HRB500、HRBF500 | 48$d$ | 53$d$ | 43$d$ | 47$d$ | 39$d$ | 43$d$ | 36$d$ | 40$d$ | 34$d$ | 37$d$ | 32$d$ | 35$d$ | 31$d$ | 34$d$ | 30$d$ | 33$d$ |

**表 2-26 受拉钢筋抗震锚固长度 $l_{aE}$**

| 钢筋种类 | | 混凝土强度等级 | | | | | | | | | | | | | | | |
|---|---|---|---|---|---|---|---|---|---|---|---|---|---|---|---|---|---|
| | | C25 | | C30 | | C35 | | C40 | | C45 | | C50 | | C55 | | ≥C60 | |
| | | $d \le 25$ | $d > 25$ | $d \le 25$ | $d > 25$ | $d \le 25$ | $d > 25$ | $d \le 25$ | $d > 25$ | $d \le 25$ | $d > 25$ | $d \le 25$ | $d > 25$ | $d \le 25$ | $d > 25$ | $d \le 25$ | $d > 25$ |
| HPB300 | 一、二级 | 39$d$ | — | 35$d$ | — | 32$d$ | — | 29$d$ | — | 28$d$ | — | 26$d$ | — | 25$d$ | — | 24$d$ | — |
| | 三级 | 36$d$ | — | 32$d$ | — | 29$d$ | — | 26$d$ | — | 25$d$ | — | 24$d$ | — | 23$d$ | — | 22$d$ | — |
| HRB400、HRBF400、RRB400 | 一、二级 | 46$d$ | 51$d$ | 40$d$ | 45$d$ | 37$d$ | 40$d$ | 33$d$ | 37$d$ | 32$d$ | 36$d$ | 31$d$ | 35$d$ | 30$d$ | 33$d$ | 29$d$ | 32$d$ |
| | 三级 | 42$d$ | 46$d$ | 37$d$ | 41$d$ | 34$d$ | 37$d$ | 30$d$ | 34$d$ | 29$d$ | 33$d$ | 28$d$ | 32$d$ | 27$d$ | 30$d$ | 25$d$ | 29$d$ |
| HRB500、HRBF500 | 一、二级 | 55$d$ | 61$d$ | 49$d$ | 54$d$ | 45$d$ | 49$d$ | 41$d$ | 46$d$ | 39$d$ | 43$d$ | 37$d$ | 40$d$ | 36$d$ | 39$d$ | 35$d$ | 38$d$ |
| | 三级 | 50$d$ | 56$d$ | 45$d$ | 49$d$ | 41$d$ | 45$d$ | 38$d$ | 42$d$ | 36$d$ | 39$d$ | 34$d$ | 37$d$ | 33$d$ | 36$d$ | 32$d$ | 35$d$ |

注：1. 当为环氧树脂涂层带肋钢筋时，表中数据尚应乘以1.25。

2. 当纵向受拉钢筋在施工过程中易受扰动时，表中数据尚应乘以1.1。

3. 当锚固长度范围内纵向受力钢筋周边保护层厚度为3$d$（$d$为锚固钢筋的直径）时，表中数据可乘以0.8；保护层厚度不小于5$d$时，表中数据可乘以0.7；中间时按内插值。

4. 当纵向受拉钢筋锚固长度修正系数（注1～注3）多于一项时，可按连乘计算。

5. 受拉钢筋的锚固长度 $l_a$、$l_{aE}$ 计算值不应小于200mm。

6. 四级抗震时，$l_{aE}=l_a$。

7. HPB300钢筋末端应做180°弯钩。

8. 混凝土强度等级应取锚固区的混凝土强度等级。

（2）项目特征　需描述钢筋种类、规格。

（3）工程内容　包含钢筋制作、运输，安装，焊接（绑扎）。

**【例2-11】** 图2-32所示为某房屋标准层结构平面图。已知板的混凝土强度等级为C25，板厚100mm，一类环境下使用。试计算板内钢筋工程量（板中未注明分布钢筋按Φ6@200计算）。

板受力钢筋工程量计算

**【解】** 1. 分析

通过对图2-32的分析可以知道，板中共需配置4种HPB300的钢筋：$X$方向、$Y$方向受力钢筋、支座处负弯矩筋，按构造要求在支座负弯矩筋下设置的分布钢筋。按照规定，HPB300钢筋末端应做180°弯钩。

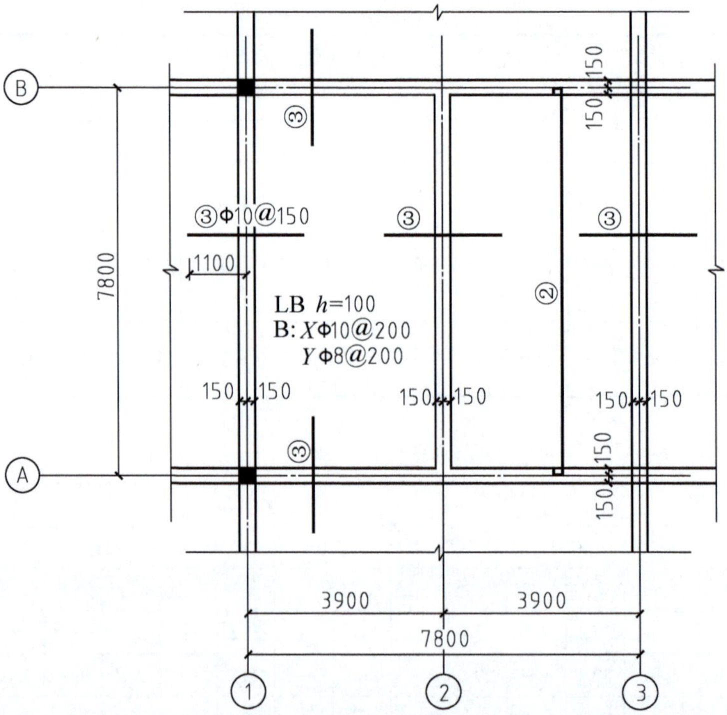


图 2-32 某标准层结构平面图

钢筋弯折的弯弧内直径 $D$ 应符合下列规定：

1）光圆钢筋不应小于钢筋直径的 2.5 倍。

2）400MPa 级带肋钢筋不应小于钢筋直径的 4 倍。

3）500MPa 级带肋钢筋，当直径 $d<25$mm 时，不应小于钢筋直径的 6 倍；当直径 $d>25$mm 时，不应小于钢筋直径的 7 倍。

2. 计算钢筋长度

（1）$X$ 方向钢筋（Φ10@200）、$Y$ 方向钢筋（Φ8@200）

从图 2-32 中可以看出：

$X$ 方向钢筋（Φ10）每根钢筋长度 = 轴线长 + 两个弯钩长

本例弯钩长的取值如图 2-33a 所示，其他形式的弯钩长如图 2-33b、c 所示。

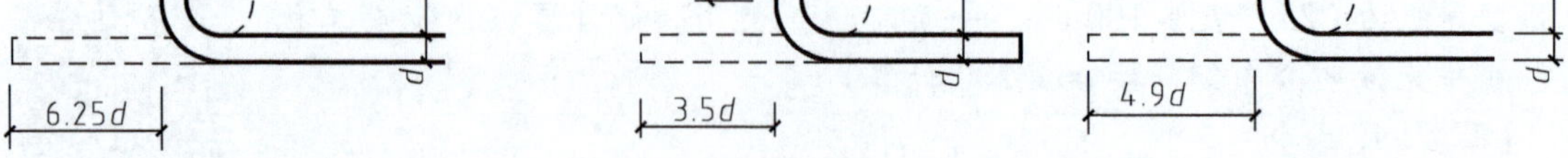


a) 180°半圆弯钩　b) 90°直弯钩　c) 135°斜弯钩

图 2-33 光圆钢筋弯钩示意图

即

$$180°弯钩每个长 = 6.25d$$

$$90°弯钩每个长 = 3.5d$$

$$135°弯钩每个长 = 4.9d$$

则 $X$ 方向钢筋（Φ10）每根长度 = $(3.9\times2+2\times6.25\times0.01)\text{m}=7.93\text{m}$

$X$ 方向钢筋（Φ10）的根数与钢筋的设置区域和钢筋间距有关。22G101-1 中描述板内纵筋是从距梁边$\frac{1}{2}$板筋间距起布置，则

$$X\text{方向钢筋（Φ10）的根数}=\frac{\text{钢筋设置区域长}}{\text{钢筋设置间距}}+1$$

$$=\left(\frac{7.8-0.15\times2-0.1\times2}{0.2}+1\right)\text{根}=(37+1)\text{根}=38\text{ 根}$$

$X$ 方向钢筋（Φ10）总长 = $X$ 方向钢筋每根长度 × 根数 = $(7.93\times38)\text{m}=301.34\text{m}$

同理

$$Y\text{方向钢筋（Φ8）总长}=\left[(7.8+2\times6.25\times0.008)\times\left(\frac{3.9-0.15\times2-0.1\times2}{0.2}+1\right)\times2\right]\text{m}=[7.9\times(17+1)\times2]\text{m}=284.4\text{m}$$

（2）支座负弯矩钢筋（Φ10@150）

支座负弯矩钢筋（Φ10）每根长度 = 图纸标注直线长度

支座负弯矩钢筋(Φ10)每根长度 = $1.1\times2\text{m}=2.2\text{m}$

$$\text{支座负弯矩钢筋根数}=\left[\left(\frac{7.8-0.15\times2-0.075\times2}{0.15}+1\right)\times3+\left(\frac{3.9-0.15\times2-0.075\times2}{0.15}+1\right)\times2\times2\right]\text{根}$$

$$=246\text{ 根}$$

③号钢筋(Φ10)总长 = $(2.2\times246)\text{m}=541.2\text{m}$

板负筋及分布筋工程量计算

（3）分布钢筋（Φ6@200）

分布钢筋不设弯钩，所以

分布钢筋（Φ6）每根长度 = 7.8m

$$\text{分布钢筋根数}=\left[\left(\frac{1.1-0.15-0.1}{0.2}+1\right)\times2\times5\right]\text{根}\approx50\text{ 根}$$

分布钢筋（Φ6）总长 = $(7.8\times50)\text{m}=390\text{m}$

3. 计算钢筋重量

钢筋重量 = 钢筋总长 × 每米钢筋质量

Φ10 钢筋重量 = $[(301.34+541.2)\times0.617]\text{kg}=519.85\text{kg}$

Φ8 钢筋重量 = $(284.4\times0.395)\text{kg}=112.34\text{kg}$

Φ6 钢筋重量 = $(390\times0.222)\text{kg}=86.58\text{kg}$

**【例 2-12】** 图 2-34 所示为某房屋标准层框架梁配筋图。已知该房屋抗震等级为二级，梁的混凝土强度等级为 C30，框架柱的断面尺寸为 450mm × 450mm，其配筋为 12Φ20，柱的混凝土强度等级为 C30，

框架梁钢筋工程量计算

在一类环境下使用。试计算梁内的钢筋工程量。

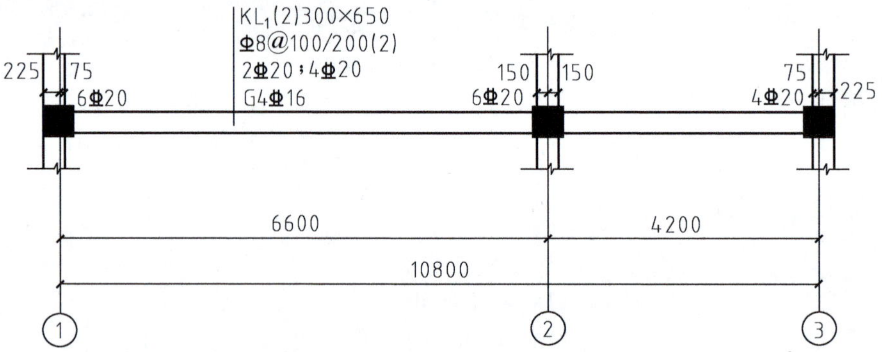


图 2-34　某房屋标准层框架梁配筋图

【解】 1. 分析

图 2-34 所示是梁配筋的平法施工图表示方法。其含义如下。

(1) $KL_1(2)300\times650$：$KL_1$ 共设两跨，截面宽度 300mm，截面高度 650mm。

2Φ20：梁的上部通长筋为 2 根Φ20。

G4Φ16：按构造要求配置了 4 根Φ16 的侧面纵向钢筋（即腰筋）。

4Φ20：梁的下部通长筋为 4 根Φ20。

Φ8@100/200(2)：箍筋直径Φ8，加密区间距 100mm，非加密区间距 200mm，均为两肢箍。

(2) ①轴支座处的 6Φ20：支座上部纵筋共为 6Φ20，上排 4 根（其中 2 根为上部通长筋），下排 2 根。

②、③轴支座处的 6Φ20、4Φ20 的配筋含义与①轴相同。

以上各种钢筋的配置情况如图 2-35 所示。

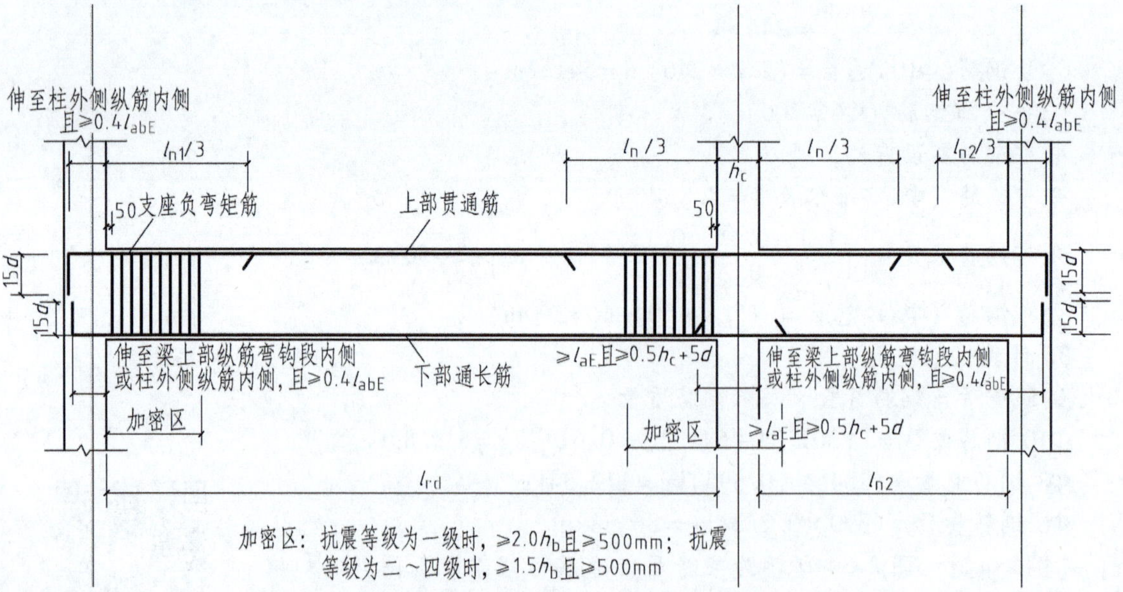


图 2-35　一、二级抗震等级楼层框架梁配筋示意图

$l_n$——相邻两跨的最大值　$h_b$——梁的高度

注：当楼层框架梁的纵向钢筋直锚长度≥$L_{aE}$且≥$0.5h_c+5d$时，可以直锚。

2. 计算钢筋长度

由图2-35可知：

(1) 上部通长筋2⌀20

每根上部通长筋的长度=两端柱间净长度+钢筋锚固长度×2

本例中，支座宽度为0.45m，直锚长度 $l_{aE}=40d_{(表2\text{-}26)}=(40\times20)\text{mm}=800\text{mm}=0.8\text{m}$，不满足直锚条件，故采用弯锚。钢筋锚固长度取钢筋伸入柱纵筋内侧的长度与弯锚平直段长度的最大值。

钢筋伸入柱纵筋内侧的长度=柱宽-保护层厚-柱钢筋直径

式中，保护层是指结构构件中钢筋外边缘至构件表面范围用于保护钢筋的混凝土，应符合表2-27的规定。

**表2-27 混凝土保护层最小厚度** （单位：mm）

| 环境类别 | | 板、墙 | 梁、柱 |
|---|---|---|---|
| 一 | | 15 | 20 |
| 二 | a | 20 | 25 |
| | b | 25 | 35 |
| 三 | a | 30 | 40 |
| | b | 40 | 50 |

注：1. 表中混凝土保护层厚度指最外层钢筋外边缘至混凝土表面的距离，适用于设计使用年限为50年的混凝土结构。

2. 构件中受力钢筋的保护层厚度不应小于钢筋的公称直径。

3. 设计使用年限为100年的混凝土结构，一类环境中，最外层钢筋的保护层厚度不应小于表中数值的1.4倍；二、三类环境中，应采取专门的有效措施。

4. 混凝土强度等级为C25时，表中保护层厚度数值应增加5mm。

5. 基础底面钢筋的保护层厚度，有混凝土垫层时应从垫层顶面算起且不小于40mm。

环境类别划分见表2-28。

**表2-28 混凝土结构的环境类别**

| 环境类别 | 条件 |
|---|---|
| 一 | 室内干燥环境<br>无侵蚀性净水浸没环境 |
| 二a | 室内潮湿环境<br>非严寒和非寒冷地区的露天环境<br>非严寒和非寒冷地区与无侵蚀性的水或土壤直接接触的环境<br>严寒和寒冷地区的冰冻线以下与无侵蚀性的水或土壤直接接触的环境 |
| 二b | 干湿交替环境<br>水位频繁变动环境<br>严寒和寒冷地区的露天环境<br>严寒和寒冷地区冰冻线以下与无侵蚀性的水或土壤直接接触的环境 |
| 三a | 严寒和寒冷地区冬季水位变动区环境<br>受除冰盐影响环境<br>海风环境 |

（续）

| 环境类别 | 条件 |
|---|---|
| 三 b | 盐渍土环境<br>受除冰盐作用环境<br>海岸环境 |
| 四 | 海水环境 |
| 五 | 受人为或自然的侵蚀性物质影响的环境 |



注：1. 室内潮湿环境是指构件表面经常处于结露或湿润状态的环境。
2. 严寒和寒冷地区的划分应符合现行国家标准《民用建筑热工设计规范》GB 50176 的有关规定。
3. 海岸环境和海风环境宜根据当地情况，考虑主导风向及结构所处迎风、背风部位等因素的影响，由调查研究和工程经验确定。
4. 受除冰盐影响环境是指受到除冰盐盐雾影响的环境；受除冰盐作用环境是指被除冰盐溶解溅射的环境以及使用除冰盐地区的洗车房、停车楼等建筑。
5. 暴露的环境是指混凝土结构表面所处的环境。

钢筋伸入柱纵筋内侧的长度 = 柱宽 - 保护层厚 - 柱钢筋直径

$= (0.45 - 0.02 - 0.02)\text{m} = 0.41\text{m}$

钢筋弯锚平直段长度 $= 0.4l_{abE(表2\text{-}24)} = 0.4\times40d = (0.4\times40\times0.02)\text{m} = 0.32\text{m}$

梁钢筋锚固平直段长度取 0.41m

每根上部通长筋的长度 $= [10.8 - 0.225\times2 + (0.41 + 15\times0.02)\times2]\text{m}$

$= 11.77\text{m}$

上部通长筋总长 = 每根上部通长筋的长度 × 根数

$= (11.77\times2)\text{m} = 23.54\text{m}$

（2）轴支座上部纵筋 6⌀20

① 轴支座上部纵筋共 6⌀20。其中，2⌀20 的上部通长筋已在（1）中算出，在此只需计算 4⌀20。

① 轴支座处上排每根纵筋长度 $= \dfrac{l_{n1}}{3} + 0.4l_{abE} + 15d$

$= \left[\dfrac{1}{3}\times(6.6 - 0.225\times2) + 0.71\right]\text{m}$

$= (2.05 + 0.71)\text{m} = 2.76\text{m}$

22G101 - 1 规定：支座处下排纵筋自支座内侧伸入梁跨内 $\dfrac{l_{n1}}{4}$，所以

① 轴支座处下排每根纵筋长度 $= \dfrac{l_{n1}}{4} + 0.4l_{abE} + 15d$

$= \left[\dfrac{1}{4}\times(6.6 - 0.225\times2) + 0.71\right]\text{m}$

$= (1.54 + 0.71)\text{m} = 2.25\text{m}$

① 轴支座上部纵筋总长 $= (2.76\times2 + 2.25\times2)\text{m} = 10.02\text{m}$

同理：

② 轴支座上部纵筋（$\Phi$20）总长 $=\left(\frac{l_n}{3}\times2+\text{支座宽度}\right)\times\text{根数}+\left(\frac{l_n}{4}\times2+\text{支座宽度}\right)\times\text{根数}$

$$=\left[\frac{1}{3}\times(6.6-0.225\times2)\times2+0.45\right]\text{m}\times2+\left[\frac{1}{4}\times(6.6-0.225\times2)\times2+0.45\right]\text{m}\times2$$

$$=16.15\text{m}$$

③ 轴支座上部纵筋（$\Phi$20）总长 $=\left[\frac{1}{3}\times(4.2-0.225\times2)+0.71\right]\text{m}\times2$

$$=(1.25+0.71)\text{m}\times2$$

$$=(1.96\times2)\text{m}=3.92\text{m}$$

支座上部纵筋（$\Phi$20）总长 $=(10.02+16.15+3.92)\text{m}=30.09\text{m}$

（3）第一跨下部通长筋4$\Phi$20

由图2-35可知：在①轴支座处，当钢筋不能直锚时，要伸至柱纵筋内侧且$\geqslant0.4l_{abE}$，然后弯折15$d$，即弯锚长度$=0.71$m。在②轴支座处的锚固长度应$\geqslant l_{aE}$且$\geqslant0.5h_c+5d$。$l_{aE}=40d=(40\times0.02)\text{m}=0.80\text{m}>0.5h_c+5d=(0.5\times0.45+5\times0.02)\text{m}=0.33\text{m}$，则

每根下部通长筋的长度 = 本跨净长度 + 两端支座锚固长度

$$=(6.6-0.225\times2+0.71+0.80)\text{m}$$

$$=7.66\text{m}$$

第1跨下部通长筋总长 $=(7.66\times4)\text{m}=30.64\text{m}$

同理：

第2跨下部通长筋总长 $=(4.2-0.225\times2+1.51)\text{m}\times4$

$$=21.04\text{m}$$

（4）箍筋（$\phi$8）

箍筋长度 = 每根箍筋长度 × 箍筋个数

式中，每根箍筋长度的计算与箍筋的设置形式有关。常见的箍筋形式有双肢箍、四肢箍及螺旋箍，如图2-36所示。

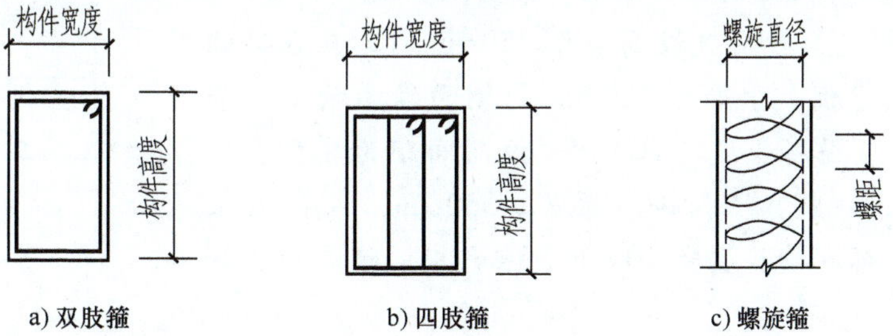


图2-36 箍筋形式示意图

双肢箍长度 = 构件周长 − 8 × 混凝土保护层厚度 + 箍筋弯钩增加长度 + 8$d$

四肢箍长度 = 1个双肢箍长度 × 2

$$=\left\{\left[(\text{构件宽度}-\text{两端保护层厚度})\times\frac{2}{3}+\text{构件高度}-\text{两端保护层厚度}\right]\times2+\text{箍筋弯钩增加长度}+8d\right\}\times2$$

$$螺旋箍长度=\sqrt{(螺距)^2+(3.14\times 螺距直径)^2}\times 螺旋圈数$$

式中，箍筋每个弯钩增加长度见表2-29。

表2-29 箍筋每个弯钩增加长度计算表

| 弯钩形式 | | 180° | 90° | 135° |
|---|---|---|---|---|
| 弯钩增加值 | 一般结构 | 8.25$d$ | 5.5$d$ | 6.87$d$ |
| | 有抗震等要求结构 | — | — | 11.87$d$ |



本例箍筋形式为双肢箍，则

$$\begin{aligned}每根箍筋长度&=梁周长-8\times 混凝土保护层厚度+箍筋弯钩增加长度\\&=[(0.3+0.65)\times 2-8\times 0.02+11.87\times 0.008\times 2]\text{m}\\&=(1.9-0.16+0.19)\text{m}=1.93\text{m}\end{aligned}$$

由图2-33可知：框架梁中箍筋配置有加密区，加密区长度应≥1.5$h_b$且≥500mm。因1.5$h_b$=（1.5×650）mm=975mm>500mm，故加密区长度取975mm。又因端部箍筋应距支座50mm，则

$$\begin{aligned}第1跨箍筋个数&=\frac{箍筋设置区域长}{箍筋间距}+1\\&=\left(\frac{0.975-0.05}{0.1}\times 2+\frac{6.6-0.225\times 2-0.975\times 2}{0.2}+1\right)根\\&=41根\end{aligned}$$

$$\begin{aligned}第2跨箍筋个数&=\left(\frac{0.975-0.05}{0.1}\times 2+\frac{4.2-0.225\times 2-0.975\times 2}{0.2}+1\right)根\\&=29根\end{aligned}$$

$$\begin{aligned}箍筋总长度&=每根箍筋长度\times(第1跨箍筋个数+第2跨箍筋个数)\\&=[1.93\times(41+29)]\text{m}=135.1\text{m}\end{aligned}$$

（5）梁侧面纵向构造钢筋（腰筋）⏀16及拉筋

22G101-1规定，当梁腹板高大于450mm时，应在梁的两侧沿梁高配置间距小于等于200mm的侧面纵向构造钢筋（腰筋），其搭接与锚固长度可取15$d$。拉筋间距为非加密区箍筋间距的两倍，拉筋直径取Φ8（梁宽>350mm）或Φ6（梁宽≤350mm），拉筋弯钩长度取10$d$和75mm中的最大值，如图2-37所示。

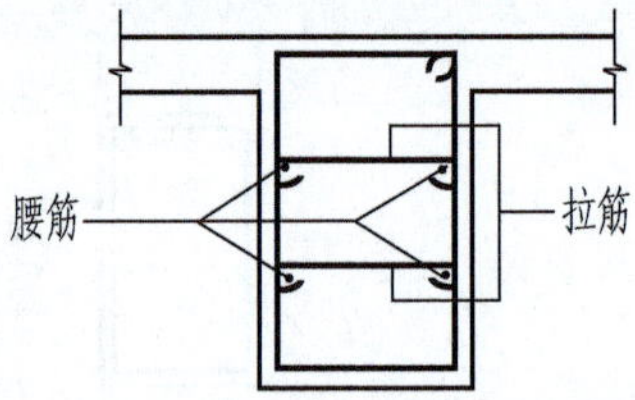


图2-37 腰筋及拉筋设置示意图

本例梁高650mm，梁宽350mm，设计配置4⏀16腰筋，则

$$\begin{aligned}腰筋长度&=腰筋每根长度\times 腰筋根数\\&=(①③支座间净长+两端锚固长度)\times 腰筋根数\\&=(10.8-0.225\times 2+15\times 0.016\times 2)\text{m}\times 4\\&=(10.83\times 4)\text{m}=43.32\text{m}\end{aligned}$$

拉筋弯钩长取75mm且>10$d$=(10×6)mm=60mm

拉筋（Φ6）长度 = 拉筋每根长度 × 腰筋每侧根数

$$=（梁宽 - 两端保护层 + 两个弯钩长）\times\left(\frac{单根腰筋长度}{拉筋间距}+1\right)\times 梁每侧腰筋根数$$

$$=\left[(0.35-0.025\times2+0.075\times2)\times\left(\frac{10.83}{0.4}+1\right)\right]\mathrm{m}\times2$$

$$=25.27\mathrm{m}$$

3. 计算钢筋工程量

钢筋工程量 = 钢筋长度 × 每米钢筋质量

由表 2-22 可知：

⌀20 钢筋工程量 = [(23.54 + 30.09 + 30.64 + 21.04) × 2.47]kg
= 260.16kg

⌀16 钢筋工程量 = (43.32 × 1.58)kg = 68.45kg

Φ8 钢筋工程量 = (131.1 × 0.395)kg = 53.36kg

Φ6 钢筋工程量 = (25.27 × 0.222)kg = 5.61kg

**【例 2-13】** 已知某工程为四层框架结构办公楼，抗震等级二级，各层层高 3.6m，屋面板顶标高为 14.4m，屋面框架梁截面尺寸为 300mm × 650mm，板厚 100mm。钢筋混凝土筏片基础底板厚 600mm，内配⌀18 的钢筋，基础底标高为 -2.0m。$KZ_1$（C30，角柱）的截面尺寸为 450mm × 450mm，内配纵筋 12⌀20、箍筋Φ8@200，一类环境下使用。试计算 $KZ_1$ 的钢筋工程量。

框架柱钢筋工程量计算

**【解】** 1. 分析

抗震框架角柱钢筋上部伸入屋面框架梁锚固，下部伸入基础锚固。其形式如图 2-38a、b、g 所示。层与层之间钢筋采用电渣压力焊连接。

2. 计算钢筋长度

(1) 纵筋

假设梁外侧与柱外侧平齐。由图 2-38a、b，表 2-24 可知：

柱外侧纵筋 $1.5l_{abE}=1.5\times40d=(1.5\times40\times0.02)\mathrm{m}=1.2\mathrm{m}$ > 柱筋从梁底至柱内侧长 =（梁高 - 保护层厚）+（柱宽 - 保护层厚）= (0.65 - 0.02)m + (0.45 - 0.02)m = 1.06m，故应按图 2-38a、c 计算柱外侧纵筋伸入梁内和未伸入梁内的锚固长度。

柱外侧纵筋伸入梁内的锚固长度取 $1.5l_{abE}$ 与（梁高 - 保护层厚）+ $15d$ = [(0.65 - 0.02) + 15 × 0.02]m = 0.93m 的最大值 1.2m。

柱外侧纵筋未伸入梁内的锚固长度 =（梁高 - 保护层厚）+（柱宽 - 2 × 保护层厚 + $8d$）
= [(0.65 - 0.02) + (0.45 - 2 × 0.02 + 8 × 0.02)]m
= 1.20m

因柱内侧纵筋在梁内可以锚固的长度 = 梁高 - 保护层厚 = (0.65 - 0.02)m = 0.63m < $l_{aE}=40d=(40\times0.02)\mathrm{m}=0.8\mathrm{m}$，故柱内侧纵筋只能弯锚，即

柱内侧纵筋上端锚固长度 = 梁高 - 保护层厚 + $12d$ = (0.65 - 0.02 + 12 × 0.02)m = 0.87m

由已知条件、图 2-38h 可知：

$h_j$ = 基础板厚 = 0.6m，$l_{aE}=0.8\mathrm{m}$

$0.6l_{abE}=0.6\times40d=0.48\mathrm{m}$

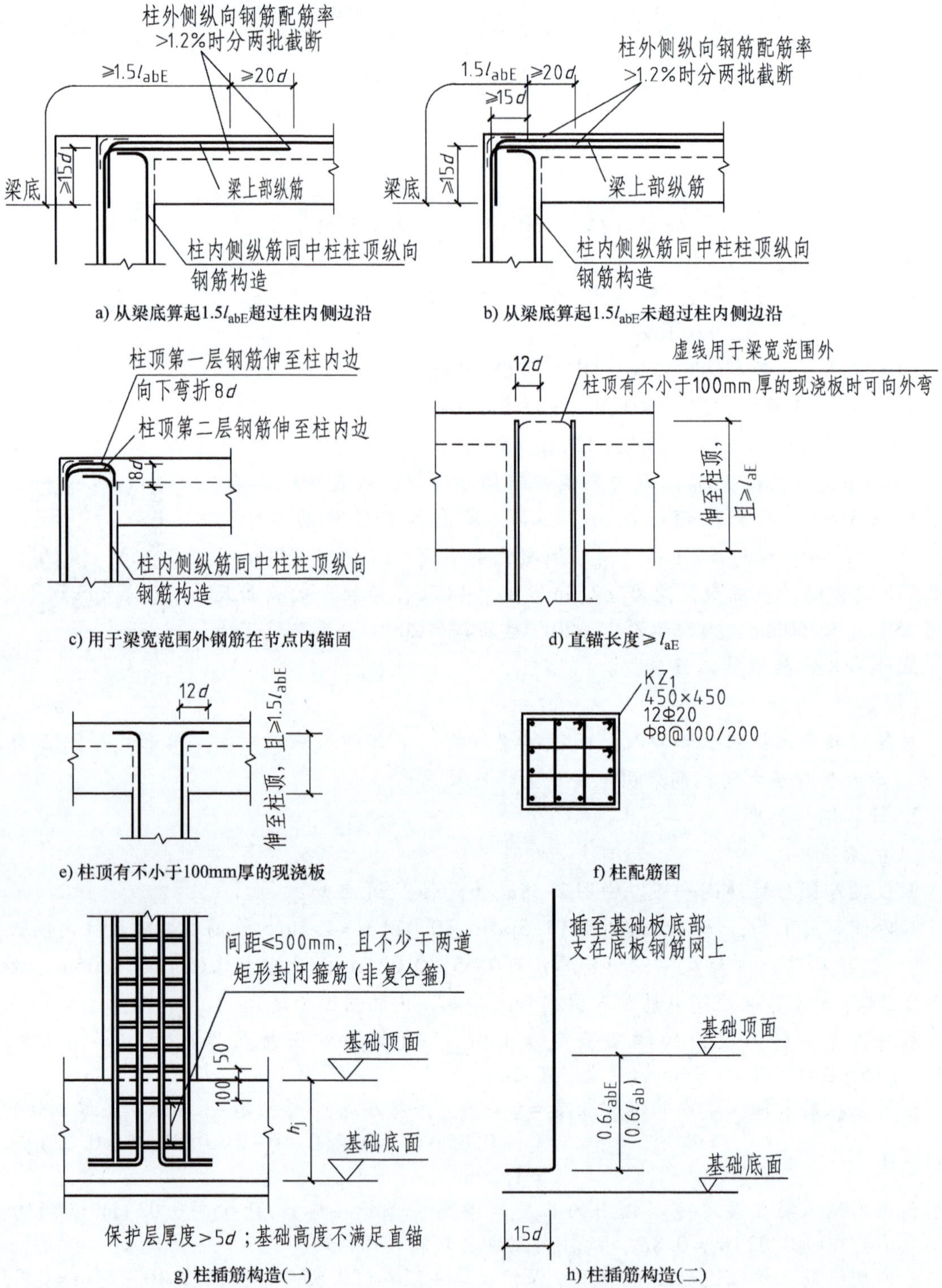


a) 从梁底算起1.5$l_{abE}$超过柱内侧边沿

b) 从梁底算起1.5$l_{abE}$未超过柱内侧边沿

c) 用于梁宽范围外钢筋在节点内锚固

d) 直锚长度≥$l_{aE}$

e) 柱顶有不小于100mm厚的现浇板

f) 柱配筋图

g) 柱插筋构造(一)

h) 柱插筋构造(二)

图2-38 柱钢筋锚固、箍筋设置示意图

因 $0.6l_{abE}<h_j<l_{aE}$，故柱插筋构造按图2-38h执行，则

柱纵筋下端锚固长度 = 基础板厚 - 保护层厚 - 基础纵横向钢筋直径 + $15d$

$=(0.6-0.04-2\times0.018+15\times0.02)\text{m}=0.82\text{m}$

本例柱纵筋共配置12⌀20，所以外侧纵筋为7根（其中伸入梁内锚固的有5根、未锚入梁内的有2根），内侧纵筋为5根。

柱外侧纵筋长度(伸入梁内锚固) = 柱外侧每根纵筋长度×根数

$=[(2+14.4-0.65)+1.2+0.82]\text{m}\times5$

$=88.85\text{m}$

柱外侧纵筋长度(未伸入梁内锚固) = 柱外侧每根纵筋长度×根数

$=[(2+14.4-0.65)+1.20+0.82]\text{m}\times2$

$=35.54\text{m}$

柱内侧纵筋长度 = 柱内侧每根纵筋长度×根数

$=[(2+14.4-0.65)+0.87+0.82]\text{m}\times5=87.2\text{m}$

柱纵筋总长度 $=(88.85+35.54+87.2)\text{m}=211.59\text{m}$

(2) 箍筋

由图2-38f可知：本例箍筋设置为大箍套小箍。

每根大箍筋长 = 柱周长 - 8×保护层厚 + 箍筋弯钩增加长度

$=(0.45\times4-8\times0.02+11.87\times0.008\times2)\text{m}$

$=(1.8-0.16+0.19)\text{m}=1.83\text{m}$

每根小箍筋长 $=\left[\left(\dfrac{0.45-0.02\times2}{3}+0.45-0.02\times2\right)\times2+11.87\times0.008\times2\right]\text{m}$

$=1.28\text{m}$

箍筋的设置有加密区和非加密区。其中，加密区长度规定为：

1）自基础顶面，底层柱根加密 $\geqslant\dfrac{H_n}{3}$（$H_n$ 为基础顶面至一层梁底间的高度）。

2）其他各层梁柱交接处及上下均加密，上下加密范围≥柱长边尺寸且 $\geqslant\dfrac{H_n}{6}$（$H_n$ 为各楼层柱净高）且≥500mm。首层柱 $H_n=(3.6-0.65+2-0.6)\text{m}=4.35\text{m}$，首层柱边长 $450\text{mm}<\dfrac{H_n}{6}=\dfrac{4.35\text{m}}{6}=725\text{mm}$，且 $\dfrac{H_n}{6}>500\text{mm}$，则梁下加密区长应取725mm。2～4层柱边长 $450\text{mm}<\dfrac{H_n}{6}=\dfrac{3.6-0.65}{6}\text{m}=492\text{mm}<500\text{mm}$，则2～4层梁上下加密区长应取500mm。

加密区长 $=\left[\dfrac{4.35}{3}+0.725+(0.65+0.5)\times4+0.5\times2-0.05\right]\text{m}=7.73\text{m}$

非加密区长 $=(14.4+2-0.6-7.73)\text{m}=8.07\text{m}$

箍筋设置个数 $=\left[\dfrac{7.73}{0.1}+\dfrac{8.07}{0.2}+1+2_{(\text{插入基础底板})}\right]$个

$=120$ 个

箍筋长度 $=(1.83\times120+1.28\times118\times2)\text{m}=521.68\text{m}$

3. 计算钢筋工程量

⌀20钢筋工程量 $=(211.59\times2.466)\text{kg}=521.78\text{kg}$

Φ8钢筋工程量 $=(521.68\times0.395)\text{kg}=206.06\text{kg}$

**【例2-14】** 已知某多层砖混结构房屋的标准层层高为3.2m，每层均设圈梁，圈梁高

300mm，其顶部与楼板平齐。在房屋的转角及纵横墙交接处均设置了构造柱，墙厚240mm。试计算标准层拉结钢筋工程量。

【解】 1. 分析

为加强房屋的整体性，在砌体中设置了拉结钢筋。规范规定其设置情况为：

1）砖墙的纵横交接处。

2）隔墙与墙（柱）不能同时砌筑且也不能留斜槎时，可留直槎，但必须是阳槎，并加设拉结筋。要求拉结筋应不少于2Φ6，间距500mm，伸入墙内不少于500mm。

3）设有钢筋混凝土构造柱的抗震多层砖混结构房屋，墙与柱沿高度每隔500mm设2Φ6钢筋，伸入墙内不少于1000mm，如图2-39所示。

本例为第三种情况。

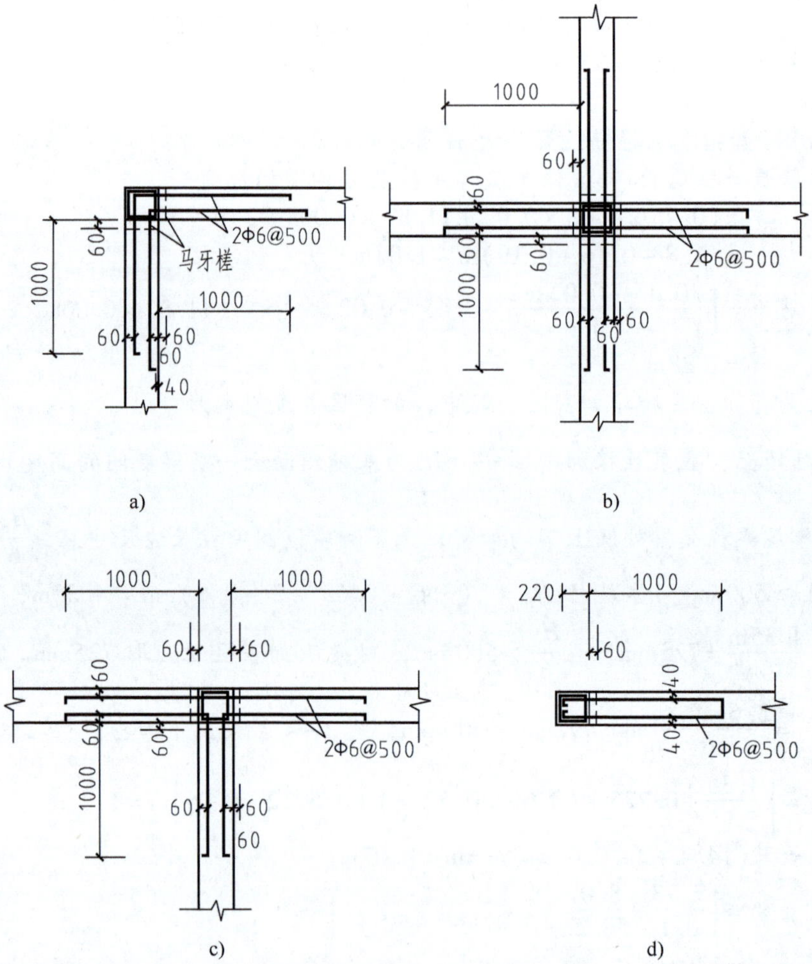


图2-39 砌体中拉结钢筋示意图

2. 计算拉结钢筋工程量

通过对拉结钢筋的作用进行分析可以知道：拉结钢筋应在圈梁间设置。由图2-39a可知：

每道拉结钢筋的长度 $=[(1+0.24-0.06+0.04)\times2\times2]\text{m}=(1.22\times2\times2)\text{m}$

$=4.88\text{m}$

拉结钢筋设置道数 $=\dfrac{\text{拉结钢筋设置区域的长度}}{\text{拉结钢筋间距}}-1=\left(\dfrac{3.2-0.3}{0.5}-1\right)$道 $\approx5$ 道

拉结钢筋总长度 $=4.88\text{m}\times5=24.4\text{m}$

拉结钢筋重量 = 拉结钢筋总长度 × 每米长重量 $=(24.4\times0.222)\text{kg}=5.42\text{kg}$

同理可以计算出其他位置拉结钢筋的工程量。



### 2. 先张法预应力钢筋

（1）工程量计算　工程量按设计图示钢筋长度乘以单位理论质量以吨计算。

（2）项目特征　需描述钢筋种类、规格，锚具种类。

（3）工程内容　包含钢筋制作、运输，钢筋张拉。

### 3. 后张法预应力钢筋、钢丝、钢绞线

（1）工程量计算　工程量按设计图示钢筋（钢丝束、钢绞线）长度乘以单位理论质量以吨计算。

1）低合金钢筋两端均采用螺杆锚具时，钢筋长度按孔道长度减 0.35m 计算，螺杆另行计算。

2）低合金钢筋一端采用墩头插片、另一端采用螺杆锚具时，钢筋长度按孔道长度计算，螺杆另行计算。

3）低合金钢筋一端采用墩头插片、另一端采用帮条锚具时，钢筋增加 0.15m 计算；两端均采用帮条锚具时，钢筋长度按孔道长度增加 0.3m 计算。

4）低合金钢筋采用后张混凝土自锚时，钢筋长度按孔道长度增加 0.35m 计算。

5）低合金钢筋（钢绞线）采用 JM、XM、QM 型锚具，孔道长度 ≤20m 时，钢筋长度按孔道长度增加 1m 计算；孔道长度 >20m 时，钢筋长度按孔道长度增加 1.8m 计算。

6）碳素钢丝采用锥形锚具，孔道长度 ≤20m 时，钢丝束长度按孔道长度增加 1m 计算；孔道长度 >20m 时，钢丝束长度按孔道长度增加 1.8m 计算。

7）碳素钢丝束采用墩头锚具时，钢丝束长度按孔道长度增加 0.35m 计算。

（2）项目特征　需描述钢筋种类、规格，钢丝种类、规格，钢绞线种类、规格，锚具种类，砂浆强度等级。

（3）工程内容　包含钢筋、钢丝、钢绞线制作、运输，钢筋、钢丝、钢绞线安装，预埋管孔道铺设，锚具安装，砂浆制作、运输，孔道压浆、养护。

### 4. 支撑钢筋（铁马）

（1）工程量计算　按钢筋长度乘以单位理论质量（吨）计算。如果设计未明确数量，其工程量可为暂估量，结算时按现场签证数量计算。

（2）项目特征　需描述钢材种类，规格。

（3）工程内容　包含钢筋制作、焊接、安装。

## 十六、螺栓、铁件

包括螺栓、预埋铁件、机械连接三个清单项目。

### 1. 工程量计算

螺栓、预埋铁件按设计图示尺寸以质量（吨）计算；机械连接按数量计算。

### 2. 项目特征

（1）螺栓　需描述螺栓种类，规格。

（2）预埋铁件　需描述钢材种类、规格，铁件尺寸。

（3）机械连接　需描述连接方式，螺纹套筒种类、规格。

### 3. 工程内容

（1）螺栓、预埋铁件　包含螺栓、铁件制作、运输，螺栓、铁件安装。

（2）机械连接　包含钢筋套丝，套筒连接。

## 能力训练 2-5　计算混凝土及钢筋混凝土工程工程量

【训练目的】　掌握混凝土及钢筋混凝土工程中各清单项目工程量的计算方法。

【能力目标】　能结合实际工程进行各清单项目的列项及工程量的计算。

【原始资料】　××办公楼设计图（见项目6任务1）。

【训练步骤】

1. 分析及列项

由图6-9～图6-17可以看出，本工程应列清单项目见表2-30。

**表2-30　混凝土及钢筋混凝土工程应列清单项目**

| 序号 | 项目编码 | 项目名称 | 项目特征 |
|---|---|---|---|
| 1 | 010501003001 | 独立基础 | C20商品混凝土 |
| 2 | 010501001001 | 混凝土垫层 | C15商品混凝土 |
| 3 | 010502001001 | 矩形柱（框架柱） | C25商品混凝土 |
| 4 | | 矩形柱（TZ） | C25商品混凝土 |
| 5 | 010202002001 | 构造柱 | C20商品混凝土 |
| 6 | 010502003001 | 圆形柱 | C25商品混凝土 |
| 7 | 010503001001 | 基础梁 | C20商品混凝土 |
| 8 | 010503002001 | 矩形梁 | C25商品混凝土 |
| 9 | 010503004001 | 圈梁 | C20商品混凝土 |
| 10 | 010503006001 | 弧形梁 | C25商品混凝土 |
| 11 | 010505003001 | 平板 | C25商品混凝土 |
| 12 | | 雨篷板 | 弧形，C25商品混凝土 |
| 13 | 010505006001 | 栏板（弧形雨篷处） | C25商品混凝土 |
| 14 | 010505008001 | 雨篷板 | 矩形，C25商品混凝土 |
| 15 | 010506001001 | 直形混凝土楼梯 | C25商品混凝土 |
| 16 | 010507005001 | 女儿墙压顶 | C25商品混凝土 |
| 17 | | 栏板处压顶 | C25商品混凝土 |
| 18 | 010507004001 | 混凝土台阶 | C15商品混凝土 |
| 19 | 010507001001 | 细石混凝土散水 | 40mm厚C20细石混凝土撒1:1水泥砂子压实赶光，150mm厚3:7灰土垫层，素土夯实，向外坡4%，沥青砂浆嵌缝 |

（续）

| 序号 | 项目编码 | 项目名称 | 项目特征 |
|---|---|---|---|
| 20 | 010510003001 | 预制过梁 | C20 混凝土 |
| 21 | 010512008001 | 预制沟盖板 | C20 混凝土 |
| 22 | 010515001001 | 现浇构件钢筋 | 圆钢筋 |
| 23 | 010515001002 | 现浇构件钢筋 | 螺纹钢筋 |
| 24 | 010515001003 | 砌体拉结筋 | 圆钢筋 |
| 25 | 010515002001 | 预制构件钢筋 | 圆钢筋 |
| 26 | 010515002002 | 预制构件钢筋 | 螺纹钢筋 |

2. 工程量计算

(1) 独立基础

由图6-10、图6-11可以看出，本工程基础设计为台阶式独立基础，其计算方法为

独立基础工程量 = 基础长 × 基础宽 × 基础厚 × 基础个数

J-1：$[(2.4\times2.4\times0.3+1.4\times1.4\times0.3)\times4]m^3=9.26m^3$

J-2：$[(3\times3\times0.3+1.7\times1.7\times0.3)\times8]m^3=28.54m^3$

J-3：$[(3.7\times3\times0.3+2.1\times1.7\times0.3)\times2]m^3=8.80m^3$

J-4：$[(3\times2.4\times0.3+1.7\times1.4\times0.3)\times2]m^3=5.75m^3$

J-5：$\left[\left(3.5\times5.35\times0.25+\frac{0.4+3.5}{2}\times0.15\times5.35+0.4\times5.35\times0.2+0.7\times0.2\times0.2\times4\right)\times2\right]m^3=13.57m^3$

独立基础工程量 = 各独立基础工程量之和

$=(9.26+28.54+8.80+5.75+13.57)m^3=65.92m^3$

(2) 基础垫层

基础垫层工程量 = 基础垫层长 × 基础垫层宽 × 基础垫层厚

由图6-10、图6-11可知：

J-1下的垫层：$(2.6\times2.6\times0.1\times4)\ m^3=2.70m^3$

J-2下的垫层：$(3.2\times3.2\times0.1\times8)\ m^3=8.19m^3$

J-3下的垫层：$(3.9\times3.2\times0.1\times2)\ m^3=2.50m^3$

J-4下的垫层：$(3.2\times2.6\times0.1\times2)\ m^3=1.66m^3$

J-5下的垫层：$(3.7\times5.55\times0.1\times2)\ m^3=4.11m^3$

独立基础垫层工程量 = 各独立基础垫层工程量之和

$=(2.70+8.19+2.50+1.66+4.11)m^3=19.16m^3$

(3) 框架柱（$Z_1$）

框架柱工程量 = 柱断面面积 × 柱高 × 根数

由图6-9～图6-12、图6-14、图6-16可知框架柱的设计尺寸及设计位置；柱高由基础上表面取至柱顶面。

框架柱（$Z_1$）工程量 = 室外地坪以下部分体积 + 室外地坪以上部分体积

$=[0.55\times0.55\times0.6\times16+0.45\times0.45\times(8.7+1.2)\times16]m^3$

$=(2.90+32.08)m^3=34.98m^3$

（4）TZ　　框架柱工程量 = 柱断面面积 × 柱高 × 根数

由图 6-9、图 6-12 可知 TZ 的设计尺寸及设计位置，其高度取基础梁与框架梁之间的净高。为方便砌筑工程中有关工程量的计算，故 TZ 工程量以 −0.06m 为界分别计算。

−0.06m 以下：$TZ_1$　$(0.24^2 \times 1.09)m^3 = 0.06m^3$

$TZ_2$　$(0.2^2 \times 1.09 \times 2)m^3 = 0.09m^3$

−0.06m 以上：$TZ_1$　$[0.24^2 \times (4.76 - 0.65 + 0.06)]m^3 = 0.24m^3$

$TZ_2$　$[0.2^2 \times (4.76 - 0.65 + 0.06) \times 2]m^3 = 0.33m^3$

TZ 工程量 = −0.06m 以下工程量 + −0.06m 以上工程量

$= (0.06 + 0.09 + 0.24 + 0.33)\ m^3 = 0.72m^3$

（5）构造柱

构造柱工程量 = 构造柱断面积 × 构造柱高 × 根数

由图 6-9 ~ 图 6-13 可知构造柱的设计尺寸及设计位置，其高度取基础梁与框架梁之间的净高。需注意的是：计算构造柱工程量时，应包含马牙槎部分的体积。另外，女儿墙上构造柱间距按 2.5m 计算。则

−0.06m 以下：

A − A 处　$[(0.24 + 0.06) \times 0.24 \times 0.99 \times 3]m^3 = 0.21m^3$

B − B 处　$[(0.24 + 0.06) \times 0.24 \times 1.09 \times 2 + (0.2 + 0.06) \times 0.2 \times 1.09]m^3 = 0.21m^3$

−0.06m 以上：

$GZ_1$　$[(0.24 + 0.06) \times 0.24 \times (8.7 + 0.06 - 0.75 \times 2) \times 3 + (0.24 + 0.06) \times 0.24 \times (8.7 + 0.06 - 0.65 \times 2)]m^3 = 2.11m^3$（一层 $1.18m^3$，二层 $0.93m^3$）

$GZ_2$　外墙上$[(0.2 + 0.03) \times 0.2 \times (8.7 - 4.76 - 0.75) \times 2]m^3 = 0.3m^3$

内墙上$[(0.2 + 0.06) \times 0.2 \times (8.7 - 4.76 - 0.65) \times 3]m^3 = 0.51m^3$（二层）

$GZ_3$　$[(0.2 + 0.06) \times 0.2 \times (8.7 + 0.06 - 0.65 \times 2)]m^3 = 0.39m^3$（一层 $0.22m^3$，二层 $0.17m^3$）

女儿墙上　$[0.24 \times 0.24 \times (0.9 - 0.06) \times 34]m^3 = 1.65m^3$

构造柱工程量 = 各构造柱工程量之和

$= (0.21 + 0.21 + 2.11 + 0.3 + 0.51 + 0.39 + 1.65)m^3 = 5.38m^3$

（6）圆形柱

由图 6-9 ~ 图 6-12、图 6-14 可知：

圆形柱工程量 = 柱断面积 × 柱高 × 根数

$= [3.14 \times 0.3^2 \times 0.6 \times 4 + 3.14 \times 0.25^2 \times (4.76 + 1.2) \times 4 + 3.14 \times 0.25^2 \times (8.7 - 4.76) \times 2]m^3 = (0.678 + 4.679 + 1.546)m^3$

$= 6.9m^3$

（7）基础梁

由图 6-10、图 6-11 可知基础梁的设计位置及尺寸。

基础梁工程量 = 梁长 × 梁断面积

Ⓑ、Ⓓ轴线：（室外地坪以下 $12.92m^3$）

$[(31.8-0.53\times5)+(31.8-0.53\times3-0.58\times2)]\text{m}\times0.37\text{m}\times0.75\text{m}=16.15\text{m}^3$

式中：$0.53=(0.55\times0.6+0.45\times0.15)/0.75$

$0.58=(0.6\times0.6+0.5\times0.15)/0.75$

①、⑧轴线：（室外地坪以下 $4.32\text{m}^3$）

$$[(10.8-0.54\times2)\times0.37\times0.65\times2]\text{m}^3=4.68\text{m}^3$$

式中：$0.54=(0.55\times0.6+0.45\times0.05)/0.65$

②、⑦轴线同①、⑧轴线。

④、⑤轴线：（室外地坪以下 $5.49\text{m}^3$）

$$[(13.2+1.2-0.55\times1.5-0.6\times2)\times0.37\times0.65\times2]\text{m}^3=5.95\text{m}^3$$

基础梁工程量＝各基础梁工程量之和

$$=(16.15+4.68+4.68+5.95)\text{m}^3=31.46\text{m}^3$$

（8）矩形梁

由图6-14可知，本例中设计的矩形梁有框架梁及框架梁以外的现浇梁。其计算方法为

$$\text{矩形梁工程量}=\text{梁长}\times\text{梁高}\times\text{梁宽}\times\text{根数}$$

式中，梁高取至现浇板底。则

$1KL_1$ 工程量为：

①轴线：$[(3-0.45)\times0.3\times(0.4-0.12)+(7.8-1.5-0.225-0.125)\times0.3\times0.65+(1.5+0.125-0.225)\times0.3\times(0.65-0.08)]\text{m}^3=1.61\text{m}^3$

②、⑦、⑧轴线：$[(3-0.45)\times0.3\times(0.4-0.12)+(7.8-0.45)\times0.3\times(0.65-0.12)]\text{m}^3\times3$

$=4.15\text{m}^3$

$1L_1$ 工程量$=[(7.8-0.15-0.075)\times0.25\times(0.65-0.12)]\text{m}^3\times2=2.0\text{m}^3$

同理可以计算出其他矩形梁的工程量。

$$\text{矩形梁工程量}=\text{各矩形梁工程量之和}=58.08\text{m}^3$$

（9）圈梁

由图6-10和图6-11可知，本例中圈梁设置在砖基础上、标高 −0.06m 处，并与相应部位的构造柱相交。

圈梁工程量＝梁长×梁断面积－构造柱所占体积

$=[(31.8-0.45\times5)+(31.8-0.45\times3-0.5\times2)+(10.8-0.45\times2)\times4]\text{m}\times0.37\text{m}\times0.18\text{m}-0.08_{(GZ)}\text{m}^3=6.49\text{m}^3$

（10）弧形梁

由图6-14可知：在弧形雨篷处设计了弧形梁 $1L_3$。

$$\text{弧形梁中心线长}=\left[10.09_{(\text{半径})}\times113.14°_{(\text{圆心角})}\times\frac{3.14}{180°}\right]\text{m}=19.91\text{m}$$

弧形梁工程量＝弧形梁中心线长×梁断面积

$$=(19.91\times0.25\times0.32)\text{m}^3=1.59\text{m}^3$$

（11）平板

由图6-12和图6-13可知，本工程中楼板均设计为现浇钢筋混凝土楼板。因为楼板与框架柱相交，而框架柱计算高度已取至板顶，所以

平板工程量 = 板长 × 板宽 × 板厚 − 框架柱所占体积

一层平板工程量 = $[32.25 \times 11.25 \times 0.12 - (0.45^2 \times 0.12 \times 16 + 3.14 \times 0.25^2 \times 2 \times 0.12)_{(\text{柱})} - (3.6 - 0.075 - 0.15) \times (7.8 - 1.5 - 0.15 - 0.125) \times 0.12_{(\text{楼梯间})}]\text{m}^3$

$= 40.66\text{m}^3$

同理可计算出其他层工程量。

平板工程量 = 各层平板工程量之和 $= 84.13\text{m}^3$



(12) 雨篷板 (弧形)

见图6-12，此雨篷板下部梁较多，虽为雨篷但施工接近板，故按平板考虑。

雨篷板(弧形)工程量 = 弧形板面积 × 板厚

$$= \left[\frac{113.14°}{360°} \times 3.14 \times (10.09 + 0.125 + 0.22)^2_{(\text{扇形面积})} - 50.73_{(\text{三角形面积})}\right]\text{m}^2 \times 0.08\text{m} = 4.51\text{m}^3$$

(13) 栏板

由图6-12和图6-16可知：弧形雨篷处

$$\text{弧形栏板中心线长} = \left[(10.09 + 0.125 - 0.06) \times 113.14° \times \frac{3.14}{180°}\right]\text{m} = 20.04\text{m}$$

弧形栏板工程量 = 弧形栏板中心线长 × 栏板高 × 栏板厚

$= (20.04 \times 0.8 \times 0.12)\text{m}^3 = 1.92\text{m}^3$

(14) 雨篷 (矩形)

由图6-4和图6-12可知：

雨篷(矩形)工程量 = 雨篷板体积 + 梁体积

$= [(3.6 + 0.225 + 0.125) \times (1.725 - 0.225) \times 0.08 + 0.25 \times (0.4 - 0.08) \times (1.75 - 0.225) \times 2 + 0.2 \times (0.4 - 0.08) \times (3.6 + 0.45 - 0.25 \times 2)]\text{m}^3$

$= 0.94\text{m}^3$

(15) 楼梯

由图6-16可知，本工程设计采用现浇钢筋混凝土楼梯。由图6-12可知

楼梯工程量 = 楼梯水平投影面积

$= [(3.6 - 0.075 - 0.15) \times (7.8 - 1.5 - 0.15 - 0.125)]\text{m}^2 = 20.33\text{m}^2$

(16) 女儿墙压顶

由图6-5和图6-8可知女儿墙的设置位置及其上压顶的断面形式，则

女儿墙压顶工程量 = 女儿墙压顶中心线长

$= [(32.25 + 11.25 - 0.15 \times 4) \times 2]\text{m} = 85.8\text{m}$

(17) 栏板处压顶

栏板处压顶工程量 = 栏板处压顶中心线长

$$= \left[(10.09 + 0.125 + 0.2 - 0.16) \times 113.14° \times \frac{3.14}{180°}\right]\text{m}$$

$= 20.24\text{m}$

(18) 台阶

由图6-3可知本工程共设计了2个台阶，背面台阶尺寸如图6-8所示。按计算规则，台阶与平台的分界取至台阶最上一层踏步外沿300mm。

台阶工程量 = 台阶水平投影面积

正面台阶工程量 $=[16.8\times(3.3+2.4-0.225)-(16.8-2.4\times2)\times(3.3+2.4-0.225-2.4)]\text{m}^2$

$=55.08\text{m}^2$

背面台阶工程量 $=[3.31\times(2.1+0.3)]\text{m}^2=7.94\text{m}^2$

台阶工程量 = 正面台阶工程量 + 背面台阶工程量

$=(55.08+7.94)\text{m}^2=63.02\text{m}^2$

(19) 散水

本例中设计有散水和台阶，所以

散水工程量 = （散水中心线长 − 台阶所占长度） × 散水宽

由图6-1和图6-3可知：

散水工程量 $=[(32.25+11.25)\times2+4\times1-(3.9\times2+9+3.31+0.37\times2)_{(\text{台阶})}]\text{m}\times1\text{m}$

$=[(91-20.85)\times1]\text{m}^2=70.15\text{m}^2$

(20) 预制过梁

由图6-9可知本工程设计采用预制过梁。

预制过梁工程量 = 过梁长 × 过梁宽 × 过梁高

$C_1$ 过梁工程量 $=[(2.1+0.37\times2)\times0.18\times0.25\times4]\text{m}^3=0.51\text{m}^3$

同理可计算出其他过梁工程量。

预制过梁工程量 = 各过梁工程量之和 $=2.50\text{m}^3$

(21) 预制沟盖板

由图6-3可知本工程设计有暖沟，沟盖板尺寸如图6-8所示。

每块沟盖板体积 $=(1.24\times0.495\times0.08)\text{m}^3=0.05\text{m}^3$

沟盖板块数：$\{[(31.8-0.145\times2)+(10.8-1.27-0.145\times2)+7.8\times2]/0.495\}$ 块

$=114$ 块

沟盖板工程量 $=(0.05\times114)\text{m}^3=5.70\text{m}^3$

(22) 钢筋

钢筋工程量的计算分两步：第一步以各构件为计算单位，计算各构件的钢筋工程量；第二步按照构件的施工方法（现浇、预制）、钢筋等级、钢筋直径分别汇总钢筋工程量。本书在例2-10～例2-13中已详细介绍了各构件钢筋工程量的计算方法，此处不再赘述，其钢筋工程量见本项目后所附分部分项工程量清单。

**【注意事项】** 在多层及高层房屋设计中，不同层的钢筋混凝土构件，其混凝土强度等级往往不同，进行工程计价时，应注意区分。

**【讨论】**

1）砖混结构与框架结构在计算构造柱工程量时，柱高度的取值有何不同？

2）当设计采用圈梁代替过梁时，应如何列项？相应工程量如何计算？

3）某工程设计采用井字梁板，进行工程计价时，所列项目与本例是否相同？若不同，应如何列项？

4）砖混结构中板工程量的计算与本例有何相同与不同之处？

5）目前在工程设计中，有时采用现浇空心楼板，其工程量如何计算？

6）构造柱钢筋的连接采用搭接，其钢筋工程量的计算与框架柱有何不同？

7）框架结构中，中柱钢筋工程量的计算与边柱不同，区别是什么？

8）基础中钢筋工程量如何计算？



## 任务7 金属结构工程

金属结构工程适用于建筑物和构筑物的钢结构工程，包括钢网架，钢屋架、钢柱，钢梁，钢板楼板、墙板，钢构件，金属制品项目。

### 一、钢网架

钢网架项目适用于一般钢网架和不锈钢网架。不论节点形式（球形节点、板式节点等）和节点连接方式（焊接、丝接）等均使用本项目。

#### 1. 工程量计算

按设计图示尺寸以质量计算。不扣除孔眼的质量，焊条、铆钉等不另增加质量。

注意：

1）螺栓的质量要计算。

2）金属构件中的不规则及多边形钢板按设计图示实际面积乘以厚度以单位理论质量计算，金属构件的切边、切肢，不规则及多边形钢板发生的损耗不计入工程量，在综合单价中考虑。下同。

#### 2. 项目特征

钢网架项目需描述钢材品种、规格，网架节点形式、连接方式，网架跨度、安装高度，探伤要求，防火要求。其中，防火要求指耐火极限。

#### 3. 工程内容

包含拼装，安装，探伤，补刷油漆。

注意：

1）钢网架、钢屋架、钢柱、钢梁、楼板、墙板、钢支撑、檩条等项目按成品编制，购置成品价格或现场制作的所有费用应计入综合单价中。购置成品价格中不含油漆费用的，钢构件的刷油漆应按油漆、涂料、裱糊工程单独编码列项；购置成品价格中含油漆费用的，相应项目中含补刷油漆的费用。

2）钢构件的除锈费用应包含在钢构件项目内。

3）钢构件的拼装台的搭拆费用和材料摊销费用应列入措施项目费。

4）钢构件需探伤（射线探伤、超声波探伤、磁粉探伤、金相探伤、着色探伤、荧光探伤等）的费用应包含在钢构件项目内。

### 二、钢屋架

钢屋架项目适用于一般钢屋架和轻钢屋架及冷弯薄壁型钢屋架。其中，轻钢屋架是指采用圆钢筋、小角钢（小于∟45×4等肢角钢、小于∟56×36×4不等肢角钢）和薄钢板（其厚度一般不大于4mm）等材料组成的轻型钢屋架；冷弯薄壁型钢屋架是指厚度在2～6mm的钢板或带钢经冷弯或冷拔等方式弯曲而成的型钢组成的屋架。

#### 1. 工程量计算

以榀计量，按设计图示数量计算；以吨计量，按设计图示尺寸以质量计算。不扣除孔眼的质量，焊条、铆钉、螺栓等不另增加质量。

#### 2. 项目特征

钢屋架项目需描述钢材品种、规格，单榀质量，屋架跨度、安装高度，螺栓种类，探伤要求，防火要求。以榀计量时，按标准图设计的应注明标准图代号；按非标准图设计的，必须描述单榀屋架的质量。



#### 3. 工程内容

包含拼装，安装，探伤，补刷油漆。

### 三、钢柱

钢柱包含实腹钢柱、空腹钢柱及钢管柱项目。实腹钢柱是具有实腹式断面的柱（图2-40a），实腹钢柱项目适用于实腹钢柱和实腹式型钢混凝土柱。空腹钢柱是具有格构式断面的柱（图2-40b），空腹钢柱项目适用于空腹钢柱和空腹型钢混凝土柱。钢管柱项目适用于钢管柱和钢管混凝土柱。

a) 实腹钢柱　　b) 空腹钢柱

图2-40 钢柱示意图

#### 1. 工程量计算

按设计图示尺寸以质量计算。不扣除孔眼的质量，焊条、铆钉、螺栓等不另增加质量。依附在钢柱上的牛腿及悬臂梁等并入钢柱工程量内；钢管柱上的节点板、加强环、内衬管、牛腿等并入钢管柱工程量内。

钢柱清单项目编制

#### 2. 项目特征

需描述柱类型，钢材品种、规格，单根柱重量，螺栓种类，探伤要求，防火要求。其中，实腹钢柱类型指十字形、T形、L形、H形等；空腹钢柱类型指箱形、格构式等。

#### 3. 工程内容

包含拼装，安装，探伤，补刷油漆。

注意：型钢混凝土柱浇筑钢筋混凝土，其混凝土和钢筋应按混凝土及钢筋混凝土工程中相关项目编码列项。

### 四、钢梁

钢梁包含钢梁、钢吊车梁项目。钢梁项目适用于钢梁和实腹式型钢混凝土梁、空腹式型钢混凝土梁。钢吊车梁项目适用于钢吊车梁及吊车梁的制动梁、制动板、制动桁架。

#### 1. 工程量计算

按设计图示尺寸以质量计算。不扣除孔眼的质量，焊条、铆钉、螺栓等不另增加质量，制动梁、制动板、制动桁架、车挡并入钢吊车梁工程量内。

### 2. 项目特征

需描述梁类型，钢材品种、规格，单根质量，安装高度，探伤要求，防火要求。其中，梁类型指 H 形、L 形、T 形、箱形、格构式等。

### 3. 工程内容

包含拼装，安装，探伤，补刷油漆。

注意：型钢混凝土梁浇筑钢筋混凝土，其混凝土和钢筋应按混凝土及钢筋混凝土工程中相关项目编码列项。



## 五、钢板楼板、墙板

### 1. 钢板楼板

钢板楼板项目适用于现浇混凝土楼板使用钢板作永久性模板，并与混凝土叠合后组成共同受力的构件。压型钢板是指采用镀锌或经防腐处理的薄钢板，压型钢板楼板按钢板楼板项目编码列项。

（1）工程量计算　按设计图示尺寸以铺设水平投影面积计算，不扣除单个面积≤$0.3m^2$的柱、垛及孔洞所占面积。

（2）项目特征　需描述钢材品种、规格，钢板厚度，螺栓种类，防火要求。

（3）工程内容　包含拼装，安装，探伤，补刷油漆。

注意：压型钢板楼板上浇筑钢筋混凝土，其混凝土和钢筋应按混凝土及钢筋混凝土工程有关项目编码列项。

### 2. 钢板墙板

（1）工程量计算　按设计图示尺寸以铺挂展开面积计算。不扣除单个面积≤$0.3m^2$的梁、孔洞所占面积，包角、包边、窗台泛水等不另增加面积。

（2）项目特征　需描述钢材品种、规格，钢板厚度、复合板厚度，复合板夹心材料、种类、层数、型号、规格，防火要求。

（3）工程内容　同钢板楼板。

## 六、钢构件

钢构件包含钢支撑、钢檩条，钢天窗架，钢梯、钢护栏等项目。

### 1. 工程量计算

工程量按设计图示尺寸以质量计算，不扣除孔眼的质量，焊条、铆钉、螺栓等不另增加质量。

### 2. 项目特征

（1）钢支撑　需描述钢材品种、规格，构件类型，安装高度，螺栓种类，探伤要求，防火要求。钢支撑类型是指单式、复式。

（2）钢檩条　需描述钢材品种、规格，构件类型，单根质量，安装高度，螺栓种类，探伤要求，防火要求。钢檩条类型是指型钢式、格构式。

（3）钢天窗架　需描述钢材品种、规格，单榀质量，安装高度，螺栓种类，探伤要求，防火要求。

（4）钢梯　需描述钢材品种、规格，钢梯形式，螺栓种类，探伤要求，防火要求。

（5）钢护栏　需描述钢材品种、规格，防火要求。

### 3. 工程内容

同钢板楼板。

## 七、金属制品

金属制品中包含成品空调金属百叶护栏、成品栅栏、金属网栏、砌块墙钢丝网加固、后浇带金属网等项目。



### 1. 成品空调金属百叶护栏、成品栅栏

（1）工程量计算　按设计图示尺寸以框外围展开面积计算。

（2）项目特征　需描述材料品种、规格，边框材质。成品栅栏还需描述立柱型钢品种、规格。

（3）工程内容　包含安装，校正，预埋铁件及安螺栓。成品栅栏还包含安金属立柱。

### 2. 金属网栏

（1）工程量计算　同成品栅栏。

（2）项目特征　需描述材料品种、规格，边框及立柱型钢品种、规格。

（3）工程内容　包含安装，校正，安螺栓及金属立柱。

### 3. 砌块墙钢丝网加固、后浇带金属网

（1）工程量计算　按设计图示尺寸以面积计算。

（2）项目特征　需描述材料品种、规格，加固方式。

（3）工程内容　包含铺贴，铆固。

注意：抹灰钢丝网加固按砌块墙钢丝网加固项目编码列项。

从上述钢构件工程量计算的叙述中可以看出：除钢板楼板、墙板，金属制品项目外，大多数金属构件的工程量是以吨为计量单位计算金属构件的质量的。下面举例说明金属构件质量的计算方法。

【例2-15】　某钢管柱结构图如图2-41所示。试列出其清单项目并计算10根钢柱工程量。

【解】　1. 列项

从钢管柱的工程内容中可以看出：钢管柱的报价中包含制作、运输、安装、探伤的费用，则应列清单项目见表2-31。

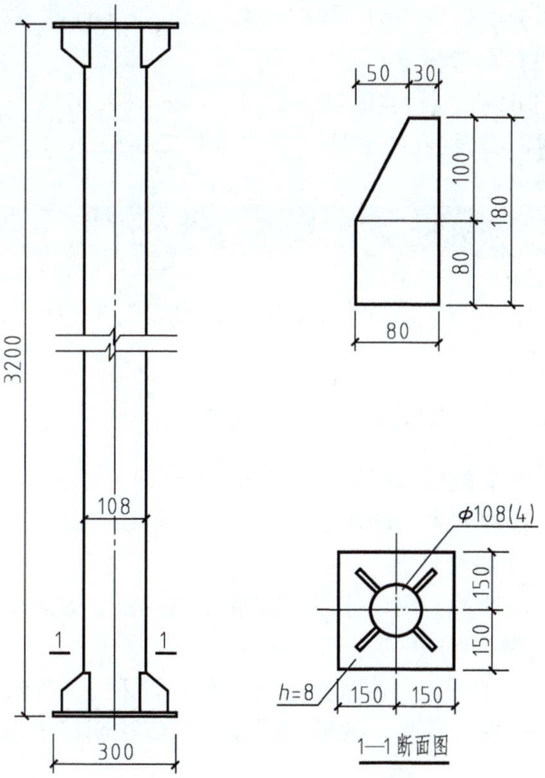


图2-41　钢管柱结构示意图

表 2-31 清单项目表

| 序号 | 项目编码 | 项目名称 | 项目特征 |
|---|---|---|---|
| 1 | 010603003001 | 钢管柱 | $\phi$108（4）钢管柱，钢管、钢板规格详图，超声波探伤，耐火极限为二级 |

2. 计算工程量

金属构件工程量 = 构件中各钢材重量之和

从图 2-41 中可以看出，钢管柱工程量需计算钢板和钢管的重量。

钢板重量 = 钢板面积 × 每平方米钢板重量

钢管重量 = 钢管长度 × 每米钢管重量

式中，每平方米钢板重量及每米钢管重量可从有关表中查出，也可以按下式计算

每平方米钢板重量 = $7.85\text{g/cm}^3$ × 钢板厚度

（1）方形钢板（$\delta=8$）

每平方米重量 = $7.85\text{g/cm}^3\times 8\text{mm}=7.85\times 8\text{kg/m}^2=62.8\text{kg/m}^2$

钢板面积 = $(0.3\times 0.3)\ \text{m}^2=0.09\text{m}^2$

重量小计 = $[62.8\times 0.09\times 2_{(2块)}]\ \text{kg}=11.3\text{kg}$

（2）不规则钢板钢板（$\delta=6$）

每平方米重量 = $7.85\text{g/cm}^3\times 6\text{mm}=7.85\times 6\text{kg/m}^2=47.1\text{kg/m}^2$

钢板面积 = $\left(0.08\times 0.08+\dfrac{0.03+0.08}{2}\times 0.1\right)\text{m}^2=0.012\text{m}^2$

重量小计 = $[47.1\times 0.012\times 8_{(8块)}]\ \text{kg}=4.52\text{kg}$

（3）钢管重量

$[3.184_{(长度)}\times 10.26_{(每米重量)}]\ \text{kg}=32.67\text{kg}$

则 10 根钢柱的重量 $[(11.3+4.52+32.67)\times 10]\text{kg}=484.9\text{kg}$

## 任务 8 木结构工程

木结构工程适用于建筑物和构筑物的木结构工程，包括木屋架、木构件、屋面木基层等项目。

### 一、木屋架

木屋架包括木屋架、钢木屋架（下弦杆为钢结构）两个清单项目。其中，木屋架项目适用于各种方木、圆木屋架；钢木屋架项目适用于各种方木、圆木的钢木组合屋架。

**1. 工程量计算**

以榀计量，按设计图示数量计算；以立方米计量，按设计图示的规格尺寸以体积计算。

**2. 项目特征**

（1）木屋架 需描述跨度，材料品种、规格，刨光要求，拉杆及夹板种类，防护材料种类。以榀计量时，按标准图设计的应注明标准图代号；按非标准图设计的，必须按上述内容描述。

（2）钢木屋架 需描述跨度，材料品种、规格，刨光要求，钢材品种、规格，防护材

料种类。

注意：屋架的跨度应以上、下弦中心线两交点之间的距离计算。

### 3. 工程内容

包含制作，运输，安装，刷防护材料。

注意：

1）与木屋架相连接的挑椽木、钢夹板构件、连接螺栓应包括在木屋架清单项目内。

2）钢拉杆（下弦拉杆）、受拉腹杆、钢夹板、连接螺栓应包括在钢木屋架清单项目内。

3）带气楼的屋架、马尾、折角以及正交部分的半屋架（图2-42），应按相关屋架项目编码列项。



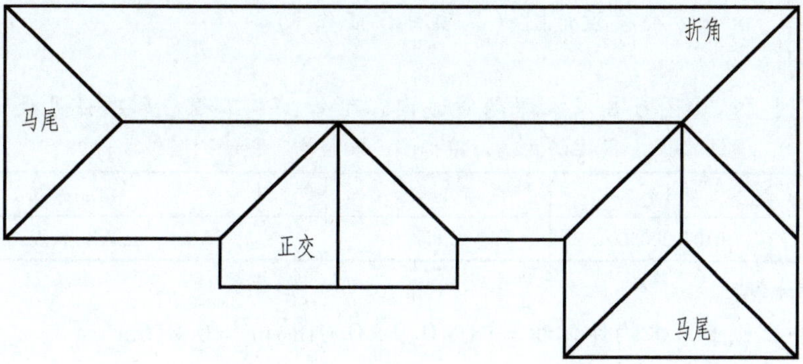


图2-42 屋架的马尾、折角和正交示意图

4）木结构有防虫要求时，防虫药剂应包括在木屋架清单项目内。

5）木屋架工作内容中未包含刷油漆、刷防火涂料，发生时应按油漆、涂料、裱糊工程相关项目编码列项。

## 二、木构件

### 1. 工程量计算

以立方米计量，按设计图示尺寸以体积计算。以米计量，按设计图示尺寸以长度计算。

### 2. 项目特征

需描述构件规格尺寸，木材种类，刨光要求，防护材料种类。以米计量时，必须描述构件规格尺寸。

### 3. 工程内容

同木屋架。

## 三、屋面木基层

### 1. 工程量计算

按设计图示尺寸以斜面积计算。不扣除房上烟囱、风帽底座、风道、小气窗、斜沟等所占面积。小气窗的出檐部分不增加面积。

2. 项目特征

需描述椽子断面尺寸及椽距，望板材料种类、厚度，防护材料种类。

3. 工程内容

包含椽子制作、安装，望板制作、安装，顺水条和挂瓦条制作、安装，刷防护材料。

从工程内容中可以看出，屋面木基层中未包含刷油漆、刷防火涂料，发生时应按油漆、涂料、裱糊工程相关项目编码列项。



## 能力训练 2-6 计算木结构工程工程量

【训练目的】 掌握木结构工程中各清单项目工程量的计算方法。

【能力目标】 能结合实际工程进行各清单项目的列项及工程量的计算。

【原始资料】 ××办公楼设计图（见项目6任务1）。

【训练步骤】

1）分析及列项。由图6-8及本课题所述内容可知，本工程应列项目见表2-32。

表 2-32 厂库房大门、特种门、木结构工程应列清单项目

| 序号 | 项目编码 | 项目名称 | 项目特征 |
|---|---|---|---|
| 1 | 010702005001 | 其他木构件 | 上人孔木盖板 |

2）工程量计算。

其他木构件工程量 = 木构件体积 = $(1\times0.9\times0.018)\text{m}^3=0.016\text{m}^3$

# 任务 9 屋面及防水工程

屋面及防水工程适用于建筑物屋面工程及屋面以外的防水工程，包括瓦、型材及其他屋面，屋面防水及其他，墙面防水、防潮，楼（地）面防水、防潮等项目。

## 一、瓦屋面

瓦屋面项目适用于用小青瓦、平瓦、筒瓦、石棉水泥瓦、玻璃钢波形瓦等材料做的屋面。

1. 工程量计算

按设计图示尺寸以斜面积计算。不扣除房上烟囱、风帽底座、风道、小气窗、斜沟等所占面积，小气窗出檐部分不增加面积。

2. 项目特征

需描述瓦品种、规格，黏结层砂浆的配合比。

注意：瓦屋面在木基层上铺瓦时，不必描述黏结层砂浆的配合比。

3. 工程内容

包含砂浆制作、运输、摊铺、养护，安瓦、做瓦脊。

注意：

1）瓦屋面做防水层时，可按屋面及防水工程及其他相关工程中的相关项目单独编码列项。

2）瓦屋面的木檩条、木椽子、顺水条、挂瓦条、木屋面板按木结构工程中相关项目编

码列项。

3）瓦屋面的木檩条、木椽子、木屋面板需刷防火涂料时，按油漆、涂料、裱糊工程中相关项目编码列项。

## 二、型材屋面

### 1. 工程量计算

型材屋面工程量计算同瓦屋面。

### 2. 项目特征

需描述型材品种、规格，金属檩条材料品种、规格，接缝、嵌缝材料种类。

### 3. 工程内容

包含檩条制作、运输、安装，屋面型材安装，接缝、嵌缝。

注意：

1）型材屋面的钢檩条或木檩条以及骨架、螺栓、挂钩等应包括在型材屋面项目内，即为完成型材屋面实体所需的一切人工、材料、机械费用都应包括在型材屋面项目内。

2）同瓦屋面中的“注意2)”。

3）型材屋面中的柱、梁、屋架按金属结构工程、木结构工程中相关项目编码列项。

## 三、阳光板屋面、玻璃钢屋面

### 1. 工程量计算

按设计图示尺寸以斜面积计算。不扣除屋面面积≤$0.3m^2$孔洞所占面积。

### 2. 项目特征

需描述阳光板品种、规格，骨架材料品种、规格，接缝、嵌缝材料种类，油漆品种、刷油遍数。玻璃钢屋面还需描述玻璃钢固定方式。

### 3. 工程内容

包含骨架制作、运输、安装，刷防护材料、油漆，阳光板安装（玻璃钢制作、安装），接缝、嵌缝。

注意：

1）阳光板屋面、玻璃钢屋面项目中除包含屋面板外，还包含骨架等施工工序，计价时应注意。

2）阳光板屋面、玻璃钢屋面中的柱、梁、屋架按金属结构工程、木结构工程中相关项目编码列项。

## 四、膜结构屋面

膜结构也称为索膜结构，是一种以膜布与支撑（柱、网架等）和拉结结构（拉杆、钢丝绳等）组成的屋盖、篷顶结构。膜结构屋面项目适用于膜布屋面。

### 1. 工程量计算

按设计图示尺寸以需要覆盖的水平投影面积计算（图2-43）。

### 2. 项目特征

需描述膜布品种、规格，支柱（网架）钢材品种、规格，钢丝绳品种、规格，锚固基

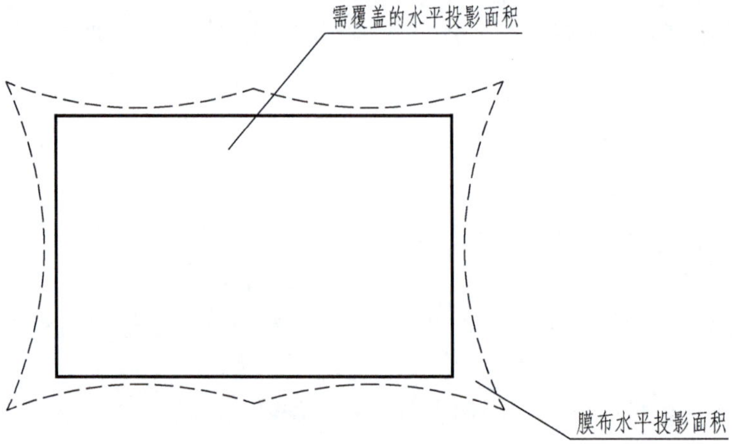


图 2-43 膜结构屋面工程量计算示意图



座做法，油漆品种、刷漆遍数。

**3. 工程内容**

包含膜布热压胶接，支柱（网架）制作、安装，膜布安装，穿钢丝绳，锚头锚固，锚固基座、挖土、回填，刷防护材料、油漆。

注意：

1）索膜结构中支撑和拉结构件应包括在膜结构屋面项目内。

2）支撑柱的钢筋混凝土柱基、锚固的钢筋混凝土基础以及地脚螺栓、挖土、回填等费用包含在本项目中。

3）瓦屋面、型材屋面、膜结构屋面的钢檩条、钢支撑（柱、网架等）和拉结结构需刷防护材料时，可按相关项目单独编码列项，也可包括在瓦屋面、型材屋面、膜结构屋面项目内。

## 五、屋面卷材防水

屋面防水工程量清单编制

屋面卷材防水项目适用于利用胶结材料粘贴卷材进行防水的屋面，如高聚物改性沥青防水卷材屋面。

**1. 工程量计算**

按设计图示尺寸以面积计算，其中斜屋顶（不包括平屋顶找坡）按斜面积计算，平屋顶按水平投影面积计算。不扣除房上烟囱、风帽底座、风道、屋面小气窗和斜沟所占面积；屋面的女儿墙、伸缩缝和天窗等处的弯起部分，并入屋面工程量内。

**2. 项目特征**

需描述卷材品种、规格、厚度，防水层数，防水层做法。

**3. 工程内容**

包含基层处理，刷底油，铺油毡卷材、接缝。

注意：

1）基层处理（清理修补、刷基层处理剂）；檐沟、天沟、雨水口、泛水收头、变形缝等处的卷材附加层；浅色、反射涂料保护层，绿豆砂保护层，细砂、云母及蛭石保护层等费用应包括在屋面卷材防水项目内。

2）屋面找平层按楼地面装饰工程中相关项目编码列项。

3）屋面保温、找坡层（如：1∶6 水泥炉渣）按保温、隔热、防腐工程中相关项目编码列项。

【例 2-16】 已知某工程女儿墙厚 240mm，屋面卷材在女儿墙处卷起 250mm，图 2-44 所示为其屋顶平面图，屋面做法为：

① 4mm 厚高聚物改性沥青卷材防水层一道。

② 20mm 厚 1∶3 水泥砂浆找平层。

③ 1∶6 水泥焦渣找 2% 坡，最薄处 30mm 厚。

④ 60mm 厚聚苯乙烯泡沫塑料板保温层。

⑤ 现浇钢筋混凝土板。

试编制屋面工程工程量清单。

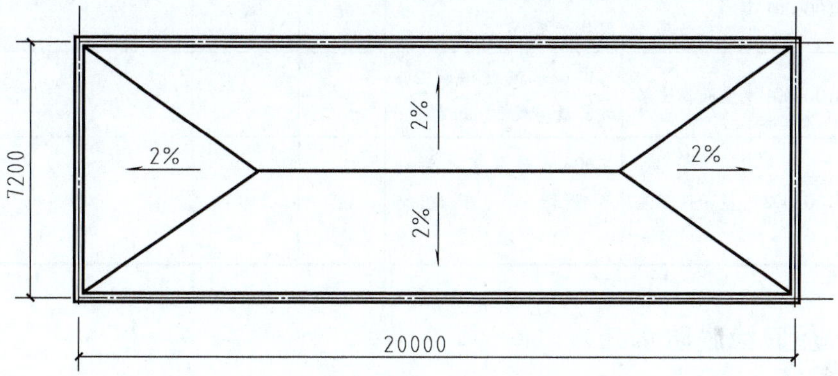


图 2-44 屋顶平面图

【解】 1. 列项

从屋面工程做法中可知，本工程屋面设计有防水层、找平层、找坡层及保温层。根据屋面卷材防水项目中所包含的工程内容，应列项目有屋面卷材防水、找平层、找坡层、屋面保温。

2. 计算工程量

根据列项情况，本例需计算屋面卷材防水工程量、找平层工程量、找坡层工程量和屋面保温层工程量。

（1）屋面卷材防水工程量

屋面面积 = 屋面净长 × 屋面净宽

$$= [(20-0.12\times2)\times(7.2-0.12\times2)]\mathrm{m}^2 = 137.53\mathrm{m}^2$$

女儿墙弯起部分面积 = 女儿墙内周长 × 卷材弯起高度

$$= [(20-0.12\times2+7.2-0.12\times2)\times2\times0.25]\mathrm{m}^2$$

$$= 13.36\mathrm{m}^2$$

屋面卷材防水层工程量 = 屋面面积 + 在女儿墙处弯起部分面积

$$= (137.53 + 13.36)\text{m}^2 = 150.89\text{m}^2$$

(2) 找平层工程量、找坡层工程量和屋面保温层工程量

找平层工程量、找坡层工程量和屋面保温层工程量的计算方法见楼地面装饰工程，保温、隔热、防腐工程。

3. 屋面工程工程量清单

屋面工程工程量清单见表2-33。



表2-33 屋面工程工程量清单与计价表

工程名称：××× 标段： 第 页共 页

| 序号 | 项目编码 | 项目名称 | 项目特征描述 | 计量单位 | 工程量 | 金额/元 | | |
|---|---|---|---|---|---|---|---|---|
| | | | | | | 综合单价 | 合价 | 其中：暂估价 |
| 1 | 010902001001 | 屋面卷材防水 | 4mm厚高聚物改性沥青卷材防水层一道 | $m^2$ | 150.89 | | | |
| 2 | 011101006001 | 屋面砂浆找平层 | 20mm厚1:3水泥砂浆找平层 | $m^2$ | 略 | | | |
| 3 | 011001001001 | 屋面找坡层 | 1:6水泥焦渣找2%坡，最薄处30mm厚 | $m^2$ | 略 | | | |
| 4 | 011001001002 | 屋面保温层 | 60mm厚聚苯乙烯泡沫塑料板（密度30$kg/m^3$）保温层 | $m^2$ | 略 | | | |

## 六、屋面涂膜防水

涂膜防水是指在基层上涂刷防水涂料，经固化后形成具有防水效果的薄膜。屋面涂膜防水项目适用于厚质涂料、薄质涂料和有加增强材料或无加增强材料的涂膜防水屋面。其工程量计算同屋面卷材防水项目。

### 1. 项目特征

需描述防水膜品种，涂膜厚度、遍数，增强材料种类。

### 2. 工程内容

包含基层处理，刷基层处理剂，铺布、喷涂防水层。

注意事项同屋面卷材防水项目。

## 七、屋面刚性层

屋面刚性层适用于细石混凝土、补偿收缩混凝土、块体混凝土、预应力混凝土和钢纤维混凝土等刚性防水屋面。

### 1. 工程量计算

按设计图示尺寸以面积计算。不扣除房上烟囱、风帽底座、风道等所占面积。

### 2. 项目特征

需描述刚性层厚度，混凝土种类，混凝土强度等级，嵌缝材料种类，钢筋规格、型号。

当刚性层无钢筋时，不必描述钢筋规格、型号。

3. 工程内容

包含基层处理，混凝土制作、运输、铺筑、养护，钢筋制安。

注意：刚性防水屋面的分格缝、泛水、变形缝部位的防水卷材、密封材料、背衬材料、沥青麻丝等费用应包括在“刚性防水屋面”项目内。

## 八、屋面排水管



屋面排水管项目适用于各种排水管材（PVC 管、玻璃钢管、铸铁管等）项目。

1. 工程量计算

按设计图示尺寸以长度计算。如设计未标注尺寸，以檐口至设计室外散水上表面垂直距离计算。

2. 项目特征

需描述排水管品种、规格，雨水斗、山墙出水口品种、规格，接缝、嵌缝材料种类，油漆品种、刷漆遍数。

3. 工程内容

包含排水管及配件安装、固定，雨水斗、山墙出水口、雨水箅子安装，接缝、嵌缝，刷漆。

注意：雨水口、水斗、箅子板、安装排水管的卡箍及刷漆等都应包括在屋面排水管项目内。

## 九、屋面变形缝

屋面变形缝项目适用于屋面部位的抗震缝、温度缝、沉降缝的处理。

1. 工程量计算

按设计图示以长度计算。

2. 项目特征

需描述嵌缝材料种类，止水带材料种类，盖缝材料，防护材料种类。

3. 工程内容

包含清缝，填塞防水材料，止水带安装，盖缝制作、安装，刷防护材料。

从工程内容中可以看出，屋面变形缝项目中包含填缝、止水带、盖板，计价时应注意。下同。

## 十、墙面卷材防水、涂膜防水

墙面卷材防水、涂膜防水项目适用于基础、墙面等部位的防水。

1. 工程量计算

按设计图示尺寸以面积计算。计算式如下：

（1）墙基防水

$$墙基防水层工程量 = 防水层长 \times 防水层宽$$

式中，外墙基防水层长度取外墙中心线长，内墙基防水层长度取内墙净长。

(2) 墙身防水

墙身防水层工程量 = 防水层长 × 防水层高

式中，外墙面防水层长度取外墙外边线长，内墙面防水层长度取内墙面净长。

注意：墙面防水搭接及附加层用量不另行计算，在综合单价中考虑。

**2. 项目特征**

(1) 墙面卷材防水　需描述卷材品种、规格、厚度，防水层数，防水层做法。

(2) 墙面涂膜防水　需描述防水膜品种，涂膜厚度、遍数，增强材料种类。



**3. 工程内容**

包含基层处理，刷黏结剂（刷基层处理剂），铺防水卷材（铺布、喷涂防水层），接缝、嵌缝。

注意：

1) 刷基层处理剂、刷胶粘剂、胶粘卷材防水、特殊处理部位的嵌缝材料、附加卷材垫衬的费用应包含在墙面卷材防水、涂膜防水项目内。

2) 永久性保护层（如砖墙、混凝土地坪等）应按相关项目编码列项。

3) 墙基、墙身的防水应分别编码列项。

4) 墙面找平层按墙、柱面装饰与隔断、幕墙工程中相关项目编码列项。

【例 2-17】 某房屋形状为矩形，地下室墙身外侧做防水层，如图 2-45 所示。已知外墙外边线长 50m，其工程做法为：

① 20mm 厚 1:2.5 水泥砂浆找平层。

② 冷黏结剂一道。

③ 4mm 厚改性沥青卷材防水层。

④ 20mm 厚 1:2.5 水泥砂浆保护层。

⑤ 砌砖保护墙（厚度 115mm）。

试编制墙身防水工程工程量清单。

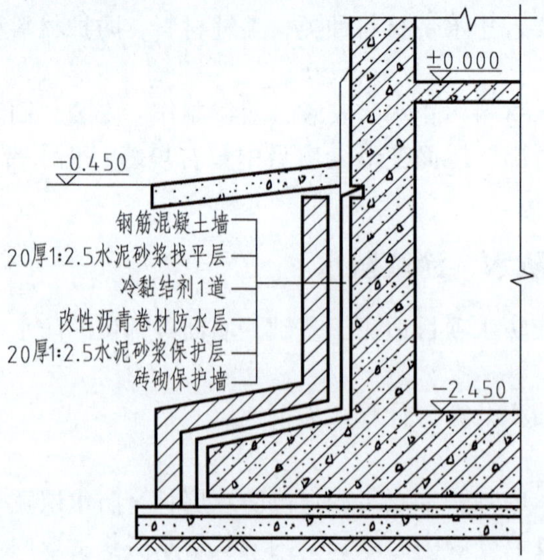


图 2-45　地下室墙身防水示意图

【解】 1. 列项

根据墙身防水的工程内容及本例工程做法可知，墙身防水工程应列清单项目有墙面卷材防水、墙面找平层、实心砖墙。

2. 工程量计算

（1）墙面卷材防水层工程量

墙面卷材防水层工程量 = 防水层长 × 防水层高 = $[50\times(2.45-0.45)]\text{m}^2=100\text{m}^2$

（2）墙面找平层工程量

同墙面卷材防水层工程量。具体计算方法见墙、柱面装饰与隔断、幕墙工程。

（3）实心砖墙工程量

实心砖墙工程量 = 墙长 × 墙高 × 墙厚

$$=\left[\left(50+\frac{0.115}{2}\times 8\right)\times 2.0\times 0.115\right]\text{m}^3$$

$$=11.61\text{m}^3$$

3. 墙基防水工程工程量清单（表2-34）

**表2-34 防水工程工程量清单与计价表**

工程名称：××× 标段： 第 页共 页

| 序号 | 项目编码 | 项目名称 | 项目特征描述 | 计量单位 | 工程量 | 金额/元 | | |
|---|---|---|---|---|---|---|---|---|
| | | | | | | 综合单价 | 合价 | 其中：暂估价 |
| 1 | 010903001001 | 卷材防水 | 4mm 厚高聚物改性沥青卷材防水层冷黏结剂一道 | $\text{m}^2$ | 100 | | | |
| 2 | 011201004001 | 墙面砂浆找平 | 20mm 厚 1:2.5 水泥砂浆找平层（双层） | $\text{m}^2$ | 100 | | | |
| 3 | 010401003001 | 实心砖墙 | M5.0 水泥砂浆砌 120mm 厚黏土砖保护墙 | $\text{m}^3$ | 11.61 | | | |

## 十一、墙面砂浆防水（潮）

墙面砂浆防水（潮）项目适用于地下、基础、墙面等部位的防水防潮。其工程量计算方法同墙面卷材防水项目。

### 1. 项目特征

需描述防水层做法，砂浆厚度、配合比，钢丝网规格。

### 2. 工程内容

包含基层处理，挂钢丝网片，设置分格缝，砂浆制作、运输、摊铺、养护。

注意：防水、防潮层的外加剂费用应包含在该项目中。

## 十二、墙面变形缝

墙面变形缝项目适用于墙体部位的抗震缝、温度缝、沉降缝的处理。

### 1. 工程量计算

按设计图示以长度计算。若做双面，工程量乘以系数2。

2. 项目特征

需描述嵌缝材料种类，止水带材料种类，盖缝材料、防护材料种类。

3. 工程内容

包含清缝，填塞防水材料，止水带安装，盖板制作、安装，刷防护材料。

## 十三、楼（地）面卷材防水、涂膜防水、砂浆防水（防潮）



1. 工程量计算

按设计图示尺寸以面积计算。楼（地）面防水按主墙间净空面积计算，扣除凸出地面的构筑物、设备基础等所占面积；不扣除间壁墙及单个≤0.3$m^2$的柱、垛、烟囱和孔洞所占面积。楼（地）面防水反边高度≤300mm 算做地面防水，反边高度＞300mm 按墙面防水计算。

计算式如下：

地面防水层工程量＝主墙间净空面积－凸出地面的构筑物、设备基础等所占面积＋防水反边面积（高度≤300mm）

注意：楼（地）面防水搭接及附加层用量不另行计算，在综合单价中考虑。

2. 项目特征

（1）楼（地）面卷材防水　需描述卷材品种、规格、厚度，防水层数，防水层做法，反边高度。

（2）楼（地）面涂膜防水　需描述防水膜品种，涂膜厚度、遍数，增强材料种类，反边高度。

（3）楼（地）面砂浆防水（防潮）　需描述防水层做法，砂浆厚度、砂浆配合比，反边高度。

3. 工程内容

（1）楼（地）面卷材防水　包含基层处理，刷黏结剂，铺防水卷材，接缝、嵌缝。

（2）楼（地）面涂膜防水　包含基层处理，刷基层处理剂，铺布、喷涂防水层。

（3）楼（地）面砂浆防水（防潮）　包含基层处理，砂浆制作、运输、摊铺、养护。

注意：

1）刷基层处理剂、刷胶粘剂、胶粘卷材防水、特殊处理部位的嵌缝材料、附加卷材垫衬的费用应包含在“楼（地）面卷材防水、涂膜防水”项目内。

2）楼（地）面防水找平层、垫层按相关项目编码列项。

## 十四、楼（地）面变形缝

楼（地）面变形缝项目适用于基础、楼面、地面等部位的抗震缝、温度缝、沉降缝的处理。其工程量计算、项目特征、工程内容同屋面变形缝项目。

## 能力训练 2-7　计算屋面及防水工程工程量

【训练目的】　掌握屋面及防水工程中各清单项目工程量的计算方法。

【能力目标】　能结合实际工程进行各清单项目的列项及工程量的计算。

【原始资料】　××办公楼设计图（见项目6任务1）。

【训练步骤】

1. 分析及列项

由图6-1及本任务所述内容可知，本工程应列项目见表2-35。

表2-35 屋面及防水工程应列清单项目

| 序号 | 项目编码 | 项目名称 | 项目特征 |
|---|---|---|---|
| 1 | 010902001001 | 屋面卷材防水 | SBS改性沥青卷材防水层（带砂保护层） |
| 2 | 011101006001 | 屋面找平层 | 20mm厚1:2水泥砂浆找平层 |
| 3 | 010702004001 | 屋面排水管 | $\phi$100UPVC排水管 |



2. 工程量计算

（1）屋面卷材防水

由图6-7可知，本工程屋面采用女儿墙外排水。女儿墙处卷材弯起高度按250mm计算，则

女儿墙中心线长 $=[(32.25-0.12\times2+11.25-0.12\times2)\times2]\text{m}=86.04\text{m}$

女儿墙内侧长 $=[(32.25-0.24\times2+11.25-0.24\times2)\times2]\text{m}=85.08\text{m}$

屋面卷材防水工程量＝屋面面积＋女儿墙弯起部分面积

＝屋面建筑面积－女儿墙所占面积＋女儿墙弯起部分面积

$=(362.81-86.04\times0.24+85.08\times0.25)\text{m}^2=363.43\text{m}^2$

（2）屋面找平层

屋面找平层工程量＝屋面卷材防水工程量 $=363.43\text{m}^2$

（3）屋面排水管

由图6-5、图6-8可知，

屋面排水管工程量＝排水管长度

$=[(8.7+1.2)\times4+(4.76+1.2)\times2]\text{m}=51.52\text{m}$

【注意事项】 屋面防水与屋面以外其他部位的防水应套用不同的清单项目。

【讨论】

1）当采用挑檐外排水时，其卷材防水工程量应如何计算？

2）某工程设计有沉降缝，则所列变形缝项目的工程量应计算哪些部位？屋面、地面等变形缝的工程量应合并计算还是分开计算？

## 任务10 保温、隔热、防腐工程

保温、隔热、防腐工程适用于工业与民用建筑的基础、地面、墙面防腐，楼地面、墙体、屋盖的保温、隔热工程。该工程包括保温、隔热，防腐面层、其他防腐等项目。

### 一、保温隔热屋面

保温隔热屋面项目适用于各种保温隔热材料屋面。

#### 1. 工程量计算

按设计图示尺寸以面积计算。扣除面积 $>0.3\text{m}^2$ 的孔洞及占位面积。

**2. 项目特征**

需描述保温隔热材料品种、规格、厚度，隔气层材料品种、厚度，黏结材料种类、做法，防护材料种类、做法。

**3. 工程内容**

包含基层清理，刷黏结材料，铺粘保温层，铺、刷（喷）防护材料。

注意：

1）屋面保温隔热层上的防水层应按屋面及防水工程中相关项目单独编码列项。



2）预制隔热板屋面的隔热板与砖墩分别按混凝土及钢筋混凝土工程和砌筑工程相关项目编码列项。

3）屋面保温隔热的找坡层、找平层应分别按保温、隔热、防腐工程和楼地面装饰工程中相关项目编码列项。

4）屋面保温隔热的装饰面层按楼地面装饰工程中相关项目编码列项。

## 二、保温隔热天棚

保温隔热天棚项目适用于各种材料的下贴式或吊顶上搁置式的保温隔热天棚。

**1. 工程量计算**

按设计图示尺寸以面积计算。扣除面积 $>0.3m^2$ 的上柱、垛、孔洞所占面积，与天棚相连的梁按展开面积计算，并入天棚工程量内。

**2. 项目特征**

需描述保温隔热面层材料品种、规格、性能，保温隔热材料品种、规格及厚度，黏结材料种类及做法，防护材料种类及做法。

**3. 工程内容**

同保温隔热屋面。

注意：

1）下贴式如需底层抹灰时，应在项目特征中描述抹灰材料种类、厚度，其费用包括在保温隔热天棚项目内。

2）保温隔热材料需加药物防虫剂时，清单编制人应在清单中进行描述。

3）保温面层外的装饰面层按天棚工程相关项目编码列项。

## 三、保温隔热墙面

保温隔热墙面项目适用于工业与民用建筑物外墙、内墙保温隔热工程。

**1. 工程量计算**

按设计图示尺寸以面积计算。扣除门窗洞口以及面积 $>0.3m^2$ 的梁、孔洞所占面积；门窗洞口侧壁以及与墙相连的柱，并入保温墙体工程量内。

**2. 项目特征**

需描述保温隔热部位，保温隔热方式（内保温、外保温、夹心保温），踢脚板、勒脚线保温做法，龙骨材料品种、规格，保温隔热面层材料品种、规格、性能，保温隔热材料品种、规格及厚度，增强网及抗裂防水砂浆种类，黏结材料种类及做法，防护材料种类及做法。

### 3. 工程内容

包含基层清理，刷界面剂，安装龙骨，填贴保温材料，保温板安装，粘贴面层，铺设增强格网、抹抗裂、防水砂浆面层，嵌缝，铺、刷（喷）防护材料。

注意：

1）外墙外保温和内保温的面层应包括在保温隔热墙面项目报价内，其装饰层应按墙、柱面装饰与隔断、幕墙工程有关项目编码列项。

2）内保温的内墙保温踢脚板应按楼地面装饰相关项目编码列项。

3）外保温、内保温、内墙保温的基层抹灰或刮腻子应按墙、柱面装饰与隔断、幕墙工程相关项目编码列项。

4）保温隔热墙面的嵌缝按墙面变形缝项目编码列项。

5）增强格网及抗裂防水砂浆包括在“保温隔热墙面”项目内。

## 四、保温柱、梁

保温柱、梁项目适用于不与墙、天棚相连的各种材料的柱、梁保温。其项目特征及工程内容同保温隔热墙面。

保温柱、梁工程量按设计图示尺寸以面积计算。其中，柱按设计图示柱断面保温层中心线展开长度乘以保温层高度以面积计算，扣除面积 $>0.3m^2$ 的梁所占面积；梁按设计图示梁断面保温层中心线展开长度乘以保温层长度以面积计算。

注意：柱帽保温隔热应并入天棚保温隔热工程量内。

## 五、保温隔热楼地面

保温隔热楼地面项目适用于各种材料（沥青贴软木、聚苯乙烯泡沫塑料板等）的楼地面隔热保温。

### 1. 工程量计算

按设计图示尺寸以面积计算。扣除门窗洞口及面积 $>0.3m^2$ 的柱、垛、孔洞等所占面积。门洞、空圈、暖气包槽、壁龛的开口部分不增加面积。

### 2. 项目特征

需描述保温隔热部位，保温隔热材料品种、规格、厚度，隔气层材料品种、厚度，黏结材料种类、做法，防护材料种类、做法。

### 3. 工程内容

包含基层清理，刷粘贴材料，铺贴保温层，铺、刷（喷）防护材料。

注意：池槽保温隔热应按其他保温隔热项目编码列项。

## 六、防腐混凝土（砂浆、胶泥）面层

防腐混凝土（砂浆、胶泥）面层项目适用于平面或立面的水玻璃混凝土（砂浆、胶泥）、沥青混凝土（砂浆、胶泥）、树脂混凝土（砂浆、胶泥）以及聚合物水泥砂浆等防腐工程。

### 1. 工程量计算

按设计图示尺寸以面积计算。平面防腐，应扣除凸出地面的构筑物、设备基础等以及面

积 >0.3$m^2$的孔洞、柱、垛等所占面积，门洞、空圈、暖气包槽、壁龛的开口部分不增加面积。立面防腐，扣除门、窗、洞口以及面积 >0.3$m^2$的孔洞、梁所占面积，门、窗、洞口侧壁、垛凸出部分按展开面积并入墙面积内。

### 2. 项目特征

需描述防腐部位，面层厚度，砂浆、混凝土、胶泥种类、配合比。

### 3. 工程内容

包含基层清理，基层刷稀胶泥，混凝土（砂浆）制作、运输、摊铺、养护，胶泥调制、摊铺。



注意：

1）因防腐材料不同，带来的价格差异就会很大，故清单项目中必须列出混凝土、砂浆、胶泥的材料种类，如水玻璃混凝土、沥青混凝土等。

2）防腐工程中需酸化处理、养护的费用应包含在该项目中。

## 能力训练 2-8　计算防腐、隔热、保温工程工程量

【训练目的】 掌握防腐、隔热、保温工程中各清单项目工程量的计算方法。

【能力目标】 能结合实际工程进行各清单项目的列项及工程量的计算。

【原始资料】 ××办公楼设计图（见项目6任务1）。

【训练步骤】

1. 分析及列项

由图6-1、图6-5及本任务所述内容可知，本工程应列项目见表2-36。

表2-36　防腐、隔热、保温工程应列清单项目

| 序号 | 项目编码 | 项目名称 | 项目特征 |
|---|---|---|---|
| 1 | 011001001001 | 屋面保温 | 60mm 厚屋面外保温聚苯乙烯泡沫塑料板 |
| 2 | 011001001002 | 屋面找坡 | 1:6 水泥焦渣找2%坡，最薄处30mm厚 |

2. 工程量计算

屋面保温层工程量 = 保温层面积

= 屋面建筑面积 − 女儿墙所占面积

$= (362.81 - 86.04 \times 0.24)m^2 = 342.16m^2$

屋面找坡层工程量 = 屋面保温层工程量 = $342.16m^2$

【注意事项】 保温、隔热层工程量均按图示面积计算。这里的“图示”所体现的含义是：保温层计算长度应取保温层中心线长，而非结构尺寸。例如，当为外墙保温时，保温层计算长度应取外墙保温层的中心线长，而不能取外墙外边线长。其他部位保温层工程量的计算依此进行。

## 思考与练习题

1. 请说明下列各工程项目，在分部分项工程量清单项目特征描述栏内需描述哪些内容？

1）挖一般土方。

2）实心砖墙。

3）现浇混凝土柱。

4）预制空心板。

5）钢网架。

6）屋面卷材防水。

7）变形缝。

2. 某6层框架结构办公楼，设计框架柱混凝土强度等级为：1、2层柱采用C35；3、4层柱采用C30；5、6层柱采用C25。要求编制钢筋混凝土柱的工程量清单。

## 项目3

# 装饰装修工程工程量计算

**项目概述**

本项目详细介绍了装饰装修工程中楼地面装饰工程，门窗工程，墙、柱面装饰与隔断、幕墙工程，天棚工程等工程量清单项目的工程量计算方法，并强调了各清单项目所包含的工程内容及要描述的项目特征。在能力训练部分通过对一个完整工程实例的具体分析、计算、讨论，来进一步说明装饰装修工程中工程量清单项目的工程量计算方法。

**学习目标**

通过本项目的学习及综合训练，能较熟练地完成装饰装修工程工程量清单项目的工程量计算。

**素质目标**

对建筑进行室内外装饰装修是人们对美好生活向往的一个体现。目前建筑市场装饰材料繁多，在工程建设中要严格把关，贯彻“建筑节能”“绿色环保”理念及强化安全意识。

## 任务1　楼地面装饰工程

楼地面工程
项目清单列项

本任务适用于楼地面、楼梯、台阶等装饰工程。它包括整体面层、平面砂浆找平层、块料面层、橡塑面层、其他材料面层、踢脚线、楼梯面层、台阶装饰、零星装饰等项目。

### 一、整体面层

整体面层项目包括水泥砂浆、现浇水磨石、细石混凝土、菱苦土楼地面、自流坪楼地面5个清单项目，适用于楼面、地面所做的整体面层工程。

#### 1. 工程量计算

整体面层工程量按设计图示尺寸以面积计算。扣除凸出地面构筑物、设备基础、室内铁道、地沟等所占面积；不扣除间壁墙及小于或等于0.3$m^2$的柱、垛、附墙烟囱及孔洞所占面积。门洞、空圈、暖气包槽、壁龛的开口部分不增加面积。其中，间壁墙是指墙厚≤120mm 的墙。

**2. 项目特征**

需描述找平层厚度、砂浆配合比，素水泥浆遍数，面层厚度、砂浆配合比或混凝土强度等级，面层做法要求。

对于现浇水磨石楼地面需要描述的项目特征还有：嵌条材料种类、规格，石子种类、规格、颜色，颜料种类、颜色，图案要求，磨光、酸洗、打蜡要求。

嵌条材料是用于水磨石的分格、做图案等的嵌条，如玻璃嵌条、铜嵌条、铝合金嵌条、不锈钢嵌条等。

**3. 工程内容**

整体面层所包含的工程内容有：基层清理，抹找平层，抹面层（或面层铺设），嵌缝条安装，磨光、酸洗、打蜡，材料运输等。

从工作内容中可以看出，整体面层项目中包含面层、找平层，但未包含垫层、防水层。计价时，垫层应按砌筑工程或混凝土及钢筋混凝土中相关项目编码列项，防水层应按屋面及防水工程中相关项目编码列项。块料面层同。

## 二、平面砂浆找平层

平面砂浆找平层项目适用于仅做找平层的平面抹灰。

**1. 工程量计算**

按设计图示尺寸以面积计算。

**2. 项目特征**

需描述找平层厚度、砂浆配合比。

**3. 工程内容**

包含基层清理，抹找平层，材料运输。

**【例 3-1】** 如图 3-1 所示的某建筑物平面图，地面构造做法：20mm 厚 1:2 水泥砂浆抹

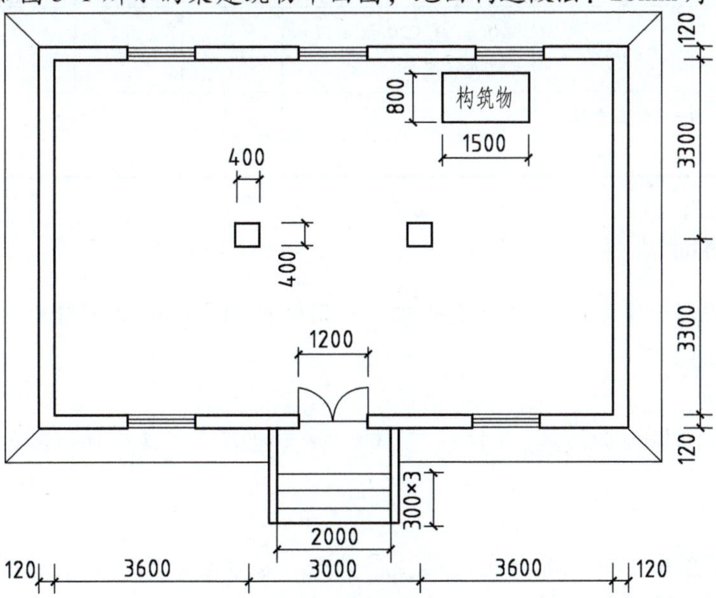


图 3-1　建筑物平面示意图

面压实抹光（面层）；刷素水泥浆结合层一道（结合层）；60mm 厚 C20 细石混凝土找坡层，最薄处 30mm 厚；聚氨酯涂膜防水层厚 1.5～1.8mm，防水层周边卷起 150mm；40mm 厚 C20 细石混凝土随打随抹平；150mm 厚 3∶7 灰土垫层；素土夯实。试编制水泥砂浆地面工程量清单。

【解】 1. 计算水泥砂浆地面工程量：

$$S=[(3.6\times2+3-0.12\times2)\times(3.3\times2-0.12\times2)-1.5\times0.8]\text{m}^2=62.15\text{m}^2$$

聚氨酯涂膜防水层、150mm 厚 3∶7 灰土垫层工程量计算方法见屋面及防水工程和砌筑工程。



2. 编制工程量清单

水泥砂浆地面工程量清单见表 3-1。

表 3-1 分部分项工程量清单与计价表

工程名称：××× 标段： 第 页共 页

| 序号 | 项目编码 | 项目名称 | 项目特征描述 | 计量单位 | 工程量 | 金额/元 | | |
|---|---|---|---|---|---|---|---|---|
| | | | | | | 综合单价 | 合价 | 其中：暂估价 |
| 1 | 011101001001 | 水泥砂浆楼地面 | 20mm 厚 1∶2 水泥砂浆抹面压实抹光（面层）<br>刷素水泥浆结合层一道（结合层）<br>60mm 厚 C20 细石混凝土找坡层，最薄处 30mm 厚 | $m^2$ | 62.15 | | | |
| 2 | 010904002001 | 地面涂膜防水 | 聚氨酯涂膜防水层 1.5～1.8mm，防水层周边卷起 150mm | $m^2$ | 略 | | | |
| 3 | 011101006001 | 平面找平层 | 40mm 厚 C20 细石混凝土随打随抹平 | $m^2$ | 略 | | | |
| 4 | 010404001001 | 灰土垫层（一层地面） | 150mm 厚 3∶7 灰土垫层 | $m^3$ | 略 | | | |

## 三、块料面层

块料面层包括石材楼地面、碎石楼地面、块料楼地面 3 个清单项目，适用于楼面、地面所做的块料面层工程。

### 1. 工程量计算

按设计图示尺寸以面积计算。门洞、空圈、暖气包槽、壁龛的开口部分并入相应的工程量内。

### 2. 项目特征

需描述找平层厚度、砂浆配合比，结合层厚度、砂浆配合比，面层材料品种、规格、颜色，嵌缝材料种类，防护层材料种类，酸洗、打蜡要求。

防护材料是耐酸、耐碱、耐臭氧、耐老化、防火、防油渗等材料。

酸洗、打蜡磨光，水磨石、菱苦土、陶瓷块料等，均可用酸洗（草酸）清洗油渍、污渍，然后打蜡（蜡脂、松香水、鱼油、煤油等按设计要求配合）和磨光。

注意：

1）碎石材面层材料可不描述规格、颜色。

2）石材、块料与黏结材料的结合面刷防渗漏材料的种类在防护层材料种类中描述。

**3. 工程内容**



包含基层清理，抹找平层，面层铺设、磨边，嵌缝，刷防护材料，酸洗、打蜡，材料运输。其中，磨边是指施工现场磨边。

【例3-2】 按图3-1所示的某建筑平面图，计算大理石地面工程量，工程做法为：20mm厚米黄色磨光大理石地面，白水泥浆擦缝；撒素水泥面；30mm厚1:4干硬性水泥砂浆结合层；20mm厚1:3水泥砂浆找平层；现浇钢筋混凝土地板。试编制大理石地面工程量清单。

【解】 1. 计算工程量

$$S=[(3.6\times2+3-0.12\times2)\times(3.3\times2-0.12\times2)-0.4\times0.4\times2-1.5\times0.8+1.2\times0.24]\mathrm{m}^2$$
$$=62.11\mathrm{m}^2$$

2. 编制工程量清单

石材楼地面工程工程量清单见表3-2。

**表3-2 分部分项工程量清单与计价表**

工程名称：××× 标段： 第 页共 页

| 序号 | 项目编码 | 项目名称 | 项目特征描述 | 计量单位 | 工程量 | 金额/元 | | |
|---|---|---|---|---|---|---|---|---|
| | | | | | | 综合单价 | 合价 | 其中：暂估价 |
| 1 | 011102001001 | 石材地面 | 20mm厚磨光大理石地面（米黄色、600mm×600mm）<br>撒素水泥面<br>30mm厚1:4干硬性水泥砂浆结合层<br>20mm厚1:3水泥砂浆找平层 | $\mathrm{m}^2$ | 62.11 | | | |

## 四、橡塑面层

橡塑面层包括橡胶板、橡胶板卷材、塑料板、塑料卷材楼地面4个清单项目。

橡塑面层各清单项目适用于用黏结剂（如CX401胶等）粘贴橡塑楼面、地面面层工程。

**1. 工程量计算**

按设计图示尺寸以面积计算。门洞、空圈、暖气包槽、壁龛的开口部分并入相应的工程量内。

### 2. 项目特征

需要描述黏结层厚度、材料种类，面层材料品种、规格、颜色，压线条种类。

压线条是指地毯、橡胶板、橡胶卷材铺设的压线条，如铝合金、不锈钢、铜压线条等。

### 3. 工程内容

包含基层清理，面层铺贴，压缝条装订，材料运输。

从工作内容中可以看出，橡塑面层项目中未包含找平层。计价时，找平层应按楼地面装饰工程中相关项目编码列项。



## 五、其他材料面层

其他材料面层包括地毯楼地面，竹、木（复合）地板，防静电活动地板，金属复合地板 4 个清单项目。

### 1. 工程量计算

同橡塑面层。

### 2. 项目特征

需描述面层材料品种、规格、颜色，防护材料种类，黏结材料种类，压线条种类。

各清单项目除了以上项目特征外，还需要描述以下特征：

竹、木（复合）地板，金属复合地板需描述龙骨材料种类、规格、铺设间距，基层材料种类、规格，防护材料种类。

防静电活动地板需描述支架高度、材料种类。

### 3. 工程内容

包含基层清理，铺贴面层，刷防护材料，材料运输。

各清单项目除了需要完成以上工程内容外，还有以下的工作内容需要完成：

楼地面地毯包含装钉压条。

竹、木（复合）地板，金属复合地板包含龙骨铺设，基层铺设。

防静电活动地板包含固定支架安装，活动面层安装。

## 六、踢脚线

踢脚线包括水泥砂浆踢脚线、石材踢脚线、块料踢脚线、塑料板踢脚线、木质踢脚线、金属踢脚线、防静电踢脚线 7 个清单项目。

### 1. 工程量计算

以平方米计量，按设计图示长度乘以高度以面积计算；以米计量，按延长米计算。

### 2. 项目特征

需描述踢脚线高度，黏结层厚度、材料种类，面层材料品种、规格、颜色。

除了需要描述以上共同特征外，个别项目还需要描述以下特征：

石材、块料踢脚线需要描述防护材料种类。

塑料板踢脚线需要描述黏结层厚度、材料种类。

木质、金属、防静电踢脚线需要描述基层材料种类、规格。

### 3. 工程内容

包含基层清理，底层抹灰，面层铺贴，材料运输。石材踢脚线、块料踢脚线还包含磨边，擦缝，磨光、酸洗、打蜡，刷防护材料。

【例3-3】 按图3-1所示的某建筑平面图，室内为水泥砂浆地面，踢脚线做法为1∶2水泥砂浆踢脚线，厚度20mm，高150mm，试编制该项目工程量清单。

【解】 1. 计算工程量

以平方米计量：

$$L=\{(3.6\times2+3-0.12\times2)\times2+(3.3\times2-0.12\times2)\times2-1.2_{(门宽)}+[0.23-0.08_{(门框宽)}]\times1/2\times2_{(门侧边)}+0.4\times4\times2_{(柱侧边)}\}\text{m}=34.80\text{m}$$

$$S=(34.80\times0.15)\text{m}^2=5.22\text{m}^2$$

2. 编制工程量清单

分部分项工程量清单与计价表见表3-3。

表3-3 分部分项工程量清单与计价表

工程名称：×××　　　　　　　　标段：　　　　　　　　第　页共　页

| 序号 | 项目编码 | 项目名称 | 项目特征描述 | 计量单位 | 工程量 | 金额/元 | | |
|---|---|---|---|---|---|---|---|---|
| | | | | | | 综合单价 | 合价 | 其中：暂估价 |
| 1 | 011105001001 | 水泥砂浆踢脚线 | 20mm厚1∶2水泥砂浆<br>踢脚线高150mm | $m^2$ | 5.22 | | | |

## 七、楼梯面层

楼梯面层项目包括石材楼梯面层、块料楼梯面层、拼碎块料面层、水泥砂浆楼梯面层、现浇水磨石楼梯面层、地毯楼梯面层、木板楼梯面层、橡胶板楼梯面层、塑料板楼板面层9个清单项目。

### 1. 工程量计算

按设计图示尺寸以楼梯（包括踏步、休息平台及小于或等于500mm的楼梯井）水平投影面积计算。楼梯与楼地面相连时，算至梯口梁内侧边沿；无梯口梁者，算至最上一层踏步边沿加300mm。

注意：楼梯牵边和侧面镶贴块料面层，不大于0.5$m^2$的少量分散的楼地面块料面层应按楼地面装饰工程中零星装饰项目编码列项。楼梯底面抹灰按天棚工程相应项目执行。

### 2. 项目特征

需描述找平层厚度、砂浆配合比，面层材料品种、规格、颜色（面层厚度、砂浆或水泥石子浆配合比）。

除以上具有的共同特征外，个别项目需要描述以下特征：

石材、块料、拼碎块料楼梯面层需描述黏结层厚度、材料种类，防滑条材料种类、规格，勾缝材料种类，防护层材料种类，磨光酸洗、打蜡要求。

水泥砂浆楼梯面需描述防滑条材料种类、规格。

现浇水磨石楼梯面需描述防滑条材料种类、规格，石子种类、规格、颜色，颜料种类、颜色，磨光、酸洗、打蜡要求。

地毯楼梯面需描述基层种类，防护材料种类，黏结材料种类，固定配件材料种类、规格。

木板楼梯面需描述基层材料种类、规格，防护材料种类，黏结材料种类。

### 3. 工程内容

包含基层清理，抹找平层，面层铺贴（或抹面层），材料运输。



除以上具有的共同特征外，个别项目还包含以下内容：

石材、块料楼梯面层包含贴嵌防滑条，勾缝，刷防护材料，酸洗、打蜡。

水泥砂浆楼梯面层包含抹防滑条。

现浇水磨石楼梯面层包含贴嵌防滑条，磨光、酸洗、打蜡。

地毯楼梯面层包含固定配件安装，刷防护材料。地毯固定配件是用于固定地毯的压棍脚和压棍。

木板楼梯面层包含基层铺贴，刷防护材料。

【例 3-4】 试计算如图 3-2 所示楼梯贴花岗岩面层，工程做法为：20mm 厚芝麻白磨光花岗岩（600mm×600mm）铺面；撒素水泥面（洒适量水）；30mm 厚 1∶4 干硬性水泥砂浆结合层；刷素水泥浆一道。试编制该项目工程量清单。

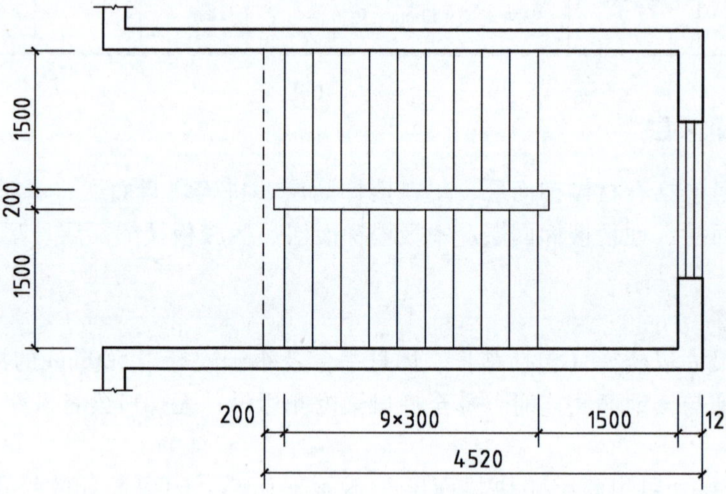


图 3-2 楼梯平面示意图

【解】 1. 计算工程量

楼梯井宽度为 200mm，小于 500mm，所以楼梯贴花岗岩面层的工程量为

$$S=[(1.5\times2+0.2)\times(0.2+9\times0.3+1.5)]\mathrm{m}^2=14.08\mathrm{m}^2$$

2. 编制工程量清单

分部分项工程量清单与计价表见表 3-4。

表 3-4 分部分项工程量清单与计价表

工程名称：×× 标段： 第 页共 页

| 序号 | 项目编码 | 项目名称 | 项目特征描述 | 计量单位 | 工程量 | 金额/元 | | |
|---|---|---|---|---|---|---|---|---|
| | | | | | | 综合单价 | 合价 | 其中：暂估价 |
| 1 | 011106001001 | 花岗岩楼梯面层 | 20mm 厚芝麻白磨光花岗岩（600mm × 600mm）铺面<br>撒素水泥面（洒适量水）<br>30mm 厚 1:4 干硬性水泥砂浆结合层<br>刷素水泥浆一道 | $m^2$ | 14.08 | | | |

## 八、台阶装饰

台阶装饰项目包括石材、块料、拼碎块料、水泥砂浆、现浇水磨石、剁假石台阶面 6 个清单项目。

### 1. 工程量计算

按设计图示尺寸以台阶（包括最上一层踏步边沿加 300mm）水平投影面积计算。

注意：

1）台阶面层与平台面层是同一种材料时，平台面层与台阶面层不可重复计算。当台阶计算最上一层踏步加 300mm 时，则平台面层中必须扣除该面积。如果平台与台阶以平台外沿为分界线，在台阶报价时，最上一步台阶的踢面应考虑在台阶的报价内。

2）台阶侧面装饰不包括在台阶面层项目内，应按零星装饰项目编码列项。

### 2. 项目特征

需描述找平层厚度、砂浆配合比，面层材料品种、规格、颜色（或面层厚度、砂浆或水泥石子浆配合比），防滑条材料种类、规格。

除以上具有的共同特征外，个别项目需要描述以下特征：

石材、拼碎块料、块料台阶面需描述黏结材料种类，勾缝材料种类，防护材料种类。

现浇水磨石台阶面需描述石子种类、规格、颜色，颜料种类、颜色，磨光、酸洗、打蜡要求。

剁假石台阶面需描述剁假石要求。

### 3. 工程内容

包含基层清理，抹找平层，面层铺贴（或抹面层），材料运输。

除以上具有的共同特征外，个别项目需要完成的工程内容还有：

石材、拼碎块料、块料台阶面包含贴嵌防滑条，勾缝，刷防护材料。

水泥砂浆台阶面包含抹防滑条。

现浇水磨石台阶面包含贴嵌防滑条，打磨、酸洗、打蜡要求。

剁假石台阶面包含剁假石。

注意：台阶牵边和侧面镶贴块料面层，不大于 $0.5m^2$ 的少量分散的楼地面块料面层应按楼地面装饰工程中零星装饰项目编码列项。

【例3-5】 试计算如图3-1所示台阶贴花岗岩面层。

工程做法为：30mm厚芝麻白机刨花岗岩（350mm×1200mm）铺面，稀水泥浆擦缝；撒素水泥面（洒适量水）；30mm厚1:4干硬性水泥砂浆结合层，向外坡1%；刷素水泥浆结合层一道；60mm厚C15混凝土；150mm厚3:7灰土垫层；素土夯实。试编制花岗岩台阶工程量清单。

【解】 1. 计算工程量

$$S=[2.0\times(0.3\times3+0.3)]\mathrm{m}^2=2.4\mathrm{m}^2$$

2. 编制工程量清单

分部分项工程量清单与计价表见表3-5。

表3-5 分部分项工程量清单与计价表

工程名称：××× 标段： 第 页共 页

| 序号 | 项目编码 | 项目名称 | 项目特征描述 | 计量单位 | 工程量 | 金额/元 | | |
|---|---|---|---|---|---|---|---|---|
| | | | | | | 综合单价 | 合价 | 其中：暂估价 |
| 1 | 011107001001 | 花岗岩台阶 | 30mm厚芝麻白机刨花岗岩（350mm×1000mm）铺面，稀水泥擦缝<br>撒素水泥面（洒适量水）<br>30mm厚1:4干硬性水泥砂浆结合层，向外坡1%<br>刷素水泥浆结合层一道 | $m^2$ | 2.4 | | | |
| 2 | 010507004001 | 台阶 | 踏步高150mm，踏步宽300mm，C15预拌混凝土 | $m^2$ | 略 | | | |
| 3 | 010404001001 | 3:7灰土垫层 | 150mm厚3:7灰土垫层 | $m^3$ | 略 | | | |

## 九、零星装饰

零星装饰项目包括石材零星项目、碎拼石材零星项目、块料零星项目、水泥砂浆零星项目。

零星装饰项目适用于小面积（0.5$m^2$以内）少量分散的楼地面装饰项目。

### 1. 工程量计算

各零星装饰项目均按设计图示尺寸以面积计算。

### 2. 项目特征

各零星装饰项目要描述的特征有：工程部位，找平层厚度、砂浆配合比，贴结合层厚度、材料种类，面层材料品种、规格、颜色，勾缝材料种类，防护材料种类，酸洗、打蜡要求。

### 3. 工程内容

要完成的工程内容有：基层清理，抹找平层，面层铺贴、磨边，勾缝，刷防护材料，酸洗、打蜡，材料运输。

## 能力训练 3-1 计算楼地面装饰工程工程量

【训练目的】 熟悉楼地面工程的清单项目划分和工程量计算规则，掌握楼地面工程工程量计算方法。

【能力目标】 能结合实际工程准确列本任务分部分项工程清单项目并计算楼地面工程的工程量。

【原始资料】 ××办公楼设计图（见项目6任务1）。

【训练步骤】

1. 分析及列项（详见项目1任务3）

2. 工程量计算

（1）一层花岗岩地面

在一层，除了卫生间地面为耐磨地砖外，其他地面均为花岗岩地面。

一层花岗岩地面工程量 = 房间的净长 × 房间的净宽 + 门洞开口部分面积

$$= [(3.6-0.025-0.1)\times(7.8+3.0-1.5-0.06-0.025)+(3.9\times4+9.0-0.1\times2)\times(7.8+3.0-0.025\times2)+(3.6-0.1-0.025)\times10.75+0.75\times0.115+1\times0.2\times3+1.5\times0.25+8.2\times0.25]\text{m}^2$$

$$=334.79\text{m}^2$$

（2）一层花岗岩地面下60mm厚C15混凝土垫层

60mm厚C15混凝土垫层工程量 = 设计图示尺寸体积

= 一层花岗岩地面工程量 × 垫层厚度

$= (334.79\times0.06)\ \text{m}^3 = 20.09\text{m}^3$

（3）一层花岗岩地面下150mm厚3:7灰土垫层

150mm厚3:7灰土垫层工程量 = 设计图示尺寸体积

= 一层花岗岩地面工程量 × 垫层厚度

$= (334.79\times0.15)\text{m}^3 = 50.22\text{m}^3$

（4）花岗岩平台

花岗岩平台与台阶应以台阶外沿加300mm为界，外侧为台阶，内侧为平台。

正立面平台工程量 = 平台长 × 平台宽 $= [(16.8-2.1\times2-0.3\times2)\times(2.4+1.2-0.225-0.3)]\text{m}^2 = 36.9\text{m}^2$

（5）花岗岩平台下60mm厚C15混凝土垫层

60mm厚C15混凝土垫层工程量 = 设计图示尺寸体积

= 一层花岗岩平台工程量 × 垫层厚度

$= (36.9\times0.06)\text{m}^3 = 2.21\text{m}^3$

（6）花岗岩平台下150mm厚3:7灰土垫层

150mm厚3:7灰土垫层工程量 = 设计图示尺寸体积

= 一层花岗岩平台工程量 × 垫层厚度

$= (36.9\times0.15)\text{m}^3 = 5.54\text{m}^3$

(7) 一层卫生间耐磨地砖地面

$$卫生间耐磨地砖工程量 = 卫生间的净长 \times 卫生间的净宽 = [(3.6-0.025-0.1)\times(1.5-0.06-0.025)]m^2 = 4.92m^2$$

(8) 一层卫生间地面涂膜防水

假定卫生间门安装在墙中线。

$$卫生间地面涂膜防水工程量 = 主墙间净空面积 + 反边高度\leqslant 300mm 的立面防水面积 = [4.92+(3.6-0.025-0.1+1.5-0.06-0.025)\times2\times0.15-0.75\times0.15+0.06\times2\times0.15]m^2 = 6.30m^2$$

(9) 一层卫生间40mm厚C20细石混凝土找平层

40mm厚C20细石混凝土找平层工程量 = 涂膜防水工程量 = $6.30m^2$

(10) 一层卫生间地面下150mm厚3:7灰土垫层

$$150mm 厚 3:7 灰土垫层工程量 = 设计图示尺寸体积 = 一层卫生间地面工程量 \times 垫层厚度 = (4.92\times0.15)\ m^3 = 0.74m^3$$

(11) 卫生间耐磨地砖楼面(+2.270m处)

$$卫生间耐磨地砖工程量 = 卫生间的净长 \times 卫生间的净宽 = [(3.6-0.025-0.1)\times(1.5-0.06-0.025)]m^2 = 4.92m^2$$

(12) 卫生间地面涂膜防水(+2.270m处)

假定卫生间门安装在墙中线。

卫生间地面涂膜防水工程量 = $6.30m^2$

(13) 卫生间地面平面找平层(+2.270m处)

$$卫生间地面平面找平层工程量 = 设计图示尺寸面积 = 卫生间地面涂膜防水(+2.270m 处)工程量 = 6.30m^2$$

(14) 全玻磁化砖楼面

$$二层全玻磁化砖楼面工程量 = 房间的净长 \times 房间的净宽 + 门洞开口部分面积 = [(3.6-0.025-0.1)\times(7.8+3.0-0.025\times2)+(3.9\times4+9.0-0.2\times3)\times(7.8-0.1-0.025)+(3.9\times4+9.0+0.225-0.1)\times(3.0-0.1-0.025)+(3.6-0.225-0.025)\times(3.0-0.025-0.15)+1\times0.2\times4+1.5\times0.25\times2]m^2 = 303.65m^2$$

(15) 水泥砂浆台阶面

背立面台阶工程量 = $[3.31\times(2.1+0.3)]m^2 = 7.94m^2$

(16) 背立面台阶处150mm厚3:7灰土垫层

150mm厚3:7灰土垫层工程量 = 设计图示尺寸体积

$$=\left[\left(\frac{\sqrt{0.15^2+0.3^2}}{0.3}\times2.1+0.3\right)\times3.31\times0.15\right]\mathrm{m}^3$$
$$=1.31\mathrm{m}^3$$

(17) 水泥砂浆平台

背立面水泥砂浆平台工程量 $=[3.31\times(0.9-0.3)]\mathrm{m}^2=1.99\mathrm{m}^2$

(18) 水泥砂浆平台下60mm厚C15混凝土垫层

60mm厚C15混凝土垫层工程量 = 设计图示尺寸体积
$=(1.99\times0.06)\mathrm{m}^3=0.12\mathrm{m}^3$

(19) 水泥砂浆平台下150mm厚3∶7灰土垫层

150mm厚3∶7灰土垫层工程量 = 设计图示尺寸体积
$=(1.99\times0.15)\mathrm{m}^3=0.30\mathrm{m}^3$

(20) 花岗岩台阶

正立面台阶工程量 = 台阶外围长度 × 台阶外围宽度 − 平台面积
$=[(2.4+1.2+2.1-0.225)\times(3.9\times2+9)-36.9]\mathrm{m}^2$
$=55.08\mathrm{m}^2$

(21) 花岗岩台阶处150mm厚3∶7灰土垫层

取近似尺寸采用近似计算法，按1/2个棱台体积减去平台体积计算。

3∶7灰土外棱台体积 $=\frac{1}{2}\times\frac{H}{6}[(A+a)(B+b)+AB+ab]$

$$=\left\{\frac{1}{2}\times\frac{1.2-0.06}{6}\times[(17.4+12.0)\times(6\times2+3.3\times2)+17.4\times6\times2+12\times3.3\times2]\right\}\mathrm{m}^3=\left[\frac{1}{2}\times0.19\times(546.84+208.8+79.2)\right]\mathrm{m}^3$$
$$=79.31\mathrm{m}^3$$

3∶7灰土内棱台体积 $=\frac{1}{2}\times\frac{H}{6}[(A+a)(B+b)+AB+ab]$

$$=\left\{\frac{1}{2}\times\frac{1.2-0.06-0.15}{6}\times[(16.8+11.4)\times(5.7\times2+3.0\times2)+16.8\times5.7\times2+11.4\times3.0\times2]\right\}\mathrm{m}^3$$
$$=61.92\mathrm{m}^3$$

3∶7灰土垫层工程量 = 3∶7灰土外棱台体积 − 3∶7灰土内棱台体积 − 平台占用体积
$=(79.31-61.92-5.54)\mathrm{m}^3=11.85\mathrm{m}^3$

(22) 花岗岩踢脚线（直线形）

楼梯间踢脚线工程量 $=\{[(7.8+3.0-1.5-0.025-0.06)+(3.6-0.1-0.025)]\times2+0.2\times2_{(\text{柱侧})}+0.125\times2_{(\text{柱侧})}-1.0-0.75-1.5+0.08\times2_{(\text{门洞侧})}+0.06\times2\times2_{(\text{门洞侧})}\}\mathrm{m}\times0.12\mathrm{m}$
$=2.78\mathrm{m}^2$

一层踢脚线工程量：

Ⓑ~Ⓓ/②~⑦：$\{[(3.9\times4+9.0-0.1\times2)+(7.8+3.0-0.025\times2)]\times2+0.45\times4\times$

$2+0.2\times2\times2+0.125\times2\times2+0.06\times2\times3+0.08\times2-1.0\times3-8.2-0.5\times2_{(圆柱)}\}\text{m}\times0.12\text{m}$

$=7.62\text{m}^2$

Ⓑ~Ⓓ/⑦~⑧：$[(10.75+3.475)\times2+0.2\times2+0.125\times2+0.06\times2\times2-1.0\times2]\text{m}\times0.12\text{m}$

$=3.28\text{m}^2$



二层踢脚线工程量：

Ⓒ~Ⓓ/①~⑦：$\{[(3.9\times4+3.6+9.0-0.1-0.025)+(3.0-0.025-0.1)+(3.0-0.025-0.15+0.2)_{(柱侧)}+(3.9\times4+9.0+0.225-0.1)]+0.2\times2\times3_{(柱侧)}+0.125\times5_{(柱侧)}+(0.225-0.15)\times2+0.06\times2\times5-1.0\times3_{(M_2)}-1.5\times2_{(M_5)}\}\text{m}\times0.12\text{m}$

$=6.63\text{m}^2$

Ⓑ~Ⓒ/②~③：$\{[(7.8-0.1-0.025)+(3.9-0.1\times2)]\times2+0.06\times2-1.0\}\text{m}\times0.12\text{m}$

$=2.62\text{m}^2$

Ⓑ~Ⓒ/③~⑥：$\{[7.675+(3.9\times2+9.0-0.1\times2)]\times2+0.125\times2\times2+0.06\times2\times2-1.5\times2-0.5\times2_{(圆柱)}\}\text{m}\times0.12\text{m}$

$=5.43\text{m}^2$

Ⓑ~Ⓒ/⑥~⑦：$[(7.675+3.7)\times2+0.06\times2\times2-1.0\times2]\text{m}\times0.12\text{m}=2.52\text{m}^2$

Ⓑ~Ⓓ/⑦~⑧：$[(10.75+3.475)\times2+0.2\times2+0.125\times2+0.06\times2\times2-1.0\times2]\text{m}\times0.12\text{m}$

$=3.28\text{m}^2$

平台踢脚线工程量 $=[(0.2+0.225+0.15)+(0.125+0.225+0.15)]\text{m}\times0.12\text{m}+[(1.65-0.06)\times2+3.475-0.75+0.06\times2]\text{m}\times0.12\text{m}$

$=0.85\text{m}^2$

总计：$(2.78+7.62+3.28+6.63+2.62+5.43+2.52+3.28+0.85)\text{m}^2=35.01\text{m}^2$

(23) 花岗岩锯齿形踢脚线

楼梯梯段斜踢脚线工程量 $=[\sqrt{4.5^2+2.4^2}_{(斜段长)}\times2\times0.12+(1/2\times0.3\times0.15)\times15\times2_{(三角形)}]\text{m}^2$

$=1.90\text{m}^2$

(24) 楼梯面层地面

$$楼梯面层工程量=楼梯间进深长\times楼梯间净宽$$
$$=[(7.8-1.5-0.06+0.15)\times(3.6-0.025-0.1)]\text{m}^2$$
$$=22.21\text{m}^2$$

**【注意事项】**

1) 楼地面工程的列项及工程量计算与楼地面的构造做法息息相关，列项时应详细了解各不同用途的房间的楼面、地面的构造层次、装饰做法及材料选择，以便准确列项。

2) 特别应注意在同一房间内，地面（或楼面）出现不同做法时（如地面的构造层次不同或面层材料的种类、规格不同时），一定要分别列项。

3）楼地面的项目特征描述一定要完整、准确，并与工程实际做法相结合。

4）注意楼梯面层与楼面面层的划分界限，台阶面层与平台面层的划分界限。

5）楼梯踢脚线应单独列项。

【讨论】

1）如果本工程采用水泥砂浆踢脚线，清单工程量如何计算？如果根据全国统一建筑装饰装修工程消耗量定额进行报价，则施工工程量如何计算？

2）楼地面工程中的整体面层、块料面层的清单计算规则与全国统一建筑装饰装修工程消耗量定额的计算规则有何不同？



3）在有地沟的房间，如何计算地面清单工程量？地沟所占的面积如何处理？是否直接从地面工程量中扣除？

4）本例花岗岩平台面层是否可与花岗岩地面面层合并为一项？

5）楼梯底面抹灰工程量如何计算？应执行什么清单项目？

## 任务2 墙、柱面装饰与隔断、幕墙工程

本任务适用于一般抹灰、装饰抹灰工程。它包括墙面抹灰、柱（梁）面抹灰、零星抹灰、墙面块料面层、柱（梁）面镶贴块料、镶贴零星块料、墙饰面、柱（梁）饰面、隔断、幕墙等工程。

### 一、墙面抹灰

墙面抹灰包括墙面一般抹灰、墙面装饰抹灰、墙面勾缝、立面砂浆找平层4个项目。

墙、柱面一般抹灰、天棚抹灰项目清单工程量计算

墙面一般抹灰包括：石灰砂浆、水泥混合砂浆、水泥砂浆、聚合物水泥砂浆、膨胀珍珠岩水泥砂浆和麻刀灰、纸筋石灰、石膏灰等。

墙面装饰抹灰包括：水刷石、水磨石、斩假石（剁斧石）、干粘石、假面砖、拉条灰、拉毛灰、甩毛灰、扒拉石、喷毛灰、喷涂、喷砂、滚涂、弹涂等。

立面砂浆找平层项目适用于仅做找平层的立面抹灰。

#### 1. 工程量计算

按设计图示尺寸以面积计算，扣除墙裙、门窗洞口及单个大于0.3$m^2$的孔洞面积；不扣除踢脚线、挂镜线和墙与构件交接处的面积；门窗洞口和孔洞的侧壁及顶面不增加面积；附墙柱、梁、垛、烟囱侧壁并入相应的墙面面积内。其中：

1）外墙抹灰面积按外墙垂直投影面积计算。

2）外墙裙抹灰面积按其长度乘以高度计算。应扣除门洞、台阶不作墙裙部分所占的面积。

3）内墙抹灰面积按主墙间的净长乘以高度计算，其高度确定如下：

① 无墙裙的，高度按室内楼地面至天棚底面计算。

② 有墙裙的，高度按墙裙顶至天棚底面计算。

③ 有吊顶天棚抹灰，高度算至天棚底。

4）内墙裙抹灰面积按内墙净长乘以高度计算。

注意：

1）有吊顶天棚的内墙面抹灰工程量算至天棚底，天棚以上部分的抹灰在综合单价中考虑。

2）飘窗凸出外墙面增加的抹灰并入外墙抹灰工程量内。



### 2. 项目特征

1）墙面一般抹灰、墙面装饰抹灰需描述的项目特征有墙体类型（指砖墙、石墙、混凝土墙、砌块墙以及内墙、外墙等），底层厚度、砂浆配合比，面层厚度、砂浆配合比，装饰面材料种类，分格缝宽度、材料种类。

2）墙面勾缝需描述勾缝类型，勾缝材料种类。

3）立面砂浆找平层需描述基层类型，找平层砂浆厚度、配合比。

注意：墙面一般抹灰、墙面装饰抹灰应分别编码列项。

### 3. 工程内容

1）墙面抹灰包括基层清理，砂浆制作、运输，底层抹灰，抹面层（一般抹灰），抹装饰面（装饰抹灰），勾分格缝。

2）墙面勾缝包括基层清理，砂浆制作、运输，勾缝。

3）立面砂浆找平层包含基层清理，砂浆制作、运输，抹灰找平。

【例3-6】 如图3-1所示建筑平面图，窗洞口尺寸均为1200mm×1500mm，门洞口尺寸为1200mm×2400mm，室内地面至天棚底面净高为3.0m，内墙采用水泥砂浆抹灰（无墙裙），具体工程做法为：喷乳胶漆两遍；5mm厚1∶0.3∶2.5水泥石膏砂浆抹面压实抹光；13mm厚1∶1∶6水泥石膏砂浆打底扫毛；砖墙。试编制内墙面抹灰工程工程量清单。

【解】 1. 计算内墙抹灰工程量

$$S=[(3.6\times2+3-0.24+3.3\times2-0.24)\times2\times3.0-1.2\times1.5\times5-1.2\times2.4]\text{m}^2=86.04\text{m}^2$$

2. 编制工程量清单

内墙抹灰工程工程量清单见表3-6。

**表3-6 分部分项工程量清单与计价表**

工程名称：××× 标段： 第 页共 页

| 序号 | 项目编码 | 项目名称 | 项目特征描述 | 计量单位 | 工程量 | 金额/元 | | |
|---|---|---|---|---|---|---|---|---|
| | | | | | | 综合单价 | 合价 | 其中：暂估价 |
| 1 | 011201001001 | 墙面一般抹灰 | 内墙墙面抹灰<br>5mm厚1∶0.3∶2.5水泥石膏砂浆抹面压实抹光<br>13mm厚1∶1∶6水泥石膏砂浆打底扫毛 | $\text{m}^2$ | 86.04 | | | |

## 二、柱（梁）面抹灰

柱（梁）面抹灰包括柱（梁）面一般抹灰、柱（梁）面装饰抹灰、柱（梁）面砂浆找平、柱面勾缝4个项目。柱（梁）面砂浆找平项目适用于仅做找平层的柱（梁）面抹灰。

### 1. 工程量计算

柱面抹灰按设计图示柱断面周长（指结构断面周长）乘高度以面积计算；梁面抹灰按设计图示梁断面周长（指结构断面周长）乘长度以面积计算。

### 2. 项目特征

柱（梁）面抹灰项目特征除了将墙体类型换成柱（梁）体类型（矩形、圆形、混凝土、砖等）外，其余同墙面抹灰。



柱（梁）面砂浆找平项目特征同立面砂浆找平项目特征。

柱面勾缝项目特征同墙面勾缝项目特征。

### 3. 工程内容

柱（梁）面抹灰的工程内容同墙面抹灰。

柱（梁）面砂浆找平的工程内容同立面砂浆找平。

柱面勾缝的工程内容同墙面勾缝。

【例3-7】 某工程有现浇钢筋混凝土矩形柱10根，柱结构断面尺寸为500mm × 500mm，柱高为3.2m，柱面采用水泥砂浆抹灰（无墙裙），具体工程做法为：喷乳胶漆两遍；5mm厚1:0.3:2.5水泥石膏砂浆抹面压实抹光；13mm厚1:1:6水泥石膏砂浆打底扫毛；刷素水泥浆一道（内掺水重3% ~5%的108胶）；混凝土基层。试编制柱面抹灰工程工程量清单。

【解】 1. 计算柱面抹灰工程量

$$S=(0.5\times4\times3.2\times10)\text{m}^2=64.00\text{m}^2$$

2. 编制工程量清单

柱面抹灰工程工程量清单见表3-7。

**表3-7 分部分项工程量清单与计价表**

工程名称：×××　　　　标段：　　　　第　页共　页

| 序号 | 项目编码 | 项目名称 | 项目特征描述 | 计量单位 | 工程量 | 金额/元 | | |
|---|---|---|---|---|---|---|---|---|
| | | | | | | 综合单价 | 合价 | 其中：暂估价 |
| 1 | 011202001001 | 柱面一般抹灰 | 5mm厚1:0.3:2.5水泥石膏砂浆抹面压实抹光<br>13mm厚1:1:6水泥石膏砂浆打底扫毛<br>刷素水泥浆一道（内掺水重3% ~ 5%的108胶） | $m^2$ | 64.00 | | | |

## 三、零星抹灰

零星抹灰包括零星项目一般抹灰、零星项目装饰抹灰和零星项目砂浆找平层3个项目。墙、柱（梁）面面积≤0.5$m^2$的少量分散的抹灰按零星抹灰项目编码列项。

### 1. 工程量计算

按设计图示尺寸以面积计算。

### 2. 项目特征

同墙面抹灰。

### 3. 工程内容

同墙面抹灰。



## 四、墙面块料面层

墙面块料面层包括石材墙面、拼碎石材墙面、块料墙面和干挂石材钢骨架 4 个项目。

### 1. 工程量计算

墙面镶贴块料按设计图示尺寸以镶贴表面积计算。

干挂石材钢骨架按设计图示尺寸以质量计算。

### 2. 项目特征

1）墙面镶贴块料需描述的项目特征：墙体类型，安装方式，面层材料品种、规格、颜色，缝宽、嵌缝材料种类，防护材料种类，磨光、酸洗、打蜡要求。

2）干挂石材钢骨架需要描述的项目特征：骨架种类、规格，防锈漆品种、遍数。

嵌缝材料是指嵌缝砂浆、嵌缝油膏、密封胶封水材料等。

防护材料是指石材等防碱背涂处理剂和面层防酸涂剂等。

注意：

① 在描述碎块项目的面层材料特征时，可不用描述规格、颜色。

② 石材、块料与黏结材料的结合面刷防渗材料的种类在防护层材料种类中描述。

③ 安装方式可描述为砂浆或黏结剂黏结、挂贴、干挂等。不管哪种安装方式，都要详细描述与组价相关的内容。

挂贴方式是指对大规格的石材（大理石、花岗石、青石等）使用先挂后灌浆的方式固定于墙、柱面。

直接干挂法是指通过不锈钢膨胀螺栓、不锈钢挂件、不锈钢连接件、不锈钢钢针等，将外墙饰面板连接在外墙墙面；间接干挂法是指通过固定在墙、柱、梁上的龙骨，再通过各种挂件固定外墙饰面板。

### 3. 工程内容

1）墙面镶贴块料包括的工程内容有：基层清理，砂浆制作、运输，黏结层铺贴，面层安装，嵌缝，刷防护材料，磨光、酸洗、打蜡。

2）干挂石材钢骨架包括的工程内容有：钢骨架制作、运输、安装，刷漆。

## 五、柱（梁）面镶贴块料

柱（梁）面镶贴块料包括石材柱面、块料柱面、拼碎块柱面、石材梁面、块料梁面 5 个项目。

### 1. 工程量计算

按镶贴表面积计算。

### 2. 项目特征

需描述柱截面类型、尺寸，安装方式，面层材料品种、规格、颜色，缝宽、嵌缝材料种类，防护材料种类，磨光、酸洗、打蜡要求。

### 3. 工程内容

同墙面块料面层。

## 六、镶贴零星块料



镶贴零星块料包括石材零星项目、拼碎块零星项目、块料零星项目3个项目。

### 1. 工程量计算

按镶贴表面积计算。

### 2. 项目特征

需描述基层类型、部位，安装方式，面层材料品种、规格、颜色，缝宽、嵌缝材料种类，防护材料种类，磨光、酸洗、打蜡要求。

### 3. 工程内容

同墙面块料面层。

## 七、墙饰面

墙饰面包括墙面装饰板、墙面装饰浮雕2个项目。

墙面装饰板适用于金属饰面板、塑料饰面板、木质饰面板、软包带衬板饰面等装饰板墙面；墙面装饰浮雕项目适用于不属于仿古建筑工程的项目。

### 1. 工程量计算

1）墙面装饰板工程量按设计图示墙净长乘以净高以面积计算，扣除门窗洞口及单个大于0.3$m^2$的孔洞所占面积。

2）墙面装饰浮雕工程量按设计图示尺寸以面积计算。

### 2. 项目特征

1）墙面装饰板需描述龙骨材料种类、规格、中距，隔离层材料种类、规格，基层材料种类、规格，面层材料品种、规格、颜色，压条材料种类、规格。

基层材料是指面层内的底板材料，如木墙裙、木护墙、木板隔墙等，在龙骨上，粘贴或铺钉一层加强面层的底板。

2）墙面装饰浮雕需描述基层类型，浮雕材料种类，浮雕样式。

### 3. 工程内容

1）墙面装饰板包含清理基层，龙骨制作、运输、安装，钉隔离层，基层铺钉，面层铺贴。

2）墙面装饰浮雕包含基层清理，材料制作、运输，安装成型。

## 八、柱（梁）饰面

柱（梁）饰面工程适用于除了石材、块料装饰柱、梁面以外的装饰项目。

### 1. 工程量计算

按设计图示饰面外围尺寸（指饰面的表面尺寸）以面积计算，柱帽、柱墩并入相应柱饰面工程量内。

2. 项目特征

同墙饰面。

3. 工程内容

同墙饰面。

【例 3-8】 某工程有独立柱 5 根，柱高为 6.5m，柱结构断面尺寸为 400mm × 400mm，饰面厚度为 51mm，具体工程做法为：30mm × 40mm 单向木龙骨，间距 400mm；18mm 厚细木工板基层；3mm 厚红胡桃面板；醇酸清漆五遍成活。试编制柱饰面工程工程量清单。



【解】 1. 计算柱饰面工程量

$$S_{柱} = \{[0.4 + 0.051_{(饰面厚度)} \times 2] \times 4 \times 6.5 \times 5\}\ \mathrm{m}^2 = 65.26\mathrm{m}^2$$

2. 编制工程量清单

柱面饰面工程工程量清单见表 3-8。

表 3-8 分部分项工程量清单与计价表

工程名称：××× 标段： 第 页 共 页

| 序号 | 项目编码 | 项目名称 | 项目特征描述 | 计量单位 | 工程量 | 金额/元 | | |
|---|---|---|---|---|---|---|---|---|
| | | | | | | 综合单价 | 合价 | 其中：暂估价 |
| 1 | 011208001001 | 柱面饰面 | 30mm × 40mm 单向木龙骨，间距 400mm<br>18mm 厚细木工板基层<br>3mm 厚红胡桃面板<br>醇酸清漆五遍成活 | $\mathrm{m}^2$ | 65.26 | | | |

## 九、隔断

### 1. 工程量计算

按设计图示框外围尺寸以面积计算，不扣除单个小于或等于 0.3$\mathrm{m}^2$的孔洞所占面积；浴厕门的材质与隔断相同时，门的面积并入隔断面积内。成品隔断以平方米计量，按设计图示框外围尺寸以面积计算；或以间计量，按设计间的数量计算。

注意：隔断上的门窗可包括在隔断项目报价内，也可单独编码列项，要在清单项目名称栏中进行描述。若门窗包括在隔断项目报价内，则门窗洞口面积不扣除。

### 2. 项目特征

需描述骨架、边框材料种类、规格，隔板材料品种、规格、颜色，嵌缝、塞口材料品种，压条材料种类。成品隔断需描述隔断材料品种、规格、颜色，配件品种、规格。

### 3. 工程内容

隔断包括的工程内容有骨架及边框制作、运输、安装，隔板制作、运输、安装，嵌缝、塞口，装钉压条。成品隔断包含隔断运输、安装，嵌缝、塞口。

## 十、幕墙

幕墙包括带骨架幕墙和全玻（无框玻璃）幕墙 2 个项目。

### 1. 工程量计算

带骨架幕墙按设计图示框外围尺寸以面积计算。与幕墙同种材质的窗所占面积不扣除。

全玻（无框玻璃）幕墙按设计图示尺寸以面积计算。带肋全玻幕墙按展开面积计算。

### 2. 项目特征

带骨架幕墙需描述骨架材料种类、规格、中距，面层材料品种、规格、颜色，面层固定方式，隔离带、框边封闭材料品种、规格，嵌缝、塞口材料种类。

全玻幕墙需描述玻璃品种、规格、颜色，黏结塞口材料种类，固定方式。

### 3. 工程内容

带骨架幕墙包括骨架制作、运输、安装，面层安装，隔离带、框边封闭，嵌缝、塞口，清洗。

全玻幕墙包括幕墙安装，嵌缝、塞口，清洗。

注意：幕墙钢骨架按干挂石材钢骨架项目编码列项。

## 能力训练3-2 计算墙、柱面装饰与隔断、幕墙工程工程量

【训练目的】 熟悉墙、柱面装饰与隔断、幕墙工程的清单项目划分和工程量计算规则，掌握墙、柱面装饰与隔断、幕墙工程工程量计算方法。

【能力目标】 能结合实际工程准确列本任务分部分项工程清单项目并计算墙、柱面装饰与隔断、幕墙工程的工程量。

【原始资料】 ××办公楼设计图（见项目6任务1）。

【训练步骤】

1. 分析及列项

按前面基础知识所述，墙、柱面需完成的工作内容有：基层清理、底层抹灰、棉层抹灰（或装饰等）。根据项目6任务1的图中墙柱面工程的工程做法，并结合建筑平面图及详图一一对应。本例应列项目见表3-9。

表3-9 墙、柱面装饰与隔断、幕墙工程应列清单项目

| 序号 | 项目编码 | 项目名称 | 项目特征 |
|---|---|---|---|
| 1 | 011201001001 | 内墙抹灰 | 2mm厚麻刀灰抹面<br>9mm厚1:3石灰膏砂浆<br>5mm厚1:3:9水泥石灰膏砂浆打底划出纹理<br>刷加气混凝土界面处理剂一道 |
| 2 | 011202001001 | 柱面抹灰 | 2mm厚麻刀灰抹面<br>9mm厚1:3石灰膏砂浆<br>5mm厚1:3:9水泥石灰膏砂浆打底划出纹理<br>刷加气混凝土界面处理剂一道 |
| 3 | 011201001002 | 外墙抹灰 | 6mm厚1:2.5水泥砂浆找平<br>6mm厚1:1:6水泥石灰膏打底扫毛<br>6mm厚1:0.5:4水泥石灰膏打底扫毛<br>刷加气混凝土界面处理剂一道 |

（续）

| 序号 | 项目编码 | 项目名称 | 项目特征 |
|---|---|---|---|
| 4 | 011201001003 | 女儿墙抹水泥砂浆 | 8mm 厚 1:2.5 水泥砂浆抹面<br>10mm 厚 1:3 水泥砂浆打底扫毛<br>刷素水泥浆结合层一道（内掺建筑胶） |
| 5 | 011204001001 | 花岗岩勒脚 | 25mm 厚毛石花岗岩板，稀水泥浆擦缝<br>50 宽缝隙用 1:2.5 水泥砂浆灌缝<br>用双股 18 号铜丝将花岗岩石板与横向钢筋绑牢<br>Φ6 双向钢筋网，纵筋与锚固筋焊牢<br>墙内预埋Φ6 锚固钢筋，纵横间距 500mm 左右 |
| 6 | 011203001002 | 台阶挡墙抹面 | 8mm 厚 1:2.5 水泥砂浆抹面<br>10mm 厚 1:3 水泥砂浆打底扫毛 |
| 7 | 011203001001 | 零星项目一般抹灰 | 8mm 厚 1:2.5 水泥砂浆抹面<br>10mm 厚 1:3 水泥砂浆打底扫毛<br>刷素水泥浆结合层一道（内掺建筑胶） |
| 8 | 011204003001 | 釉面砖内墙面 | 白水泥擦缝<br>贴 5mm 厚釉面砖<br>8mm 厚 1:0.1:2.5 水泥石灰膏砂浆结合层<br>10mm 厚 1:3 水泥砂浆打底扫毛或划出纹道<br>刷加气混凝土界面处理剂一道（随刷随抹底灰） |
| 9 | 011208001001 | 铝塑板圆柱面 | 4mm 厚双面铝塑板<br>3mm 厚三合板固定在木龙骨上<br>24mm×30mm 木龙骨中距 500mm |

2. 工程量计算

(1) 内墙抹灰

一层：

Ⓑ~Ⓓ/②~⑦：$\{(3.9\times4+9.0-0.1\times2+10.75)\times2\times(4.8-0.12)+[0.2\times2\times2+0.125\times2+0.285\times2_{(\text{圆柱增加量})}]\times4.68-2.1\times0.9\times4_{(C_1)}-7.325\times3.7\times2_{(C_4)}-8.2\times4.0_{(M_1)}-1.0\times2.1\times3_{(M_2)}\}\text{m}^2=235.72\text{m}^2$

Ⓓ/①~②及Ⓒ~Ⓓ/①：$\{2\times[(3.0-0.025-1.5)\times2+(3.6-0.025-0.1)+0.2\times2]\times4.68-1.0\times2.0_{(M_2)}\times1.5\times2.4_{(M_4)}-1.5\times1.8_{(C_2)}\}\text{m}^2=53.98\text{m}^2$

Ⓑ~Ⓓ/⑦~⑧：$[(10.75+3.475)\times2\times4.68+(0.125\times2+0.2\times2)\times4.68-1.0\times2.1\times2_{(M_2)}-1.5\times1.8_{(C_2)}-1.2\times1.2_{(C_3)}-2.1\times1.8_{(C_5)}]\text{m}^2=124.07\text{m}^2$

二层：

Ⓑ～Ⓒ/②～③：$\{[(7.8-0.1-0.025)+(3.9-0.1\times2)]\times2\times(3.9-0.12)-1.0\times 2.1_{(M_2)}-3.56\times2.9_{(C_7)}\}m^2=73.57m^2$

Ⓑ～Ⓒ/⑥～⑦：$[73.57-1.0\times2.1_{(M_2)}]m^2=71.47m^2$

Ⓑ～Ⓒ/③～⑥：$\{[(3.9\times2+9.0-0.1\times2+7.675)\times2]\times3.78+(0.125\times2\times2+0.285\times2)\times 3.78-1.5\times2.1\times2_{(M_5)}-3.56\times2.9\times2_{(C_7)}-8.5\times2.9_{(C_8)}\}m^2=135.97m^2$

Ⓑ～Ⓓ/⑦～⑧：$[(3.6-0.1-0.025+10.75)\times2\times3.78+(0.125\times2+0.2\times2)\times3.78-1.0\times 2.1\times2-1.5\times1.8_{(C_2)}-2.1\times1.8_{(C_5)}-1.2\times1.5_{(C_6)}]m^2=97.52m^2$

Ⓒ～Ⓓ/①～⑦：$\{[(3.9\times4+9.0+3.6-0.025-0.1)+(3.0-0.025-0.1)+(3.0-0.025-0.15)+(3.9\times4+9.0)]\times3.78+(0.2\times7+0.125\times5+0.225-0.15)\times 3.78-2.1\times1.8\times7_{(C_5)}-1.0\times2.1\times3_{(M_2)}-1.5\times2.1\times2_{(M_5)}-1.5\times1.8_{(C_2)}\}m^2 =186.84m^2$

楼梯间抹灰工程量 $=\{[(7.8-1.5-0.06+0.15)+0.2]\times2\times(8.7-0.12)\}m^2=113.08m^2$

卫生间外墙面抹灰工程量 $=[(3.6-0.025-0.1)\times4.8-0.75\times2.0\times2_{(M_3)}]m^2=13.68m^2$

卫生间上部墙体抹灰工程量 $=\{[(1.5+0.06-0.025)\times2+3.475]\times3.78-1.2\times1.5_{(C_6)}\} m^2=22.94m^2$

总计：$(235.72+53.98+124.07+73.57+71.47+135.97+97.52+186.84+113.08+13.68+22.94)m^2=1128.84m^2$

(2)柱面抹灰

柱面刷涂料工程量 $=(0.45\times4\times2\times4.68)m^2=16.85m^2$

(3)外墙抹水泥砂浆

外墙涂料工程量 $=[(32.25+11.25)\times2\times9.6-2.1\times0.9\times4_{(C_1)}-1.5\times1.8\times4_{(C_2)}-1.2\times1.2\times 4_{(C_3)}-7.325\times3.7\times2_{(C_4)}-2.1\times1.8\times9_{(C_5)}-1.2\times1.5\times2_{(C_6)}- 3.56\times2.9\times4_{(C_7)}-8.5\times2.9_{(C_8)}-8.5\times4.0_{(M_1)}-1.5\times2.4_{(M_4)}]m^2 =615.71m^2$

(4) 女儿墙内侧抹水泥砂浆

女儿墙内侧抹水泥砂浆工程量 = 女儿墙内边线长 × 抹水泥砂浆高度

$=\{[(32.25-0.24\times2)+(7.8+3.0+0.225\times2-0.24\times2)]\times 2\times(0.9-0.11-0.25-0.05)\}m^2$

$=41.69m^2$

(5) 花岗岩勒脚

外墙勒脚工程量 = (外墙外边线长 - 台阶所占长度) × 勒脚高度

$=\{[32.25+(7.8+3.0+0.225\times2)]\times2-(3.9\times2+9.0-0.3\times6)-(3.31+0.37\times2)\}m\times1.2m$

$=81.54m^2$

(6) 零星项目一般抹灰

女儿墙压顶抹灰工程量 = 压顶顶面面积 + 压顶内侧立面面积 + 压顶挑檐底面积

$= \{(0.24+0.06)\times[(32.25-0.15\times2)+(7.8+3+0.225\times2-0.15\times2)]\times2+0.05\times[(32.25-0.3\times2)+(7.8+3+0.225\times2-0.3\times2)]\times2+0.06\times[(32.25-0.27\times2)+(7.8+3+0.225\times2-0.27\times2)]\times2\}\mathrm{m}^2$

$=35.06\mathrm{m}^2$



雨篷周边抹灰工程量 = 雨篷外边线长 × 抹灰高度

$=[(1.5\times2+3.6+0.225\times2)\times0.4_{(\text{YPL高})}]\mathrm{m}^2=2.82\mathrm{m}^2$

楼梯侧面工程量 = 楼梯梯段斜长 × 梯段板高度 + 踏步三角形面积

$=[\sqrt{4.5^2+2.4^2}\times0.18+(1/2\times0.15\times0.3)\times15]\mathrm{m}^2\times2=2.51\mathrm{m}^2$

总计：$(35.06+2.82+2.51)\ \mathrm{m}^2=40.39\mathrm{m}^2$

(7) 台阶挡墙抹面

台阶挡墙抹面工程量 = 展开面积

$=[(2.1+0.9)\times(1.12+0.08)+0.37\times(3.0+1.2)+0.5\times(2.4\times1.2)-0.5\times(0.15\times0.3)\times8]\mathrm{m}^2\times2$

$=12.83\mathrm{m}^2$

(8) 釉面砖内墙面

一层卫生间釉面砖工程量 $=\{[(1.5-0.06-0.025)\times2+(3.6-0.1-0.025)\times2]\times(2.27-0.08)-0.75\times2.0-1.2\times1.2\}\mathrm{m}^2$

$=18.48\mathrm{m}^2$

休息平台处卫生间釉面砖工程量 $=[(1.415\times2+3.475\times2)\times(4.76-0.08-2.38)-0.75\times2.0-1.2\times1.2]\mathrm{m}^2$

$=19.55\mathrm{m}^2$

总计：$(18.48+19.55)\ \mathrm{m}^2=38.03\mathrm{m}^2$

(9) 铝塑板圆柱面

室外圆柱铝塑板工程量 = 圆柱外围饰面周长 × 柱高 × 根数

$=[14\times0.57_{(\text{饰面尺寸})}\times4.0\times2+0.385_{(\text{饰面尺寸})}\times4.0\times2]\mathrm{m}^2$

$=66.92\mathrm{m}^2$

【注意事项】

1）墙柱面抹灰工程项目特征的描述要特别注意抹灰的层数、每层的厚度及各层砂浆的强度等级，要在设计工程做法的基础上密切与工程实际相结合。

2）零星项目的适用范围及计算规则，千万不要漏项。同时应注意清单计算规则与《全国统一装饰装修工程消耗量定额》中相关项目计算规则的差别。

3）注意柱抹灰工程量与柱饰面、镶贴块料面层工程量的区别。

4）计算有墙裙的墙面抹灰和墙裙工程量时，扣减门窗洞口面积时要注意墙裙高度与门窗洞口的高度关系，分段扣减。

【讨论】

1）本例中圆柱面若采用大理石饰面，用水泥砂浆粘贴，则工程量如何计算？

2）墙面一般抹灰与墙面镶贴块料计算规则有何不同？

## 任务3 天棚工程

本任务适用于天棚装饰工程。天棚工程包括天棚抹灰、天棚吊顶、采光天棚、天棚其他装饰。



### 一、天棚抹灰

天棚抹灰适用于在各种基层（混凝土现浇板、预制板、木板条等）上的抹灰工程。

**1. 工程量计算**

按设计图示尺寸以水平投影面积计算。不扣除间壁墙、垛、柱、附墙烟囱、检查口和管道所占的面积，带梁天棚的梁两侧抹灰面积并入天棚面积内，板式楼梯底面抹灰按斜面积计算，锯齿形楼梯底板抹灰按展开面积计算。

**2. 项目特征**

需要描述的特征有：基层类型，抹灰厚度、材料种类，砂浆配合比。

**3. 工程内容**

需要完成的工程内容有：基层清理，底层抹灰，抹面层。

【例3-9】 如某天棚抹灰工程，天棚净长8.5m，净宽5.6m，楼板为钢筋混凝土现浇楼板，板厚为120mm，在宽度方向有现浇钢筋混凝土单梁2根，梁截面尺寸为250mm×600mm，梁顶与板顶在同一标高，天棚抹灰的工程做法为：喷乳胶漆；6mm厚1:2.5水泥砂浆抹面；8mm厚1:3水泥砂浆打底；刷素水泥浆一道（内掺108胶）；现浇混凝土板。试编制天棚抹灰工程工程量清单。

【解】 1. 计算天棚抹灰工程量

$$S=[8.5\times5.6+(0.6-0.12)_{(梁净高)}\times2_{(梁两侧)}\times5.6\times2_{(根数)}]\mathrm{m}^2=58.35\mathrm{m}^2$$

2. 编制工程量清单

天棚抹灰工程量清单见表3-10。

**表3-10 分部分项工程量清单与计价表**

工程名称：××× 标段： 第 页共 页

| 序号 | 项目编码 | 项目名称 | 项目特征描述 | 计量单位 | 工程量 | 金额/元 | | |
|---|---|---|---|---|---|---|---|---|
| | | | | | | 综合单价 | 合价 | 其中：暂估价 |
| 1 | 011301001001 | 天棚抹灰 | 6mm厚1:2.5水泥砂浆抹面<br>8mm厚1:3水泥砂浆打底<br>刷素水泥浆一道（内掺108胶） | $m^2$ | 58.35 | | | |

## 二、天棚吊顶

天棚吊顶项目适用于非漏空式的天棚吊顶。

### 1. 工程量计算

按设计图示尺寸以水平投影面积计算。不扣除间壁墙、检查口、附墙烟囱、柱垛和管道所占面积；扣除单个 >$0.3m^2$的孔洞、独立柱及与天棚相连的窗帘盒所占的面积；天棚面中的灯槽及跌级、锯齿形、吊挂式、藻井式天棚面积不展开计算。

注意：天棚吊顶与天棚抹灰工程量计算规则有所不同。天棚抹灰不扣除柱和垛所占面积；天棚吊顶也不除柱垛所占面积，但应扣除独立柱所占面积。柱垛是指与墙体相连的柱而凸出墙体部分。

### 2. 项目特征

需描述吊顶形式、吊杆规格、高度，龙骨材料种类、规格、中距，基层材料种类、规格，面层材料品种、规格，压条材料种类、规格，嵌缝材料种类，防护材料种类。

吊顶形式是指平面、跌级、锯齿形、阶梯形、吊挂式、藻井式以及矩形、弧形、拱形等形式（图3-3），应在清单项目中进行描述。

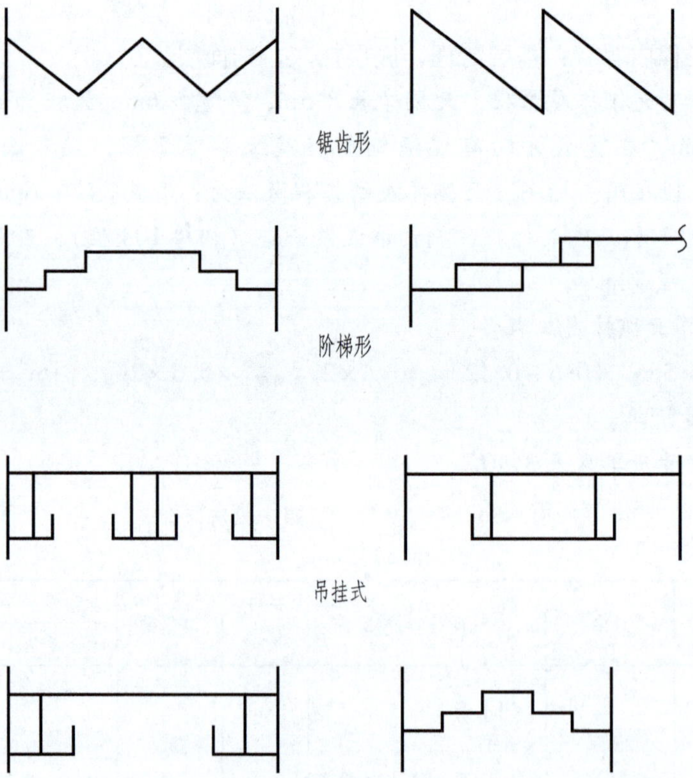


图3-3　天棚吊顶形式

平面是指吊顶面层在同一平面上的天棚。

跌级是指形状比较简单，不带灯槽、一个空间只有一个“凸”或“凹”形状的天棚。

基层材料是指底板或面层背后的加强材料。

面层材料的品种是指石膏板（包括装饰石膏板、纸面石膏板、吸声穿孔石膏板、嵌装式装饰石膏等）、埃特板、装饰吸声罩面板［包括矿棉装饰吸声板、贴塑矿（岩）棉吸声板、膨胀珍珠岩石装饰吸声制品、玻璃棉装饰吸声板等］、塑料装饰罩面板（钙塑泡沫装饰吸声板、聚苯乙烯泡沫塑料装饰吸声板、聚氯乙烯塑料天花板等）、纤维水泥加压板（包括穿孔吸声石棉水泥板、轻质硅酸钙吊顶板等）、金属装饰板（包括铝合金罩面板、金属微孔吸声板、铝合金单体构件等）、木质饰板（胶合板、薄板、板条、水泥木丝板、刨花板等），玻璃饰面（包括镜面玻璃、镭射玻璃等）。

注意：在同一个工程中如果龙骨材料种类、规格、中距有所不同，或虽龙骨材料种类、规格、中距相同，但基层或面层材料的品种、规格、品牌不同，都应分别编码列项。

### 3. 工程内容

包含基层清理、吊杆安装，龙骨安装，基层板铺贴，面层铺贴，嵌缝，刷防护材料。

**【例3-10】** 根据图3-1所示平面图，设计采用纸面石膏板吊顶天棚，具体工程做法为：刮腻子喷乳胶漆两遍；纸面石膏板规格为1200mm×800mm×6mm；U形轻钢龙骨；钢筋吊杆；钢筋混凝土楼板。试编制纸面石膏板天棚工程量清单。

**【解】** 1. 计算天棚吊顶工程量

$$S=[(3.6\times2+3-0.12\times2)\times(3.3\times2-0.12\times2)-0.4\times0.4\times2]\mathrm{m}^2=63.03\mathrm{m}^2$$

2. 编制工程量清单

天棚吊顶工程量清单见表3-11。

**表3-11 分部分项工程量清单与计价表**

工程名称：××× 标段： 第 页共 页

| 序号 | 项目编码 | 项目名称 | 项目特征描述 | 计量单位 | 工程量 | 金额/元 | | |
|---|---|---|---|---|---|---|---|---|
| | | | | | | 综合单价 | 合价 | 其中：暂估价 |
| 1 | 011302001001 | 天棚吊顶 | 纸面石膏板规格为1200mm×800mm×6mm<br>U形轻钢龙骨<br>钢筋吊杆<br>钢筋混凝土楼板 | $m^2$ | 63.03 | | | |

## 三、格栅吊顶、吊筒吊顶、藤条造型悬挂吊顶、织物软雕吊顶、装饰网架吊顶

### 1. 工程量计算

其工程量计算均按设计图示尺寸以水平投影面积计算。

### 2. 项目特征（略）

### 3. 工程内容（略）

## 四、采光天棚

### 1. 工程量计算

按框外围展开面积计算。

### 2. 项目特征

需描述骨架类型，固定类型，固定材料品种、规格，面层材料品种、规格，嵌缝、塞口材料种类。



### 3. 工程内容

包含基层清理，面层制安，嵌缝、塞口，清洗。

注意：采光天棚骨架应单独按金属结构工程相关项目编码列项。

## 五、灯带

### 1. 工程量计算

按设计图示尺寸以框外围面积计算。

### 2. 项目特征

需描述灯带形式、尺寸，格栅片材料品种、规格，安装固定方式。

### 3. 工程内容

包含安装、固定。

## 六、送风口、回风口

### 1. 工程量计算

按设计图示数量计算。

### 2. 项目特征

需描述风口材料品种、规格，安装固定方式，防护材料种类。

### 3. 工程内容

包含安装、固定，刷防护材料。

## 能力训练 3-3　计算天棚工程工程量

【训练目的】 熟悉天棚工程的清单项目划分和工程量计算规则，掌握天棚工程工程量计算方法。

【能力目标】 能根据工程施工图准确列本任务分部分项工程清单项目并准确计算天棚工程的工程量。

【原始资料】 ××办公楼设计图（见项目6任务1）。

【训练步骤】

1. 分析及列项

首先应熟悉本图纸天棚工程的工程做法，并结合建筑平面图及详图一一对应，明确不同做法的分界线。本例应列项目见表3-12。

表3-12 天棚工程应列清单项目

| 序号 | 项目编码 | 项目名称 | 项目特征 |
| --- | --- | --- | --- |
| 1 | 011301001001 | 天棚抹水泥砂浆 | 卫生间天棚抹水泥砂浆<br>5mm厚1:2.5水泥砂浆抹面<br>5mm厚1:3水泥砂浆打底<br>刷素水泥浆结合层一道（内掺建筑胶） |
| 2 | 011301001002 | 雨篷抹水泥砂浆 | 背立面雨篷底面抹水泥砂浆<br>5mm厚1:2.5水泥砂浆抹面<br>5mm厚1:3水泥砂浆打底<br>刷素水泥浆结合层一道（内掺建筑胶） |
| 3 | 011301001003 | 天棚抹混合砂浆 | 天棚抹混合砂浆<br>5mm厚1:0.3:2.5水泥石灰膏砂浆抹面<br>5mm厚1:0.3:3水泥石灰膏砂浆打底扫毛<br>刷素水泥浆结合层一道（内掺建筑胶） |

2. 工程量计算

（1）卫生间天棚抹水泥砂浆

卫生间天棚抹灰工程量 $=4.92\text{m}^2_{(\text{卫生间地面})}$

2个卫生间天棚抹灰共计：$(4.92\times2)\text{m}^2=9.84\text{m}^2$

（2）背立面雨篷底面抹水泥砂浆

雨篷底面抹水泥砂浆工程量 = 雨篷水平投影面积 $=[1.5\times(3.6+0.225+0.125)]\text{m}^2=5.93\text{m}^2$

（3）天棚抹混合砂浆

一层：$[331.68_{(\text{地面})}-22.21_{(\text{楼梯间})}+(3.0-0.225\times2)\times(0.4-0.12)\times2\times2+(3.6-0.225\times2)\times0.28\times2+(7.8-0.225-0.25)\times(0.65-0.12)\times2\times2+(7.8-0.15-0.075)\times(0.65-0.12)\times2\times4+(3.9\times4+9.0-0.45\times3)\times(0.75-0.12)\times2]\text{m}^2$

$=391.03\text{m}^2$

二层：$\{302.10+22.21+4.92+(3.6-0.225\times2)\times(0.4-0.12)\times2\times2+(3.0-0.225\times2)\times0.28\times2\times3+(7.8-0.225-0.25)\times(0.65-0.12)\times2\times2+(7.8-0.15-0.075)\times(0.65-0.12)\times2\times2+(3.6-0.075-0.125)\times[0.25+(0.4-0.12)\times2]\}\text{m}^2=371.38\text{m}^2$

楼梯休息平台底面抹灰工程量 = 休息平台底面积 + 梯梁底面及侧面抹灰

$=\{(1.65-0.06)\times(3.6-0.025-0.1)+3.475\times[(0.35-0.1)+0.2+(0.35-0.18)+0.3+(0.4-0.1)+(0.4-0.15-$

$$0.18)]_{(TL底面和侧面)}\}\mathrm{m}^2$$
$$=10.01\mathrm{m}^2$$

楼梯底板抹灰工程量 = 梯段斜长 × 梯段宽度

$$=[\sqrt{4.5^2+2.4^2}\times(3.6-0.025-0.1)]\mathrm{m}^2=17.72\mathrm{m}^2$$

总计：$(391.03+371.38+10.01+17.72)\mathrm{m}^2=790.14\mathrm{m}^2$

【注意事项】

1）在计算天棚抹灰工程量时，不要机械套用地面面积而忽略梁侧抹灰面积。



2）楼梯底面抹灰应按斜面积计算。

3）计算天棚吊顶工程量时应扣除独立柱、$0.3\mathrm{m}^2$ 以上孔洞及与天棚相连的窗帘盒所占的面积。

【讨论】

本例中卫生间如采用木龙骨、铝塑板吊顶，如何列项？如何计算工程量？

## 任务4 门窗工程

本任务适用于门窗工程，包括木门，金属门，金属卷帘（闸）门，厂库房大门、特种门，其他门，木窗，金属窗，门窗套，窗台板，窗帘、窗帘盒、轨。

### 一、木门

木门包括木质门、木质门带套、木质连窗门、木质防火门等清单项目。

#### 1. 工程量计算

以樘计量，按设计图示数量计算；以平方米计量，按设计图示洞口尺寸以面积计算。木质门带套计量时，按洞口尺寸以面积计算，不包括门套的面积，但门套应计算在综合单价中。

#### 2. 项目特征

需描述门代号及洞口尺寸，镶嵌玻璃品种、厚度。以樘计量时，必须描述洞口尺寸；以平方米计量时，可不描述洞口尺寸。

#### 3. 工程内容

包含门安装，玻璃安装，五金安装。

注意：

1）木质门应区分镶板木门、企口木板门、实木装饰门、胶合板门、夹板装饰门、木纱门、全玻门（带木质扇框）、木质半玻门（带木质扇框）等项目，分别编码列项。

2）木门五金包括折页、插锁、门碰珠、弓背拉手、搭机、弹簧折页（自动门）、管子拉手（自由门、地弹门）、地弹簧（地弹门）、门轧头（自由门、地弹门）、角铁、木螺栓等。

3）门窗工程除木窗外，以成品门窗考虑。若成品中已包含油漆，不再单独计算油漆；未包含油漆的，应按油漆、涂料、裱糊工程相应项目编码列项。

### 二、金属门

金属门包括金属（塑钢）门、彩板门、钢质防火门、防盗门4个清单项目。

### 1. 工程量计算

以樘计量，按设计图示数量计算；以平方米计量，按设计图示洞口尺寸以面积计算。当无设计洞口尺寸时，按门框、扇外围以面积计算。

### 2. 项目特征

需描述门代号及洞口尺寸，门框或扇外围尺寸，门框、扇材质，玻璃品种、厚度。以樘计量时，必须描述洞口尺寸，没有洞口尺寸必须描述门框或扇外围尺寸；以平方米计量时，可不描述洞口尺寸及门框或扇外围尺寸。

### 3. 工程内容

包含门安装，玻璃安装，五金安装。

注意：

1）金属门应区分金属平开门、金属推拉门、金属地弹门、全玻门（带金属扇框）、金属半玻门（带扇框）等项目，分别编码列项。

2）铝合金门五金包括：拉手、地弹簧、门锁、门插、门铰、螺栓等。

3）金属门五金包括：L形执手插锁（双舌）、执手锁（单舌）、门轨头、地锁、防盗门机、门眼（猫眼）、门碰珠、电子锁（磁卡锁）、闭门器、装饰拉手等。

## 三、金属卷帘（闸）门

包括金属卷帘（闸）门、防火卷帘（闸）门2个清单项目。

### 1. 工程量计算

以樘计量，按设计图示数量计算；以平方米计量，按设计图示洞口尺寸以面积计算。

### 2. 项目特征

需描述门代号及洞口尺寸，门材质，启动装置品种、规格。

### 3. 工程内容

包含门运输、安装，启动装置、活动小门、五金安装。

## 四、厂库房大门、特种门

厂库房大门、特种门包含木板大门、钢木大门、全钢板大门、特种门、围墙铁丝门等清单项目。

### 1. 适用范围

1）木板大门项目适用于厂库房的平开、推拉、带观察窗、不带观察窗等各类型木板大门。

2）钢木大门项目适用于厂库房的平开、推拉、单面铺木板、双面铺木板、防风型、保暖型等各类型钢木大门。

3）全钢板木门项目适用于厂库房的平开、推拉、折叠、单面铺钢板、双面铺钢板各类型全钢门。

4）特种门项目适用于各种放射线门、密闭门、保温门、隔声门、冷藏库门、冷藏冻结间门等特殊使用功能门。

5）围墙铁丝门项目适用于钢管骨架铁丝门、角钢骨架铁丝门、木骨架铁丝门等。

### 2. 工程量计算

以樘计量，按设计图示数量计算；以平方米计量，按设计图示洞口尺寸以面积计算。当无设计洞口尺寸时，按门框、扇外围以面积计算。

### 3. 项目特征

需描述门代号及洞口尺寸，门框或扇外围尺寸，门框、扇材质，五金种类、规格，防护材料种类。以樘计量时，必须描述洞口尺寸，没有洞口尺寸必须描述门框或扇外围尺寸；以平方米计量时，可不描述洞口尺寸及门框或扇外围尺寸。



注意：各种门的工程量是以樘为计量单位，直接计算数量。所以，此时项目特征的描述就显得非常重要。只有清单编制人对以上项目特征进行详细描述，投标人才能准确报价。另外，对同一类型的门，只要在项目特征中略有不同，其价格就不同，就应分别编码列项。

### 4. 工程内容

包含门（骨架）制作、运输，门、五金配件安装，刷防护材料。

注意：

1）钢木大门项目的报价中应包含钢骨架的制作、安装费用。

2）从工程内容的叙述中可知，门项目中包括其制作、运输、安装等内容。

3）特种门应区分冷藏门、冷冻间门、保温门、变电室门、隔声门、防射线门、人防门、金库门等项目编码列项。

4）木材的出材率、设计规定使用干燥木材时的干燥损耗及干燥费应包括在报价内。

## 五、其他门

其他门包括电子感应门、旋转门、电子对讲门、电动伸缩门等 8 个清单项目。

### 1. 工程量计算

以樘计量，按设计图示数量计算；以平方米计量，按设计图示洞口尺寸以面积计算。当无设计洞口尺寸时，按门框、扇外围以面积计算。

### 2. 项目特征

需描述门代号及洞口尺寸，门框或扇外围尺寸，门材质，玻璃品种、厚度，启动装置的品种、规格，电子配件品种、规格。以樘计量时，必须描述洞口尺寸，没有洞口尺寸必须描述门框或扇外围尺寸；以平方米计量时，可不描述洞口尺寸及门框或扇外围尺寸。

### 3. 工程内容

包含门安装，五金、启动装置、电子配件安装。

## 六、木窗

木窗包括木质窗、木飘（凸）窗、木橱窗、木纱窗 4 个清单项目。

### 1. 工程量计算

以樘计量，按设计图示数量计算。以平方米计量，木质窗按设计图示洞口尺寸以面积计算，当无设计洞口尺寸时，按门框、扇外围以面积计算；木飘（凸）窗、木橱窗按设计图示尺寸以框外围展开面积计算；木纱窗按框的外围尺寸以面积计算。

### 2. 项目特征

（1）木质窗、木飘（凸）窗　需描述窗代号及洞口尺寸，玻璃品种、厚度。

（2）木橱窗　需描述窗代号，框截面积外围展开面积，玻璃品种、厚度，防护材料种类。

（3）木纱窗　需描述窗代号及框外围尺寸，窗纱材料品种、规格。

3. 工程内容

包含窗制作、运输、安装，五金、玻璃安装，刷防护材料。

注意：

1）木质窗应区分木百叶窗、木组合窗、木天窗、木固定窗、木装饰空花窗等项目，分别编码列项。

2）木窗五金包括：折页、插销、风钩、木螺栓、滑轮滑轨（推拉窗）等。



## 七、金属窗

金属窗包括金属推拉窗、金属平开窗、金属固定窗等，金属窗根据开启方式、材质、功能等共分9个清单项目。

工程量计算、项目特征及工作内容均与木窗相同。

【例3-11】　某工程采用塑钢窗，其中1800mm×1800mm窗20樘，1500mm×1800mm窗8樘，600mm×1200mm窗3樘。具体工程做法为：忠旺型材80系列；双层中空白玻璃，外侧3mm厚，内侧5mm。试编制此项目的工程量清单。

【解】　塑钢窗工程量清单见表3-13。

表3-13　分部分项工程量清单与计价表

工程名称：×××　　　　标段：　　　　第　页共　页

| 序号 | 项目编码 | 项目名称 | 项目特征描述 | 计量单位 | 工程量 | 金额/元 | | |
|---|---|---|---|---|---|---|---|---|
| | | | | | | 综合单价 | 合价 | 其中：暂估价 |
| 1 | 010807006001 | 塑钢窗 | 洞口尺寸1800mm×1800mm<br>忠旺型材80系列<br>双层中空白玻璃，外侧3mm厚，内侧5mm | 樘 | 20 | | | |
| 2 | 010807006002 | 塑钢窗 | 洞口尺寸1500mm×1800mm<br>忠旺型材80系列<br>双层中空白玻璃，外侧3mm厚，内侧5mm | 樘 | 8 | | | |
| 3 | 010807006003 | 塑钢窗 | 洞口尺寸600mm×1200mm<br>忠旺型材80系列<br>双层中空白玻璃，外侧3mm厚，内侧5mm | 樘 | 3 | | | |

## 八、门窗套

门窗套包括木门窗套、金属门窗套、石材门窗套、门窗木贴脸、木筒子板、饰面夹板筒子板、成品木门窗套共7个清单项目。木门窗套项目适用于单独门窗套的制作、安装。

1. 工程量计算

以樘计量，按设计图示数量计算；以平方米计量，按设计图示洞口尺寸以展开面积计算；以米计量，按设计图示中心以延长米计算。门窗木贴脸工程量以樘计量，按设计图示数量计算，或以米计量，按设计图示中心以延长米计算。

2. 项目特征



需描述窗代号及洞口尺寸，门窗套展开宽度，基层材料种类，面层材料品种、规格，线条品种、规格，防护材料种类。木筒子板、饰面夹板筒子板还需描述筒子板宽度；石材门窗套还需描述黏结层厚度、砂浆配合比。

3. 工程内容

包含清理基层，底层抹灰，立筋制作、安装，基层板安装，面层铺贴，线条安装，刷防护材料。

注意：门窗套项目报价内若已包括贴脸板、筒子板饰面价格，则门窗木贴脸、筒子板不应再编码列项，以免重复计算。

## 九、窗帘、窗帘盒、轨

根据不同材质分为5个清单项目，其中包括窗帘轨。

1. 工程量计算

窗帘工程量以米计量，按设计图示尺寸以成活后长度计算；以平方米计量，按设计图示尺寸以成活后展开面积计算。各种材质的窗帘盒及窗帘轨，其工程量均按设计图示尺寸以长度计算。窗帘盒如为弧形时，其长度以中心线计算。

2. 项目特征

（1）窗帘　需描述窗帘材质，窗帘高度、宽度，窗帘层数，带幔要求。当窗帘为双层时，必须描述每层材质。

（2）窗帘盒及窗帘轨　需描述窗帘盒（轨）材质、规格，防护材料种类，轨的数量。

3. 工程内容

包含制作、运输、安装，刷防护材料。

## 十、窗台板

根据不同材质，窗台板分为4个清单项目。

1. 工程量计算

各种材质的窗台板，其工程量均按设计图示尺寸以展开面积计算。

2. 项目特征

需描述基层材料种类（黏结层厚度、砂浆配合比），窗台板材质、规格、颜色，防护材料种类。

3. 工程内容

包含基层清理，基层制作、安装（抹找平层），窗台板制作、安装，刷防护材料。

### 能力训练3-4　计算门窗工程工程量

【训练目的】　熟悉门窗工程的清单项目划分和工程量计算规则，掌握楼地面工程工程量计算方法。

**【能力目标】** 能结合实际工程准确列本任务分部分项工程清单项目并计算门窗工程的工程量。

**【原始资料】** ××办公楼设计图（见项目6任务1）。

**【训练步骤】**

1. 分析及列项

首先应熟悉本图纸门窗工程的具体做法，按门窗不同材质、不同洞口尺寸分别列项。本例应列项目见表3-14。



**表3-14 门窗工程应列清单项目**

| 序号 | 项目编码 | 项目名称 | 项目特征 |
|---|---|---|---|
| 1 | 010805006001 | 全玻钢化自由门 | 洞口尺寸8200mm×4000mm |
| 2 | 010802001001 | 全玻平开门 | 洞口尺寸1500mm×2400mm |
| 3 | 010801001001 | 胶合板门 | 洞口尺寸1000mm×2100mm<br>刷调和漆两遍，底油一遍，满刮腻子 |
| 4 | 010801001002 | 胶合板门 | 洞口尺寸750mm×2000mm<br>刷调和漆两遍，底油一遍，满刮腻子 |
| 5 | 010801001003 | 胶合板门 | 洞口尺寸1500mm×2100mm<br>刷调和漆两遍，底油一遍，满刮腻子 |
| 6 | 010807001001 | 塑钢推拉窗 | 洞口尺寸1500mm×1800mm |
| 7 | 010807001002 | 塑钢推拉窗 | 洞口尺寸1200mm×1200mm |
| 8 | 010807001003 | 塑钢推拉窗 | 洞口尺寸2100mm×1800mm |
| 9 | 010807001004 | 塑钢推拉窗 | 洞口尺寸1200mm×1500mm |
| 10 | 010807001005 | 塑钢固定窗 | 洞口尺寸2100mm×900mm |
| 11 | 010807001001 | 钢化全玻窗 | 洞口尺寸7325mm×3700mm，不锈钢包边 |
| 12 | 010807001002 | 钢化全玻窗 | 洞口尺寸3560mm×2900mm，不锈钢包边 |
| 13 | 010807001003 | 钢化全玻窗 | 洞口尺寸8500mm×2900mm，不锈钢包边 |

注：因塑钢窗招标文件中要求由专业工程分包，故分部分项工程量清单中不表现，在上表中列出仅为计算出工程量。

2. 工程量计算（表3-15）

**表3-15 门窗工程量计算表**

| 序号 | 项目名称 | 项目特征 | 计量单位 | 工程量 |
|---|---|---|---|---|
| 1 | 全玻钢化自由门 | 洞口尺寸8200mm×4000mm | 樘 | 1 |
| 2 | 全玻平开门 | 洞口尺寸1500mm×2400mm | 樘 | 1 |
| 3 | 夹板门 | 洞口尺寸1000mm×2100mm<br>刷调和漆两遍，底油一遍，满刮腻子 | 樘 | 7 |
| 4 | 夹板门 | 洞口尺寸750mm×2000mm<br>刷调和漆两遍，底油一遍，满刮腻子 | 樘 | 2 |
| 5 | 夹板门 | 洞口尺寸1500mm×2100mm<br>刷调和漆两遍，底油一遍，满刮腻子 | 樘 | 2 |

（续）

| 序号 | 项目名称 | 项目特征 | 计量单位 | 工程量 |
|---|---|---|---|---|
| 6 | 塑钢推拉窗 | 洞口尺寸1500mm×1800mm | 樘 | 4 |
| 7 | 塑钢推拉窗 | 洞口尺寸1200mm×1200mm | 樘 | 4 |
| 8 | 塑钢推拉窗 | 洞口尺寸2100mm×1800mm | 樘 | 9 |
| 9 | 塑钢推拉窗 | 洞口尺寸1200mm×1500mm | 樘 | 2 |
| 10 | 塑钢固定窗 | 洞口尺寸2100mm×900mm | 樘 | 4 |
| 11 | 钢化全玻窗 | 洞口尺寸7325mm×3700mm，不锈钢包边 | 樘 | 2 |
| 12 | 钢化全玻窗 | 洞口尺寸3560mm×2900mm，不锈钢包边 | 樘 | 4 |
| 13 | 钢化全玻窗 | 洞口尺寸8500mm×2900mm，不锈钢包边 | 樘 | 1 |

【注意事项】

1）在计算门窗工程量时，首先应对门窗统计表所列门窗的规格和数量进行校核，确保数据准确，避免遗漏。

2）相同材质，不同类型、不同洞口尺寸及具有不同其他项目特征的门窗必须分别列项。

3）门窗工程的项目特征，尽可能描述完整，以便报价。

【讨论】

1）门窗套与贴脸、筒子板是什么关系？工程量如何计算？

2）在编制门窗工程的工程量清单时，图纸只给出了门窗的材质和洞口尺寸，则门窗工程的项目特征如何描述？

3）木门窗的油漆应包括在门窗工程内，还是在油漆、涂料工程中单独列项？

## 任务5 油漆、涂料、裱糊工程

本任务适用于门窗油漆、金属、抹灰面油漆工程，相关项目已包括油漆、涂料的不再单独按本任务列项。油漆、涂料、裱糊工程包括门油漆、窗油漆、扶手、板条面、线条面、木材面油漆、金属面油漆、抹灰面油漆、喷刷涂料、裱糊等。

### 一、门油漆

门油漆包括木门油漆、金属门油漆2个清单项目。

#### 1. 工程量计算

以樘计量，按设计图示数量计算；以平方米计量，按设计图示洞口尺寸以面积计算。

#### 2. 项目特征

需描述门类型，门代号及洞口尺寸，腻子种类，刮腻子遍数，防护材料种类，油漆品种、刷漆遍数。

说明：

1）木门油漆应区分木大门、单层木门、双层（一玻一纱）木门、全玻自由门、半玻自由门、装饰门及有框门或无框门等项目，分别编码列项。金属门油漆应区分平开门、推拉门、钢质防火门等项目，分别编码列项。另外，连窗门可按门油漆项目编码列项。

2）腻子种类分石膏油腻子（熟桐油、石膏粉、适量水）、胶腻子（大白、色粉、羧甲基纤维素）、漆片腻子（漆片、酒精、石膏粉、适量色粉）、油腻子（矾石粉、桐油、脂肪酸、松香）等。



### 3. 工程内容

包含基层清理，刮腻子，刷防护材料、油漆。金属门油漆还包含除锈。

## 二、窗油漆

窗油漆包括木窗油漆、金属窗油漆2个清单项目，适用于各类型窗（如平开窗、推拉窗、空花窗、百叶窗、单层窗、双层窗、带亮子及不带亮子等）油漆工程。

工程量计算、项目特征和工程内容同门油漆。

木窗油漆应区分单层木窗、双层（一玻一纱）木窗、双层框扇（单裁口）木窗、双层框三层（二玻一纱）木窗、单层组合窗、双层组合窗、木百叶窗、木推拉窗等项目，分别编码列项。金属门油漆应区分平开窗、推拉窗、固定窗、组合窗、金属隔栅窗等项目，分别编码列项。

## 三、木扶手及其他板条、线条油漆

木扶手及其他板条、线条油漆包括木扶手油漆，窗帘盒油漆，封檐板、顺水板油漆，挂衣板、黑板框油漆，挂镜线、窗帘棍、单独木线油漆共5个清单项目。

### 1. 工程量计算

按设计图示尺寸以长度计算。楼梯木扶手工程量按中心线斜长计算，弯头长度应计算在扶手长度内。顺水板（博风板）工程量按看面的中心线斜长计算，有大刀头的增加50cm。窗台板、筒子板、盖板、门窗套、踢脚线油漆按水平或垂直投影面积（门窗套的贴脸板和筒子板垂直投影面积合并）计算。

### 2. 项目特征

需描述断面尺寸，腻子种类，刮腻子遍数，防护材料种类，油漆品种、刷漆遍数。

### 3. 工程内容

包含基层清理，刮腻子，刷防护材料、油漆。

注意：木扶手应区别带托板与不带托板分别编码列项。若是木栏杆带木扶手，木扶手不应单独列项，应包括在木栏杆油漆中。

## 四、木材面油漆

木材面油漆共包括15个清单项目。

### 1. 工程量计算

1）木护墙、木墙裙油漆，窗台板、筒子板、盖板、门窗套、踢脚线油漆，清水板条天棚、檐口油漆，木方格吊顶天棚油漆，吸声板墙面、天棚面油漆，暖气罩油漆，其他木材面油漆 7 个清单项目，均按设计图示尺寸以面积计算。

2）木间壁、木隔断油漆，玻璃间壁露明墙筋油漆，木栅栏、木栏杆（带扶手）油漆 3 个清单项目，按设计图示尺寸以单面外围面积计算。

说明：多面涂刷按单面计算工程量，计算时满外量计算，不展开。

3）衣柜、壁柜油漆，梁柱饰面油漆，零星木装修油漆 3 个清单项目，按设计图示尺寸以油漆部分展开面积计算。

4）木地板油漆、木地板烫蜡硬面 2 个清单项目，按设计图示尺寸以面积计算，空洞、空圈、暖气包槽、壁龛的开口部分并入相应的工程量内。



#### 2. 项目特征

需描述腻子种类，刮腻子遍数，防护材料种类，油漆品种、刷漆遍数。

木地板烫蜡硬面项目特征包括：硬蜡种类，面层处理要求。

#### 3. 工程内容

包含基层清理，刮腻子，刷防护材料、油漆。

木地板烫蜡硬面工程内容包含基层清理，烫蜡。

注意：工程量以面积计算的油漆、涂料项目，线脚、线条、压条等不展开。

### 五、金属面油漆

#### 1. 工程量计算

以吨计量，按设计图示尺寸以质量计算；以平方米计量，按设计展开面积计算。

#### 2. 项目特征

需描述构件名称，腻子种类，刮腻子要求，防护材料种类，油漆品种、刷漆遍数。

#### 3. 工程内容

包含基层清理，刮腻子，刷防护材料、油漆。

### 六、抹灰面油漆

抹灰面油漆包括抹灰面油漆、抹灰线条油漆、满刮腻子。

#### 1. 工程量计算

（1）抹灰面油漆、满刮腻子　按设计图示尺寸以面积计算。

（2）抹灰线条油漆　按设计图示尺寸以长度计算。

#### 2. 项目特征

需描述基层类型，线条宽度、道数，腻子种类，刮腻子遍数，防护材料种类，油漆品种、刷漆遍数。

#### 3. 工程内容

同金属面油漆。

### 七、喷刷涂料

#### 1. 工程量计算

（1）墙面、天棚喷刷涂料　按设计图示尺寸以面积计算。

（2）空花格、栏杆刷涂料　按设计图示尺寸以单面外围面积计算。

（3）线条刷涂料 按设计图示尺寸以长度计算。

（4）金属构件刷防火涂料 以吨计量，按设计图示尺寸以质量计算；以平方米计量，按设计展开面积计算。

（5）木构件刷防火涂料 以平方米计量，按设计图示尺寸以面积计算。

**2. 项目特征**

（1）墙面、天棚喷刷涂料 需描述基层类型，喷刷涂料部位（外墙或内墙），腻子种类；刮腻子要求，涂料品种、喷刷遍数。

（2）空花格、栏杆刷涂料 需描述腻子种类，刮腻子遍数，涂料品种、喷刷遍数。

（3）线条刷涂料 需描述基层清理，线条宽度，刮腻子遍数，涂料品种、喷刷遍数。

（4）金属构件刷防火涂料、木构件刷防火涂料 需描述喷刷防火涂料构件名称，防火等级要求，涂料品种、喷刷遍数。

**3. 工程内容**

包含基层清理，刮腻子，喷刷涂料（防护材料、油漆、防火材料）。



## 八、裱糊

**1. 工程量计算**

按设计图示尺寸以面积计算。

**2. 项目特征**

需描述基层类型，裱糊部位，腻子种类，刮腻子遍数，黏结材料种类，防护材料种类，面层材料品种、规格、颜色。

**3. 工程内容**

包含基层清理，刮腻子，面层铺贴（应注意要求对花还是不对花），刷防护材料。

## 能力训练3-5 计算油漆、涂料、裱糊工程工程量

**【训练目的】** 熟悉油漆、涂料、裱糊工程的清单项目划分和工程量计算规则，掌握油漆、涂料、裱糊工程工程量计算方法。

**【能力目标】** 能结合实际工程准确列本任务分部分项工程清单项目并计算油漆、涂料、裱糊工程的工程量。

**【原始资料】** ××办公楼设计图（见项目6任务1）。

**【训练步骤】**

1. 分析及列项

首先应根据本图纸墙柱面工程、天棚工程的工程做法，列出相关油漆、涂料工程的清单项目。本例应列项目见表3-16。

**表3-16 油漆、涂料工程应列清单项目**

| 序号 | 项目编码 | 项目名称 | 项目特征 |
|---|---|---|---|
| 1 | 011407001001 | 内墙涂料 | 白色立邦乳胶漆 |
| 2 | 011407001002 | 柱面涂料 | 白色立邦乳胶漆 |
| 3 | 011407002001 | 天棚涂料（卫生间） | 白色立邦乳胶漆 |

（续）

| 序号 | 项目编码 | 项目名称 | 项目特征 |
| --- | --- | --- | --- |
| 4 | 011407002003 | 天棚涂料（卫生间外房间） | 白色立邦乳胶漆 |
| 5 | 011407001003 | 外墙涂料 | 晋龙外墙涂料 |
| 6 | 011407002002 | 雨篷底面涂料 | 晋龙外墙涂料（背立面雨篷） |



2. 工程量计算

（1）内墙涂料

内墙涂料工程量（同内墙抹灰）$=1107.98\text{m}^2$

（2）柱面涂料

柱面刷涂料工程量（同柱面抹灰）$=16.71\text{m}^2$

（3）卫生间天棚涂料

卫生间天棚涂料工程量（同卫生间抹灰）$=9.84\text{m}^2$

（4）天棚涂料（卫生间外房间）

天棚涂料工程量（同天棚抹灰）$=790.13\text{m}^2$

（5）外墙涂料

外墙涂料工程量（同外墙抹灰）$=615.71\text{m}^2$

（6）背立面雨篷底面涂料

背立面雨篷底面涂料工程量（同背立面雨篷底面抹灰）$=5.93\text{m}^2$

【注意事项】 本任务适用于单独发包的油漆、涂料工程，因此有关项目中已经包括油漆、涂料的不再单独按本任务列项。

【讨论】

本例中墙面、柱面涂料项目是否可并入墙面、柱面抹灰项目中？

## 任务6 其他装饰工程

本任务适用于装饰物件的制作、安装工程，包括柜类、货架，暖气罩，浴厕配件，压条、装饰线，雨篷、旗杆，招牌、灯箱，美术字，扶手、栏杆、栏板装饰等项目。

### 一、柜类、货架

柜类、货架项目适用于各类材料制作及各种用途（如柜台、酒柜、衣柜、鞋柜、书柜、厨房壁柜、厨房吊柜及酒吧台、展台、收银台、货架、书架、服务台等），共20个清单项目。

厨房壁柜和厨房吊柜以嵌入墙内为壁柜，以支架固定在墙上为吊柜。

#### 1. 工程量计算

以个计量，按设计图示数量计算；以米计量，按设计图示尺寸以延长米计算；以立方米计量，按设计图示尺寸以体积计算。

#### 2. 项目特征

需描述台柜规格，材料种类（石材、金属、实木等）、规格，五金种类、规格，防护材料种类，油漆品种、刷漆遍数。

### 3. 工程内容

包含台柜制作、运输、安装（安放），刷防护材料、油漆，五金件安装。

## 二、暖气罩

适用于各类材料（如饰面板、塑料板、金属）制作的暖气罩项目。

### 1. 工程量计算

按设计图示尺寸以垂直投影面积（不展开）计算。

### 2. 项目特征

需描述暖气罩材质，防护材料种类。

### 3. 工程内容

包含暖气罩制作、运输、安装，刷防护材料。

## 三、浴厕配件

### 1. 工程量计算

（1）洗漱台 按设计图示尺寸以台面外接矩形面积计算。不扣除孔洞（放置洗面盆的地方）、挖弯、削角（以根据放置的位置进行选形）所占面积，挡板、吊沿板面积并入台面面积内；按设计图示数量计算。

石材洗漱台放置洗面盆的地方必须挖洞，根据洗漱台摆放的位置有些还需选形，产生挖弯、削角，为此洗漱台的工程量按外接矩形面积计算。

挡板指镜面玻璃下边沿正洗漱台面和侧墙与台面接触部位的竖挡板（一般挡板与台面使用同材料品种；不同材料品种应另行计算）。

吊沿指台面外边沿下方的竖挡板。挡板和吊沿均以面积并入台面面积内计算。

（2）晒衣架、帘子杆、浴缸拉手、卫生间扶手、毛巾杆（架）、卫生纸盒、肥皂盒 按设计图示数量以个、根、套、副计算。

（3）镜面玻璃 按设计图示尺寸以边框外围面积计算。

（4）镜箱 按设计图示数量以个计算。

### 2. 项目特征

（1）洗漱台、晒衣架、帘子杆、浴缸拉手、卫生间扶手、毛巾杆（架）、毛巾环、卫生纸盒、肥皂盒 需描述材料品种、规格、颜色，支架、配件品种、规格。

（2）镜面玻璃 需描述镜面玻璃品种、规格，框材质、断面尺寸，基层材料种类（玻璃背后的衬垫材料，如胶合板、油毡等），防护材料种类。

（3）镜箱 需描述箱材质、规格，玻璃品种、规格，基层材料种类，防护材料种类，油漆品种、刷漆遍数。

### 3. 工程内容

（1）洗漱台、晒衣架、帘子杆、浴缸拉手、卫生间扶手、毛巾杆（架）、毛巾环、卫生纸盒、肥皂盒 包含台面及支架制作、运输、安装，杆、环、盒、配件安装，刷油漆。

(2) 镜面玻璃 包含基层安装，玻璃及框制作、运输、安装。

(3) 镜箱 包含基层安装，箱体制作、运输、安装，玻璃安装，刷防护材料、油漆。

## 四、压条、装饰线

压条、装饰线适用于各种材料（如金属、木质、石材、石膏、镜面玻璃、铝塑、塑料、GRC 等）制作的压条、装饰线，共 8 个项目。



### 1. 工程量计算

按设计图示尺寸以长度计算。

### 2. 项目特征

需描述基层类型，线条材料品种、规格、颜色，防护材料种类。GRC 装饰线条还需描述线条安装部位。

装饰线的基层类型是指装饰依托体的材料，如砖墙、木墙、石墙、混凝土墙、墙面抹灰、钢支架等。

### 3. 工程内容

包含线条制作、安装，刷防护材料。

## 五、雨篷、旗杆

### 1. 工程量计算

(1) 雨篷吊挂饰面 按设计图示尺寸以水平投影面积计算。

(2) 金属旗杆 按设计图示数量以根计算。

(3) 玻璃雨篷 按设计图示尺寸以水平投影面积计算。

### 2. 项目特征

(1) 雨篷吊挂饰面 需描述基层类型，龙骨材料种类、规格、中距，面层材料品种、规格，吊顶（天棚）材料、品种、规格，嵌缝材料种类，防护材料种类。

(2) 金属旗杆 需描述旗杆材料、种类、规格，旗杆高度（指旗杆台座上表面至杆顶），基础材料种类，基座材料种类，基座面层材料、种类、规格。

(3) 玻璃雨篷 需描述玻璃雨篷固定方式，龙骨材料种类、规格、中距，玻璃材料品种、规格，嵌缝材料种类，防护材料种类。

### 3. 工程内容

(1) 雨篷吊挂饰面 包含底层抹灰，龙骨基层安装，面层安装，刷防护材料、油漆。

(2) 金属旗杆 包含土石挖、填、运，基础混凝土浇筑，旗杆制作、安装，旗杆台座制作、饰面。

(3) 玻璃雨篷 包含龙骨基层安装，面层安装，刷防护材料、油漆。

## 六、招牌、灯箱

招牌、灯箱适用于各种形式（平面、竖式等）招牌、灯箱、信报箱。

### 1. 工程量计算

(1) 平面、箱式招牌 按设计图示尺寸以正立面边框外围面积计算。复杂形的凹凸造型部分不增加面积。

（2）竖式标箱、灯箱、信报箱 按设计图示数量以个计算。

### 2. 项目特征

需描述箱体规格，基层材料种类，面层材料种类，防护材料种类。信报箱还需描述户数。

### 3. 工程内容

包含基层安装，箱体及支架制作、运输、安装，面层制作、安装，刷防护材料、油漆。



## 七、美术字

美术字适用于各种材料（泡沫塑料、有机玻璃、木质、金属等）制作的美术字，共4个清单项目。

### 1. 工程量计算

按设计图示数量以个计算。

### 2. 项目特征

需描述基层类型（同压条、装饰线），镌字材料品种、颜色，字体规格（以字的外接矩形长、宽和字的厚度表示），固定方式（如粘贴、焊接以及铁钉、螺栓、铆钉等），油漆品种、刷漆遍数。

### 3. 工程内容

包含字制作、运输、安装，刷油漆。

## 八、扶手、栏杆、栏板装饰

扶手、栏杆、栏板装饰包括金属、硬木、塑料扶手、栏杆、栏板，GRC扶手、栏杆，金属、硬木、塑料靠墙扶手，玻璃栏板8个清单项目。

扶手、栏杆、栏板装饰项目适用于楼梯、阳台、走廊、回廊及其他装饰性扶手、栏杆、栏板。

### 1. 工程量计算

各清单项目的工程量均按设计图示尺寸以扶手中心线长度（包括弯头长度）计算。

### 2. 项目特征

各清单项目需要描述的项目特征有：扶手、栏杆、栏板材料种类、规格、颜色，固定配件种类，防护材料种类。

GRC扶手、栏杆清单项目还需描述安装间距，填充材料种类。玻璃栏板清单项目还需描述栏杆玻璃的种类、规格、颜色。

扶手固定配件是用于楼梯、台阶的栏杆柱、栏杆、栏板扶手相连接的固定件；靠墙扶手是与墙相连接的固定件。

### 3. 工程内容

各清单项目需要完成的工程内容包含制作，运输，安装，刷防护材料。

## 能力训练3-6 计算其他装饰工程工程量

【训练目的】 熟悉其他工程的清单项目划分和工程量计算规则，掌握其他工程工程量计算方法。

【能力目标】 能结合实际工程准确列本任务分部分项清单项目并计算其他工程的工程量。

【原始资料】 ××办公楼设计图（见项目6任务1）。

【训练步骤】

1. 分析及列项

首先应熟悉本图纸其他工程所涉及的项目及其工程做法。本例应列项目见表3-17。



表3-17 其他工程应列清单项目

| 序号 | 项目编码 | 项目名称 | 项目特征 |
|---|---|---|---|
| 1 | 011506001001 | 雨篷铝塑板饰面（平面） | 4mm厚双面铝塑板<br>6mm厚纤维水泥加压板固定在木龙骨上<br>24mm×30mm木龙骨中距500mm |
| 2 | 011207001001 | 雨篷铝塑板饰面（立面） | 4mm厚双面铝塑板<br>6mm厚纤维水泥加压板固定在木龙骨上<br>24mm×30mm木龙骨中距500mm<br>混凝土雨篷 |
| 3 | 011503001001 | 楼梯不锈钢栏杆扶手 | 楼梯栏杆高900mm |
| 4 | 011503001002 | 不锈钢防护栏杆 | 栏杆高700mm |

2. 工程量计算

(1) 雨篷铝塑板饰面平面

雨篷铝塑板饰面平面工程量 = 雨篷的水平投影面积

$$=\frac{\pi r^2\theta}{360}-\frac{d(r-h)}{2}$$

$$=\left[\frac{3.14\times10.415^2\times113.14}{360}-\frac{17.45\times(10.415-4.6)}{2}\right]\text{m}^2$$

$$=56.30\text{m}^2$$

其中：$r=(10.09+0.325)\text{m}=10.415\text{m}$

$d=(3.0\times3+3.9\times2+0.325\times2)\text{m}=17.45\text{m}$

$h=(2.4+2.1+0.325-0.225)\text{m}=4.6\text{m}$

$\theta=2\arcsin(\sin\theta)=2\arcsin\left(\frac{8.525}{10.215}\right)=113.14°$

(2) 雨篷铝塑板饰面立面

雨篷铝塑板饰面立面工程量 = 弧形立板立面面积 = 弧形立板外边线长 × 弧形立板高

$$=(20.48\times1.3)\text{m}^2=26.62\text{m}^2$$

(3) 楼梯不锈钢栏杆扶手

楼梯不锈钢栏杆扶手工程量 $=\Big\{[4.5+0.2_{(\text{每边延伸100mm})}]\times1.13_{(\text{楼梯坡度系数})}\times2+0.1_{(\text{休息平台转弯处})}+\frac{1}{2}\times(3.6-0.025-0.1)+0.05_{(\text{转弯处增50mm})}\Big\}\text{m}$

$=12.51\text{m}$

（4）不锈钢防护栏杆

不锈钢防护栏杆工程量 = [(3.9 − 0.1 − 0.225) × 2 + (3.9 − 0.1 − 0.25) × 2 + (9 − 0.5)]m
= 22.75m

【注意事项】 弧形雨篷的水平投影面积应根据结施6所示尺寸计算，图中所示弧形半径为圆心至弧形梁中心线的长度，而并非雨篷结构外边线的半径，所以不能直接用10090mm计算弓形面积。

【讨论】

墙柱面、天棚装饰中所需的压条、装饰线是否可按本任务相应项目单独列项？



## 思考与练习题

1. 请说明下列各工程项目，在分部分项工程量清单项目特征描述栏内需描述哪些内容？

① 块料楼地面。

② 墙面一般抹灰。

③ 天棚吊顶。

④ 胶合板门。

⑤ 窗油漆。

2. 某楼地面工程做法为：

① 20mm厚1∶2水泥砂浆压实抹光。

② 刷素水泥浆结合层一道。

③ 100mm厚C15混凝土。

④ 150mm厚3∶7灰土。

如果其设计图示净长30m，净宽18m，要求编制楼地面工程工程量清单。

项目4

# 建筑及装饰装修工程措施项目工程量计算

**项目概述**

建筑及装饰装修工程措施项目包括可以计算工程量的项目（单价措施项目），不宜计算工程量的项目（总价措施项目）。其中单价措施项目有脚手架、模板、垂直运输等，总价措施项目有安全文明施工、夜间施工、冬雨季施工等。本项目主要介绍单价措施项目工程量计算方法。

**学习目标**

通过本项目的学习、训练，能较熟练地完成土建工程中单价措施项目清单项目工程量的计算。

**素质目标**

单价措施项目包括脚手架、模板等。通过该项目的学习适时引入琴台美术馆工程案例，该工程为清水混凝土单体建筑，是世界上首个地景式复杂双曲面清水混凝土建筑。该工程造型复杂，要求每块模板尺寸和结构都要和谐统一，对模板施工要求特别高。该工程让我们学到了工匠精神以及建筑人的严谨、认真和精益求精的精神，作为当代大学生要勤于学习、善于学习，不断积累为社会服务的专业技能。

## 任务1　脚手架工程

为了保证施工安全和操作的方便，采用钢管（$\phi48\times3.5$），杉木杆或直径为 $DN75\sim90$mm 的竹竿，搭设的供建筑工人脚踏手攀、堆置或运输材料的架子叫脚手架，简称脚手架工程。脚手架由立杆、横杆、上料平台斜坡道、防风拉杆及安全网等组成。

脚手架工程包含综合脚手架、外脚手架、里脚手架、悬空脚手架、挑脚手架、满堂脚手架、整体提升架、外装饰吊篮脚手架 8 个项目。

### 一、综合脚手架

综合脚手架是综合了建筑物中砌筑内外墙所需的砌墙脚手架、运料斜坡、上料平台、金属卷扬机架、外墙粉刷脚手架等内容。使用综合脚手架时，不再使用外脚手架、里脚手架等单项脚手架。综合脚手架是针对整个房屋建筑的土建和装饰装修部分。

综合脚手架适用于能够按建筑面积计算规则计算建筑面积的建筑工程脚手架，不适用于房屋加层、构筑物及附属工程脚手架。

1. 工程量计算

综合脚手架工程量按建筑面积计算，建筑面积计算规则执行《建筑工程建筑面积计算规范》(GB/T 50353—2013)。



2. 项目特征

描述建筑物结构形式，檐口高度。其中建筑物结构形式是指单层、全现浇结构、混合结构、框架结构等；檐口高度是指设计室外地坪至檐口滴水的高度（平屋顶是指屋面板底高度），凸出主体建筑物屋顶的电梯机房、楼梯出口间、水箱间、瞭望塔、排烟机房等不计入檐口高度。

注意：同一建筑物有不同檐高时，沿建筑物竖向切面分别按不同檐高编列清单项目。

3. 工程内容

包括场内、场外材料搬运，搭、拆脚手架、斜道、上料平台，安全网的铺设，选择附墙点与主体连接，测试电动装置、安全锁等，拆除脚手架后的材料堆放。

## 二、外脚手架、里脚手架

沿建筑物外围搭设的脚手架称为外脚手架。外脚手架可用于砌筑和装饰工程，砌筑时逐层搭设、外装修工程完毕后逐层拆除，基本上服务于施工全过程。根据搭设方式有单排和双排两种，如图4-1所示。

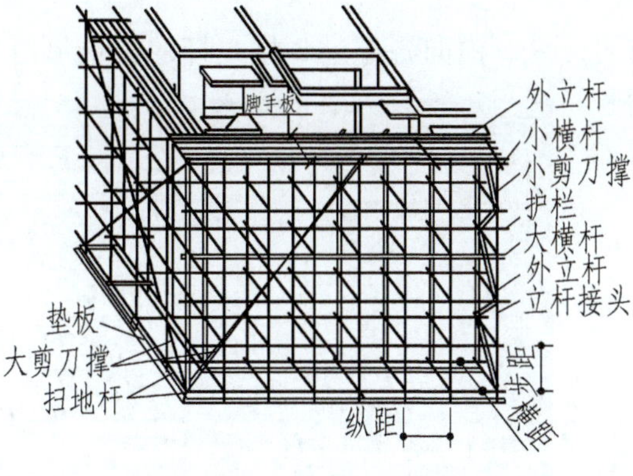

图4-1　双排外脚手架

里脚手架搭设于建筑物内部，每砌完一层墙后，即将其转移到上一层楼面，进行新的一层砌体砌筑，可用于内外墙的砌筑和室内装饰施工。

1. 工程量计算

外脚手架、里脚手架工程量均按所服务对象的垂直投影面积计算。

2. 项目特征

描述搭设方式，搭设高度，脚手架材质。

3. 工程内容

包括场内、场外材料搬运，搭、拆脚手架、斜道、上料平台，安全网的铺设，拆除脚手架后的材料堆放。

## 三、悬空脚手架、挑脚手架

挑脚手架搭设方式有多种，其中悬挑梁式脚手架搭设方式是在建筑物内预留洞口，用型钢制成悬挑梁作为搭设双排脚手架的平台，使脚手架上的荷重直接由建筑物承载，起到了卸载作用。悬挑梁式挑脚手架示意图如图4-2所示。

图4-2 悬挑梁式挑脚手架

1. 工程量计算

悬空脚手架工程量按搭设的水平投影面积计算。

挑脚手架工程量按搭设长度乘以搭设层数以延长米计算。

2. 项目特征

描述搭设方式，悬挑宽度，脚手架材质。

3. 工程内容

同外脚手架。

## 四、满堂脚手架

满堂脚手架是指在施工作业面上满铺的，纵、横向各超过3排立杆的整块形落地式多立杆脚手架，主要用于室内装修及其他单面积的高空作业，满堂脚手架的一般构造形式如图4-3所示。

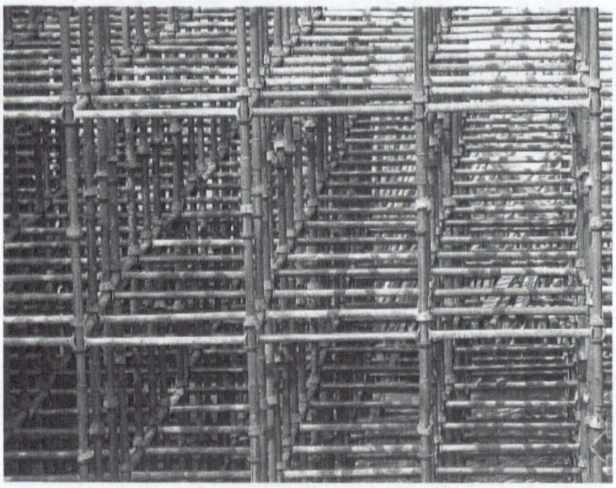

图4-3 满堂脚手架

1. 工程量计算

满堂脚手架工程量按搭设的水平投影面积计算。

2. 项目特征

描述搭设方式，搭设高度，脚手架材质。

3. 工程内容

同外脚手架。

注意：外脚手架、里脚手架、悬空脚手架、挑脚手架、满堂脚手架特征描述时，脚手架材质可以不描述，但应注明由投标人根据工程实际情况按照国家现行标准《建筑施工扣件式钢管脚手架安全技术规范》（JGJ 130—2011）规定自行确定。

【例4-1】 某建筑物入口大厅室内净高度为8.9m，净长度为15m，净宽度为9m。试编制满堂脚手架工程工程量清单。

【解】 1. 工程量计算

$$满堂脚手架工程量=室内搭设的水平投影面积$$
$$=室内净长度\times室内净宽度$$
$$=(15\times9)m^2=135m^2$$

2. 编制工程量清单

满堂脚手架工程量清单见表4-1。



表4-1 分部分项工程和单价措施项目清单与计价表

工程名称：××××

| 序号 | 项目编码 | 项目名称 | 项目特征描述 | 计量单位 | 工程量 | 金额/元 | | |
|---|---|---|---|---|---|---|---|---|
| | | | | | | 综合单价 | 合价 | 其中：暂估价 |
| 1 | 011701006001 | 满堂脚手架 | 钢管扣件式脚手架、搭设高度8.9m | $m^2$ | 100 | | | |

## 五、整体提升架

整体提升架也称为导轨式爬架、导轨附着式提升架。其主要特征是脚手架沿固定在建筑物的导轨升降，而且提升设备也固定在导轨上。它是一种用于高层建筑外脚手架工程施工的成套施工设备，包括支架（底部桥架）、爬升机构、动力及控制系统和安全防坠装置四大部分。整体提升架示意图如图4-4所示。

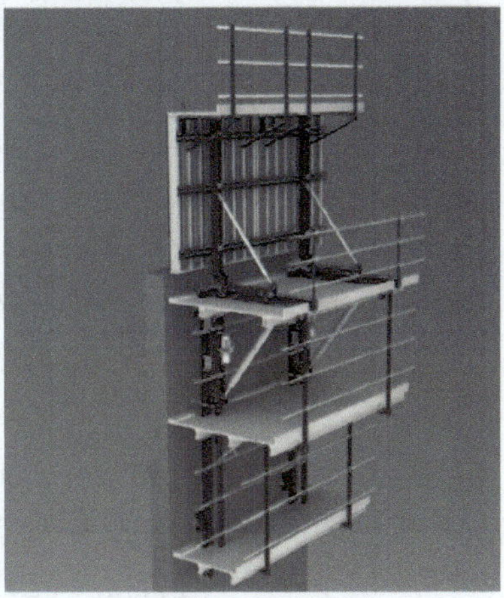

图4-4 整体提升架

### 1. 工程量计算

整体提升架工程量按所服务对象的垂直投影面积计算。

### 2. 项目特征

描述搭设方式及启动装置，搭设高度。

注意：整体提升架已包括2m高的防护架体设施。

### 3. 工程内容

同综合脚手架。

## 六、外装饰吊篮脚手架

外装饰吊篮脚手架又称为吊脚手架，它是利用吊索悬吊吊篮进行操作的一种脚手架，常用于外装饰工程，如图4-5所示。

图4-5 外装饰吊篮脚手架

### 1. 工程量计算

外装饰吊篮脚手架工程量按所服务对象的垂直投影面积计算。

2. 项目特征

描述升降方式及启动装置，搭设高度及吊篮型号。

3. 工程内容

包括场内、场外材料搬运，吊篮的安装，测试电动装置、安全锁、平衡控制器等，吊篮的拆卸。

【例 4-2】 某建筑物外墙外边线总长为 92.4m，檐高 18.6m，外墙抹灰需搭设手动吊篮脚手架。试计算其工程量。



【解】 外装饰吊篮脚手架工程量＝所服务对象的垂直投影面积（外墙面垂直投影面积）

$$=L_{外}\times 外墙面高度$$

$$=(92.4\times18.6)\mathrm{m}^2=1718.64\mathrm{m}^2$$

## 能力训练 4-1 计算脚手架工程工程量

【训练目的】 熟悉脚手架工程清单项目划分和工程量计算规则，掌握脚手架工程工程量的计算方法。

【能力目标】 能结合实际工程进行脚手架工程的列项及工程量计算。

【原始资料】 ××办公楼设计文件（见项目 6 任务 1）。

【训练步骤】

1. 分析及列项

按前面基础知识所述，结合项目 6 中的施工技术文件，考虑实际现场脚手架的搭设情况，脚手架工程包括：用于主体施工的双排外脚手架，用于主体施工的满堂脚手架，用于围护墙砌筑的里脚手架，用于室内装饰的满堂脚手架以及用于外装饰的吊篮脚手架。

2. 工程量计算

(1) 用于主体施工的双排外脚手架

工程量计算规则：按服务对象的垂直投影面积计算，则双排外脚手架工程量为

$$[(32.25+11.25)\times2\times(9.6+1.2)]\mathrm{m}^2=939.60\mathrm{m}^2$$

(2) 用于主体施工的满堂脚手架

工程量计算规则：根据施工组织设计，按现场搭设的水平投影面积计算，即包括建筑物外墙勒脚以上结构的外围水平面积和雨篷板的水平投影面积之和，则满堂脚手架工程量为

一层：$[(31.8+0.225\times2)\times(10.8+0.225\times2)]\mathrm{m}^2+\left[\dfrac{3.14\times10.215^2\times113.14}{360}-\dfrac{17.05\times(10.215-4.4)}{2}\right]\mathrm{m}^2=416.22\mathrm{m}^2$

二层：$[(31.8+0.225\times2)\times(10.8+0.225\times2)]\mathrm{m}^2=362.81\mathrm{m}^2$

(3) 用于围护墙砌筑的里脚手架

工程量计算规则：按服务对象的垂直投影面积计算，则砌筑里脚手架工程量为

一层：$[(31.8-0.225\times2)+(3.6-0.025-0.1)+(3.6-0.225\times2)\times2+(10.8-0.225\times2)\times4]\mathrm{m}\times[4.76-0.7_{(框架梁平均高度)}]\mathrm{m}=335.05\mathrm{m}^2$

二层：$\{(31.8-0.225\times2)+(3.9\times4+9-0.225\times2)+(3.6-0.225\times2)\times2+(10.8-0.225\times2)\times3+(7.8-0.225\times2)+[7.8+0.225-0.2_{(GZ_2宽)}-0.1]\times2\}\mathrm{m}\times(8.7-4.76-$

$0.7)m = 374.71m^2$

（4）用于室内装饰的满堂脚手架

工程量计算规则：按搭设的室内净面积水平投影以平方米计算，则满堂里脚手架工程量为

一层：$\{(3.6-0.025-0.1)\times[10.8-1.5_{(卫生间不需搭设)}-0.06-0.025]+(3.9\times4+9-0.2)\times(10.8-0.025\times2)+(3.6-0.025-0.1)\times(10.8-0.025\times2)\}m^2=331.68m^2$

二层：$[(3.6+3.9\times4+9-0.025-0.1)\times(3-0.1-0.025)+(3.6-0.025-0.1)\times(7.8-0.025+0.1)+(3.9-0.2)\times(7.8-0.025-0.1)\times2+(3.9\times2+9-0.2)\times(7.8-0.025-0.1)+(3.6-0.1-0.025)\times(10.8-0.025\times2)]m^2=329.64m^2$



（5）用于外装饰的吊篮脚手架

工程量计算规则：按服务对象的垂直投影面积计算，则吊篮脚手架工程量同外脚手架工程量，即 $939.60m^2$。

3. 脚手架措施项目清单与计价表（表4-2）

**表4-2　分部分项工程和单价措施项目清单与计价表**

工程名称：×××

| 序号 | 项目编码 | 项目名称 | 项目特征描述 | 计量单位 | 工程量 | 金额/元 | | |
|---|---|---|---|---|---|---|---|---|
| | | | | | | 综合单价 | 合价 | 其中：暂估价 |
| 1 | 011701200001 | 主体施工外脚手架 | 钢管扣件式双排脚手架、搭设高度10.80m | $m^2$ | 939.60 | | | |
| 2 | 011701006001 | 主体施工满堂脚手架 | 钢管扣件式脚手架、一层层高4.80m | $m^2$ | 416.22 | | | |
| 3 | 011701006002 | 主体施工满堂脚手架 | 钢管扣件式脚手架、二层层高3.90m | $m^2$ | 362.81 | | | |
| 4 | 011701003001 | 砌筑里脚手架 | 承插式钢管支柱、一层层高4.80m | $m^2$ | 335.05 | | | |
| 5 | 011701003001 | 砌筑里脚手架 | 承插式钢管支柱、二层层高3.90m | $m^2$ | 374.71 | | | |
| 6 | 011701006003 | 室内装饰满堂脚手架 | 钢管扣件式脚手架、一层层高4.80m | $m^2$ | 331.68 | | | |
| 7 | 011701006004 | 室内装饰满堂脚手架 | 钢管扣件式脚手架、一层层高4.80m | $m^2$ | 329.64 | | | |
| 8 | 011701008001 | 室外装饰悬空脚手架 | 手动吊篮脚手架，女儿墙上平距室外设计地坪10.80m | $m^2$ | 939.60 | | | |

**【注意事项】** 脚手架工程的列项与施工组织设计及现场施工情况息息相关，进行工程量计价时，应详细了解有关资料，比较分析施工方案，选择更加经济合理的施工措施。

# 任务2 混凝土模板及支架（撑）

模板系统由模板和支撑两个部分组成。其中，模板是保证混凝土及钢筋混凝土构件按设计形状和尺寸成型的重要工具，常用的模板有木模板、组合钢模板、滑升模板等。支撑是混凝土及钢筋混凝土构件在支模、浇筑及养护期间所需的承载构件，有木支撑和钢支撑之分。



混凝土模板及支架（撑）项目，只适用于单列而且以平方米计量的项目。若不单列且以立方米计量的混凝土模板及支架（撑），按混凝土及钢筋混凝土实体项目执行，其综合单价中应包括模板及支架（撑）。另外，个别混凝土项目“计量规范”未列的措施项目，如垫层等，按混凝土及钢筋混凝土实体项目执行。

## 一、现浇混凝土构件（图4-6）

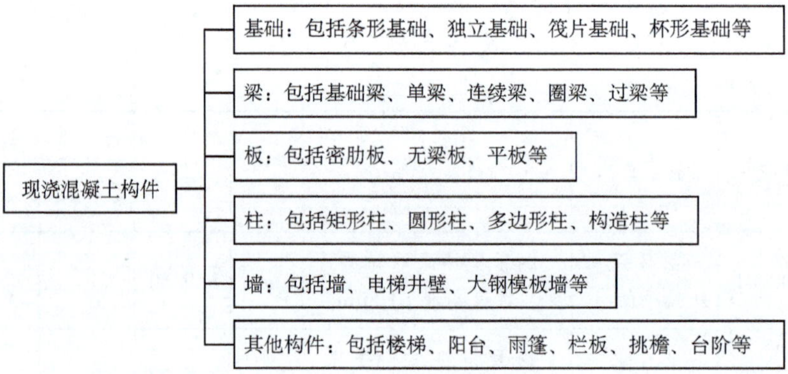


图4-6　现浇混凝土构件

## 二、工程量计算

### 1. 基础

基础模板工程量按模板与现浇混凝土构件的接触面积计算。其模板支设图示如图4-7和图4-8所示。

图4-7　条形基础模板图

图4-8　有梁式筏片基础模板图

【例4-3】 计算图2-20所示的带形基础模板工程量。

【解】 1. 分析

1）由图2-20可以看出，该基础为有梁式带形基础，其支模位置在基础底板（厚200mm）的两侧和梁（高300mm）的两侧。所以，混凝土与模板的接触面积应计算的是：基础底板的两侧面积和梁两侧面积。

2）图2-20中所示为基础平面图，也可以看作基础底板的支模位置图。图中细线显示了支模的位置及长度。



2. 计算工程量

外墙下：基础模板 = 基础底板模板 + 基础梁模板

$= L_{中} \times$ 支模高度 − 内外墙下基础交接处模板面积

$= [(3.9\times2+2.7\times2)\times2\times(0.2+0.3)\times2-(1.0\times0.2+0.4\times0.3)\times2]\text{m}^2$

$= 25.76\text{m}^2$

内墙下：基础底板模板 = 底板间净长 × 支模高度 ×2

$= [(2.7-0.5\times2)\times0.2\times2]\text{m}^2 = 0.68\text{m}^2$

基础梁模板 = 梁间净长 × 支模高度 ×2 $= [(2.7-0.2\times2)\times0.3\times2]\text{m}^2 = 1.38\text{m}^2$

基础模板工程量 $= (25.76+0.68+1.38)\text{m}^2 = 27.82\text{m}^2$

## 2. 柱

柱模板工程量按模板与现浇混凝土构件的接触面积计算。其框架柱模板支设图示如图4-9a所示。

柱与梁、柱与墙等连接的重叠部分，均不计算模板面积，附墙柱、暗柱并入墙内工程量计算。

构造柱按图示外露部分计算模板面积。留马牙槎的按最宽面计算模板宽度，构造柱与墙接触面不计算模板面积。其构造柱模板支设图示如图4-9b所示。

a) 框架柱模板图

b) 构造柱与墙咬接图

图4-9 柱模板图

注意：边柱、角柱和中柱模板计算的不同。

柱与梁交接处示意图如图4-10所示。

【例4-4】 计算如图4-11所示的构造柱模板工程量，其中构造柱支模高度为$h$，马牙槎宽度60mm。

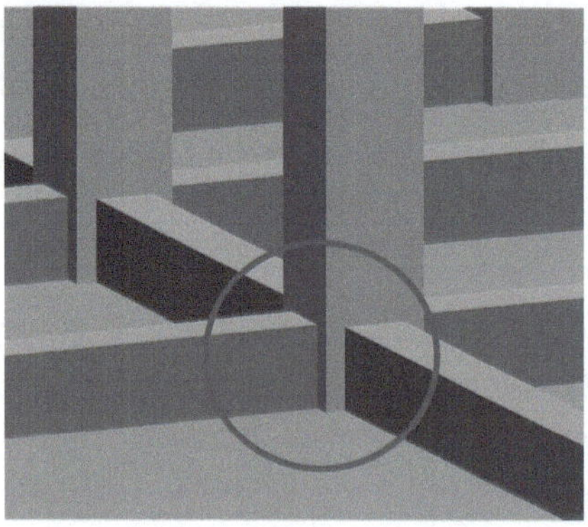

a) 中柱

b) 边柱

图 4-10 柱与梁交接处示意图

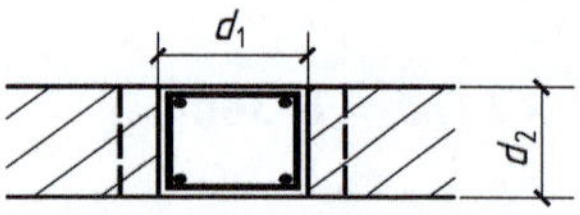


a) 一字形接头处

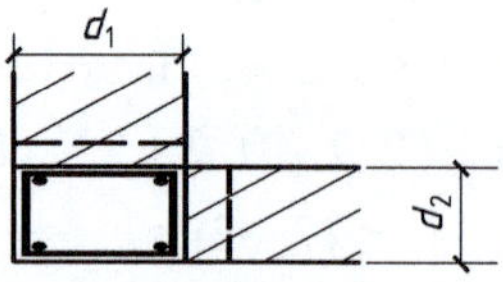


b) L形接头处

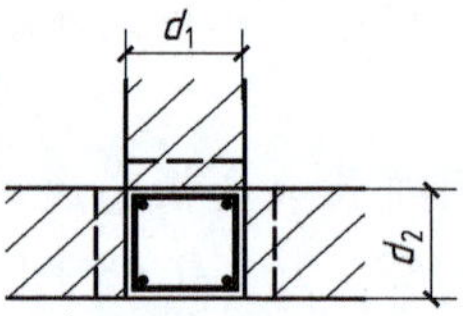


c) T形接头处

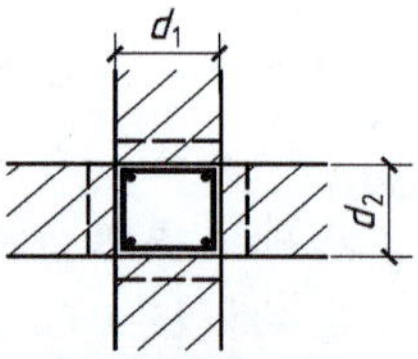


d) 十字形接头处

图 4-11 构造柱设置示意图

【解】

一字形接头处构造柱模板工程量 $S=(d_1+0.06\times2)\times2\times h$

L 形接头处构造柱模板工程量 $S=(d_1+d_2+0.06\times4)\times h$

T 形接头处构造柱模板工程量 $S=(d_1+0.06\times6)\times h$

十字形接头处构造柱模板工程量 $S=0.06\times8\times h$

### 3. 梁

梁模板工程量按模板与现浇混凝土构件的接触面积计算，如图 4-12 所示。

a) 梁板模板

b) 主、次梁交接处模板

图 4-12 梁模板

梁与柱、梁与梁等连接的重叠部分以及伸入墙内的梁头不计算模板面积。

注意：

1）边跨梁和中间梁模板高度计算的不同。

2）当圈梁与过梁连接时，圈梁模板中应扣除过梁模板，过梁长度按图纸设计长度；图纸无规定时，取门窗洞口宽 +0.5m。

## 4. 板



板模板工程量按模板与现浇混凝土构件的接触面积计算。

板上单孔面积在 $0.3m^2$ 以下的孔洞，不予扣除，洞侧壁模板也不增加；单孔面积在 $0.3m^2$ 以上时，应予扣除，洞侧壁模板面积并入板模板工程量之内计算。

1）无梁板是指不带梁、直接用柱头支承的板，如图 4-13a 所示。

2）有梁板是指带有密肋梁的板，且板的净面积在 $5m^2$ 以内，如图 4-13b 所示。

3）平板是指无柱无梁、四边直接搁置在圈梁、框架梁或承重墙上的板，如图 4-13c 所示。

其中：

无梁板模板工程量 = 板模板面积 + 柱帽模板面积

有梁板模板工程量 = 板模板面积 + 梁模板面积

平板模板工程量 = 板模板面积

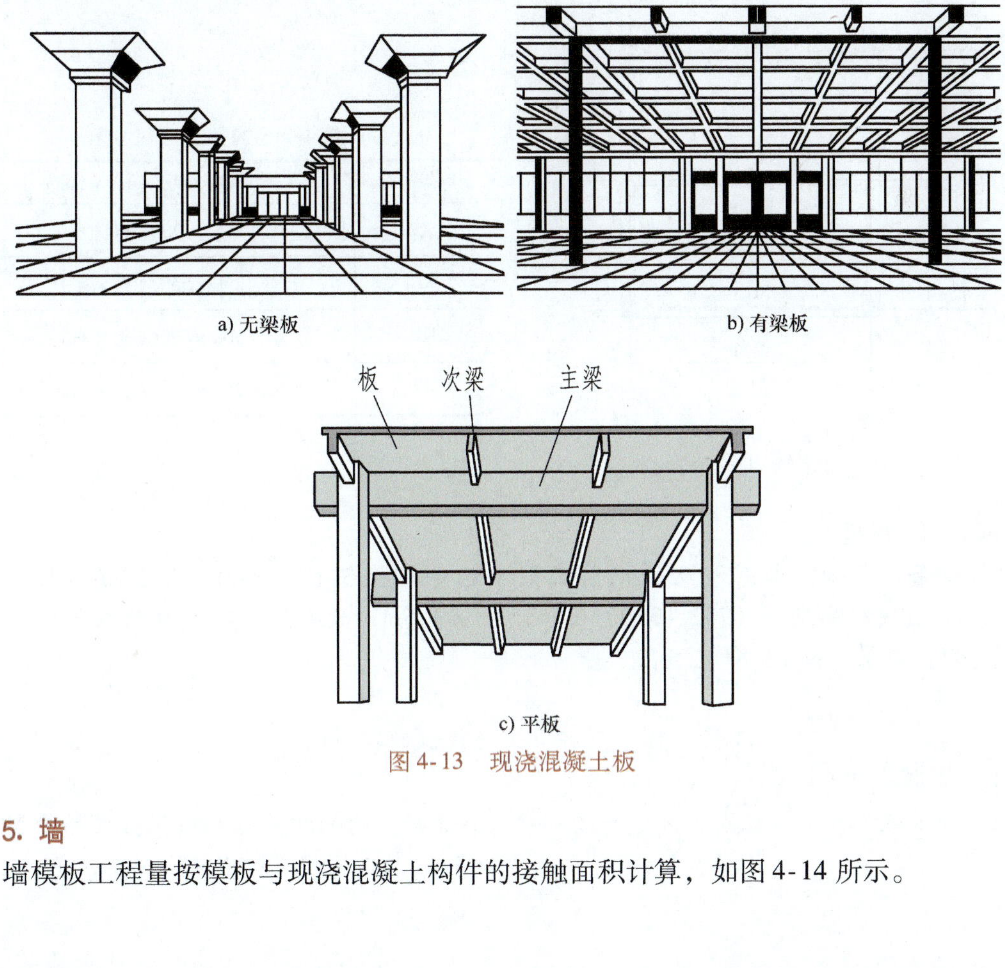


a) 无梁板　b) 有梁板　c) 平板

图 4-13　现浇混凝土板

## 5. 墙

墙模板工程量按模板与现浇混凝土构件的接触面积计算，如图 4-14 所示。

墙上单孔面积在 0.3$m^2$ 以下的孔洞，不予扣除，洞侧壁模板也不增加；单孔面积在 0.3$m^2$ 以上时，应予扣除，洞侧壁模板面积并入墙模板工程量之内计算；附墙柱、暗柱、暗梁模板并入墙模板工程量内计算。

图 4-14 窗洞口处模板

【例 4-5】 某现浇框架结构房屋的二层结构平面如图 4-15 所示。已知一层板顶标高为 3.9m，二层板顶标高为 7.2m，板厚 100mm，构件断面尺寸见表 4-3。试对图中所示二层钢筋混凝土构件列项并计算其模板工程量。

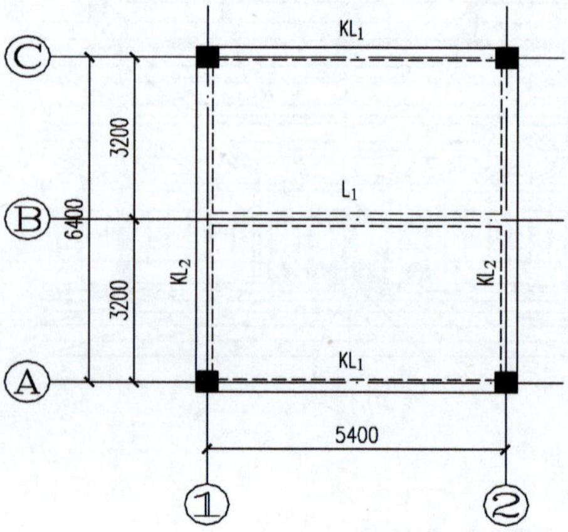


图 4-15 二层结构平面图

表 4-3 构件断面尺寸表

| 构件名称 | 构件尺寸/（mm×mm） |
|---|---|
| KZ | 400×400 |
| $KL_1$ | 250×550（宽×高） |
| $KL_2$ | 300×600（宽×高） |
| $L_1$ | 250×500（宽×高） |

【解】 1. 列项

由已知条件可知，本例涉及的钢筋混凝土构件有框架柱（KZ）、框架梁（KL）、梁（L）及板，且支模高度＝（7.2－3.9）m＝3.3m＜3.6m，故本例应列项目为模板工程：矩形柱（KZ），单梁（$KL_1$、$KL_2$、$L_1$），平板。

2. 计算

模板工程量＝混凝土与模板的接触面积

（1）矩形柱

矩形柱模板工程量＝柱周长×柱高度－柱与梁交接处的面积－柱与板交接处的面积

$=[0.4\times4\times(7.2-3.9)\times4_{(根)}]m^2-[0.25\times0.45\times4_{(KL_1)}+$

$0.3\times0.5\times4_{(KL_2)}]m^2-(0.1\times0.4\times2\times4)m^2$

$=[21.12-(0.45+0.6)-0.32]m^2=19.75m^2$

(2) 单梁

单梁模板工程量 = 梁支模展开宽度 × 梁支模长度 × 根数

$KL_1$模板工程量 $=[(0.25+0.55+0.55-0.1)\times(5.4-0.2\times2)\times2_{(根)}]m^2$

$=(1.25\times5.0\times2)m^2=12.50m^2$

$KL_2$模板工程量 $=[(0.3+0.6+0.6-0.1)\times(6.4-0.2\times2)\times2-0.25\times(0.5-0.1)\times2_{(与L_1交接处)}]m^2$

$=(1.4\times6.0\times2-0.2)m^2=16.60m^2$

$L_1$模板工程量 $=[0.25+(0.5-0.1)\times2]m\times(5.4-0.1\times2)m$

$=(1.05\times5.2)m^2=5.46m^2$

单梁模板工程量 = $KL_1$、$KL_2$、$L_1$模板工程量之和

$=(12.50+16.60+5.46)m^2=34.56m^2$

(3) 板模板

板模板工程量 = 板长度 × 板宽度 − 柱所占面积 − 梁所占面积

$=\{(5.4+0.2\times2)\times(6.4+0.2\times2)-0.4\times0.4\times4-[0.25\times(5.4-0.2\times2)\times2_{(KL_1)}+0.3\times(6.4-0.2\times2)\times2_{(KL_2)}+0.25\times(5.4-0.1\times2)_{(L_1)}]\}m^2$

$=[39.44-0.64-(2.5+3.6+1.3)]m^2=31.4m^2$

### 6. 雨篷、悬挑板、阳台板

雨篷、悬挑板、阳台板模板工程量按图示外挑部分尺寸的水平投影面积计算，挑出墙外的悬臂梁及板边不另计算，如图4-16所示，计算公式如下：

雨篷、悬挑板、阳台板模板工程量 = 雨篷、阳台的水平投影面积 $=L\times B$

式中，$L$、$B$——雨篷、阳台的水平投影长度、宽度。

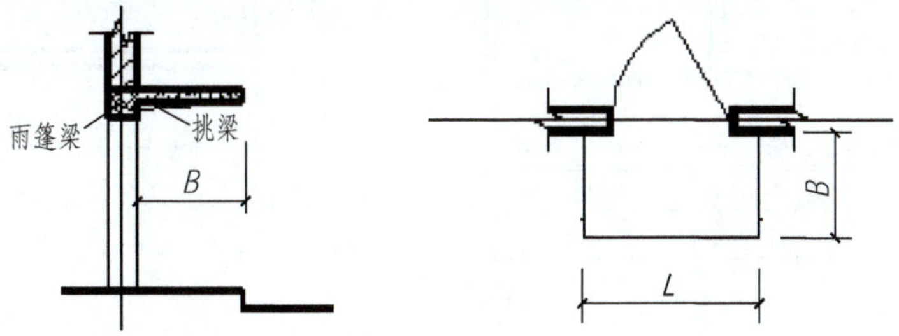


图4-16 悬挑雨篷示意图

### 7. 天沟、挑檐

挑檐的支模位置有三处：挑檐板底、挑檐立板两侧。其模板工程量按模板与混凝土的接触面积计算。

### 8. 楼梯

现浇钢筋混凝土楼梯模板工程量按楼梯（包括休息平台、平台梁、斜梁和楼层板的连

接梁）的水平投影面积计算，不扣除≤500mm 楼梯井所占面积。楼梯的踏步、踏步板、平台梁等侧面模板不另计算，伸入墙内部分也不增加。楼梯模板如图 4-17 所示。

楼梯模板工程量 = 楼梯各层的水平投影面积之和 − 各层梯井所占面积（梯井宽 > 500mm 时）

图 4-17　楼梯模板

### 9. 台阶



混凝土台阶模板工程量按图示台阶水平投影面积计算，台阶端头两侧不另计算模板面积。不包括梯带，但台阶与平台连接时，其分界线以最上层踏步外沿加 300mm 计算。架空式混凝土台阶按现浇楼梯计算。

【例 4-6】　某混凝土台阶平面图如图 4-18 所示，试计算其模板工程量。

【解】　由图可知，台阶与平台相连，则台阶应算至最上一层踏步外沿加 300mm，如图中虚线所示。故：

台阶模板工程量 = 台阶水平投影面积

$$= [(2.7 + 0.3\times4)\times(0.9 + 0.3\times2) - (2.7 - 0.3\times2)\times(0.9 - 0.3)]\text{m}^2$$

$$= (5.85 - 1.26)\text{m}^2 = 4.59\text{m}^2$$

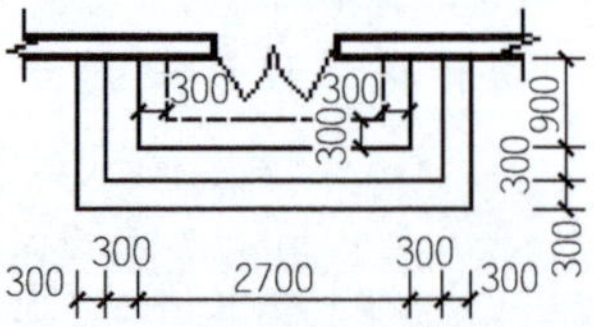


图 4-18　台阶平面图

### 10. 栏板、扶手

栏板、扶手按模板与混凝土的接触面积计算。

【例 4-7】　某房屋阳台平面图及剖面图如图 4-19 所示。试对图中所示钢筋混凝土构件列项并计算其模板工程量。

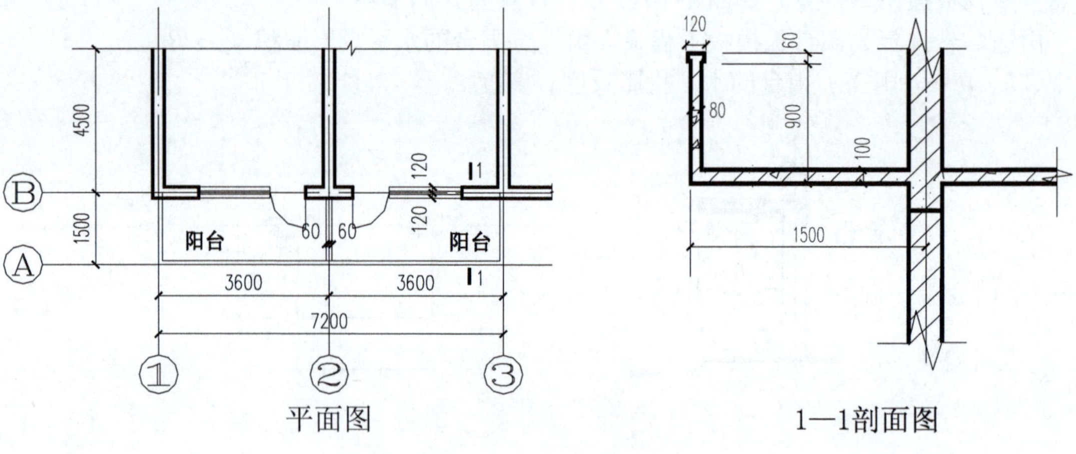


图 4-19　阳台示意图

【解】

1. 列项

由已知条件可知，本例涉及的钢筋混凝土构件有阳台底板、阳台栏板、阳台压顶，故本例应列项目为：阳台底板、阳台栏板、阳台压顶。

2. 工程量计算

(1) 阳台底板模板

阳台底板模板工程量 = 外挑部分的水平投影面积

$= [(1.5-0.12)\times(3.6+3.6)]\text{m}^2 = 9.94\text{m}^2$

(2) 阳台栏板模板

阳台栏板模板工程量 = 混凝土与模板的接触面积

= 栏板中心线 × 支模高度 ×2

$= [3.6+3.6+(1.5-0.12)\times2-0.04\times4]\text{m}\times(0.9-0.1)\text{m}\times2$

$= (9.80\times0.8\times2)\text{m}^2$

$= 15.68\text{m}^2$

(3) 阳台扶手模板

阳台扶手模板工程量 = 混凝土与模板的接触面积

= 压顶中心线 × 支模展开宽度

$= [3.6+3.6+(1.5-0.12)\times2-0.04\times4]\text{m}\times[0.06\times2+(0.12-0.08)]\text{m}$

$= (9.80\times0.16)\text{m}^2$

$= 1.57\text{m}^2$

## 三、项目特征

1）基础描述基础类型。

2）异形柱描述柱截面形状。

3）基础梁描述梁截面形状，矩形梁描述支撑高度，异形梁、弧形梁、拱形梁描述梁截面形状及支撑高度。

4）板描述支撑高度。

5）雨篷、悬挑板、阳台板描述构件类型、板厚度。

6）楼梯描述类型，台阶描述台阶踏步宽。

注意：

① 若现浇混凝土梁、板支撑高度超过3.6m时，项目特征应描述支撑高度。支撑高度即室外地坪至板底或下层的板面至上一层板底之间的高度。

② 采用清水模板，应在项目特征中注明。

③ 原槽浇筑的混凝土基础，不计算模板。

## 四、工作内容

包含模板制作，模板安装、拆除、整理堆放及场内外运输，清理模板黏结物及模板内杂物、刷隔离剂等。

## 能力训练4-2　计算混凝土模板及支架（撑）工程工程量

【训练目的】　掌握混凝土及钢筋混凝土工程中模板工程量的计算方法。

【能力目标】　能结合实际工程准确进行混凝土及钢筋混凝土构件模板工程的列项及工

程量的计算。

**【原始资料】** ××办公楼设计文件（见项目6任务1）。

**【训练步骤】**

1. 分析及列项

由图6-9～图6-17可以看出，本工程应列项目有基础、柱、梁、板、栏杆等模板项目。



2. 工程量计算

（1）独立基础

独立基础模板工程量=(基础长+基础宽)×2×基础厚×基础个数

由图6-10和图6-11可知，本工程基础设计为台阶式独立基础，其计算如下：

J-1：$[(2.4+2.4)\times2\times0.3+(1.4+1.4)\times2\times0.3]\text{m}^2\times4=18.24\text{m}^2$

J-2：$[(3.0+3.0)\times2\times0.3+(1.7+1.7)\times2\times0.3]\text{m}^2\times8=45.12\text{m}^2$

J-3：$[(3.7+3.0)\times2\times0.3+(2.1+1.7)\times2\times0.3]\text{m}^2\times2=12.6\text{m}^2$

J-4：$[(3.0+2.4)\times2\times0.3+(1.7+1.4)\times2\times0.3]\text{m}^2\times2=10.2\text{m}^2$

J-5：$\left[5.35\times0.25\times2+5.35\times0.2\times2+(\sqrt{0.2^2+0.1^2}-0.1)\times0.2\times4+0.4\times0.6\times2+\dfrac{(0.25+0.4)\times1.55}{2}\times2\times2\right]\text{m}^2\times2=14.82\text{m}^2$

独立基础模板工程量=各独立基础工程量之和

$=(18.24+45.12+12.6+10.2+14.82)\text{m}^2=100.98\text{m}^2$

（2）基础梁

基础梁模板工程量=梁长×(梁宽+梁高×2)

由图6-10和图6-11可知基础梁的设计位置及尺寸。

Ⓑ、Ⓓ轴线：

$[(31.8-0.53\times3-0.58\times2)+(31.8-0.53\times5)]\text{m}\times(0.37+0.75\times2)\text{m}-(0.425\times6+0.575\times10)\text{m}\times0.37\text{m}=105.76\text{m}^2$

式中，$0.53=(0.55\times0.6+0.45\times0.15)/0.75$

$0.58=(0.6\times0.6+0.5\times0.15)/0.75$

①、⑧轴线：

$[(10.8-0.54\times2)\times(0.37+0.65\times2)\times2-(0.425\times2+0.575\times6)\times0.37]\text{m}^2=30.87\text{m}^2$

式中，$0.54=(0.55\times0.6+0.45\times0.05)/0.65$

②、⑦轴线同①、⑧轴线。

④、⑤轴线：$[(13.2+1.2-0.55\times1.5-0.6\times2)\times(0.37+0.65\times2)-(0.425+0.575\times2)\times0.37-(5.35-0.6\times2)\times0.37]\text{m}^2\times2=37.10\text{m}^2$

基础梁模板工程量=各基础梁工程量之和

$=(105.76+30.87+30.87+37.10)\text{m}^2=204.60\text{m}^2$

（3）框架柱（$Z_1$）

框架柱模板工程量=柱断面周长×柱高×根数

由图6-9～图6-12、图6-14、图6-16可知：

室外地坪以下（$-1.800\sim-1.200$m）：

Ⓓ/①、Ⓓ/⑧、Ⓑ/①、Ⓑ/⑧：$4\times(0.55\times4\times0.6-0.37\times0.65-0.37\times0.75)m^2=3.21m^2$

Ⓓ/②、Ⓓ/④、Ⓓ/⑤、Ⓓ/⑦、Ⓑ/②、Ⓑ/⑦：$6\times(0.55\times4\times0.6-0.37\times0.65-0.37\times0.75\times2)m^2=3.15m^2$

Ⓒ/①、Ⓒ/②、Ⓒ/④、Ⓒ/⑤、Ⓒ/⑦、Ⓒ/⑧：$6\times(0.55\times4\times0.6-0.37\times0.65\times2)m^2=5.03m^2$

合计：$(3.21+3.15+5.03)m^2=11.39m^2$

一层（$-1.200\sim4.760$m）：

Ⓓ/①、Ⓓ/⑧：$2\times[0.45\times4\times(1.2+4.76-0.12)+0.12\times0.45\times2-0.3\times0.33-0.3\times0.28]m^2=20.87m^2$

Ⓓ/②、Ⓓ/⑦：$2\times[0.45\times4\times(1.2+4.76-0.12)+0.12\times0.45-0.3\times0.33-0.3\times0.63-0.3\times0.53]m^2-(0.25\times0.4)m^2=20.24m^2$

Ⓓ/④、Ⓓ/⑤：$2\times[0.45\times4\times(1.2+4.76-0.12)+0.12\times0.45-0.3\times0.63\times2-0.3\times0.28]m^2=20.21m^2$

Ⓒ/①、Ⓒ/⑧：$2\times[0.45\times4\times(1.2+4.76-0.12)+0.12\times0.45-0.3\times0.53-0.3\times0.28\times2]m^2=20.48m^2$

Ⓒ/②、Ⓒ/⑦：$2\times[0.45\times4\times(1.2+4.76-0.12)-0.3\times0.28-0.3\times0.53\times2-0.3\times0.63]m^2=19.84m^2$

Ⓒ/④、Ⓒ/⑤：$2\times[0.45\times4\times(1.2+4.76-0.12)-0.3\times0.28-0.3\times0.53-0.3\times0.63\times2]m^2=19.78m^2$

Ⓑ/①：$[0.45\times4\times(1.2+4.76-0.08)+0.08\times0.45\times2-0.3\times0.53-0.3\times0.28-0.25\times0.35]m^2=10.33m^2$

Ⓑ/②：$[0.45\times4\times(1.2+4.76-0.1)+0.1\times0.45-0.3\times0.28-0.3\times0.63-0.3\times0.53-0.25\times0.35]m^2=10.07m^2$

Ⓑ/⑧：$[0.45\times4\times(1.2+4.76-0.12)+0.12\times0.45\times2-0.3\times0.53-0.3\times0.28]m^2=10.38m^2$

Ⓑ/⑦：$[0.45\times4\times(1.2+4.76-0.12)+0.12\times0.45-0.3\times0.53-0.3\times0.28-0.3\times0.63]m^2=10.13m^2$

合计：$(20.87+20.24+20.21+20.48+19.84+19.78+10.33+10.07+10.38+10.13)m^2=162.33m^2$

二层（$4.760\sim8.700$m）：

Ⓓ/①、Ⓓ/⑧：$2\times[0.45\times4\times(8.7-4.76-0.12)+0.12\times0.45\times2-0.3\times0.33-0.3\times0.28]m^2=13.60m^2$

Ⓓ/②、Ⓓ/⑦：$2\times[0.45\times4\times(8.7-4.76-0.12)+0.12\times0.45-0.3\times0.33-0.3\times0.63-0.3\times0.28]m^2=13.12m^2$

Ⓓ/④、Ⓓ/⑤：$2\times[0.45\times4\times(8.7-4.76-0.12)+0.12\times0.45-0.3\times0.63\times2-0.3\times0.28]m^2=12.94m^2$

Ⓒ/①、Ⓒ/⑧：$2\times[0.45\times4\times(8.7-4.76-0.12)+0.12\times0.45-0.3\times0.53-0.3\times$

$0.28\times2]\text{m}^2=13.21\text{m}^2$

Ⓒ/②、Ⓒ/⑦：$2\times[0.45\times4\times(8.7-4.76-0.12)-0.3\times0.28\times2-0.3\times0.53-0.3\times0.63]\text{m}^2=12.72\text{m}^2$

Ⓒ/④、Ⓒ/⑤：$2\times[0.45\times4\times(8.7-4.76-0.12)-0.3\times0.28-0.3\times0.53-0.3\times0.63\times2]\text{m}^2=12.51\text{m}^2$

Ⓑ/①、Ⓑ/⑧：$2\times[0.45\times4\times(8.7-4.76-0.12)+0.12\times0.45\times2-0.3\times0.53-0.3\times0.28]\text{m}^2=13.48\text{m}^2$



Ⓑ/②、Ⓑ/⑦：$2\times[0.45\times4\times(8.7-4.76-0.12)+0.12\times0.45-0.3\times0.28-0.3\times0.63-0.3\times0.53]\text{m}^2=13.00\text{m}^2$

合计：$(13.60+13.12+12.94+13.21+12.72+12.51+13.48+13.00)\text{m}^2=104.58\text{m}^2$

（4）圆形柱（$Z_2$、$Z_3$）

室外地坪以下（$-1.800\sim-1.200$m）：

$(3.14\times0.6\times0.6\times4)\text{m}^2=4.52\text{m}^2$

一层（$-1.200\sim4.760$m）：

$[3.14\times0.5\times(1.2+4.76-0.08)\times4-(0.3\times0.57\times6+0.3\times0.57\times6+0.3\times0.32\times4)]\text{m}^2=34.49\text{m}^2$

二层（$4.760\sim8.700$m）：

$[3.14\times0.5\times(8.7-4.76-0.12)\times2-(0.3\times0.63\times4+0.3\times0.53\times2)]\text{m}^2=10.92\text{m}^2$

（5）梯柱 TZ

$$\text{TZ 模板工程量}=\text{柱断面周长}\times\text{柱高}\times\text{根数}$$

由图6-9和图6-13可知TZ的设计尺寸及设计位置，其高度取基础梁与框架梁之间净高。为方便砌筑工程中有关工程量的计算，TZ工程量以$-0.060$m为界分别计算。

$-0.060$m以下：

$$TZ_1：(0.24\times4\times1.09)\text{m}^2=1.05\text{m}^2$$

$$TZ_2：(0.2\times4\times1.09\times2)\text{m}^2=1.74\ \text{m}^2$$

$-0.060$m以上：

$$TZ_1：[0.24\times4\times(4.76-0.65+0.06)]\text{m}^2=4.00\text{m}^2$$

$$TZ_2：[0.2\times4\times(4.76-0.65+0.06)\times2]\text{m}^2=6.67\text{m}^2$$

TZ模板工程量 = $-0.060$m以下工程量 + $-0.060$m以上工程量

$=(1.05+1.74+4.00+6.67)\text{m}^2=13.46\text{m}^2$

（6）构造柱

构造柱模板工程量 = 构造柱支模边边长 × 构造柱高 × 根数

由图6-9～图6-13可知构造柱的设计尺寸及设计位置，其高度取基础梁与框架梁之间净高。需注意的是：计算构造柱模板工程量时，应包含马牙槎部分的模板面积。另外，女儿墙上构造柱间距按2.5m计算，则

$-0.060$m以下：

Ⓐ-Ⓐ处：$[(0.24+0.06\times2)\times2\times(0.99-0.18)\times3]\text{m}^2=1.75\text{m}^2$

Ⓑ-Ⓑ处：$[(0.24+0.06\times2)\times2\times(1.09-0.18)\times2+(0.2+0.06\times2)\times2\times(1.09-0.18)]\text{m}^2=1.89\text{m}^2$

-0.060m 以上（标高4.760m 处）：

$GZ_1$：$[(0.24+0.06\times2)\times2\times(4.76+0.06-0.75)\times3+(0.24+0.06\times2)\times2\times(4.76+0.06-0.65)\times2]m^2=14.80m^2$

$GZ_3$：$[(0.2+0.06\times2)\times2\times(4.76+0.06-0.65)]m^2=2.67m^2$

构造柱模板工程量(标高4.760m 以下) =各构造柱模板工程量之和

$=(1.75+1.89+14.80+2.67)m^2=21.11m^2$

-0.060m 以上（标高8.700m 处）：

$GZ_1$：$[(0.24+0.06\times2)\times2\times(8.7-4.76-0.75)\times3+(0.24+0.06\times2)\times2\times(8.7-4.76-0.65)\times2]m^2=11.63m^2$

$GZ_2$：外墙上 $[(0.2+0.06\times2)\times2\times(8.7-4.76-0.75)\times2]m^2=4.08m^2$

内墙上 $[(0.2+0.06\times2)\times2\times(8.7-4.76-0.65)\times3]m^2=6.32m^2$

$GZ_3$：$[(0.2+0.06\times2)\times2\times(8.7-4.76-0.65)]m^2=2.11m^2$

构造柱模板工程量（标高4.760m 以上）=各构造柱模板工程量之和

$=(11.63+4.08+6.32+2.11)m^2=24.14m^2$

女儿墙上：$[0.24\times2\times(0.9-0.06)\times34]m^2=13.71m^2$

（7）矩形梁

矩形梁模板工程量=梁长×(梁宽+梁高×2)×根数

由图6-14 可知，本例中设计的矩形梁有框架梁及框架梁以外的现浇梁。上式中梁高取值为：边梁外侧取至现浇板顶，其余取至现浇板底。

$2KL_1$ 工程量为：

① 轴线：$(3-0.45)m\times[0.3+0.4+(0.4-0.12)]m+(7.8-0.45)m\times[0.3+0.65+(0.65-0.12)]m-0.25m\times0.28m=13.31m^2$

② 轴线：$(3-0.45)m\times[0.3+(0.4-0.12)\times2]m+(7.8-0.45)m\times[0.3+(0.65-0.12)\times2]m-0.25m\times0.28m=12.12m^2$

⑦ 轴线：$(3-0.45)m\times[0.3+(0.4-0.12)\times2]m+(7.8-0.45)m\times[0.3+(0.65-0.12)\times2]m=12.19m^2$

⑧ 轴线：$(3-0.45)m\times[0.3+0.4+(0.4-0.12)]m+(7.8-0.45)m\times[0.3+0.65+(0.65-0.12)]m=13.38m^2$

同理可以计算出其他矩形梁的模板工程量。

一层（标高2.270m 处）矩形梁模板工程量

=一层（标高2.270m 处）各矩形梁模板工程量之和 $=2.74m^2$

一层（标高4.760m 处）矩形梁模板工程量

=一层（标高4.760m 处）各矩形梁模板工程量之和 $=266.67m^2$

二层（标高8.700m 处）矩形梁模板工程量

=二层（标高8.700m 处）各矩形梁模板工程量之和 $=249.59m^2$

（8）圈梁

由图6-10 和图6-11 可知，本例中圈梁设置在砖基础上、标高-0.060m 处，并与相应部位的构造柱相交。

圈梁模板工程量=梁长×梁高×2

$=[(31.8-0.55\times5)+(31.8-0.55\times3-0.6\times2)+(10.8-0.55\times2)\times4]m\times0.18m\times2=34.85m^2$

(9) 弧形梁

由图6-14可知：在弧形雨篷处设计了弧形梁$1L_3$。

弧形梁中心线长 $=10.09_{(半径)}\text{m}\times113.14°_{(圆心角)}\times\dfrac{3.14}{180°}=19.91\text{m}$

弧形梁模板工程量 = 弧形梁中心线长 × 梁高 ×2 − 与其他梁相交处模板面积

$=[19.91\times(0.25+0.32\times2)-(0.3\times0.25\times4+0.3\times0.25\times2)]\text{m}^2$

$=17.27\text{m}^2$



(10) 平板

平板模板工程量 = 板净长 × 板净宽

计算时注意扣除板与柱及板与梁交接处面积，由图6-12和图6-13可知：

标高4.760m处①~②/Ⓒ~Ⓓ平板模板工程量 $=(3\times3.6)\text{m}^2-(0.225\times0.225\times4)\text{m}^2-[(3.6-0.45)\times(0.075+0.15)+(3-0.45)\times(0.075+0.15)]\text{m}^2=9.32\text{m}^2$

同理可计算出其他平板模板工程量。

一层（标高2.270m处）平板模板工程量 = 一层（标高2.270m处）各平板模板工程量之和 $=4.47\text{m}^2$

一层（标高4.760m处）平板模板工程量 = 一层（标高4.760m处）各平板模板工程量之和 $=330.85\text{m}^2$

二层（标高8.700m处）平板模板工程量 = 二层（标高8.700m处）各平板模板工程量之和 $=297.17\text{m}^2$

(11) 栏板

由图6-12和图6-16可知：弧形雨篷处

弧形栏板中心线长 $=(10.09+0.125-0.06)\text{m}\times113.14°\times\dfrac{3.14}{180°}=20.04\text{m}$

弧形栏板模板工程量 = 弧形栏板中心线长 × 里外两侧栏板高

$=[20.04\times(0.8+0.9)]\text{m}^2=34.07\text{m}^2$

(12) 楼梯

由图6-16可知，本工程设计采用现浇钢筋混凝土楼梯。由图6-12可知：

楼梯模板工程量 = 楼梯水平投影面积

$=[(3.6-0.075-0.15)\times(7.8-1.5-0.15-0.125)]\text{m}^2=20.33\text{m}^2$

(13) 雨篷板（矩形）

由图6-4和图6-12可知：

雨篷板（矩形）模板工程量 = 外挑部分的水平投影面积 = 板长 × 板宽

$=[(3.6+0.225+0.125)\times(1.725-0.225)]\text{m}^2$

$=5.93\text{m}^2$

(14) 女儿墙压顶

由图6-5和图6-8可知女儿墙的设置位置及其上压顶的断面形式，则

女儿墙压顶模板工程量 = 女儿墙压顶中心线长 × 压顶两侧高度 + 压顶外露部分底模

$=[(32.25+11.25-0.15\times4)\times2\times(0.05+0.07)+84.84_{(外露部分中心线长)}\times0.06]\text{m}^2=15.39\text{m}^2$

（15） 栏板处压顶

栏板处压顶模板工程量 = 模板与混凝土的接触面积

$$=\left[(10.09+0.125+0.2)\times 113.14°\times\frac{3.14}{180°}\times 0.1+(10.09+0.125+0.1)\times 113.14°\times\frac{3.14}{180°}\times 0.2\right]m^2$$

$$=6.13m^2$$



（16） 台阶

由图6-3可知本工程共设计了两个台阶，背面台阶尺寸如图6-8所示。按计算规则台阶与平台的分界取至台阶最上一层踏步外沿300mm。

台阶模板工程量 = 台阶水平投影面积

正面台阶模板工程量 $=[16.8\times(3.3+2.4-0.225)-(16.8-2.4\times 2)\times(3.3+2.4-0.225-2.4)]m^2$

$=55.08m^2$

背面台阶模板工程量 $=[3.31\times(2.1+0.3)]m^2=7.94m^2$

台阶模板工程量 = 正面台阶模板工程量 + 背面台阶模板工程量

$=(55.08+7.94)m^2=63.02m^2$

3. 模板措施项目清单（表4-4）

**表4-4 分部分项工程和单价措施项目清单与计价表**

工程名称：×××

| 序号 | 项目编码 | 项目名称 | 项目特征描述 | 计量单位 | 工程量 | 金额/元 | | |
|---|---|---|---|---|---|---|---|---|
| | | | | | | 综合单价 | 合价 | 其中：暂估价 |
| 1 | 011702001001 | 独立基础 | 现浇钢筋混凝土独立基础，截面如图6-10和图6-11所示 | $m^2$ | 100.98 | | | |
| 2 | 011702005001 | 基础梁 | 现浇钢筋混凝土基础梁，截面如图6-10和图6-11所示 | $m^2$ | 204.60 | | | |
| 3 | 011702002001 | 矩形柱 | 现浇钢筋混凝土地下及一层矩形柱，$Z_1$截450mm×450mm，支撑高度5.84m | $m^2$ | 173.72 | | | |
| 4 | 011702002002 | 矩形柱 | 现浇钢筋混凝土二层矩形柱，$Z_1$截面450mm×450mm，支撑高度3.82m | $m^2$ | 104.58 | | | |

（续）

| 序号 | 项目编码 | 项目名称 | 项目特征描述 | 计量单位 | 工程量 | 金额/元 | | |
|---|---|---|---|---|---|---|---|---|
| | | | | | | 综合单价 | 合价 | 其中：暂估价 |
| 5 | 011702002003 | 矩形柱 | 浇钢筋混凝土矩形柱，$TZ_1$ 截面 240mm×240mm、$TZ_2$ 截面 200mm×200mm | $m^2$ | 13.46 | | | |
| 6 | 011702004001 | 圆形柱 | 现浇钢筋混凝土地下及一层圆形柱，$Z_2$、$Z_3$ 截面 $D$=500mm，支撑高度 5.84m | $m^2$ | 39.01 | | | |
| 7 | 011702004002 | 圆形柱 | 现浇钢筋混凝土二层圆形柱，$Z_2$ 截面 $D$ = 500mm，支撑高度 3.82m | $m^2$ | 10.92 | | | |
| 8 | 011702003001 | 构造柱 | 现浇钢筋混凝土构造柱（标高 4.760m 处），$GZ_1$ 截面 240mm × 240mm、$GZ_2$、$GZ_3$ 截面 200mm×200mm，支撑高度 5.84m | $m^2$ | 21.11 | | | |
| 9 | 011702003002 | 构造柱 | 现浇钢筋混凝土构造柱（标高 8.700m 处），$GZ_1$ 截面 240mm × 240mm、$GZ_2$、$GZ_3$ 截面 200mm×200mm，支撑高度 3.82m | $m^2$ | 24.14 | | | |
| 10 | 011702003003 | 构造柱 | 现浇钢筋混凝土构造柱（女儿墙处），截面 240mm×240mm，支撑高度 0.84m | $m^2$ | 13.71 | | | |
| 11 | 011702006001 | 矩形梁 | 现浇钢筋混凝土一层框架梁，截面如图 6-14 所示，支撑高度 3.39m | $m^2$ | 2.74 | | | |
| 12 | 011702006002 | 矩形梁 | 现浇钢筋混凝土一层框架梁，截面如图 6-14 所示，支撑高度 5.84m | $m^2$ | 266.67 | | | |
| 13 | 011702006003 | 矩形梁 | 现浇钢筋混凝土二层框架梁，截面如图 6-15 所示，支撑高度 3.82m | $m^2$ | 249.59 | | | |

（续）

| 序号 | 项目编码 | 项目名称 | 项目特征描述 | 计量单位 | 工程量 | 金额/元 | | |
|---|---|---|---|---|---|---|---|---|
| | | | | | | 综合单价 | 合价 | 其中：暂估价 |
| 14 | 011702008001 | 圈梁 | 现浇钢筋混凝土圈梁，截面370mm×180mm | $m^2$ | 34.85 | | | |
| 15 | 011702010001 | 弧形梁 | 现浇钢筋混凝土雨篷处弧形梁，$1L_3$ 截面250mm×400mm | $m^2$ | 17.27 | | | |
| 16 | 011702016001 | 平板 | 现浇钢筋混凝土平板一层（标高2.270m处），支撑高度3.39m | $m^2$ | 4.47 | | | |
| 17 | 011702016002 | 平板 | 现浇钢筋混凝土一层平板（标高4.760m处），支撑高度5.84m | $m^2$ | 330.85 | | | |
| 18 | 011702016003 | 平板 | 现浇钢筋混凝土二层平板（标高8.700m处），支撑高度3.82m | $m^2$ | 297.17 | | | |
| 19 | 011702021001 | 栏板 | 现浇钢筋混凝土雨篷处弧形栏板 | $m^2$ | 34.07 | | | |
| 20 | 011702024001 | 楼梯 | 现浇钢筋混凝土直行楼梯 | $m^2$ | 20.33 | | | |
| 21 | 011702023001 | 雨篷 | 现浇钢筋混凝土矩形雨篷 | $m^2$ | 5.93 | | | |
| 22 | 011702025001 | 其他现浇构件 | 现浇钢筋混凝土压顶（女儿墙处） | $m^2$ | 15.39 | | | |
| 23 | 011702025002 | 其他现浇构件 | 现浇钢筋混凝土压顶（弧形栏板处） | $m^2$ | 6.13 | | | |
| 24 | 011702027001 | 台阶 | 现浇钢筋混凝土台阶 | $m^2$ | 63.02 | | | |

**【注意事项】** 在计算模板工程量时要注意模板支模高度的问题。

**【讨论】**

1）在计算构造柱及框架柱模板工程量时，模板计算有何不同？

2）当设计采用圈梁代替过梁时，应如何列项？相应模板工程量如何计算？

3）某工程设计采用井字梁板，进行模板工程计价时，所列项目与本例是否相同？若不同，应如何列项？

## 任务3 垂直运输

垂直运输是指施工工程在合理工期内所需垂直运输机械，常见垂直运输设备有龙门架、塔式起重机、施工电梯。

### 1. 工程量计算

1）按建筑面积计算。

2）按施工工期日历天数计算。



### 2. 项目特征

描述建筑物建筑类型及结构形式，地下室建筑面积，建筑物檐口高度及层数。

注意：同一建筑物有不同檐高时，按建筑物的不同檐高做纵向分割，分别计算建筑面积，以不同檐高分别编码列项。

### 3. 工程内容

包含垂直运输机械的固定装置，基础制作、安装，行走式垂直运输机械轨道的铺设、拆除、摊销。

## 任务4 超高施工增加

### 1. 工程量计算

按建筑物超高部分的建筑面积计算。

### 2. 项目特征

描述建筑物建筑类型及结构形式，建筑物檐口高度、层数，单层建筑物檐口高度超过20m，多层建筑物超过6层部分的建筑面积。

注意：

1）同一建筑物有不同檐高时，按不同高度的建筑面积分别计算建筑面积，以不同檐高分别编码列项。

2）计算层数时，地下室不计入层数。

### 3. 工程内容

包含建筑物超高引起的人工工效降低以及由于人工工效降低引起的机械降效，高层施工用水加压水泵的安装、拆除及工作台班，通信联络设备的使用及摊销。

【例4-8】 某高层建筑如图4-20所示，框剪结构，女儿墙高度为1.8m，由某总承包公司承包，施工组织设计中，垂直运输采用自升式塔式起重机及单笼施工电梯。根据此背景资料，试列出该高层建筑物的垂直运输及超高施工增加的分部分项工程量清单。

【解】 1. 列项

根据规定，同一建筑物有不同檐高时，按建筑物的不同檐高做纵向分割，分别计算建筑面积，以不同檐高分别编码列项。故需列檐高22.5m以内垂直运输和檐高94.2m以内垂直运输两项。

因该高层建筑物超过6层，故需列超高施工增加。

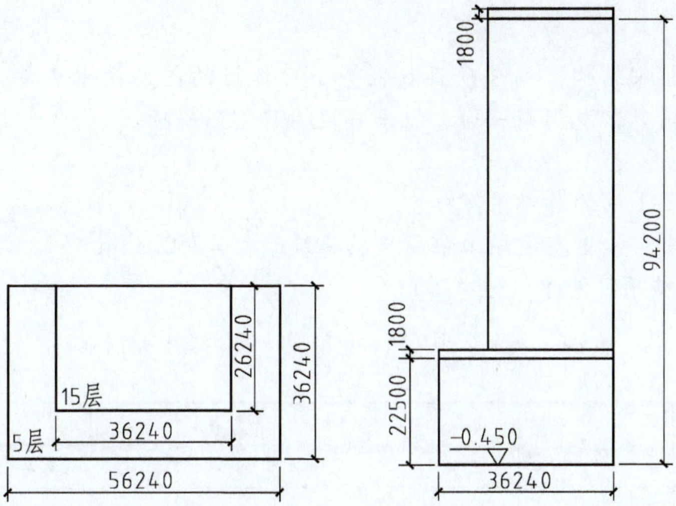


图 4-20 某高层建筑示意图

2. 工程量计算

檐高 22.5m 以内垂直运输：

$$建筑面积 = [(56.24\times36.24-36.24\times26.24)\times5]m^2 = 5436.00m^2$$

檐高 94.2m 以内垂直运输：

$$建筑面积 = (26.24\times36.24\times5+36.24\times26.24\times15)m^2 = 19018.75m^2$$

超高施工增加：

$$超过6层的建筑面积 = (36.24\times26.24\times14)m^2 = 13313.13m^2$$

3. 垂直运输及超高施工增加的工程量清单（表 4-5）

表 4-5 分部分项工程和单价措施项目清单与计价表

工程名称：×××

| 序号 | 项目编码 | 项目名称 | 项目特征描述 | 计量单位 | 工程量 | 金额/元 | | |
|---|---|---|---|---|---|---|---|---|
| | | | | | | 综合单价 | 合价 | 其中：暂估价 |
| 1 | 011703001001 | 垂直运输 | 框剪结构，檐高 22.5m 以内，5 层 | $m^2$ | 5436.00 | | | |
| 2 | 011703001002 | 垂直运输 | 框剪结构，檐高 94.2m 以内，20 层 | $m^2$ | 19018.75 | | | |
| 3 | 011704001001 | 超高施工增加 | 框剪结构，檐高 94.2m 以内，20 层 | $m^2$ | 13313.13 | | | |

## 能力训练 4-3 计算建筑工程垂直运输工程量

【训练目的】 掌握建筑工程垂直运输工程量的计算方法。

【能力目标】 能结合实际工程准确进行建筑工程垂直运输的列项及工程量的计算。

【原始资料】 ××办公楼设计图（见项目 6 任务 1）。

【训练步骤】

1. 分析及列项

本工程为二层框架结构，结合项目6任务1中提供的施工技术文件，考虑实际现场情况，本工程垂直运输只需龙门架一台，故垂直运输只需列一项。

2. 工程量计算

根据能力训练2-1的计算结果可知：

$$垂直运输工程量=总建筑面积=752.32m^2$$



3. 垂直运输措施项目清单（表4-6）

表4-6 分部分项工程和单价措施项目清单与计价表

工程名称：×××

| 序号 | 项目编码 | 项目名称 | 项目特征描述 | 计量单位 | 工程量 | 金额/元 | | |
|---|---|---|---|---|---|---|---|---|
| | | | | | | 综合单价 | 合价 | 其中：暂估价 |
| 1 | 011703001001 | 垂直运输 | 框剪结构，檐高10.8m，2层 | $m^2$ | 752.32 | | | |

## 任务5 大型机械设备进出场及安拆

### 1. 工程量计算

按使用机械设备的数量计算。

### 2. 项目特征

描述机械设备名称，机械设备规格型号。

### 3. 工程内容

包含：安拆费包括施工机械、设备在现场进行安装、拆卸所需人工、材料、机械和试运转费用以及机械辅助设施的折旧、搭设、拆除等费用。进出场费包括施工机械、设备整体或分体自停放地点运至施工现场或由一施工地点运至另一施工地点所发生的运输、装卸、辅助材料等费用。

## 任务6 施工排水、降水

### 1. 工程量计算

（1）成井 按设计图示尺寸以钻孔深度计算，计量单位m。

（2）排水、降水 按排水、降水日历天数计算，计量单位昼夜。

### 2. 项目特征

（1）成井 需描述成井方式，地层情况，成井直径，井（滤）管类型、直径。

（2）排水、降水 需描述机械规格型号，降、排水管规格。

### 3. 工程内容

（1）成井 包含准备钻孔机械、埋设护筒、钻孔就位，泥浆制作、固壁，成孔、出渣、清孔等，对接上、下井管（滤管），焊接，安放，下滤料，洗井，连接试抽等。

（2）排水、降水 包含管道安装、拆除，场内搬运，抽水、值班、降水设备维修等。

## 任务7 安全文明施工及其他措施项目

安全文明施工及其他措施项目见表4-7。

表 4-7 安全文明施工及其他措施项目

| 项目编码 | 项目名称 | 工作内容及包含范围 |
|---|---|---|
| 011707001 | 安全文明施工 | 1. 环境保护：现场施工机械设备降低噪声、防扰民措施；水泥和其他易飞扬细颗粒建筑材料密闭存放或采取覆盖措施等；工程防扬尘洒水；土石方、建渣外运车辆防护措施等；现场污染源的控制、生活垃圾清理外运、场地排水排污措施；其他环境保护措施<br>2. 文明施工："五牌一图"；现场围挡的墙面美化（包括内外粉刷、刷白、标语等）、压顶装饰；现场厕所便槽刷白、贴墙砖，水泥砂浆地面或地砖，建筑物内临时便溺措施；其他施工现场临时设施的装饰装修、美化措施；现场生活卫生设施；符合卫生要求的饮水设备、淋浴、消毒等设施；生活用洁净燃料；防煤气中毒、防蚊虫叮咬等措施；施工现场操作场地的硬化；现场绿化、治安综合治理；现场配备医药保健器材、物品和急救人员培训；现场工人的防暑降温、电风扇、空调等设备及用电；其他文明施工措施<br>3. 安全施工：安全资料、特殊作业专项方案的编制，安全施工标志的购置及安全宣传；"三宝"（安全帽、安全带、安全网）；"四口"（楼梯口、电梯井口、通道口、预留洞口）；"五临边"（阳台围边、楼板围边、屋面围边、槽坑围边、卸料平台两侧）；水平防护架、垂直防护架、外架封闭等防护；施工安全用电，包括配电箱三级配电、两级保护装置等要求、外电防护措施；起重机、塔式起重设备（含井架、门架）及外用电梯的安全防护措施（含警示标志）及卸料平台的临边防护、层间安全门、防护棚等设施；建筑工地起重机械的检验检测；施工机械防护棚及其围栏的安全保护设施；施工安全防护通道；工人的安全防护用品、用具购置；消防设施与消防器材的配置；电气保护、安全照明设施；其他安全防护措施<br>4. 临时设施：施工现场采用彩色、定型钢板，砖、混凝土砌块等围挡的安砌、维修、拆除；施工现场临时建筑物、构筑物的搭设、维修、拆除，如临时宿舍、办公室、食堂、厨房、厕所、诊疗所、临时文化福利用房、临时仓库、加工场、搅拌台、临时简易水塔、水池等；施工现场临时设施的搭设、维修、拆除，如临时供水管道、临时供电管线、小型临时设施等；施工现场规定范围内临时简易道路铺设，临时排水沟、排水设施安砌、维修、拆除；其他临时设施搭设、维修、拆除 |
| 011707002 | 夜间施工 | 1. 夜间固定照明灯具和临时可移动照明灯具的设置、拆除<br>2. 夜间施工时，施工现场交通标志、安全标牌、警示灯等的设置、移动、拆除<br>3. 包括夜间照明设备及照明用电、施工人员夜班补助、夜间施工劳动效率降低等 |
| 011707003 | 非夜间施工照明 | 为保证工程施工正常进行，在地下室等特殊施工部位施工时所采用的照明设备的安拆、维护及照明用电等 |
| 011707004 | 二次搬运 | 由于施工现场条件限制而发生的材料、成品、半成品等一次运输不能到达堆放地点，必须进行的二次或多次搬运 |

（续）

| 项目编码 | 项目名称 | 工作内容及包含范围 |
|---|---|---|
| 011707005 | 冬雨季施工 | 1. 冬雨（风）季施工时增加的临时设施（防寒保温、防雨、防风设施）的搭设、拆除<br>2. 冬雨（风）季施工时，对砌体、混凝土等采用的特殊加温、保温和养护措施<br>3. 冬雨（风）季施工时，施工现场的防滑处理、对影响施工的雨雪的清除<br>4. 包括冬雨（风）季施工时增加的临时设施、施工人员的劳动保护用品、冬雨（风）季施工劳动效率降低等 |
| 011707006 | 地上、地下设施、建筑物的临时保护设施 | 在工程施工过程中，对已建成的地上、地下设施和建筑物进行遮盖、封闭、隔离等必要的保护措施 |
| 011707007 | 已完工程及设备保护 | 对已完工程及设备采取的覆盖、包裹、封闭、隔离等必要的保护措施 |

## 思考与练习题

1. 在何种情况下搭设满堂脚手架？如何计算其工程量？

2. 当现浇混凝土构件模板工程单独编码列项时，其工程量一般如何计算？若招标工程量清单中未编列现浇混凝土构件的模板项目清单，在确定建筑工程价格时该内容如何考虑？

3. 什么情况下编列超高施工增加项目？超高施工增加工程量如何计算？

4. 什么情况下编列大型机械设备进出场及安拆项目？大型机械设备进出场及安拆工程量如何计算？

5. 安全文明施工包含的工作内容和范围有哪些？

# 项目 5

# 工程量清单计价方法

**项目概述**

本项目在介绍定额的发展、分类、应用的基础上，主要讲述建筑安装工程费用构成框架及各项费用的含义，并重点讲解招标控制价及投标报价计算方法。

**学习目标**

通过学习，了解定额的发展、分类和应用，熟悉消耗量定额和企业定额的编制、分类和应用，熟悉建筑安装工程各项费用的含义，在明确费用构成的基础上，进一步掌握分部分项工程费、措施项目费、其他项目费、规费、税金的计算，从而完成工程量清单计价的计算。

**素质目标**

中华文化源远流长、博大精深，作为新时代的年轻人，要不断学习和弘扬中华文明，增强文化自信与民族自信，肩负起时代赋予的重任，志存高远，脚踏实地。

## 任务 1 建筑安装工程费用确定

国家建设部于 2003 年 2 月 17 日以 119 号公告批准发布了国家标准《建设工程工程量清单计价规范》(GB 50500—2003)(以下简称“03 计价规范”)，自 2003 年 7 月 1 日起实施，“03 计价规范”的实施使我国工程造价从传统的以预算定额为主的计价方式向国际通行的工程量清单计价模式转变。继“03 计价规范”之后，国家建设部于 2008 年 7 月 9 日颁布了《建设工程工程量清单计价规范》(GB 50500—2008)(以下简称“08 计价规范”)，“08 计价规范”充分总结了“03 计价规范”以来我国实行工程量清单计价的经验和取得的成果，内容更加全面，涵盖从招标投标开始至竣工结算为止的施工阶段全过程工程计价技术与管理。“08 计价规范”经过了几年的应用实践，2012 年 12 月 25 日由住房和城乡建设部联合国家质量监督与检验检疫总局联合发布了《建设工程工程量清单计价规范》(GB 50500—2013)(以下简称“计价规范”)及《房屋建筑与装饰工程工程量计算规范》(GB 50854—2013)(以下简称“计量规范”)，2013 年 7 月 1 日施行。“计价规范”在“08 计价规范”的基础上进行了修改、补充和完善，对清单编制和计价的指导思想进行了深化。在“政府宏观调控、部门动态监管、企业自主报价、市场决定价格”的基础上，规定了合同价款约定、合同价款调整、合同价款中期支付、竣工结算支付以及合同解除的价款结算与支付、合同价款争议的解决方法，展现了加强市场监管的措施，强化了清单计价的执行力度。

本项目工程量清单计价方法将依据“计价规范”的内容，对工程招标阶段招标控制价和投标报价的确定方法做具体而详尽的介绍。



根据“计价规范”，使用国有资金投资的建设工程发承包，必须采用工程量清单计价。非国有资金投资的建设工程，宜采用工程量清单计价。

为适应深化工程计价改革的需要，根据国家有关法律、法规及相关政策，在总结原建设部、财政部《关于印发〈建筑安装工程费用项目组成〉的通知》（建标〔2003〕206 号）（以下简称《通知》）执行情况的基础上，住房和城乡建设部、财政部联合下达了《建筑安装工程费用项目组成》的通知（建标〔2013〕44 号），具体规定如下：

建筑安装工程费用项目按费用构成要素组成划分为人工费、材料费、施工机具使用费、企业管理费、利润、规费和税金，如图 5-1 所示。

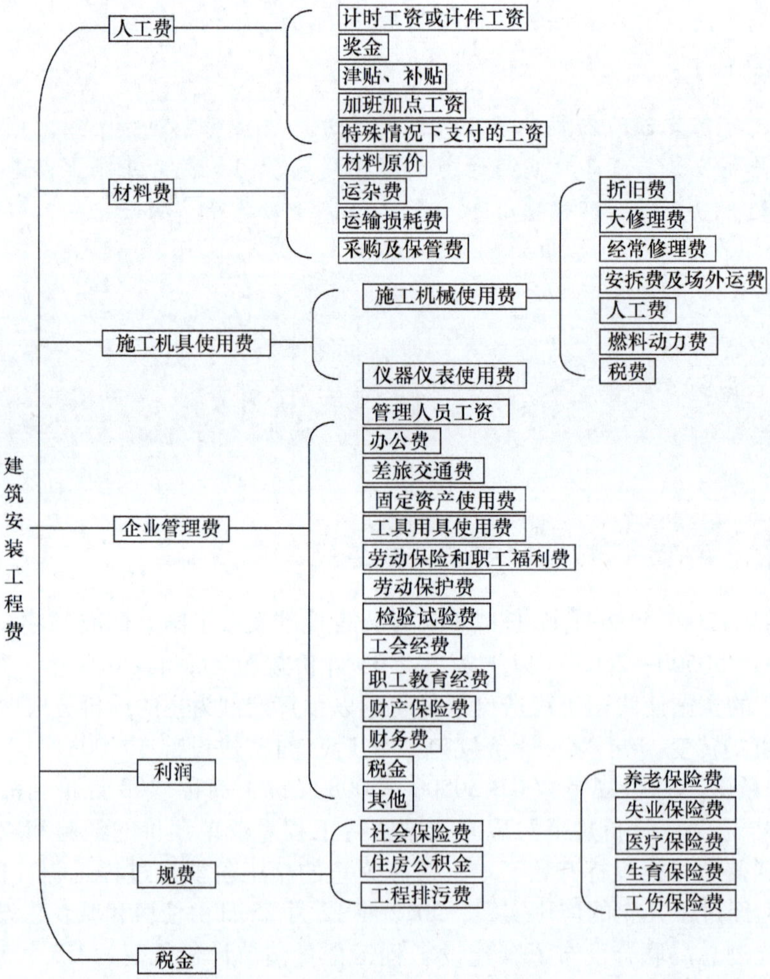


图 5-1 建筑安装工程费用项目组成（按费用构成要素划分）

建筑安装工程费用按工程造价形成顺序划分为分部分项工程费、措施项目费、其他项目费、规费和税金，如图 5-2 所示。

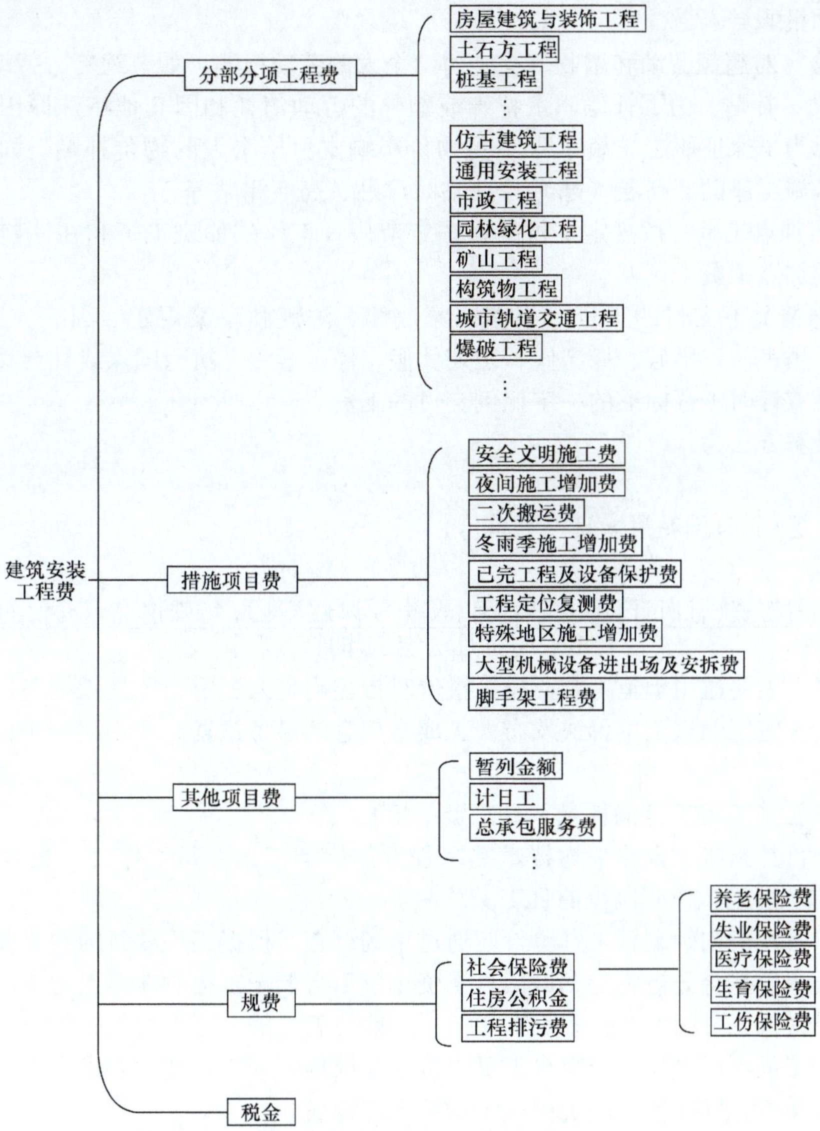


图 5-2　建筑安装工程费用项目组成（按工程造价形成顺序划分）

## 一、建筑安装工程费（按费用构成要素划分）

如图 5-1 所示，建筑安装工程费按照费用构成要素划分：由人工费、材料（包含工程设备，下同）费、施工机具使用费、企业管理费、利润、规费和税金组成。其中人工费、材料费、施工机具使用费、企业管理费和利润包含在分部分项工程费、措施项目费、其他项目费中。

建筑安装工程费用项目组成

### 1. 人工费

人工费是指按工资总额构成规定，支付给从事建筑安装工程施工的生产工人和附属生产单位工人的各项费用。人工费内容包括：

（1）计时工资或计件工资　按计时工资标准和工作时间或对已做工作按计件单价支付给个人的劳动报酬。

（2）奖金　对超额劳动和增收节支支付给个人的劳动报酬。如节约奖、劳动竞赛奖等。

（3）津贴、补贴　为了补偿职工特殊或额外的劳动消耗和因其他特殊原因支付给个人的津贴，以及为了保证职工工资水平不受物价影响支付给个人的物价补贴。如流动施工津贴、特殊地区施工津贴、高温（寒）作业临时津贴、高空津贴等。



（4）加班加点工资　按规定支付的在法定节假日工作的加班工资和在法定日工作时间外延时工作的加点工资。

（5）特殊情况下支付的工资　根据国家法律、法规和政策规定，因病、工伤、产假、计划生育假、婚丧假、事假、探亲假、定期休假、停工学习、执行国家或社会义务等原因按计时工资标准或计时工资标准的一定比例支付的工资。

人工费计算方法为：

公式1：

人工费 = Σ(工日消耗量 × 日工资单价)

$$日工资单价 = \frac{生产工人平均月工资(计时计件) + 平均月(奖金 + 津贴补贴 + 特殊情况下支付的工资)}{年平均每月法定工作日}$$

注：公式1主要适用于施工企业投标报价时自主确定人工费，也是工程造价管理机构编制计价定额、确定定额人工单价或发布人工成本信息的参考依据。

公式2：

人工费 = Σ（工程工日消耗量 × 日工资单价）

日工资单价是指施工企业平均技术熟练程度的生产工人在每工作日（国家法定工作时间内）按规定从事施工作业应得的日工资总额。

工程造价管理机构确定日工资单价应通过市场调查，根据工程项目的技术要求，参考实物工程量人工单价综合分析确定，最低日工资单价不得低于工程所在地人力资源和社会保障部门所发布的最低工资标准的：普工1.3倍、一般技工2倍、高级技工3倍。

工程计价定额不可只列一个综合工日单价，应根据工程项目技术要求和工种差别适当划分多种日人工单价，确保各分部工程人工费的合理构成。

注：公式2适用于工程造价管理机构编制计价定额时确定定额人工费，是施工企业投标报价的参考依据。

### 2. 材料费

材料费是指施工过程中耗费的原材料、辅助材料、构配件、零件、半成品或成品、工程设备的费用。材料费内容包括：

（1）材料原价　材料、工程设备的出厂价格或商家供应价格。

（2）运杂费　材料、工程设备自来源地运至工地仓库或指定堆放地点所发生的全部费用。

（3）运输损耗费　材料在运输装卸过程中不可避免的损耗。

（4）采购及保管费　为组织采购、供应和保管材料、工程设备的过程中所需要的各项费用，包括采购费、仓储费、工地保管费、仓储损耗。

这里工程设备是指构成或计划构成永久工程一部分的机电设备、金属结构设备、仪器装置及其他类似的设备和装置。

材料费计算方法为：

材料费 = Σ（材料消耗量 × 材料单价）

材料单价 =（材料原价 + 运杂费）×（1 + 运输损耗率）×（1 + 采购及保管费率）

工程设备费 = Σ（工程设备量 × 工程设备单价）

工程设备单价 =（设备原价 + 运杂费）×（1 + 采购及保管费率）



### 3. 施工机具使用费

施工机具使用费是指施工作业所发生的施工机械、仪器仪表使用费或其租赁费。

（1）施工机械使用费　以施工机械台班消耗量乘以施工机械台班单价表示，即

施工机械使用费 = Σ（施工机械台班消耗量 × 施工机械台班单价）

这里施工机械台班单价应由下列七项费用组成：

1）折旧费：施工机械在规定的使用年限内，陆续收回其原值的费用。

2）大修理费：施工机械按规定的大修理间隔台班进行必要的大修理，以恢复其正常功能所需的费用。

3）经常修理费：施工机械除大修理以外的各级保养和临时故障排除所需的费用。它包括为保障机械正常运转所需替换设备与随机配备工具附具的摊销和维护费用，机械运转中日常保养所需润滑与擦拭的材料费用及机械停滞期间的维护和保养费用等。

4）安拆费及场外运费：安拆费指施工机械（大型机械除外）在现场进行安装与拆卸所需的人工、材料、机械和试运转费用以及机械辅助设施的折旧、搭设、拆除等费用；场外运费指施工机械整体或分体自停放地点运至施工现场或由一个施工地点运至另一个施工地点的运输、装卸、辅助材料及架线等费用。

5）人工费：机上司机（司炉）和其他操作人员的人工费。

6）燃料动力费：施工机械在运转作业中所消耗的各种燃料及水、电等费用。

7）税费：施工机械按照国家规定应缴纳的车船使用税、保险费及年检费等。

施工机械台班单价 = 台班折旧费 + 台班大修费 + 台班经常修理费 + 台班安拆费及场外运费 + 台班人工费 + 台班燃料动力费 + 台班车船税费

注：工程造价管理机构在确定计价定额中的施工机械使用费时，应根据《建筑施工机械台班费用计算规则》结合市场调查编制施工机械台班单价。施工企业可以参考工程造价管理机构发布的台班单价，自主确定施工机械使用费的报价，如租赁施工机械，公式为：施工机械使用费 = Σ（施工机械台班消耗量 × 机械台班租赁单价）。

（2）仪器仪表使用费　仪器仪表使用费是指工程施工所需使用的仪器仪表的摊销及维修费用，即

仪器仪表使用费 = 工程使用的仪器仪表摊销费 + 维修费

### 4. 企业管理费

企业管理费是指建筑安装企业组织施工生产和经营管理所需的费用。企业管理费内容包括：

（1）管理人员工资　按规定支付给管理人员的计时工资、奖金、津贴补贴、加班加点

工资及特殊情况下支付的工资等。

(2) 办公费　企业管理办公用的文具、纸张、账表、印刷、邮电、书报、办公软件、现场监控、会议、水电、烧水和集体取暖降温（包括现场临时宿舍取暖降温）等费用。

(3) 差旅交通费　职工因公出差、调动工作的差旅费、住勤补助费，市内交通费和误餐补助费，职工探亲路费，劳动力招募费，职工退休、退职一次性路费，工伤人员就医路费，工地转移费以及管理部门使用的交通工具的油料、燃料等费用。



(4) 固定资产使用费　管理和试验部门及附属生产单位使用的属于固定资产的房屋、设备、仪器等的折旧、大修、维修或租赁费。

(5) 工具用具使用费　企业施工生产和管理使用的不属于固定资产的工具、器具、家具、交通工具和检验、试验、测绘、消防用具等的购置、维修和摊销费。

(6) 劳动保险和职工福利费　由企业支付的职工退职金、按规定支付给离休干部的经费，集体福利费、夏季防暑降温、冬季取暖补贴、上下班交通补贴等。

(7) 劳动保护费　企业按规定发放的劳动保护用品的支出。如工作服、手套、防暑降温饮料以及在有碍身体健康的环境中施工的保健费用等。

(8) 检验试验费　施工企业按照有关标准规定，对建筑以及材料、构件和建筑安装物进行一般鉴定、检查所发生的费用，包括自设试验室进行试验所耗用的材料等费用，不包括新结构、新材料的试验费；对构件做破坏性试验及其他特殊要求检验试验的费用和建设单位委托检测机构进行检测的费用，由建设单位在工程建设其他费用中列支。但对施工企业提供的具有合格证明的材料进行检测不合格的，该检测费用由施工企业支付。

(9) 工会经费　企业按《工会法》规定的全部职工工资总额比例计提的工会经费。

(10) 职工教育经费　按职工工资总额的规定比例计提，企业为职工进行专业技术和职业技能培训，专业技术人员继续教育、职工职业技能鉴定、职业资格认定以及根据需要对职工进行各类文化教育所发生的费用。

(11) 财产保险费　施工管理用财产、车辆等的保险费用。

(12) 财务费　企业为施工生产筹集资金或提供预付款担保、履约担保、职工工资支付担保等所发生的各种费用。

(13) 税金　企业按规定缴纳的房产税、车船使用税、土地使用税、印花税等。

(14) 其他　包括技术转让费、技术开发费、投标费、业务招待费、绿化费、广告费、公证费、法律顾问费、审计费、咨询费、保险费等。

企业管理费计算方法为

$$\text{企业管理费}=\text{一定的计费基础}\times\text{企业管理费费率}$$

这里企业管理费费率计算如下：

1) 以分部分项工程费为计算基础。

$$\text{企业管理费费率}(\%)=\frac{\text{生产工人年平均管理费}}{\text{年有效施工天数}\times\text{人工单价}}\times\text{人工费占分部分项工程费比例}(\%)$$

2) 以人工费和机械费合计为计算基础。

$$\text{企业管理费费率}(\%)=\frac{\text{生产工人年平均管理费}}{\text{年有效施工天数}\times(\text{人工单价}+\text{每一工日机械使用费})}\times 100\%$$

3) 以人工费为计算基础。

$$企业管理费费率（\%）=\frac{生产工人年平均管理费}{年有效施工天数\times人工单价}\times100\%$$

注意：上述公式适用于施工企业投标报价时自主确定管理费，是工程造价管理机构编制计价定额、确定企业管理费的参考依据。

工程造价管理机构在确定计价定额中企业管理费时，应以定额人工费或（定额人工费＋定额机械费）作为计算基数，其费率根据历年工程造价积累的资料，辅以调查数据确定，列入分部分项工程和措施项目中。



### 5. 利润

利润是指施工企业完成所承包工程获得的盈利。

注意：

1）施工企业根据企业自身需求并结合建筑市场实际自主确定，列入报价中。

2）工程造价管理机构在确定计价定额中利润时，应以定额人工费或（定额人工费＋定额机械费）作为计算基数，其费率根据历年工程造价积累的资料，并结合建筑市场实际确定，以单位（单项）工程测算，利润在税前建筑安装工程费的比重可按不低于5%且不高于7%的费率计算。利润应列入分部分项工程和措施项目中。

### 6. 规费

规费是指按国家法律、法规规定，由省级政府和省级有关权力部门规定必须缴纳或计取的费用。包括：

（1）社会保险费

1）养老保险费：企业按照规定标准为职工缴纳的基本养老保险费。

2）失业保险费：企业按照规定标准为职工缴纳的失业保险费。

3）医疗保险费：企业按照规定标准为职工缴纳的基本医疗保险费。

4）生育保险费：企业按照规定标准为职工缴纳的生育保险费。

5）工伤保险费：企业按照规定标准为职工缴纳的工伤保险费。

（2）住房公积金　企业按规定标准为职工缴纳的住房公积金。

注意：社会保险费和住房公积金应以定额人工费为计算基础，根据工程所在地省、自治区、直辖市或行业建设主管部门规定费率计算。

社会保险费和住房公积金＝$\Sigma$（工程定额人工费×社会保险费和住房公积金费率）

式中：社会保险费和住房公积金费率可以每万元发承包价的生产工人人工费和管理人员工资含量与工程所在地规定的缴纳标准综合分析取定。

（3）工程排污费　按规定缴纳的施工现场工程排污费。

其他应列而未列入的规费，按实际发生计取。

### 7. 税金

税金一般计算公式：

$$税金=税前造价\times增值税率（\%）$$

## 二、建筑安装工程费（按工程造价形成顺序划分）

如图5-2所示，建筑安装工程费按照工程造价形成由分部分项工程费、措施项目费、其他项目费、规费、税金组成，分部分项工程费、措施项目费、其他项目费包含人工费、材料费、施工机具使用费、企业管理费和利润。

### 1. 分部分项工程费

分部分项工程费是指各专业工程的分部分项工程应予列支的各项费用。

$$分部分项工程费 = \sum(分部分项工程量 \times 综合单价)$$

式中，综合单价包括人工费、材料费、施工机具使用费、企业管理费和利润以及一定范围的风险费用（下同）。

（1）专业工程　按现行国家计量规范划分的房屋建筑与装饰工程、仿古建筑工程、通用安装工程、市政工程、园林绿化工程、矿山工程、构筑物工程、城市轨道交通工程、爆破工程等各类工程。

（2）分部分项工程　按现行国家计量规范对各专业工程划分的项目。如房屋建筑与装饰工程划分为土石方工程、地基处理与桩基工程、砌筑工程、钢筋及钢筋混凝土工程等。

各类专业工程的分部分项工程划分见现行国家或行业计量规范。

### 2. 措施项目费

措施项目费是指为完成建设工程施工，发生于该工程施工前和施工过程中的技术、生活、安全、环境保护等方面的费用。措施项目费内容包括：

（1）安全文明施工费

1）环境保护费：施工现场为达到环保部门要求所需要的各项费用。

2）文明施工费：施工现场文明施工所需要的各项费用。

3）安全施工费：施工现场安全施工所需要的各项费用。

4）临时设施费：施工企业为进行建设工程施工所必须搭设的生活和生产用的临时建筑物、构筑物和其他临时设施费用。它包括临时设施的搭设、维修、拆除、清理费或摊销费等。

（2）夜间施工增加费　因夜间施工所发生的夜班补助费、夜间施工降效、夜间施工照明设备摊销及照明用电等费用。

（3）二次搬运费　因施工场地条件限制而发生的材料、构配件、半成品等一次运输不能到达堆放地点，必须进行二次或多次搬运所发生的费用。

（4）冬雨季施工增加费　在冬季或雨季施工需增加的临时设施、防滑、排除雨雪，人工及施工机械效率降低等费用。

（5）已完工程及设备保护费　竣工验收前，对已完工程及设备采取的必要保护措施所发生的费用。

（6）工程定位复测费　工程施工过程中进行全部施工测量放线和复测工作的费用。

（7）特殊地区施工增加费　工程在沙漠或其边缘地区、高海拔、高寒、原始森林等特殊地区施工增加的费用。

（8）大型机械设备进出场及安拆费　机械整体或分体自停放场地运至施工现场或由一个施工地点运至另一个施工地点，所发生的机械进出场运输及转移费用及机械在施工现场进行安装、拆卸所需的人工费、材料费、机械费、试运转费和安装所需的辅助设施的费用。

（9）脚手架工程费　施工需要的各种脚手架搭、拆、运输费用以及脚手架购置费的摊销（或租赁）费用。

措施项目费的计算方法如下：

1）应予计量的措施项目，也称为单价措施项目，其计算公式为

$$单价措施项目费 = \sum(措施项目工程量 \times 综合单价)$$

2）不宜计量的措施项目，也称为总价措施项目，计算方法如下：

① 安全文明施工费。

$$安全文明施工费 = 计算基数 \times 安全文明施工费费率（\%）$$

计算基数应为定额基价（定额分部分项工程费 + 定额中可以计量的措施项目费）、定额人工费或（定额人工费 + 定额机械费），其费率由工程造价管理机构根据各专业工程的特点综合确定。



② 夜间施工增加费。

$$夜间施工增加费 = 计算基数 \times 夜间施工增加费费率（\%）$$

③ 二次搬运费。

$$二次搬运费 = 计算基数 \times 二次搬运费费率（\%）$$

④ 冬雨季施工增加费。

$$冬雨季施工增加费 = 计算基数 \times 冬雨季施工增加费费率（\%）$$

⑤ 已完工程及设备保护费。

$$已完工程及设备保护费 = 计算基数 \times 已完工程及设备保护费费率（\%）$$

上述②~⑤项措施项目的计费基数应为定额人工费或（定额人工费 + 定额机械费），其费率由工程造价管理机构根据各专业工程特点和调查资料综合分析后确定。

### 3. 其他项目费

其他项目费内容包括：

（1）暂列金额　建设单位在工程量清单中暂定并包括在工程合同价款中的一笔款项。它包括用于施工合同签订时尚未确定或者不可预见的所需材料、工程设备、服务的采购，施工中可能发生的工程变更、合同约定调整因素出现时的工程价款调整以及发生的索赔、现场签证确认等的费用。

（2）计日工　在施工过程中，施工企业完成建设单位提出的施工图以外的零星项目或工作所需的费用。

（3）总承包服务费　总承包人为配合、协调建设单位进行的专业工程发包，对建设单位自行采购的材料、工程设备等进行保管以及施工现场管理、竣工资料汇总整理等服务所需的费用。

其他项目费计算方法如下：

1）暂列金额由建设单位根据工程特点，按有关计价规定估算，施工过程中由建设单位掌握使用，扣除合同价款调整后如有余额，归建设单位。

2）计日工由建设单位和施工企业按施工过程中的签证计价。

3）总承包服务费由建设单位在招标控制价中根据总包服务范围和有关计价规定编制，施工企业投标时自主报价，施工过程中按签约合同价执行。

### 4. 规费

定义同前，略。

**5. 税金**

定义同前，略。

注意：

1）各专业工程计价定额的使用周期原则上为5年。

2）工程造价管理机构在定额使用周期内，应及时发布人工、材料、机械台班价格信息，实行工程造价动态管理，如遇国家法律、法规、规章或相关政策变化以及建筑市场物价波动较大时，应适时调整定额人工费、定额机械费以及定额基价或规费费率，使建筑安装工程费能反映建筑市场实际。



3）建设单位在编制招标控制价时，应按照各专业工程的计量规范和计价定额以及工程造价信息编制。

4）施工企业在使用计价定额时除不可竞争费用外，其余仅作参考，由施工企业投标时自主报价。

5）建设单位和施工企业均应按照省、自治区、直辖市或行业建设主管部门发布标准计算规费和税金，不得作为竞争性费用。

## 三、建筑安装工程计价程序（表5-1和表5-2）

**表5-1 建设单位工程招标控制价计价程序**

工程名称： 标段：

| 序号 | 内容 | 计算方法 | 金额/元 |
|---|---|---|---|
| 1 | 分部分项工程费 | 按计价规定计算 | |
| 1.1 | | | |
| 1.2 | | | |
| 1.3 | | | |
| | … | | |
| 2 | 措施项目费 | 按计价规定计算 | |
| 2.1 | 其中：安全文明施工费 | 按规定标准计算 | |
| 3 | 其他项目费 | | |
| 3.1 | 其中：暂列金额 | 按计价规定估算 | |
| 3.2 | 其中：专业工程暂估价 | 按计价规定估算 | |
| 3.3 | 其中：计日工 | 按计价规定估算 | |
| 3.4 | 其中：总承包服务费 | 按计价规定估算 | |
| 4 | 规费 | 按规定标准计算 | |
| 5 | 税金（扣除不列入计税范围的工程设备金额） | (1+2+3+4)×规定税率 | |

招标控制价合计=1+2+3+4+5

**表5-2 施工企业工程投标报价计价程序**

工程名称： 标段：

| 序号 | 内容 | 计算方法 | 金额/元 |
|---|---|---|---|
| 1 | 分部分项工程费 | 自主报价 | |
| 1.1 | | | |
| 1.2 | | | |

（续）

| 序号 | 内容 | 计算方法 | 金额/元 |
|---|---|---|---|
| 1.3 | | | |
| 1.4 | | | |
| 1.5 | | | |
| | … | | |
| 2 | 措施项目费 | 自主报价 | |
| 2.1 | 其中：安全文明施工费 | 按规定标准计算 | |
| 3 | 其他项目费 | | |
| 3.1 | 其中：暂列金额 | 按招标文件提供金额计列 | |
| 3.2 | 其中：专业工程暂估价 | 按招标文件提供金额计列 | |
| 3.3 | 其中：计日工 | 自主报价 | |
| 3.4 | 其中：总承包服务费 | 自主报价 | |
| 4 | 规费 | 按规定标准计算 | |
| 5 | 税金（扣除不列入计税范围的工程设备金额） | (1+2+3+4)×规定税率 | |
| 投标报价合计=1+2+3+4+5 | | | |

# 任务2　工程量清单计价应用

工程量清单计价模式是由招标人提供工程量清单，投标人自主报价，经评审合理低价中标的一种计价模式。投标人在自主报价时，应根据招标文件中的工程量清单和有关要求、施工现场实际情况、合理的施工方法，依据企业定额和市场价格信息（或参照建设行政主管部门发布的社会平均消耗量定额及费用定额）进行编制。所以，要做好投标报价工作，企业就要逐步建立根据本企业施工技术管理水平制定的企业定额；在无企业定额的情况下，只有参考现行施工定额、预算定额及消耗量定额等工程定额。

## 一、工程定额

定额是指进行生产经营活动时，在人力、物力、财力消耗方面所应遵守达到的数量标准。建筑工程定额是指建筑产品生产中需消耗的人力、物力和财力等各种资源的数量规定，即在合理的劳动组织和合理地使用材料和机械的条件下，完成单位合格产品所需消耗的资源数量标准。

工程定额是工程造价的计价依据，它反映了社会生产力投入和产出的关系，它不仅规定了建设工程投入与产出的数量标准，而且还规定了具体工作内容、质量标准和安全要求。工程定额反映了在一定社会生产力条件下建筑行业生产与管理的社会平均水平或平均先进水平。

工程定额是建筑工程设计、预算、施工及管理的基础。由于工程建设产品具有构造复杂、规模大、种类繁多、生产周期长、耗费大量人力物力等特点，因此就决定了工程定额的多种类、多层次，同时也决定了定额在工程建设的管理中占有极其重要的地位。

工程定额包括许多种类，根据内容、用途和使用范围的不同，可以有以下几种分类方式。

### 1. 按定额反映的生产要素内容分类

进行物质资料生产所必须具备的三要素是：劳动者、劳动对象和劳动手段。劳动者是指生产工人，劳动对象是指建筑材料和各种半成品等，劳动手段是指生产机具和设备。为了衡量这三要素在建筑施工活动中的消耗，建筑工程定额可按这三要素编制，即劳动定额、材料消耗定额和机械台班使用定额，如图 5-3 所示。

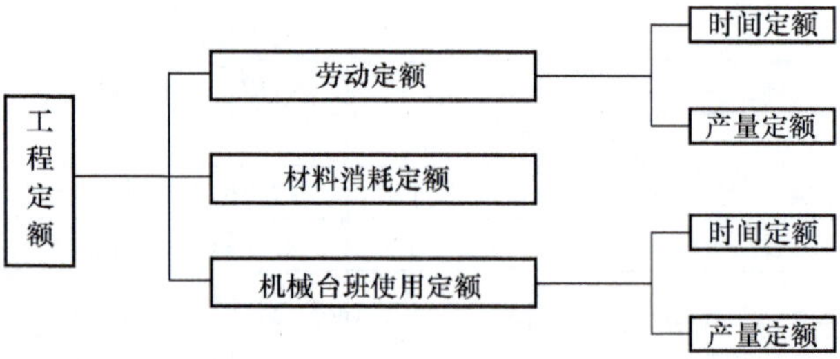


图 5-3　按生产要素分类

（1）劳动定额　劳动定额也称为人工定额，是指在正常的施工技术组织条件下，为完成一定数量的合格产品或完成一定量的工作所必需的劳动消耗量标准或者在一定的劳动时间中所生产的合格产品数量。它反映建筑工人在正常施工条件下的劳动效率。这个标准是国家和企业对生产工人在单位时间内的劳动数量和质量的综合要求，也是建筑施工企业内部组织生产、编制施工作业计划、签发施工任务单、考核工效、计算报酬的依据。

（2）材料消耗定额　材料消耗定额是指在正常的施工条件和合理、节约使用材料的前提下，生产单位合格产品所必须消耗的建筑材料（原材料、半成品、构配件、水、电等）的数量标准。建筑工程材料消耗定额是企业推行经济承包、编制材料计划、进行单位工程核算的重要依据，是促进企业合理使用材料、实行限额领料和材料核算、正确核定材料需要量和储备量的基础。

（3）机械台班使用定额　机械台班使用定额是指在正常的施工、合理的劳动组合和合理使用施工机械的条件下，生产单位合格产品所必须消耗的某种施工机械作业时间的数量标准或在单位时间内某种施工机械完成合格产品的数量标准。机械台班定额是台班内小组总工日完成的合格产品数。它是编制机械需要计划、考核机械效率和签发施工任务书等的重要依据。

### 2. 按定额的编制程序和用途分类

按编制程序和用途不同，可以把工程定额分为施工定额、预算定额、概算定额、概算指标、投资估算指标等，如图 5-4 所示。

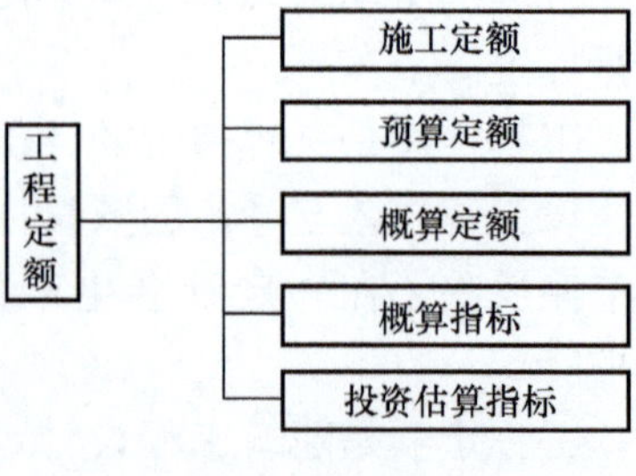


图 5-4　按编制程序和用途分类

（1）施工定额　施工定额是以同一性质的施工过程为标定对象，表示生产产品数量与时间消耗综合关系的定额。施工定额由劳动定额、材料消耗定额和机械台班使用定额三部分组成。施工定额是施工企业在组织生产、编制施工计划、签发施工任务书、考核工效和进行经济核算的重要依据，属于企业定额的性质。施工定额是编制预算定额的依据。

（2）预算定额和单位估价表

1）预算定额。预算定额是以建筑物或构筑物各个分部分项工程为对象编制的定额，是指正常合理的施工条件下，规定完成一定计量单位的分项工程或结构构件所必需的人工、材料和施工机械台班消耗的数量标准，目前也称为消耗量定额。预算定额是确定单位分项工程或结构构件单价以及单位工程造价的基础，是一种计价定额，同时又是编制概算定额的依据。

2）单位估价表。单位估价表是全国各个省、市、地区主管部门根据本地区预算定额规定的人工、材料及施工机械消耗量指标为依据，以货币形式表示预算定额中每一分项工程单位预算价值的计算表格，它是根据国家现行的建筑安装工程预算定额，结合各地区工资标准、材料预算价格、机械台班预算价格编制的。目前现行的预算定额一般是预算定额与单位估价表“二合一”的一种定额，即既有一定计量单位的分项工程或结构构件所必需的人工、材料和施工机械台班消耗的数量标准，又有相应的预算基价。

（3）概算定额　概算定额是确定生产一定计量单位扩大结构构件或扩大分项工程所需的人工、材料和施工机械台班消耗量的标准。概算定额是编制扩大初步设计概算时，计算和确定工程概算造价以及计算劳动、机械台班、材料需要量所使用的定额。它一般是在预算定额基础上编制的，比预算定额综合扩大，其项目划分粗细与扩大初步设计的深度相适应。概算定额是控制项目投资的重要依据，在工程建设的投资管理中起重要作用。

（4）概算指标　概算指标是概算定额的扩大与合并，它是以整个建筑物和构筑物为对象，如按每 $100m^2$ 建筑面积或 $1000m^3$ 建筑体积、构筑物以座为计量单位编制的人工、材料、机械消耗数量标准或某种特征的建筑物或构筑物每万元投资所需人工、材料、机械消耗数量及造价的数量标准。概算指标是编制投资估算和控制初步设计概算的依据。

（5）投资估算指标　它是在项目建议书和可行性研究阶段编制投资估算、计算投资需要量时使用的一种定额。它非常概略，往往以独立的单项工程或完整的工程项目为计算对象，项目划分粗细与可行性研究阶段相适应。它的主要作用是为项目决策和投资控制提供依据。

### 3. 按定额编制单位和执行范围不同分类

工程建设定额按适用范围可分为全国统一定额、行业统一定额、地区统一定额、企业定额和补充定额等，如图 5-5 所示。

（1）全国统一定额　全国统一定额是由国家建设行政主管部门综合全国工程建设中技术和施工组织管理的情况，并在全国范围内普遍执行的定额，如全国统一安装工程预算定额。

（2）行业统一定额　行业统一定额是根据各行业部门专业工程技术特点或特殊要求以及施工生产和管理水平编制的，由国务院行业主管部门发布。行业统一定额一般只在本行业部门内和相同专业性质的范围内使用，如矿井建设工程定额、铁路建设工程定额等。

（3）地区统一定额　地区统一定额是指各省、市、自治区、直辖市编制颁发的定额，它主要是考虑地区特点和对全国统一定额水平做适当调整补充编制的。由于各地区气候条件、经济技术条件、物质资源条件和交通运输条件等不同，定额内容和水平则有所不同。地区统一定额，如 2005 年山西省建筑工程消耗量定额，只能在山西省内使用。

（4）企业定额　企业定额是指由施工企业根据自身具体情况，参照国家、部门或地区

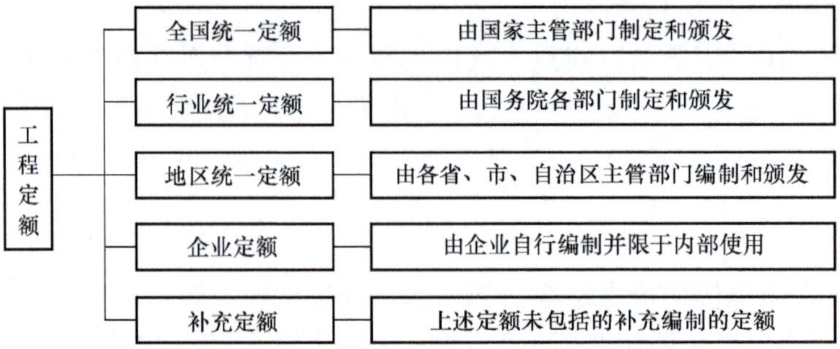




图 5-5　按编制单位和执行范围不同分类

定额的水平制定的代表企业的技术水平和管理优势的定额。企业定额用于企业内部的施工生产与管理，按企业定额计算出的工程费用是本企业生产和经营中所需支出的成本。

（5）补充定额　补充定额是指随着设计、施工技术的发展现行定额不能满足需要的情况下，为了补充缺项所编制的定额。补充定额只能在指定的范围内使用，它可以作为以后修订定额的依据。

除以上三种分类外，工程定额还可按专业划分，如图 5-6 所示。

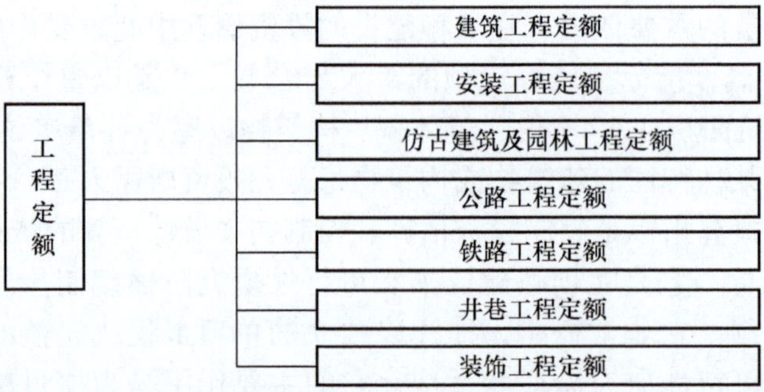


图 5-6　工程定额按专业不同分类

## 二、消耗量定额的编制和应用

消耗量定额是为了规范建设工程工程量清单计价行为，进一步贯彻政府宏观调控、企业自主报价、市场形成价格、社会监督的工程造价管理思路，正确引导建设市场各主体的工程量清单的编制和计价工作，各建设行政主管部门在本地区预算定额的基础上，结合当前建设工程设计、施工和管理的实际水平编制的各专业工程中完成规定计量单位分项工程所需的人工、材料、施工机械台班消耗的数量标准，是编制施工图预算、招标标底、投标报价，确定工程造价的基本依据。

（一）消耗量定额的作用

消耗量定额是确定单位分项工程或结构构件的基础，因此它体现了国家、建设单位和施工企业之间的一种经济关系。建设单位按消耗量定额计算招标标底，为拟建工程提供必要的资金供应。施工企业则在消耗量定额的范围内，通过建筑施工活动，保质、保量、如期地完成工程任务。消耗量定额在工程建设中具有以下重要作用：

1）消耗量定额是统一建设工程工程量计算规则、项目划分和计量单位的依据。

2）消耗量定额是确定各专业工程中完成规定计量单位分项工程所需人工、材料、施工机械台班消耗数量的参考标准。

3）消耗量定额是建筑工程招投标过程中确定标底和报价、编制企业定额的重要依据。

4）消耗量定额是编制地区单位估价表、概算定额和概算指标的基础资料。

（二）消耗量定额的编制原则

1）消耗量定额的编制，遵循社会主义市场经济的原则，从有利于统一市场的建立、有利于市场的竞争、有利于国家对工程造价的宏观调控出发，规范工程计价依据和计价行为。



2）消耗量定额是完成规定计量单位的分项工程的消耗量标准，是以正常的施工技术、多数施工企业的装备程度、合理的施工工艺、劳动组织及工期为条件的社会平均消耗水平，既从当前的设计、施工和管理出发，又有利于促进技术进步和管理水平的提高。

3）消耗量定额为适应招标竞争和市场生产要素价格的变化，遵循“量、价分离”的原则，对定额实施动态管理。

4）定额项目尽量满足不同施工工艺计价的需要，项目齐全，简明适用，并尽量满足计算机在工程计价和管理方面的开发和应用。

（三）消耗量定额的编制依据

1）国家现行的技术规范、操作规程、质量评定标准，国家和地区的标准图集、通用图集。

2）现行全国统一劳动定额、机械台班使用定额。

3）国家和各地区以往颁发的各施工定额、预算定额及其他基础资料。

4）现场调查资料和其他省市的消耗量定额等。

（四）消耗量定额编制方法

**1. 确定消耗量定额的计量单位**

消耗量定额的计量单位主要是根据分部分项工程和结构构件的形体特征及其变化确定。由于工作内容综合，消耗量定额的计量单位也具有综合的性质。工程量计算规则的规定应确切反映定额项目所包含的工作内容。消耗量定额的计量单位关系到预算工作的繁简和准确性。因此，要正确地确定各分部分项工程的计量单位。一般依据以下建筑结构构件形体的特点确定：

1）凡建筑结构构件的断面有一定形状和大小，但是长度不定时，可按长度以延长米为计量单位。如踢脚线、楼梯栏杆、木装饰条、管道线路安装等。

2）凡建筑结构构件的厚度有一定规格，但是长度和宽度不定时，可按面积以平方米为计量单位。如地面、楼面、墙面和天棚面抹灰等。

3）凡建筑结构构件的长度、厚（高）度和宽度都变化时，可按体积以立方米为计量单位。如土方、钢筋混凝土构件等。

4）钢结构由于重量与价格差异很大，形状又不固定时，采用重量以吨为计量单位。

5）凡建筑结构没有一定规格，而其构造又较复杂时，可按个、台、座、组为计量单位。如卫生洁具安装、铸铁水斗等。

定额单位确定之后，往往出现人工、材料或机械台班量很小，即小数点后好几位。为了减少小数位数和提高消耗量定额的准确性，采取扩大单位的办法，把 $1m^3$、$1m^2$、1m 扩大

10、100、1000 倍。这样相应的消耗量也增大了倍数，取一定小数后四舍五入，可达到相对的准确性。

消耗量定额中各项人工、机械、材料的计量单位选择，相对比较固定。人工、机械按工日、台班计量，各种材料的计量单位与产品计量单位基本一致，精确度要求高。材料贵重，多取三位小数。如钢材吨以下取三位小数，木材立方米以下取三位小数。一般材料取两位小数。



### 2. 按典型设计图纸和资料计算工程数量

计算工程数量，是为了通过计算出典型设计图纸所包括的施工过程的工程量，在编制消耗量定额时，有可能利用施工定额的人工、机械和材料消耗指标确定消耗量定额所含工序的消耗量。

### 3. 确定消耗量定额各项目人工、材料和机械台班消耗指标

（1）人工工日消耗量指标的确定　人工工日消耗量指标有两种方法可以确定。一种是以施工定额的劳动定额为基础确定，另一种是采用现场测定资料为基础确定。

1）以劳动定额为基础计算人工消耗量的方法。消耗量定额中的人工消耗量是指在正常施工条件下，生产单位合格产品所必须消耗的人工工日数量，是由分项工程所综合的各个工序劳动定额包括的基本用工、其他用工两部分组成。定额项目的人工不分工种、技术等级，一律以综合工日表示。

① 基本用工。基本用工指完成单位合格产品所必须消耗的技术工种用工，也指完成该分项工程的主要用工，按技术工种相应劳动定额工时定额计算，以不同工种列出定额工日。如墙体砌筑工程中，包括调运及铺砂浆、运砖、砌砖的用工，砌附墙烟囱、砖平碹、垃圾道、门窗洞口等所增加的用工。

$$基本用工=\sum(综合取定的工程量\times 时间定额)$$

例如，实际工程中的砖基础宽度，有1砖厚、1砖半厚、2砖厚等之分，用工各不相同，在消耗量定额中由于不区分厚度，需要按照统计的比例加权平均、综合取定，从而得出砖基础的综合用工。

按劳动定额规定应计算增加的用工量，消耗量定额应按一定比例给予增加。例如，砖基础埋深超过1.5m，超过部分要增加用工，消耗量定额应按一定比例给予增加。

由于消耗量定额是以施工定额子目综合扩大的，包括的工作内容较多，施工的效果视具体部位而不一样，需要另外增加用工，列入基本用工内。

② 其他用工。其他用工是辅助基本用工完成生产任务所耗用的人工。按其工作内容的不同可分为辅助用工、超运距用工和人工幅度差三类。

辅助用工是指技术工种劳动定额内不包括但在消耗量定额内又必须考虑的工时，如机械土方工程配合用工、材料加工（筛砂、洗石、淋灰等用工），其计算公式为：

$$辅助用工=\sum(某工序工程数量\times 相应时间定额)$$

超运距用工是指消耗量定额中材料及半成品场内的平均水平运距超过劳动定额基本用工中规定的水平运距部分所需增加的用工量，其计算式为：

$$超运距用工=\sum(超运距运输材料数量\times 相应超运距时间定额)$$

$$超运距=消耗量定额取定运距-劳动定额已包括的运距$$

人工幅度差主要是指消耗量定额与劳动定额由于定额水平不同而引起的水平差，即在劳

动定额中未包括，而在正常施工条件下不可避免的各种工时损失。其内容包括各工种间工序搭接及交叉作业互相配合所发生的停歇工时消耗；施工机械在单位工程转移以及临时水电线路移动造成的停工；质量检查和隐蔽工程验收工作的影响；班组操作地点转移用工；工序交接时对前一工序不可避免的修整用工；施工作业中不可避免的其他零星用工等。

人工幅度差系数一般土建工程为10%，设备安装工程为12%。人工幅度差计算公式如下：

人工幅度差 = (基本用工 + 辅助用工 + 超运距用工) × 人工幅度差系数

由此可得：

人工消耗指标 = 基本用工数量 + 其他用工数量

其中，　其他用工数量 = 基本用工 + 超运距用工 + 人工幅度差



2）以现场测定资料为基础计算人工工日数的方法。当劳动定额缺项，而需要进行测定项目时，可采用现场工作日写实测时方法测定和计算定额的人工耗用量。

（2）材料消耗量指标的确定　消耗量定额中材料消耗量指标是由材料的净用量和损耗量所构成。其中损耗量由施工操作损耗、场内运输（从现场内材料堆放点或加工点到施工操作地点）损耗、加工制作损耗和场内管理损耗（操作地点的堆放及材料堆放地点的管理）所组成。

1）消耗量定额分类。

① 主要材料：直接构成工程实体的材料，包括成品、半成品的材料。

② 辅助材料：经过施工后不构成工程实体，但属于实体形成不可缺少的各种材料。如垫木钉子、铅丝等。

③ 周转材料：脚手架、模板等多次周转使用的工具性材料，是不构成工程实体的摊销材料。

④ 其他材料：用量较少，难以计量的零星用料，如棉纱、编号用的油漆等。

2）材料消耗量的计算方法。

① 凡有标准规格的材料，按规范要求计算定额计量单位的耗用量，如砖、防水卷材、块料面层等。

② 凡设计图纸标注尺寸及下料要求的按设计图纸尺寸计算材料净用量，如门窗制作用材料，方、板料等。

③ 换算法。各种胶结、涂料等材料的配合比用料，可以根据要求条件换算，得出材料用量。

④ 测定法。包括实验室试验法和现场观察法。各种强度等级的混凝土及砌筑砂浆配合比的耗用原材料数量的计算，须按照规范要求试配，经过试压合格以后并经过必要的调整后得出的水泥、砂子、石子、水的用量。对新材料、新结构又不能用其他方法计算定额消耗量时，需用现场测定方法来确定，根据不同条件可以采用写实记录法和观察法，得出定额的消耗量。

材料损耗量是指正常条件下不可避免的材料损耗，如现场内材料运输及施工操作过程中的损耗等。其计算公式如下：

材料消耗量 = 材料净用量 + 材料损耗量

材料损耗率 = 材料损耗量/材料净用量 × 100%

材料损耗量 = 材料净用量 × 材料损耗率

材料消耗量 = 材料净用量 × (1 + 材料损耗率)

其他材料的确定：一般按工艺测算并在定额项目材料计算表内列出名称、数量，并依编制期价格以其他材料占主要材料的比率计算，列在定额材料栏之下，定额内可不列材料名称及消耗量。

（3）机械台班消耗量的确定　机械台班消耗量又称为机械台班使用量，它是指在合理使用机械和合理施工组织条件下，完成单位合格产品（分部分项工程或结构构件）必须消耗的某种型号施工机械的台班数量标准。消耗量定额中的机械台班消耗量指标，一般是按全国统一劳动定额中的机械台班产量，并考虑一定的机械幅度差进行计算的。



机械幅度差是指全国统一劳动定额规定范围内没有包括而实际中又必须增加的机械台班消耗量。其主要内容包括：施工中机械转移工作面及配套机械相互影响所损失的时间；在正常施工情况下，机械施工中不可避免的工序间歇；工程开工和结尾工作量不饱满所损失的时间；因检查工程质量造成的机械停歇的时间；因临时供电供水故障及水电线路移动检修而发生的不可避免的机械操作间歇时间；冬季施工发动机械的时间；不同厂牌机械的工效差、临时维修等引起的机械间歇时间；配合机械施工的工人，在人工幅度差范围以内的工作间歇影响机械操作造成的间歇时间。

大型施工机械定额幅度差系数一般为：土方机械25%，打桩机械33%，吊装机械30%。砂浆、混凝土搅拌机、塔式起重机、卷扬机等机械是按小组配备，应以小组产量计算机械台班产量，不另增加定额机械幅度差。其他分部工程中如钢筋加工、木材、水磨石等各项专用机械的幅度差为10%。

1）机械台班消耗量指标的确定方法。第一种方法是根据施工定额确定机械台班消耗量的计算。这种方法是用施工定额或劳动定额中机械台班产量加机械幅度差计算机械台班消耗量。其计算式为：

消耗量定额机械台班消耗量＝施工定额机械耗用台班×(1＋机械幅度差系数)

第二种方法是以现场测定资料为基础确定机械台班消耗量；如遇施工定额或劳动定额缺项者，则需依单位时间完成的产量测定。

2）消耗量定额中的机械台班消耗量指标的确定方法。消耗量定额中的机械台班消耗量是以台班为单位计算的。一台机械工作8h为一个台班。大型机械和分部工程的专用机械，其台班消耗量的计算方法和机械幅度差是不相同的。

① 大型机械施工的土方、打桩、构件吊装、运输等项目。大型机械台班消耗量是按劳动定额中规定的各分项工程的机械台班产量计算，再加上机械幅度差确定，即：

大型机械台班消耗量＝1/机械台班产量定额×工序工程量×(1＋机械幅度差系数)

在定额中编列机械的种类、型号和台班用量。

② 按操作小组配用机械台班消耗量指标。对于按操作小组配用的机械，如垂直运输用的塔式起重机、卷扬机以及砂浆搅拌机、混凝土搅拌机等，这些中小型机械，以综合取定的小组产量计算台班消耗量，不考虑机械幅度差。

### 4. 编制定额表和拟定有关说明

定额项目表的一般格式见表5-3和表5-4。

消耗量定额的说明包括定额总说明、分部工程说明及各分项说明。涉及各分部需要说明的共性问题列入总说明，属于某一分部需说明的事项列章节说明。说明要求简明扼要，但是必须分门别类注明，尤其对特殊的变化，力求使用简便，避免争议。例如某省《建筑工程消耗量定额》砌筑工程分部关于砖墙的说明如下：

定额中砖的规格是按标准砖编制的。规格不同时，可以换算。

砖墙定额中已包括腰线、窗台线、挑檐等一般出线用工。

砖砌体均包括了原浆勾缝用工。加浆勾缝时，另按相应定额计算。

定额中砌体用的砂浆，如与设计不同时，可以换算。

**表 5-3 砖墙消耗量定额示例**

工作内容：调、运、铺砂浆，运砖、砌砖（包括墙体窗台虎头砖、腰线、门窗套，安放木砖、铁件等）。

单位：$10m^3$

| 定额编号 | | | A3-2 | A3-3 | A3-4 | A3-5 |
|---|---|---|---|---|---|---|
| 项目 | | | 内墙 | | 外墙 | |
| | | | 1/2 砖 | 1 砖及以上 | 1/2 砖 | 1 砖及以上 |
| 名称 | | 单位 | 数量 | | | |
| 人工 | 综合工日 | 工日 | 17.46 | 14.60 | 18.38 | 15.28 |
| 材料 | 机红砖 240mm×115mm×53mm | 块 | 5590.00 | 5321.00 | 5591.00 | 5335.00 |
| | 混合砂浆 M5（325 号水泥） | $m^3$ | 2.00 | 2.37 | 2.04 | 2.47 |
| | 工程用水 | $m^3$ | 2.04 | 2.03 | 2.05 | 2.08 |
| 机械 | 灰浆搅拌机 | 台班 | 0.33 | 0.40 | 0.34 | 0.41 |

注：此表的形式及表中数据取自某省《建筑工程消耗量定额》砌筑工程分部。

**表 5-4 现浇混凝土（现场搅拌）消耗量定额示例**

工作内容：混凝土水平运输、搅拌、浇捣、养护等。

单位：$10m^3$

| 定额编号 | | | A4-1 | A4-2 | A4-3 | A4-4 |
|---|---|---|---|---|---|---|
| 项目 | | | 带形基础 | | 独立基础 | |
| | | | 毛石混凝土 | 混凝土 | 毛石混凝土 | 混凝土 |
| 名称 | | 单位 | 数量 | | | |
| 人工 | 综合工日 | 工日 | 10.16 | 10.83 | 10.30 | 10.67 |
| 材料 | 现浇碎石混凝土 C15～C40（32.5 级水泥） | $m^3$ | 8.63 | 10.15 | 8.12 | 10.15 |
| | 草袋 | $m^2$ | 2.48 | 2.79 | 3.31 | 3.40 |
| | 片石（毛石） | $m^3$ | 2.74 | | 3.65 | |
| | 工程用水 | $m^3$ | 9.10 | 9.25 | 9.27 | 9.30 |
| | 水泥砂浆 1:2 | $m^3$ | | 0.005 | | 0.003 |
| | 镀锌铁丝 0.7mm（22 号） | kg | | 0.13 | | 0.07 |
| 机械 | 滚筒式混凝土搅拌机 | 台班 | 0.33 | 0.39 | 0.31 | 0.39 |
| | 插入式混凝土振捣器 | 台班 | 0.66 | 0.77 | 0.62 | 0.77 |
| | 机动翻斗车 | 台班 | 0.66 | 0.77 | 0.62 | 0.77 |

（五）消耗量定额参考价目表

消耗量定额参考价目表是以消耗量定额规定的人工、材料及施工机械消耗量指标为依据，根据某地区某时期的人工工资标准、材料预算价格、机械台班预算价格编制的每一分项工程单位预算价值的计算表格。消耗量定额参考价目表列出了“三费”（即人工费、材料费和机械费）指标及汇总值定额基价。经当地主管部门审核批准后，即成为工程计价依据，在规定的范围内参考执行。

（六）消耗量定额的应用

使用消耗量定额，首先必须详细了解消耗量定额的总说明和各章的说明，并详细阅读定额的各附录或定额表的附注，从而了解消耗量定额的适用范围、工程量计算方法、各种情况下的换算方法等。消耗量定额在总说明及各章节中均列有一些关于定额的使用方法、换算方法和一些需要明确的问题等规定。



### 1. 消耗量定额的直接套用

当设计要求与消耗量定额项目的内容相一致时，可直接套用定额的人工、材料、机械消耗量，并可以根据消耗量定额价目汇总表或当时当地人工、材料、机械的市场价格，计算该分项工程的直接费以及人工、材料、机械所需量。在套用时应注意以下几点：

1）根据施工图纸，对分项工程施工方法、设计要求等了解清楚后进行消耗量定额项目的选择，分项工程的实际做法和工作内容必须与定额项目规定的完全相符时才能直接套用，否则，必须根据有关规定进行换算或补充。

表5-5为某省建筑工程消耗量定额部分项目的价目汇总表，表5-6为某省消耗量定额价目汇总表部分主要材料取定价。

表5-5 某省建筑工程消耗量定额部分项目价目汇总表

| 定额编号 | 定额名称 | 单位 | 基价/元 | 其中 | | |
|---|---|---|---|---|---|---|
| | | | | 人工费/元 | 材料费/元 | 机械费/元 |
| 第三章 砌筑工程 | | | | | | |
| A3-1 | 砖基础 | $10m^3$ | 1227.06 | 293.25 | 912.58 | 21.23 |
| A3-2 | 1/2砖内墙 | $10m^3$ | 1379.55 | 436.50 | 925.54 | 17.51 |
| A3-3 | 1砖及以上内墙 | $10m^3$ | 1311.69 | 365.00 | 925.46 | 21.23 |
| A3-4 | 1/2砖外墙 | $10m^3$ | 1407.04 | 459.50 | 929.50 | 18.04 |
| A3-5 | 1砖及以上外墙 | $10m^3$ | 1340.72 | 382.00 | 936.96 | 21.76 |
| A3-6 | 2砖及以上外墙 | $10m^3$ | 1325.93 | 364.50 | 938.08 | 23.35 |
| A3-7 | 1砖及以上弧形墙 | $10m^3$ | 1384.59 | 412.25 | 950.58 | 21.76 |
| A3-8 | 1/2砖黏土空心砖墙 | $10m^3$ | 1611.99 | 334.25 | 1265.53 | 12.21 |
| 第四章 混凝土及钢筋混凝土工程 | | | | | | |
| A4-1 | 毛石混凝土带形基础 | $10m^3$ | 1614.17 | 254.00 | 1267.00 | 93.17 |
| A4-2 | 混凝土带形基础 | $10m^3$ | 1767.57 | 270.75 | 1387.64 | 109.18 |
| A4-3 | 毛石混凝土独立基础 | $10m^3$ | 1574.58 | 257.50 | 1229.55 | 87.53 |
| A4-4 | 混凝土独立基础 | $10m^3$ | 1764.30 | 266.75 | 1388.37 | 109.18 |
| A4-5 | 杯形基础 | $10m^3$ | 1778.83 | 280.00 | 1389.65 | 109.18 |
| A4-6 | 无梁式满堂基础 | $10m^3$ | 1762.28 | 260.25 | 1392.85 | 109.18 |
| A4-7 | 有梁式满堂基础 | $10m^3$ | 1803.01 | 300.50 | 1393.33 | 109.18 |
| A4-8 | 基础桩承台 | $10m^3$ | 1877.08 | 381.00 | 1386.90 | 109.18 |

表5-6 某省消耗量定额价目汇总表主要材料取定价

| 序号 | 材料名称及规格 | 单位 | 取定价/元 |
| --- | --- | --- | --- |
| 1 | 矿渣硅酸盐水泥32.5级 | t | 290.00 |
| 2 | 矿渣硅酸盐水泥42.5级 | t | 320.00 |
| 3 | 机红砖240mm×115mm×53mm | 块 | 0.13 |
| 4 | 河砾石（卵石）10~40mm | $m^3$ | 31.00 |
| 5 | 碎石 | $m^3$ | 39.00 |
| 6 | 中（粗）砂 | $m^3$ | 33.00 |
| 7 | 水洗中（粗）砂 | $m^3$ | 38.00 |
| 8 | 细砂 | $m^3$ | 27.00 |
| 9 | 生石灰 | t | 70.00 |
| 10 | 工程用水 | $m^3$ | 4.90 |

2）分项工程名称和计量单位要与消耗量定额相一致。

【例5-1】 采用M5混合砂浆砌筑一砖内墙250$m^3$，试根据某省消耗量定额及价目汇总表计算完成该分项工程的定额基价。

【解】 1）根据分项工程的工作内容和某省消耗量定额相应内容，确定套用消耗量定额编号为A3-3（表5-3），其内容如下：每10$m^3$一砖内墙消耗人工14.60工日；每10$m^3$一砖内墙消耗材料为机红砖5.321千块，M5混合砂浆（32.5级水泥）2.37$m^3$，工程用水2.03$m^3$；每10$m^3$一砖内墙消耗机械为200L灰浆搅拌机0.40台班。

2）计算该分项工程人材机消耗量。

人工消耗量为：（14.60×250/10）工日=365工日

材料消耗量为：红砖（5.321×250/10）千块=133.025千块

M5混合砂浆（2.37×250/10）$m^3$=59.25$m^3$

工程用水（2.03×250/10）$m^3$=50.75$m^3$

机械消耗量为：200L灰浆搅拌机（0.40×250/10）台班=10台班

3）计算该分项工程人工费、材料费、机械费及定额基价。

根据某省消耗量定额价目汇总表（表5-5），查A3-3得每10$m^3$一砖内墙：人工费365.00元，材料费925.46元，机械费21.23元，定额基价为1311.69元。

该分项工程的人工费为：（365.00×250/10）元=9125元

材料费为：（925.46×250/10）元=23136.5元

机械费为：（21.23×250/10）元=530.75元

该分项工程的定额基价为：（1311.69×250/10）元=32792.25元

### 2. 消耗量定额的换算

每一个消耗量定额项目，都是针对完成一定的工作内容，使用某种建筑材料及某种建筑机械的情况下，所确定的完成一定计量单位的分项工程或结构构件所需消耗的人工、材料、机械数量。

当施工图设计要求与消耗量定额及价目表的工程内容、材料规格、施工方法等条件不完全相符时，则不可以直接套用，应按照消耗量定额规定的换算方法对项目进行调整换算。

（1）系数换算 系数换算是按消耗量定额说明中规定，用基价的一部分或全部乘以规定的系数得到一个新单价的换算。例如某省建筑工程消耗量定额中规定，机械打桩、打孔，桩间净距小于4倍桩径（桩边长）的，按相应定额项目中的人工、机械乘以系数1.13。

【例 5-2】 砌筑弧形毛石砌体基础 $200m^3$，试根据某省消耗量定额计算该分项工程的人工、材料、机械台班消耗量。

【解】 1）根据分项工程的工作内容和某省消耗量定额的相应内容，确定套用消耗量定额编号 A3-53（直形毛石基础砌筑），其内容如下：每 $10m^3$ 毛石基础消耗人工 11.78 工日；每 $10m^3$ 毛石基础消耗材料为毛石 $11.22m^3$，M5 混合砂浆（32.5 级水泥）$3.93m^3$，工程用水 $1.45m^3$；每 $10m^3$ 毛石基础消耗机械为 200L 灰浆搅拌机 0.66 台班。按定额规定，砌筑弧形石砌体基础，按定额项目人工乘以 1.1 的系数。



2）计算该分项工程人材机消耗量。

人工消耗量为

$$(11.78\times200/10\times1.1)\ \text{工日}=259.16\ \text{工日}$$

材料消耗量为

毛石 $(11.22\times200/10)\ m^3=224.4m^3$

M5 混合砂浆 $(3.93\times200/10)\ m^3=78.6m^3$

工程用水 $(1.45\times200/10)\ m^3=29m^3$

机械消耗量

200L 灰浆搅拌机 $(0.66\times200/10)$ 台班 = 13.2 台班

（2）材料换算

1）砂浆的换算。此类换算的特点是换算时人工费、机械费不变，砂浆用量也不发生变化，只根据不同强度等级或不同配合比进行材料费的调整，即将不同强度等级的砂浆及混凝土的配合比中各种材料的含量进行增减即可。

砂浆不同强度等级及不同配合比的基价换算时可采用如下公式：

换算后基价 = 原定额基价 + 定额消耗量 ×［∑（换入等级材料含量 − 换出等级材料含量）× 材料价格］

【例 5-3】 采用 M7.5 混合砂浆砌筑一砖内墙 $250m^3$，试根据某省消耗量定额及价目汇总表计算完成该分项工程的定额基价。

【解】 1）在例 5-2 中已经计算出 M5 混合砂浆砌筑 $250m^3$ 一砖内墙消耗 M5 混合砂浆（32.5 级水泥）$59.25m^3$，定额基价为 32792.25 元。

2）根据某省《混凝土及砂浆配合比施工机械台班费用定额》，已知每 $m^3$M7.5 混合砂浆中用 32.5 级矿渣硅酸盐水泥 0.276t，中砂 $1.16m^3$，生石灰 0.049t，工程用水 $0.40m^3$；每 $m^3$M5 混合砂浆中用 32.5 级矿渣硅酸盐水泥 0.206t，中砂 $1.16m^3$，生石灰 0.054t，工程用水 $0.40m^3$；根据某省消耗量定额价目表各主要材料的取定价（表 5-6），32.5 级矿渣硅酸盐水泥取定价为 290 元/t，生石灰取定价为 70 元/t，故 M7.5 混合砂浆砌筑一砖内墙 $250m^3$ 的定额基价为：

$$\{32792.25+59.25\times[(0.276-0.206)\times290-(0.054-0.049)\times70]\}\ \text{元}$$
$$=(32792.25+1182.04)\ \text{元}=33974.29\ \text{元}$$

2）混凝土的换算。当设计要求采用的混凝土强度等级、种类与消耗量定额相应子目有不符时，就应进行混凝土强度等级、种类或石子粒径的换算。换算时混凝土用量不变，人工费、机械费不变，只换算混凝土强度等级、种类或石子粒径。换算公式为：

换算后基价 = 原定额基价 + 定额混凝土用量 ×（换入混凝土单价 − 换出混凝土单价）

【例 5-4】 试求 C15 混凝土（碎石最大粒径 20mm）浇筑素混凝土带形基础的基价。

【解】 1）根据某省消耗量定额及价目汇总表定额编号 A4-2（表 5-4 和表 5-5），得，

C15 基价（碎石最大粒径 40mm）= 1767.57 元/$10m^3$，现浇混凝土含量为 10.15$m^3$/$10m^3$。

其中：人工费 = 270.75 元/$10m^3$

材料费 = 1387.64 元/$10m^3$

机械费 = 109.18 元/$10m^3$

根据某省《混凝土及砂浆配合比施工机械台班费用定额》，碎石最大粒径 20mm 的 C15 混凝土配合比为：水泥 0.315t，中砂 0.53$m^3$，碎石 0.84$m^3$，工程用水 0.204$m^3$。C20 混凝土（碎石最大粒径为 40mm）配合比为：水泥 0.347t，中砂 0.46$m^3$，碎石 0.89$m^3$，工程用水 0.189$m^3$。

查表 5-6，可计算出：

C15 混凝土（碎石最大粒径 40mm）单价

$$= (0.315 \times 290 + 0.53 \times 38 + 0.84 \times 39 + 0.204 \times 4.90) \text{元}/m^3 = 145.25 \text{元}/m^3$$

C20 混凝土（碎石最大粒径为 40mm）单价

$$= (0.347 \times 290 + 0.46 \times 38 + 0.89 \times 39 + 0.189 \times 4.90) \text{元}/m^3 = 153.75 \text{元}/m^3$$

C20 混凝土（碎石最大粒径 40mm）浇筑带形基础的定额基价为：

$$A4\text{-}2_{\text{换}} = [1767.57 + 10.15 \times (153.75 - 145.25)] \text{元}/10m^3 = 1853.85 \text{元}/10m^3$$

2）C15 混凝土（碎石最大粒径 20mm）浇筑素混凝土带形基础的定额基价为：

$$A4\text{-}2_{\text{换}}\text{基价} = [1767.57 + 10.15 \times (145.25 - 140.47)] \text{元}/10m^3 = 1816.09 \text{元}/10m^3$$

（3）增减换算　当设计内容与定额内容不同时，根据定额规定通过增减进行换算。如当设计运距与定额运距不同，或设计厚度与定额厚度不同，或设计截面与定额截面不同时，均应进行增减换算。换算价格的计算公式为：

换算价格 = 定额基本价格 ± 与定额内容相差价格

【例 5-5】　正铲挖掘机挖土，自卸汽车运土（运距 5000m）1200$m^3$的价格是多少？

【解】　根据某省建筑工程消耗量定额及价目汇总表中规定，挖掘机挖土、自卸汽车运土的价格为：A1-70 正铲挖掘机，自卸汽车运地运距 1000m 以内 6732.76 元/$1000m^3$，A1-73 自卸汽车运土运距每增 1000m 价格为 1279.92 元/$1000m^3$。

计算每 1000$m^3$的挖运合价为：

$$\left(6732.76 + \frac{5000 - 1000}{1000} \times 1279.92\right) \text{元}/1000m^3 = 11852.44 \text{元}/1000m^3$$

则正铲挖掘机挖土，自卸汽车运土（运距 5000m）1200$m^3$的价格为：

$$(11852.44 \times 1200/1000) \text{元} = 14222.93 \text{元}$$

（4）其他换算　其他换算是指上述几种情况之外按消耗量定额规定的方法进行的换算。例如，某省消耗量定额中，在防腐工程、平面砌块料面层的定额中，用耐酸沥青胶泥在隔离板层上砌砖板时，按相应定额每 100$m^2$减 2.7 工日、冷底子油 48kg。虽然换算没有固定的公式，但换算的思路仍然是在原定额价格的基础上加上换入部分的费用，再减去换出部分的费用。

## 能力训练 5-1　消耗量定额中人工、材料、机械消耗量的确定

【训练目的】　编制 10$m^3$一砖及以上标准砖砌内墙人工、材料及机械消耗量定额。

【能力目标】　通过训练，掌握定额中人工、材料及机械消耗量的计算过程。

【原始资料】

1）国家现行的技术规范、操作规程、质量评定标准，国家和地区的标准图集、通用图集。

2）现行《全国建筑安装统一劳动定额》《机械台班使用定额》。

3）国家和各地区以往颁发的各施工定额、预算定额及其他基础资料。

4）现场调查资料和其他省市的消耗量定额等。

【训练步骤】

1. 计算人工消耗定额

人工消耗定额计算见表5-7。



**表5-7 人工消耗定额计算表**

章名称：砌筑工程　　　　节名称：砌砖　　　　项目名称：内墙

子目名称：一砖及以上　　　　定额单位：$10m^3$

| 工程内容 | 调、运、铺砂浆，运砖、砌砖（包括墙体窗台虎头砖、腰线、门窗套、安放木砖、铁件等） | | | | | | |
|---|---|---|---|---|---|---|---|
| 综合权数 | 1砖70%：其中双面清水墙20%，单面清水墙20%，混水墙60%<br>1.5砖30%：其中双面清水墙20%，单面清水墙25%，混水墙55% | | | | | | |
| 施工操作工序名称及工作量 | | | | 劳动定额 | | | 计算结果 |
| 人工消耗量分类 | 名　称<br>(1) | 数　量<br>(2) | 单位<br>(3) | 定额编号<br>(4) | 工种<br>(5) | 时间定额<br>(6) | 工日数<br>(7) |
| 基本用工 | 双面清水墙1砖 | 10×70%×20%=1.40 | $m^3$ | 4-2-5（一） | 瓦工 | 1.2 | 1.68 |
| | 单面清水墙1砖 | 10×70%×20%=1.40 | $m^3$ | 4-2-10（一） | 瓦工 | 1.16 | 1.624 |
| | 混水墙1砖 | 10×70%×60%=4.20 | $m^3$ | 4-2-16（一） | 瓦工 | 0.972 | 4.082 |
| | 双面清水墙1.5砖 | 10×30%×20%=0.60 | $m^3$ | 4-2-6（一） | 瓦工 | 1.14 | 0.684 |
| | 单面清水墙1.5砖 | 10×30%×25%=0.75 | $m^3$ | 4-2-11（一） | 瓦工 | 1.08 | 0.81 |
| | 混水墙1.5砖 | 10×30%×55%=1.65 | $m^3$ | 4-2-17（一） | 瓦工 | 0.945 | 1.559 |
| | 墙心烟囱孔等加工 | 3.5 | m | 4-加工表-4 | 瓦工 | 0.05 | 0.175 |
| | 明暗管槽加工 | 1.0 | m | 4-加工表-5 | | 0.015 | 0.015 |
| | 预留抗震柱孔加工 | 3.0 | m | 4-加工表-9 | | 0.05 | 0.15 |
| | 抹找平层 | 1.0 | $m^2$ | 4-加工表-10 | | 0.08 | 0.08 |
| | 壁橱、吊柜等加工 | 0.1 | 个 | 4-加工表-11 | | 0.15 | 0.015 |
| | 框架预埋钢筋剔出 | 1.0 | m | 4-加工表-17 | | 0.015 | 0.015 |
| 超运距用工 | 超运距：运砂30m | 2.75 | $m^3$ | 4-15-192（九） | | 0.0453 | 0.12 |
| | 运石灰膏50m | 0.22 | $m^3$ | 4-15-193（八） | | 0.128 | 0.03 |
| | 运砖120m | 10 | $m^3$ | 4-15-178（一） | | 0.139 | 1.39 |
| | 运砂浆130m | 10 | $m^3$ | 4-15-(178－177＋178)（二） | | 0.055 | 0.55 |
| 辅助用工 | 筛砂子 | 2.75 | $m^3$ | 1－4－83＋0.3×0.25 | | 0.211 | 0.58 |
| | 淋石灰膏 | 0.22 | $m^3$ | 1-4-95 | | 0.5 | 0.11 |
| | 扣砂浆搅拌机人工 | | 工日 | | | | −0.396 |
| | 小　计 | | | | | | 13.27 |
| 人工幅度差10% | 13.27×10%=1.327 | | | | | | 14.60 |
| 合计 | 13.27＋1.327＝14.60 | | | | | | |

注：1. 表中（2）数量如双面清水墙1砖：10×70%×20%＝1.4。

2. 表中（3）、（4）、（5）、（6）数据来源于《全国建筑安装工程统一劳动定额》。

3. 表中（7）工日数如双面清水墙1砖：1.4×1.2＝1.68。

2. 计算材料消耗定额（表5-8）。

**表5-8 材料消耗定额计算表** 定额单位：$10m^3$

<table>
<tr><td>计算依据或说明</td><td colspan="6">1. 内墙梁头、梁垫等扣减体积0.233%<br>2. 综合权数取定：1砖墙70%，1.5砖墙30%<br>3. $10m^3$砌体减40块砖体积，相应增加40块砖体积的砂浆</td></tr>
<tr><td rowspan="9">计算过程</td><td colspan="6">$1m^3$的1砖厚砌体中：砖 $\frac{2}{0.24\times0.063\times0.25}m^3=529.10m^3$<br>砂浆 $(1-529.10\times0.0014628)\ m^3=0.226m^3$<br>$1m^3$的1.5砖厚砌体中：砖 $\frac{2}{0.365\times0.063\times0.25}m^3=347.90m^3$<br>砂浆 $(1-347.90\times0.0014628)\ m^3=0.49m^3$</td></tr>
<tr><td colspan="6">计算$10m^3$一砖及以上内墙砖砌体用砖、砂浆</td></tr>
<tr><td colspan="2">1砖墙 $10m^3\times70\%=7m^3$</td><td colspan="2">529.10×7=3703.70</td><td colspan="2">0.226×7=1.5820</td></tr>
<tr><td colspan="2">1.5砖墙 $10m^3\times30\%=3m^3$</td><td colspan="2">347.90×3=1043.7</td><td colspan="2">0.2366×3=0.7098</td></tr>
<tr><td colspan="2">小　计</td><td colspan="2">4747.4</td><td colspan="2">2.2918</td></tr>
<tr><td rowspan="2">扣减</td><td>扣减0.233%</td><td colspan="2">4747.4×（1−0.233%）=4736.34</td><td colspan="2">2.2918×（1−0.233%）=2.2865</td></tr>
<tr><td>减40块砖增砂浆</td><td colspan="2">−40</td><td colspan="2">40×0.24×0.115×0.053=0.0585</td></tr>
<tr><td colspan="2">小　计</td><td colspan="2">4696.34</td><td colspan="2">2.345</td></tr>
<tr><td colspan="6">计算$10m^3$一砖及以上内墙砖砌体用水，其中：<br>浸砖用水：$(5.2169\times2.5\times0.125)\ m^3=1.63m^3$<br>冲洗砂浆搅拌机用量：$(0.396\times1.0)\ m^3=0.396m^3$<br>小　计：$2.03m^3$</td></tr>
<tr><td rowspan="4">材料汇总</td><td>名称</td><td>规格</td><td>单位</td><td>净用量</td><td>损耗率</td><td>消耗量</td></tr>
<tr><td>标准砖</td><td></td><td>千块</td><td>5.217</td><td>2%</td><td>5.321</td></tr>
<tr><td>砂浆</td><td>M5</td><td>$m^3$</td><td>2.345</td><td>1%</td><td>2.37</td></tr>
<tr><td>水</td><td></td><td>$m^3$</td><td>2.03</td><td></td><td>2.03</td></tr>
</table>

注：1. 浸砖用水按砖重量的12.5%计算，每千块砖重按2.5t计。

2. 冲洗砂浆搅拌机用量按每台班$1m^3$计算。

3. 计算机械台班消耗量（表5-9）。

**表5-9 机械台班消耗量计算表** 定额单位：$10m^3$

<table>
<tr><td>工程内容</td><td colspan="9">调、运砂浆，运砖、砌砖（包括墙体窗台虎头砖、腰线、门窗套、安放木砖、铁件等）</td></tr>
<tr><td rowspan="3">机械台班计算</td><td colspan="3">施工操作</td><td colspan="2">机械</td><td colspan="2">台班产量定额</td><td colspan="2">机械消耗量</td></tr>
<tr><td>工序</td><td>数量</td><td>单位</td><td>名称</td><td>规格</td><td>编号</td><td>台班产量</td><td>计算过程</td><td>机械消耗量</td></tr>
<tr><td>砂浆搅拌</td><td>2.37</td><td>$m^3$</td><td>砂浆搅拌机</td><td></td><td></td><td>$6m^3$/台班</td><td>2.37/6=0.395</td><td>0.40台班</td></tr>
</table>

注：1. $2.37m^3$为$10m^3$砌体中砂浆数量，由材料消耗表确定。

2. 台班产量定额由《机械台班使用定额》查得。

**【注意事项】** 在计算各资源消耗量时，应严格依据已有定额，考虑当前生产力水平，结合施工新工艺、新要求进行确定。

**【讨论】** 表5-7～表5-9中的人工、材料、机械消耗量是以全国建筑工程统一劳动定额为基础编制的，那么各施工企业在确定自己企业内部使用的企业定额时，人工、材料、机械消耗量该如何确定？

## 任务3 工程量清单计价方法

### 一、招标控制价（或投标报价）的计算方法

工程量清单计价是以招标人提供的工程量清单为平台，投标人根据自身的技术、财务、管理能力进行投标报价，招标人根据具体的评标细则进行优选。这种计价方式是建筑市场定价体系的具体表现形式，因此在市场经济比较发达的国家，工程量清单计价法非常流行。随着我国建设市场的不断成熟和发展，工程量清单计价方法也必然会越来越成熟和规范。

工程量清单计价的基本过程可以描述为：在国家规定的统一的工程量计算规则的基础上，根据具体工程的施工图纸计算出各个清单项目的工程量，编制工程量清单，再根据各种渠道所获得的工程造价信息和经验数据计算得到工程造价。这一基本过程如图5-7所示。

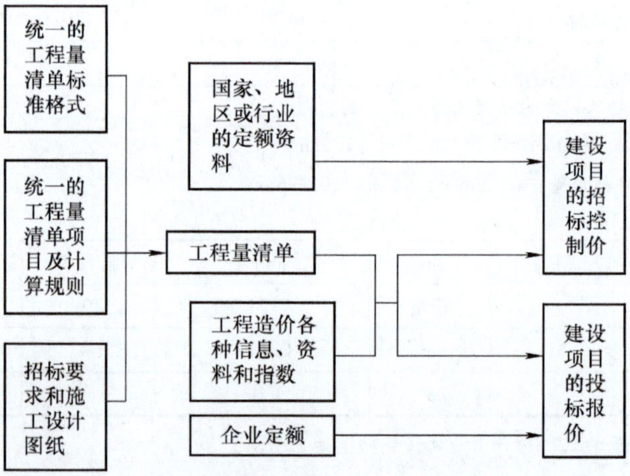


图5-7 工程量清单计价过程

从工程量清单计价过程的示意图中可以看出，其编制过程可以分为两个阶段：工程量清单的编制和利用工程量清单来编制招标控制价或投标报价。

“计价规范”规定，工程量清单计价应包括按招标文件规定，完成工程量清单所列项目的全部费用，包括分部分项工程费、措施项目费、其他项目费和规费、税金。

（一）分部分项工程费的计算

分部分项工程费是指完成在工程量清单列出的各分部分项清单工程量所需的费用。

分部分项工程费计价应采用综合单价计价。

综合单价指完成一个规定清单项目所需的人工费、材料费、施工机械使用费、企业管理费、利润以及由投标人承担的风险费用，即

分部分项工程综合单价 = 人工费 + 材料费 + 施工机械使用费 + 企业管理费 + 利润 + 由投标人承担的风险费用

（1）人工费、材料费、施工机械使用费　招标控制价，其“工、料、机消耗量”和

“单价”应根据国家或省级、行业建设主管部门颁发的计价定额和计价办法、工程造价管理机构发布的工程造价信息等进行编制。

投标报价由投标人自主确定，即“工、料、机消耗量”和“单价”应依据企业定额和市场价格信息，或参照建设主管部门发布的计价办法等资料进行编制。

由此看来，清单计价模式下的投标报价，其“工、料、机消耗量”及“单价”的形成，要根据企业自身的施工水平、技术及机械装备力量，管理水平，材料、设备的进货渠道、市场价格信息等确定。要做好投标报价工作，企业就要逐步建立根据本企业施工技术管理水平制定的企业定额，即供本企业使用的人工、材料、施工机械消耗量标准，以反映企业的个别成本。同时还要收集工程价格信息，包括：本地区、其他地区人工价格信息、工程材料价格信息、设备价格信息及工程施工机械租赁价格信息等，把收集的价格信息通过整理、统计、分析，以预测价格变动趋势，力保在报价中把风险因素降到最低。因清单计价是合理低价中标，投标人要想中标并获利，就得采取合理施工组织方案、先进的施工技术、科学的管理方式等措施来降低工程成本。

（2）企业管理费　企业管理费的计算可用下式表示：

$$企业管理费 = 取费基数 \times 管理费率（\%）$$

其中取费基数可按以下三种情况取定：人工费、材料费、机械费合计；人工费和机械费合计；人工费。

企业管理费率取定，对于招标人编制招标控制价，应根据省级、行业建设主管部门发布的企业管理费率来确定，对于投标人投标报价应根据本企业管理水平，同时考虑竞争的需要来确定，若无此报价资料时，可以参考省级、行业建设主管部门发布企业管理费浮动费率执行。

（3）利润　在工程量清单计价模式下，利润不单独体现，而是被分别计入各清单项目当中。其计算式可表示为：

$$利润 = 取费基数 \times 利润率（\%）$$

取费基数可以以“人工费”或“人工费、机械费合计”或“人工费、材料费、机械费合计”为基数来取定。

利润率取定，对于招标人编制招标控制价，应根据省级、行业建设主管部门发布的利润率来确定。对于投标人，投标报价应根据拟建工程的竞争激烈程度和其他投标单位竞争实力来取定。

（4）考虑风险因素增加费　风险是指发承包双方在招投标活动和合同履约及施工过程中涉及工程计价方面的风险。“计价规范”规定：采用工程量清单计价的工程，应在招标文件或合同中明确风险内容及其范围（幅度），并应按风险共担的原则，对风险进行合理分摊，具体内容如下：

1）对于主要由市场价格波动导致的价格风险，如工程造价中的建筑材料、燃料等价格风险，发承包双方应当在招标文件中或在合同中对此类风险进行合理分摊，明确约定风险的范围和幅度。根据工程特点和工期要求，承包人可承担5%以内的材料价格风险，10%的施工机械使用费的风险。

2）对于法律、法规、规章或有关政策出台导致工程税金、规费、人工发生变化，并由省级、行业建设行政主管部门或其授权的工程造价管理机构根据上述变化发布的政策性调整，承包人不应承担此类风险，应按照有关调整规定执行。

3）对于承包人根据自身技术水平、管理、经营状况能够自主控制的风险，如承包人的管理费、利润的风险，承包人应根据企业自身实际，结合市场情况合理确定、自主报价，该部分风险由承包人全部承担。

（5）分部分项工程费计算方法　按综合单价法计算，具体步骤如下：

1）分析工程量清单中“项目名称”一栏内提供的施工过程，结合企业定额或各省、直辖市建设行政主管部门颁布的消耗量定额各子目的工作内容，确定与其相应的定额子目。

分析清单项目名称下面的工作内容时，要结合“计价规范”中相应项目的工作内容进行，因为清单项目包括的工作内容与消耗量定额或企业定额中子目不是一一对应的。例如清单项目挖基础土方的工程内容包括开挖、地基钎探、土方运输等，而某省消耗量定额中只包括挖土方及场内一定范围的运输，基底钎探、土方运输是另列定额子目反映工作内容的，所以不论是招标人确定招标控制价，还是投标人投标报价，都要根据所采用的定额，先确定清单项目所综合的分项工程，然后进行组价。

2）根据计价定额规定的工程量计算规则，计算清单项目所组合的分项工程工程量。确定清单项目综合单价时，所依据的计价定额工程量计算规则不一定和“计量规范”附录中相应项目所规定的规则一致，另有些清单项目综合了好几个分项工程，因而确定清单项目综合单价时，要依据计价定额工程量计算规则将各分项工程工程量一一计算出来。

3）对每个清单项目所包括的分项工程进行计价，最终得到清单项目的综合单价。将每个清单项目所分解的分项工程工程量，套用计价定额得到人工、材料、机械消耗量，然后根据市场人工单价、材料价格及机械台班单价，进行人工费、材料费及机械费的计算，然后再考虑企业管理费和利润，合计得出本清单项目的合价，最后除以清单工程量，即得本分部分项清单项目的综合单价。

各清单项目的综合单价和相应清单工程量的乘积即为各分部分项工程费。

分部分项工程清单项目综合单价 = Σ（清单项目所含分项工程内容的单价 × 分项工程工程量）÷相应清单项目工程量

分部分项工程费 = Σ（分部分项工程量清单项目的综合单价 × 相应清单项目工程量）

具体计价程序详见表5-10。

**表5-10　清单项目综合单价计算程序**

| 序号 | 费用项目 | 计费基础及计算公式 | |
|---|---|---|---|
| | | （人+材+机）费 | 人工费 |
| 1 | （人+材+机）费/人工费 | （人+材+机） | 人工费 |
| 2 | 企业管理费 | 1×管理费率 | 1×管理费率 |
| 3 | 利润 | 1×利润率 | 1×利润率 |
| 4 | 综合单价 | 1+2+3 | 1+2+3 |

清单项目综合单价的确定

**【例5-6】**　要求确定项目2分部分项工程量清单中挖一般土方清单项目的价格。

**【解】**　项目2挖一般土方清单项目见表5-11。

表 5-11　分部分项工程量清单与计价表

工程名称：×××　　　　标段：　　　　第　页共　页

| 序号 | 项目编码 | 项目名称 | 项目特征描述 | 计量单位 | 工程量 | 金额/元 | | |
|---|---|---|---|---|---|---|---|---|
| | | | | | | 综合单价 | 合价 | 其中：暂估价 |
| A.1 土（石）方工程 | | | | | | | | |
| 1 | 010101003001 | 挖一般土方 | 挖基础土方<br>Ⅱ类土，大面积土方开挖，3:7 灰土换土垫层，底面积为 600.85m²，挖土深度 2.3m，弃土运距 3km | m³ | 1452.92 | | | |

【解】 1. 确定清单项目所综合的分项工程

由表 5-11 项目特征描述及结合“计量规范”中相应项目所完成的工作内容可知，挖基础土方清单项目综合的工作内容有：挖土方、地基钎探、土方运输。以某省消耗量定额为依据确定该清单项目的综合单价，以上三项工作内容按组价定额要分别编码列项。

2. 计算定额工程量

计算定额工程量，即按照计价定额工程量计算规则，计算的清单项目所综合的分项工程工程量。

（1）地基钎探　工程量计算规则：按开挖基坑的底面积计算。本工程系大开挖，基坑底面积为 600.85$m^2$，则地基钎探工程量为 600.85$m^2$。

（2）挖土方　工程量计算规则：按实挖体积计算，即要考虑放坡、增加工作面后的实际挖方量。

根据项目 6 第一部分的施工图纸，其基础垫层下有 3:7 换土垫层，且 3:7 换土垫层每边宽出基础 1000mm，清单工程量就是按 3:7 换土垫层底面积乘以挖土深度计算的，即定额工程量同清单工程量，为 1452.92$m^3$。

因基础垫层下有 3:7 换土垫层，故挖土采用机械挖土，而某省消耗量定额规定，机械挖土工程量按机械挖土方 90%，人工挖土方 10% 计算，当机械挖土方单位工程量小于 2000$m^3$，单价乘以 1.1，且人工挖土部分按相应定额项目人工乘以系数 1.5。故本例中挖土包括机械挖土和人工挖土两部分。

$$\text{机械挖土工程量} = 1452.92\text{m}^3 \times 90\% = 1307.63\text{m}^3$$

$$\text{人工挖土工程量} = 1452.92\text{m}^3 \times 10\% = 145.29\text{m}^3$$

（3）土方运输　现场无堆土地点，全部运出，即土方运输工程量同挖土方量。则运土工程量为 1452.92$m^3$，运距 3km。

3. 基础土方清单项目综合单价计算（表 5-12）

以地基钎探为例，计算综合单价，其定额工程量为 600.85$m^2$。

查某省消耗量定额 A1-2 地基钎探，得每 100$m^2$ 人工工日消耗为 5.44 工日，并知某省综合人工市场单价为 57 元/工日，故

$$\text{人工费} = (57 \times 5.44 \times 600.85/100)\text{元} = 1863.12\text{元}$$

$$\text{人工费单价(按清单项目折算)} = (1863.12/1452.92)\text{元} = 1.28\text{元}$$

无材料费及机械费。

又知根据某省费用定额，企业管理费及利润计费基础为人材机合计，费率分别为6.39%、6.20%。

企业管理费 = 1863.12 元 × 6.39% = 119.05 元

企业管理费单价 = （119.05/1452.92）元 = 0.08 元

利润 = 1863.12 元 × 6.2% = 115.51 元

利润单价 = (115.51/1452.92) 元 = 0.08 元



故地基钎探的综合单价(不考虑风险因素)为 (1.28 + 0.08 + 0.08) 元 = 1.44 元

同理可计算出其他分项工程项目的综合单价，计算过程略。

挖一般土方清单项目综合单价计算结果见表5-12。分部分项工程项目清单与计价表见表5-13。

**表5-12 挖一般土方清单项目综合单价分析表**

| 项目编码 | | 010101003001 | | 项目名称 | | 挖一般土方 | | 计量单位 | $m^3$ | 工程量 | 1452.92 |
|---|---|---|---|---|---|---|---|---|---|---|---|
| 清单综合单价组成明细 | | | | | | | | | | | |
| 定额编号 | 定额项目名称 | 定额单位 | 数量 | 单价/元 | | | | 合价/元 | | | |
| | | | | 人工费 | 材料费 | 机械费 | 管理费和利润 | 人工费 | 材料费 | 机械费 | 管理费和利润 |
| A1-2 | 基底钎探 | $100m^2$ | 0.0041 | 310.08 | 0 | 0 | 39.04 | 1.28 | 0 | 0 | 0.16 |
| A1-41换 | 反、拉铲挖掘机挖土、自卸汽车运土，单价×1.1，实际运距3000m | $1000m^3$ | 0.0009 | 376.2 | 73.92 | 13468.46 | 1752.35 | 0.34 | 0.07 | 12.12 | 1.58 |
| A1-4换 | 人工挖土方，普硬土，深度2m以内，人工×1.5 | $100m^3$ | 0.001 | 2362.37 | 0 | 0 | 297.43 | 2.36 | 0 | 0 | 0.3 |
| A1-42换 | 装载机装自卸汽车运输，实际运距3000m | $1000m^3$ | 0.0001 | 342 | 0 | 11026.75 | 1431.31 | 0.03 | 0 | 1.10 | 0.14 |
| 人工单价 | | 小计 | | | | | | 4.02 | 0.07 | 13.22 | 2.18 |
| 综合工日57元/工日 | | 未计价材料费 | | | | | | 0 | | | |
| 清单项目综合单价 | | | | | | | | 19.49 | | | |
| 材料费明细 | 主要材料名称、规格、型号 | | | | | 单位 | 数量 | 单价/元 | 合价/元 | 暂估单价/元 | 暂估合价/元 |
| | 其他材料费 | | | | | | | — | 0.07 | — | |
| | 材料费小计 | | | | | | | — | 0.07 | — | |

**表 5-13　分部分项工程项目清单与计价表**

| 序号 | 项目编码 | 项目名称 | 项目特征描述 | 计量单位 | 工程量 | 金额/元 | | |
|---|---|---|---|---|---|---|---|---|
| | | | | | | 综合单价 | 合价 | 其中：暂估价 |
| 2 | 010101003001 | 挖一般土方 | Ⅱ类土，大面积土方开挖，3:7灰土填料底面积为 600.85$m^2$，挖土深度 2.3m，弃土运距 3km | $m^3$ | 1452.92 | 19.49 | 28317.41 | |

（二）措施项目费的计算

措施项目费是指为完成工程项目施工，发生于该工程施工准备和施工过程中的技术、生活、安全、环境保护等方面的非工程实体项目的费用，它包括总价措施项目费和单价措施项目费。

单价措施项目是可以计算工程量的措施项目，应按分部分项工程量清单的方式采用综合单价计价。总价措施项目可以项为单位的方式计价，应包括除规费、税金外的全部费用，总价措施项目费用的发生和金额的大小，与使用时间、施工方法或者两个以上工序相关，与实际完成的实体工程量的多少关系不大，典型的是文明施工和安全防护、临时设施等；安全文明施工费应按照国家或省级、行业建设主管部门的规定计价，不得作为竞争性费用。

框架柱模板项目清单计价

### 1. 单价措施项目费的计算

在建筑工程中，单价措施有混凝土、钢筋混凝土模板及支架工程，脚手架工程，垂直运输等，适宜采用分部分项工程量清单方式以综合单价计价。具体做法程序见表 5-14。

**表 5-14　单价措施项目计算程序**

| 序号 | 费用项目 | 计费基础及计算公式 | |
|---|---|---|---|
| | | （人 + 材 + 机）费 | 人工费 |
| 1 | 分项措施费 | （人 + 材 + 机）费 | 人工费 |
| 2 | 企业管理费 | 1 × 相应管理费率 | 1 × 相应管理费率 |
| 3 | 利润 | 1 × 相应利润率 | 1 × 相应利润率 |
| 4 | 综合单价 | 1 + 2 + 3 | 1 + 2 + 3 |
| 5 | 合价 | 4 × 清单工程量 | 4 × 清单工程量 |

**【例 5-7】** 如某招标文件中的措施项目清单与计价表见表 5-15，试确定其综合单价。

**表 5-15　措施项目清单与计价表**

工程名称：× × 办公楼工程

| 序号 | 项目编码 | 项目名称 | 项目特征描述 | 计量单位 | 工程量 | 金额/元 | | |
|---|---|---|---|---|---|---|---|---|
| | | | | | | 综合单价 | 合价 | 其中：暂估价 |
| 1 | 011701006001 | 主体施工满堂脚手架 | 钢管扣件式脚手架、一层层高 4.80m | $m^2$ | 416.22 | | | |

**【解】** 按某省建筑工程消耗量定额及费用定额确定其综合单价，执行定额编号为

A13-12，满堂脚手架 3.3m 以内和 A13-13 满堂脚手架 10m 以内每增加 1.2m，管理费率为 6.39%，利润率为 6.20%，计费基础均为定额人工、材料、机械；定额工程量计算规则与清单工程量计算规则一致。

1. A13-12 满堂脚手架 3.3m 以内

人工费：254.22 元/100$m^2$

材料费：426.29 元/100$m^2$

机械费：15.71 元/100$m^2$

企业管理费：(254.22 + 426.29 + 15.71) 元/100$m^2$ × 6.39% = 44.49 元/100$m^2$

利润：(254.22 + 426.29 + 15.71) 元/100$m^2$ × 6.20% = 43.17 元/100$m^2$

合价：(254.22 + 426.29 + 15.71 + 44.49 + 43.17) 元/100$m^2$ = 783.88 元/100$m^2$

2. A13-13 满堂脚手架 10m 以内每增加 1.2m

人工费：109.44 元/100$m^2$

材料费：13.22 元/100$m^2$

机械费：3.93 元/100$m^2$

企业管理费：(109.44 + 13.22 + 3.93) 元/100$m^2$ × 6.39% = 8.09 元/100$m^2$

利润：(109.44 + 13.22 + 3.93) 元/100$m^2$ × 6.20% = 7.85 元/100$m^2$

合价：(109.44 + 13.22 + 3.93 + 8.09 + 7.85) 元/100$m^2$ = 142.53 元/100$m^2$

以上两项构成 011701006001 主体施工满堂脚手架的合价为：

(783.88 + 142.53) 元/100$m^2$ = 926.41 元/100$m^2$

其综合单价为：926.41 元/100$m^2$ ÷ 100 = 9.26 元/$m^2$

3. 一层主体施工满堂脚手架的总价

(9.26 × 416.22) 元 = 3854.20 元

一层主体满堂脚手架综合单价分析表见表 5-16，措施项目清单与计价表见表 5-17。

**表 5-16 一层主体满堂脚手架综合单价分析表**

| 项目编码 | | 011701006001 | | 项目名称 | | 主体施工满堂脚手架 | | 计量单位 | $m^2$ | 工程量 | 416.22 |
|---|---|---|---|---|---|---|---|---|---|---|---|
| 清单综合单价组成明细 | | | | | | | | | | | |
| 定额编号 | 定额项目名称 | 定额单位 | 数量 | 单价/元 | | | | 合价/元 | | | |
| | | | | 人工费 | 材料费 | 机械费 | 企业管理费和利润 | 人工费 | 材料费 | 机械费 | 企业管理费和利润 |
| A13-12 | 满堂脚手架 3.3m 以内 | 100$m^2$ | 0.01 | 254.22 | 426.29 | 15.71 | 87.66 | 2.54 | 4.26 | 0.16 | 0.88 |
| A13-13 | 满堂脚手架 10m 以内每增加 1.2m | 100$m^2$ | 0.01 | 109.44 | 13.22 | 3.93 | 15.94 | 1.09 | 0.13 | 0.04 | 0.16 |
| 人工单价 | | 小计 | | | | | | 3.64 | 4.4 | 0.2 | 1.04 |
| 综合工日 57 元/工日 | | 未计价材料费 | | | | | | 0 | | | |

（续）

| 清单项目综合单价 | | | | 9.26 | | | |
|---|---|---|---|---|---|---|---|
| 材料费明细 | 主要材料名称、规格、型号 | 单位 | 数量 | 单价/元 | 合价/元 | 暂估单价/元 | 暂估合价/元 |
| | 其他锯材 | $m^3$ | 0 | 1610 | 0 | | |
| | 镀锌铁丝 | kg | 0.4933 | 4.9 | 2.42 | | |
| | 圆钢 11~20mm | t | 0 | 3700 | 0 | | |
| | 其他材料费 | | | — | 1.84 | — | 0 |
| | 材料费小计 | | | — | 4.26 | — | 0 |

**表 5-17　一层主体满堂脚手架措施项目清单与计价表**

工程名称：××办公楼工程

| 序号 | 项目编码 | 项目名称 | 项目特征描述 | 计量单位 | 工程量 | 金额/元 | | |
|---|---|---|---|---|---|---|---|---|
| | | | | | | 综合单价 | 合价 | 其中：暂估价 |
| 46 | 011701006001 | 主体施工满堂脚手架 | 钢管扣件式脚手架、一层层高 4.80m | $m^2$ | 416.22 | 9.26 | 3854.20 | |

## 2. 总价措施项目费的计算

总价措施项目是不宜计算工程量的措施项目，是按单位工程考虑且以项为单位的方式计价，应包括除规费、税金外的全部费用，其计算程序见表 5-18。编制标底时，每一单项组织措施费可按人工费占 20%，材料费占 70%，机械费占 10% 计算；投标报价时，每一单项施工组织措施中的人工、材料和机械，可参照本比例或根据施工组织设计确定。建筑工程一般有安全文明施工、夜间施工、二次搬运、冬雨季施工等。

**表 5-18　总价措施项目费计算程序**

| 序号 | 费用项目 | 计费基础及计算公式 | |
|---|---|---|---|
| | | Σ分部分项工程量清单项目的（人＋材＋机）费 | Σ分部分项工程量清单项目工日消耗量×人工单价 |
| 1 | （人＋材＋机）费/人工费 | Σ分部分项工程量清单项目的（人＋材＋机）费 | Σ分部分项工程量清单项目工日消耗量×人工单价 |
| 2 | 单位工程分项措施费 | 1×相应措施费率 | 1×相应措施费率 |
| 3 | 企业管理费 | 2×相应管理费率 | 2×相应管理费率 |
| 4 | 利润 | 2×相应利润率 | 2×相应利润率 |
| 5 | 综合单价 | 2＋3＋4 | 2＋3＋4 |

【例 5-8】 如××办公楼招标工程量清单中的措施项目清单与计价表见表 5-19，试确定其金额。

表 5-19 总价措施项目清单与计价表

工程名称：××办公楼建筑及装饰装修工程

| 序号 | 项目编码 | 项目名称 | 计算基础 | 费率（%） | 金额/元 |
|---|---|---|---|---|---|
| 1 | 011707001001 | 安全文明施工 | | | |
| 2 | 011707004001 | 二次搬运 | | | |
| 3 | 011707002001 | 夜间施工 | | | |
| 合计 | | | | | |

【解】 安全文明施工费包括文明施工、安全施工、临时设施等内容，根据某省费用定额，建筑工程总价措施项目的计费基础为分部分项工程费中人、材、机费之和，相应费率为：文明施工 0.53%，生活性临时设施 0.64%，生产性临时设施 0.41%，安全施工 0.67%，共计 2.25%。二次搬运费费率和夜间施工费费率均为 0.15%。

因措施项目的管理费率、利润率与分部分项工程项目相同，故在计算中用分部分项工程费直接乘以总价措施项目费率即可。

总价措施项目费 = 分部分项工程费 × 总价措施费费率

本工程建筑工程分部分项工程费为 593427.78 元，安全文明施工费率为 2.25%，故

安全文明施工费 = 593427.78 元 × 2.25% = 13352.13 元

二次搬运费 = 593427.78 元 × 0.15% = 890.14 元

夜间施工费 = 593427.78 元 × 0.15% = 890.14 元

本工程总价措施项目费计算结果见表 5-20。

表 5-20 总价措施项目清单与计价表

| 序号 | 项目编码 | 项目名称 | 计算基础 | 费率（%） | 金额/元 |
|---|---|---|---|---|---|
| 1 | 011707001001 | 安全文明施工 | | 2.25 | 13352.13 |
| 2 | 011707004001 | 二次搬运 | 分部分项工程费 | 0.15 | 890.14 |
| 3 | 011707002001 | 夜间施工 | | 0.15 | 890.14 |
| 合计 | | | | | 15132.41 |

总价措施项目清单列项和计价

（三）其他项目费计算

其他项目费包括暂列金额，暂估价（包括材料暂估单价、专业工程暂估价），计日工，总承包服务费。

**1. 编制招标控制价时其他项目费的计算**

（1）暂列金额　暂列金额由招标人根据工程复杂程度、设计深度、工程环境条件等特点，一般可以分部分项工程费的 10% ~ 15% 为参考，在招标工程量清单中列出，确定控制价应按工程量清单中列出的金额填写。

（2）暂估价　暂估价中的材料单价按照工程造价管理机构发布的工程造价信息或参考市场价格确定，在招标工程量清单中列出，确定控制价应按工程量清单中列出的单价计入综合单价；暂估价中的专业工程暂估价应分不同专业，按有关计价规定估算，在招标工程量清

单中列出。确定控制价应按工程量清单中列出的金额填写。

(3) 计日工　在编制招标控制价时，应按工程量清单中列出的项目根据施工特点和有关计价依据确定综合单价计算。

(4) 总承包服务费　编制招标控制价时，应根据招标工程量清单列出的内容和要求估算。可参照下列标准计算：

1) 招标人仅要求对分包的专业工程进行总承包管理和协调时，按分包的专业工程估算造价的1.5%计算。

2) 招标人要求对分包的专业工程进行总承包管理和协调并同时提供配合服务时，根据招标文件中列出的配合服务内容和提出的要求，按分包的专业工程估算造价的3%～5%计算。



3) 招标人自行供应材料的，按招标人供应材料价值的1%计算。

### 2. 投标报价时其他项目费的确定

1) 暂列金额应按照招标工程量清单中列出的金额填写。

2) 材料、工程设备暂估价应按照招标工程量清单中列出的单价计入综合单价；专业工程暂估价应按照招标工程量清单中列出的金额填写。

3) 计日工应按招标工程量清单中列出的项目和数量，由投标人自主确定各项综合单价并计算计日工金额。

4) 总承包服务费应由投标人依据招标人在招标文件中列出的分包专业工程内容和供应材料、设备情况，以及招标人提出的协调、配合与服务要求和施工现场管理需要自主确定。

计日工综合单价计算程序见表5-21。

**表5-21　计日工综合单价计算程序**

| 序号 | 费用项目组成 | 人工费综合单价 | 材料费综合单价 | 机械台班综合单价 |
|---|---|---|---|---|
| 1 | 基本单位人工费 | A | | |
| | 基本单位材料费 | | B | |
| | 基本单位机械费 | | | C |
| 2 | 企业管理费 | 1A×相应费率 | 1B×相应费率 | 1C×相应费率 |
| 3 | 利润 | 1A×相应利润率 | 1B×相应利润率 | 1C×相应利润率 |
| 4 | 综合单价 | 1A+2+3 | 1B+2+3 | 1C+2+3 |
| 5 | 计日工计价合计 | Σ（工日数量×人工费综合单价）+Σ（材料数量×材料费综合单价）+Σ（机械台班数量×机械台班综合单价） | | |

**【例5-9】** 确定能力训练1-3其他项目清单各项费用的计算。

**【解】** 其他项目清单的编制包括暂列金额，暂估价（包括材料暂估单价、专业工程暂估价），计日工，总承包服务费。

1) 本工程招标工程量清单中暂列金额为50000万元；材料暂估价计入工程量清单综合单价报价中，不在其他项目费中计算，专业工程暂估价是指塑钢窗专业工程，暂估价为10000元。

2) 按招标人的要求，将塑钢窗进行分包，因此计取总承包服务费，按塑钢窗工程工程费的5%计取，具体为：10000元×5%＝500元。

3）其他项目清单中计日工见表5-22。

表5-22 计日工项目表

工程名称：×××办公楼工程

| 序号 | 名称 | 计量单位 | 数量 |
|---|---|---|---|
| 1 | 人工<br>（1）普工<br>（2）瓦工<br>（3）抹灰工 | <br>工日<br>工日<br>工日 | <br>50<br>30<br>30 |
| | 小计 | | |
| 2 | 材料<br>42.5级矿渣水泥 | <br>kg | <br>300 |
| | 小计 | | |
| 3 | 机械<br>载重汽车 | <br>台班 | <br>20 |
| | 小计 | | |

根据某省建筑市场价格，确定普工人工单价为70元/工日，瓦工人工单价为75元/工日，抹灰工人工单价为80元/工日；42.5级矿渣水泥单价为0.37元/kg；载重汽车（10t）单价为520元/台班。计日工项目费计算应采用综合单价计算，计价程序见表5-18。其中企业管理费率为6.39%，利润率6.20%。

如普工人工单价为70元，则

企业管理费＝70元×6.39%＝4.47元

利润＝70元×6.20%＝4.34元

普工的综合单价＝（70＋4.47＋4.34）元＝78.81元

其他计日工项目综合单价计算过程与上述计算过程相同，计日工计价表见表5-23。

表5-23 计日工计价表

工程名称：××办公楼工程　　　　第1页共1页

| 编号 | 项目名称 | 单位 | 暂定数量 | 综合单价/元 | 合价/元 |
|---|---|---|---|---|---|
| 一 | 人　工 | | | | |
| 1 | 普工 | 工日 | 50 | 78.81 | 3940.50 |
| 2 | 瓦工 | 工日 | 30 | 84.44 | 2533.20 |
| 3 | 抹灰工 | 工日 | 30 | 90.07 | 2702.10 |
| 人工小计 | | | | | 9175.80 |
| 二 | 材　料 | | | | |
| 1 | 42.5级矿渣水泥 | kg | 300 | 0.41 | 123 |
| 材料小计 | | | | | 123 |
| 三 | 机械 | | | | |
| 1 | 载重汽车 | 台班 | 20 | 585.47 | 11709.40 |
| 机械小计 | | | | | 11709.40 |
| 总　计 | | | | | 21008.20 |

4）其他项目清单与计价汇总见表5-24。

表5-24 其他项目清单与计价汇总表

工程名称：××办公楼建筑及装饰工程 第1页共1页

| 序号 | 项目名称 | 计量单位 | 金 额/元 | 备注 |
|---|---|---|---|---|
| 1 | 暂列金额 | 项 | 50000 | |
| 2 | 暂估价 | | 0 | |
| 2.1 | 材料暂估价 | | — | |
| 2.2 | 专业工程暂估价 | 项 | 0 | |
| 3 | 计日工 | | 21008.2 | |
| 4 | 总承包服务费 | | 0 | |
| | 合 计 | | 71008.20 | |

注：材料暂估单价进入清单项目综合单价，此处不汇总。

（四）规费计算

规费是指根据国家法律、法规规定，由省级政府和省级有关权力部门规定企业必须缴纳的，应计入建筑安装工程造价的费用。其属于不可竞争费用，在执行时不得随意调整。计价时在规定计费基础上严格按照政府和有关部门规定的费率计取。

根据某省费用定额相关规定，建筑工程中规费的计费基础是人工费、材料费、机械费之和，包括：分部分项工程费、措施费及其他项目费中计日工的人工费、材料费、机械使用费之和。装饰装修工程中规费的计费基础是人工费，包括：分部分项工程费、措施费及其他项目费中的人工费之和。

**【例5-10】** 计算项目6建筑工程计量与计价实例中的规费。

**【解】** 1. 养老保险费的计费基础

养老保险费的计费基础为分部分项工程费、措施费和其他项目费中计日工费的人工费、材料费、机械使用费之和。

已知该工程分部分项工程费为593427.78元，单价措施费162104.96元，总价措施费15132.41元，其他项目费中计日工费为21008.2元。已知管理费率为6.39%，利润率为6.20%。

三项费用合计：(593427.78+162104.96+15132.41+21008.2)元=791673.35元

三项费用中人、材、机合计为：791673.35元/(1+6.39%+6.20%)=703147.13元

2. 计算养老保险费

养老保险费的费率为6.58%，则本实例中

建筑工程养老保险费=703147.13元×6.58%=**46267.08**元

3. 已知建筑工程所有规费的费率合计为9.64%，故

全部规费=703147.13元×9.64%=**67783.39**元

（五）税金计算

税金在计价时应在规定计费基础上严格按照政府和有关部门规定的税率计取。根据某省费用定额，税金的计费基础是分部分项工程费、措施项目费、其他项目费及规费之和，故在计价时应先计算出工程的分部分项工程费、措施项目费、其他项目费及规费，然后根据税率

计算税金。

【例 5-11】 计算项目 6 建筑工程计量与计价实例中的税金。

【解】 根据某省费用定额，税金的计费基础是分部分项工程费、措施项目费、其他项目费及规费之和，税率为 9%，故有：

建筑工程税金 =（分部分项工程费 + 措施项目费 + 其他项目费 + 规费）×9%

=(593427.78 + 162104.96 + 15132.41 + 71008.20 + 67783.39)元 ×9% = **81851.11** 元

（六）单位工程造价计算程序（表 5-25）



**表 5-25 单位工程造价计算程序**

| 序号 | 费用项目 | 计算程序 |
|---|---|---|
| 1 | 分部分项工程费 | Σ分部分项清单项目工程量×相应清单项目综合单价 |
| 2 | 单价措施费 | Σ单价措施清单项目工程量×相应清单项目综合单价 |
| 3 | 总价措施费 | Σ总价措施项目清单的计费基础×相应费率 |
| 4 | 其他项目费 | 暂列金额 + 专业工程暂估价 + 计日工 + 总承包服务费 |
| 5 | 规费 | （1 +2 +3 + 计日工）中的工、料、机费或人工费×核准费率 |
| 6 | 税金 | （1 +2 +3 +4 +5）×税率 |
| 7 | 单位工程造价 | 1 +2 +3 +4 +5 +6 |

【例 5-12】 计算项目 6 中建筑工程的造价。

【解】 根据项目 6 任务 1 的施工技术文件，接例 5-11 计算该工程的造价。

建筑工程造价 = 分部分项工程费 + 措施项目费 + 其他项目费 + 规费 + 税金

=（593427.78 + 162104.96 + 15132.41 + 71008.20 + 67783.39 + 81851.11）元

= 991307.85 元

（七）单项工程报价

单项工程报价为各单位工程报价总和。

（八）建设项目报价

建设项目报价为各单项工程报价总和。

## 二、招标控制价及投标价的编制原则

### 1. 招标控制价的编制原则

招标控制价是指招标人根据国家或省级、行业建设主管部门颁发的有关计价依据和办法，按设计施工图纸计算的，对招标工程限定的最高工程造价。依据“计价规范”，编制招标控制价时应遵循的主要原则如下：

1）国有资金投资的建设工程招标，招标人必须编制招标控制价。招标控制价超过批准的概算时，招标人应将其报原概算部门审核。

2）招标控制价应由具有编制能力的招标人，或受其委托具有相应资质的工程造价咨询人编制。

3）招标控制价应根据下列依据编制：

①《建设工程量清单计价规范》。

② 国家或省级、行业建设主管部门颁发的计价定额和计价办法。

③ 建设工程设计文件及相关资料。

④ 拟定的招标文件及招标工程量清单。

⑤ 与建设项目相关的标准、规范、技术资料。

⑥ 工程造价管理机构发布的工程造价信息，当工程造价信息没有发布时参照市场价。

⑦ 其他相关资料。

4）招标控制价应在发布招标文件时公布，不应上调或下浮，招标人应将招标控制价及有关资料报送工程所在地工程造价管理机构备查。

5）投标人经复核认为招标人公布的招标控制价未按照本规范的规定编制的，应在开标前5天向招投标监督机构或（和）工程造价管理机构投诉。当招标控制价复查结论与原公布的招标控制价误差大于±3%时，应责成招标人改正。

### 2. 投标价的编制原则

投标价是投标人投标时报出的工程造价，即投标人对承建工程所要发生的各种费用的计算。在进行投标计算时，必须首先根据招标文件进一步复核工程量。作为投标计算的必要条件，应预先确定施工方案和施工进度，此外，投标计算还必须与采用的合同形式相协调。报价是投标的关键性工作，报价是否合理直接关系到投标的成败。

在工程量清单计价模式下，在编制投标价时，承包方应将业主提供的拟建招标工程全部项目和内容的工程量清单逐项填报单价，然后计算出总价，作为投标报价。投标人填报单价应完全依据企业技术、管理水平等企业实力而定，以满足市场竞争的需要。依据“13计价规范”编制时应遵循的主要原则如下：

1）除“计价规范”强制性规定外，投标价由投标人自主确定，但不得低于成本。投标价应由投标人或受其委托具有相应资质的工程造价咨询人编制。

2）投标人应按招标人提供的工程量清单填报价格。填写的项目编码、项目名称、项目特征、计量单位、工程量必须与招标工程量清单一致。

3）投标报价应根据下列依据编制：

①《建设工程工程量清单计价规范》。

② 国家或省级、行业建设主管部门颁发的计价办法。

③ 企业定额，国家或省级、行业建设主管部门颁发的计价定额和计价办法。

④ 招标文件、招标工程量清单及其补充通知、答疑纪要。

⑤ 建设工程设计文件及相关资料。

⑥ 施工现场情况、工程特点及拟定的投标施工组织设计或施工方案。

⑦ 与建设项目相关的标准、规范等技术资料。

⑧ 市场价格信息或工程造价管理机构发布的工程造价信息。

⑨ 其他相关资料。

4）投标总价应当与分部分项工程费、措施项目费、其他项目费和规费、税金的合计金额一致。

## 能力训练5-2 分部分项工程费的计算

以项目1、2能力训练部分提供的工程量清单为依据，计算装饰装修工程中花岗岩地面清单项目的分部分项工程费。

【训练目的】 掌握工程量清单计价程序和方法。

【能力目标】 熟悉工程量清单的计价程序。

【原始资料】 项目1、2中所提供的工程量清单项目的设置情况及设计文件（见项目6第一部分），明确招标文件的要求。



【训练步骤】

1. 确定组合工程内容

如楼地面工程中花岗岩地面实体项目，项目2中提供的清单项目见表5-26。

表5-26 花岗岩地面清单工程量表

| 序号 | 项目编码 | 项目名称 | 项目特征描述 | 计量单位 | 工程量 | 金额/元 | | |
|---|---|---|---|---|---|---|---|---|
| | | | | | | 综合单价 | 合价 | 其中：暂估价 |
| | | 楼地面工程 | | | | | | |
| 1 | 011102001001 | 花岗岩地面（一层地面） | 20mm厚芝麻白磨光花岗岩（600mm×600mm）铺面，撒素水泥面（洒适量水）<br>30mm厚1:4干硬性水泥砂浆结合层，刷素水泥浆一道 | $m^2$ | 334.79 | | | |

由表5-26中对于该项目特征的描述中可知：该清单项目综合的工作内容为20mm厚芝麻白磨光花岗岩（600mm×600mm）铺面，撒素水泥面（洒适量水），30mm厚1:4干硬性水泥砂浆结合层，刷素水泥浆一道。

2. 铺贴花岗岩面层的综合单价计算

根据某省费用定额，装饰装修工程企业管理费率为12%，利润率11.5%，计费基础为人工费。根据某省装饰装修工程消耗量定额及价目汇总表，查得：

B1-29花岗岩楼地面，人工费为2017.26/100$m^2$，材料费为8836.24元/$m^2$，无机械费。材料费中花岗岩板定额单价为79.96元/$m^2$，定额消耗量为102$m^2$，而根据本项目清单中材料暂估价表中花岗岩板暂估单价为150元/$m^2$，消耗量暂按100$m^2$计算。

故材料费为：

$(8836.24+102\times150-102\times79.96)$元/100$m^2$ = 15980.32元/100$m^2$

因花岗岩楼地面工程量与清单工程量相同，故每1$m^2$花岗岩楼地面的人工费、材料费、机械费与定额每1$m^2$相应费用相同。

企业管理费：(2017.26/100×12%)元/100$m^2$ = 242.07元/100$m^2$

利润：(2017.26/100×11.5%) 元/100m² = 231.98 元/100m²

综合单价：(2017.26 + 15980.32 + 242.07 + 231.98) 元/100m² = 18471.63 元/100m² = 184.72 元/m²

花岗岩楼地面的综合合价为：(184.72×334.79) 元 = 61842.41 元

清单项目楼地面工程中花岗岩地面清单项目综合单价分析见表5-27。花岗岩地面清单项目计价见表5-28。

**表5-27　花岗岩地面清单项目综合单价分析表**

| 项目编码 | 011102001001 | 项目名称 | | 花岗岩地面（一层地面） | | | 计量单位 | m² | 工程量 | 334.79 | |
|---|---|---|---|---|---|---|---|---|---|---|---|
| 清单综合单价组成明细 | | | | | | | | | | | |
| 定额编号 | 定额项目名称 | 定额单位 | 数量 | 单价/元 | | | | 合价/元 | | | |
| | | | | 人工费 | 材料费 | 机械费 | 企业管理费和利润 | 人工费 | 材料费 | 机械费 | 企业管理费和利润 |
| B1-29换 | 花岗岩楼地面普通干硬性水泥砂浆30mm | 100m² | 0.01 | 2017.26 | 15980.32 | 0 | 474.05 | 20.17 | 159.8 | 0 | 4.74 |
| 人工单价 | | 小计 | | | | | | 20.17 | 159.8 | 0 | 4.74 |
| 综合工日63元/工日 | | 未计价材料费 | | | | | | 0 | | | |
| 清单项目综合单价 | | | | | | | | 184.72 | | | |
| 材料费明细 | 主要材料名称、规格、型号 | | | | | 单位 | 数量 | 单价/元 | 合价/元 | 暂估单价/元 | 暂估合价/元 |
| | 花岗岩饰面板济南青600mm×600mm×20mm | | | | | m² | 1 | | | 150 | 150 |
| | 矿渣硅酸盐水泥32.5级 | | | | | t | 0.0121849 | 340 | 4.14 | | |
| | 中（粗）砂 | | | | | m³ | 0.040299 | 61 | 2.46 | | |
| | 其他材料费 | | | | | | | — | 0.19 | — | 0 |
| | 材料费小计 | | | | | | | — | 6.79 | — | 150 |

**表5-28　花岗岩地面清单项目计价表**

| 序号 | 项目编码 | 项目名称 | 项目特征描述 | 计量单位 | 工程量 | 金额/元 | | |
|---|---|---|---|---|---|---|---|---|
| | | | | | | 综合单价 | 合价 | 其中：暂估价 |
| | | 楼地面工程 | | | | | | |
| 1 | 011102001001 | 花岗岩地面（一层地面） | 20mm厚芝麻白磨光花岗岩（600mm×600mm）铺面，撒素水泥面（洒适量水）<br>30mm厚1:4干硬性水泥砂浆结合层，刷素水泥浆一道 | m² | 334.79 | 184.72 | 61842.41 | 50218.5 |

【注意事项】

1）清单项目中所组合的工程内容多少。清单项目综合单价的高低与清单项目所包含的分项工程内容有直接的关系。确定综合单价时，一方面注意对项目个体特征的具体描述，同时要熟悉“计价规范”中相应清单项目所包括的工作内容的多少，还要结合施工现场的实际情况，最终确定某清单项目综合工作内容。

2）清单工程量与施工方案工程量的区别。按照“计量规范”中工程量计算规则所计算的清单工程量，与在施工过程中根据现场实际情况及其他因素所采用的施工方案计算出的工程数量是有所不同的。如土方工程中，清单项目所提供的工程量仅为图示尺寸的工程数量，没有考虑实际施工过程中要增加工作面、放坡部分的数量，投标人报价时，要把增加部分的工程数量折算到综合单价内。



3）考虑风险因素所增加的费用。风险是无处不在而且随时可能发生的。风险是指活动或事件发生的潜在可能性和导致的不良后果。工程项目风险是指工程项目在设计、采购、施工及竣工验收等各阶段、各环节可能遭遇的风险。

工程量清单计价模式下，企业在进行工程计价时，充分考虑工程项目风险的因素。对于承包商来讲，投标报价时，要考虑的风险一般有：政治风险（如战争与内乱等）、经济风险（如物价上涨、税收增加等）、技术风险（如地质地基条件、设备资料供应、运输问题等）、公共关系等方面的风险（与业主的关系、与工程师的关系等）及管理方面的风险。

对于具体工程项目来讲，还要面临如下风险：决策错误风险（如信息取舍失误或信息失真风险）、缔约和履约风险（包括如不平等的合同条款或存在对承包人不利的缺陷、施工管理技术不熟悉、资源和组织管理不当等）、责任风险（如违约等）。

由于承包商在工程承包过程中承担了巨大的风险，所以在投标报价中，要善于分析风险因素，正确估计风险的大小，认真研究风险防范措施，以确定风险因素所增加的费用。

4）不同专业工程取费基础问题。不同专业工程的企业管理费及利润的计算基础和费率是不同的，所以在实际计算时要按各专业分别取费。如在本训练项目中，装饰装修工程清单项目组价时一般都会包括建筑工程与装饰装修工程，如花岗岩面层综合单价中的企业管理费和利润按装饰装修专业取费，而花岗岩下的灰土垫层和无筋混凝土垫层综合单价中企业管理费和利润率按建筑专业取费。

5）当人工、材料或机械的定额价格与市场价格存在偏差时，还应进行人工、材料、机械价格的动态调整，即人工、材料、机械价差调整，具体的计算公式为：

$$动态调整 = \sum 人工、材料、机械的定额消耗量 \times (市场价格 - 定额价格)$$

【讨论】

1）屋面工程该如何组价？

2）企业在投标报价时，一定要以建设行政主管部门颁发的指导性定额为依据吗？如果不一定，该如何考虑？

## 能力训练 5-3　措施项目费的计算

以项目 1、3 能力训练部分提供的模板工程量清单为依据，计算模板措施项目费。

【训练目的】　掌握工程量清单计价程序和方法。

【能力目标】　熟悉工程量清单的计价程序。

【原始资料】　熟悉项目1、3中工程量清单项目的设置情况及施工技术文件（见项目6任务1）。

【训练步骤】

结合项目1、3中的模板清单工程量，查某省消耗量定额，计算各分项模板工程的综合单价，其综合单价组成为人工费、材料费、机械费及企业管理费和利润，风险因素未考虑，企业管理费率和利润率分别为6.39%和6.20%。

独立混凝土基础模板清单量为100.98$m^2$，查某省消耗量定额A12-11，可知独立混凝土基础模板每100$m^2$人工费、材料费、机械费合计为3636.49元，100.98$m^2$人工费、材料费、机械费合计为：

$$(3636.49/100\times100.98)\text{元}=3672.13\text{元}$$

则

$$\text{企业管理费}=3672.13\text{元}\times6.39\%=234.65\text{元}$$

$$\text{利润}=3672.13\text{元}\times6.20\%=227.67\text{元}$$

$$\text{综合合价}=(3672.13+234.65+227.67)\text{元}=4134.45\text{元}$$

$$\text{综合单价}=(4134.45\div100.98)\text{元}/m^2=40.94\text{元}/m^2$$

独立基础模板措施项目计价表见表5-29。

表5-29　独立基础模板措施项目计价表

| 序号 | 项目编码 | 项目名称 | 项目特征描述 | 计量单位 | 工程量 | 金额/元 | |
|---|---|---|---|---|---|---|---|
| | | | | | | 综合单价 | 合价 |
| | 模板工程 | | | | | | |
| 2.1 | 011702001001 | 现浇钢筋混凝土独立基础模板及支架 | 独立基础，截面如图6-10和图6-11所示 | $m^2$ | 100.98 | 40.94 | 4134.45 |

模板其他清单项目计算过程略。

【注意事项】

1）投标人在报价时需注意：招标人在措施项目清单中提出的措施项目，是根据一般情况确定的，没有考虑不同投标人的个性，因此，在投标报价时，可以根据所确定的施工方案的具体情况，增减措施项目内容，进行报价。

2）计算措施项目费时，应参照工程的施工组织设计进行。

3）在计算各项费用时，首先应明确其计费基础，在确定计费基础的前提下，可按当地造价管理部门颁布的计价定额或施工企业自主确定的费率进行计算。

4）计算时尽量采用表格形式，使计算结果一目了然。

【讨论】

单价措施项目费综合单价的形成和分部分项工程项目费综合单价的形成有无区别？

## 思考与练习题

1. 建筑安装工程费按费用构成要素划分，包括哪几部分？按照工程造价形成划分，包括哪几部分？

2. 什么是工程定额？建筑工程定额的分类及其作用是什么？

3. 什么是综合单价？确定综合单价时应注意什么问题？

4. 分部分项工程费、措施项目费应如何确定？

5. 其他项目费包括哪几部分？其费用应如何确定？

6. 某住宅楼门洞口尺寸为1000mm×2100mm，试编制其门窗工程工程量清单，并计算综合单价及进行单价分析。

# 项目6

# 建筑工程计价文件编制(实例)

## 任务1　××办公楼建筑及装饰装修工程招标文件编制

### 1. 招标内容

××办公楼工程的全部建筑及装饰装修工程。

### 2. 工程概况

本办公楼为2层，建筑面积752.32$m^2$，框架结构，钢筋混凝土独立基础。施工工期3个月。施工现场邻近公路，交通运输方便，拟建建筑物东70m处为城市交通道路，西100m为单位活动场所，南7m处有围墙，北65m有已建办公楼。其施工图见图6-1～图6-17。

### 3. 要求

1）工程质量应符合《建筑工程施工质量验收统一标准》的要求。混凝土均采用商品混凝土，外墙勒脚装饰及室内地面、墙面块料均须为合格品，乳胶漆需为市场上的中档产品。

2）塑钢窗由专业工程分包，为市场上的中档产品。

### 4. 其他

考虑施工中可能发生的设计变更或清单有误，暂列金额5万元。

工程做法表

| 序号 | 施工做法名称 | 工程做法 | 施工部位 | 序号 | 施工做法名称 | 工程做法 | 施工部位 |
|---|---|---|---|---|---|---|---|
| 1 | 铺地砖楼面 | 1. 10mm厚瓷质耐磨地砖(300mm×300mm)楼面，干水泥擦缝<br>2. 撒素水泥面(洒适量清水)<br>3. 20mm厚1:4干硬性水泥砂浆结合层<br>4. 60mm厚C20细石混凝土向地漏找坡，最薄处不小于30mm厚<br>5. 聚氨酯三遍涂膜防水层厚1.5~1.8mm，防水层周边卷起高150mm<br>6. 20mm厚1:3水泥砂浆找平层，四周抹小八字角(40mm厚C20细石混凝土随打随抹平)<br>7. 150mm厚3:7灰土垫层 8. 素土夯实 | 卫生间地面(2.27m标高处做法仅为1~6,标号6后括号内做法为±0.000m标高处) | 9 | 外墙涂料 | 1. 喷(刷)外墙涂料<br>2. 6mm厚1:2.5水泥砂浆找平<br>3. 6mm厚1:1:6水泥石灰膏砂浆刮平扫毛<br>4. 6mm厚1:0.5:4水泥石灰膏砂浆打底扫毛<br>5. 刷加气混凝土界面处理剂1道 | 勒脚以上外墙 |
| 2 | 花岗岩地面 | 1. 20mm厚芝麻白磨光花岗岩(600mm×600mm)铺面，灌稀水泥浆擦缝<br>2. 撒素水泥面(洒适量清水)<br>3. 30mm厚1:4干硬性水泥砂浆结合层<br>4. 刷素水泥浆1道<br>5. 60mm厚C15混凝土<br>6. 150mm厚3:7灰土垫层<br>7. 素土夯实 | 一层地面 | 10 | 花岗岩外墙面 | 1. 25mm厚毛石花岗岩板，稀水泥浆擦缝<br>2. 50mm宽缝隙用1:2.5水泥砂浆灌缝<br>3. 用双股18号钢丝将花岗岩石板与横向钢筋绑牢<br>4. Φ6双向钢筋网，纵筋与锚固筋焊牢<br>5. 墙内预埋Φ6锚固钢筋，纵横间距500mm左右 | 勒脚 |
| 3 | 全玻磁化砖楼面 | 1. 8mm厚米黄全玻磁化砖(600mm×600mm)铺面，干水泥擦缝<br>2. 撒素水泥面(洒适量清水)<br>3. 32mm厚1:4干硬性水泥砂浆结合层<br>4. 刷素水泥浆1道<br>5. 现浇钢筋混凝土楼板 | 二层地面 | 11 | 釉面砖内墙面 | 1. 白水泥擦缝<br>2. 贴5mm厚釉面砖<br>3. 8mm厚1:0.1:2.5水泥石灰膏砂浆结合层<br>4. 10mm厚1:3水泥砂浆打底扫毛或划出纹道<br>5. 刷加气混凝土界面处理剂1道(随刷随抹底灰) | 卫生间墙面 |
| 4 | 铺花岗岩楼面 | 1. 18mm厚芝麻白磨光花岗岩(350mm×1200mm)<br>2. 2mm厚Z5强力胶粘剂<br>3. 20mm厚1:3水泥砂浆找平<br>4. 现浇钢筋混凝土楼面 | 楼梯面层 | 12 | 内墙涂料 | 1. 白色立邦乳胶漆<br>2. 2mm厚麻刀灰抹面<br>3. 9mm厚1:3石灰膏砂浆<br>4. 5mm厚1:3:9水泥石灰膏砂浆打底划出纹理<br>5. 刷加气混凝土界面处理剂1道 | 卫生间以外的其他房间墙面(包括首层柱面) |
| 5 | 水泥台阶 | 1. 20mm厚1:2.5水泥砂浆抹面压实赶光<br>2. 素水泥浆结合层1道<br>3. 60mm厚C15混凝土(厚度不包括踏步三角部分)台阶面向外坡1%<br>4. 150mm厚3:7灰土垫层 5. 素土夯实 | 背立面台阶 | 13 | 水泥砂浆顶棚 | 1. 白色立邦乳胶漆 2. 5mm厚1:2.5水泥砂浆抹面<br>3. 5mm厚1:2.5水泥砂浆打底<br>4. 刷素水泥浆结合层1道(内掺建筑胶) | 卫生间顶棚 |
| 6 | 花岗岩台阶 | 1. 30mm厚芝麻白板刨花岗岩(350mm×1200mm)铺面，稀水泥浆擦缝<br>2. 撒素水泥面(洒适量清水)<br>3. 30mm厚1:4干硬性水泥砂浆结合层，向外坡1%<br>4. 刷素水泥浆1道 5. 60mm厚C15混凝土<br>6. 150mm厚3:7灰土垫层 7. 素土夯实 | 二层地面 | 14 | 混合砂浆顶棚 | 1. 白色立邦乳胶漆<br>2. 5mm厚1:0.3:2.5水泥石灰膏砂浆抹面<br>3. 5mm厚1:0.3:3水泥石灰膏砂浆打底扫毛<br>4. 刷素水泥浆结合层1道(内掺建筑胶) | 卫生间以外的其他房间顶棚 |
| 7 | 散水 | 1. 40mm厚C20细石混凝土撒1:1水泥砂子，压实赶光<br>2. 150mm厚3:7灰土垫层 3. 素土夯实向外坡4% | | 15 | 屋面 | 1. SBS改性沥青卷材防水层(带砂、小片石保护层)<br>2. 20mm厚1:3水泥砂浆找平层<br>3. 1:6水泥焦渣找2%坡，最薄处30mm厚<br>4. 60mm厚聚苯乙烯泡沫塑料保温层 | 所有屋面 |
| 8 | 花岗岩踢脚 | 1. 稀水泥浆擦缝 2. 安装12mm厚高120mm花岗岩板<br>3. 20mm厚1:2水泥砂浆灌贴 4. 刷界面处理剂1道 | 卫生间以外的房间(包括柱踢脚) | 16 | 油漆 | 1. 调和漆2遍 2. 底油1遍 3. 满刮腻子 | 木门扇油漆 |
| | | | | 17 | 铝塑板饰面 | 1. 4mm厚双面铝塑板 2. 6mm厚纤维水泥加压板固定在木龙骨上<br>3. 24mm×30mm木龙骨中距500mm 4. 混凝土雨篷 | 雨篷 |
| | | | | 18 | 铝塑板饰面 | 1. 4mm厚双面铝塑板 2. 2层3mm厚三合板固定在木龙骨上<br>3. 24mm×30mm木龙骨中距500mm 4. 混凝土圆柱 | 圆柱 |

图6-1 建施1

## 门窗一览表

| 编号 | 洞口尺寸 宽度×高度/(mm×mm) | 名称 | 数量 | 备注 |
|---|---|---|---|---|
| $M_1$ | 8200×4000 | 钢化全玻推拉门 | 1 | 厂家自理 |
| $M_2$ | 1000×2100 | 夹板门 | 7 | |
| $M_3$ | 750×2000 | 夹板门 | 2 | |
| $M_4$ | 1500×2400 | 全玻平开门 | 1 | |
| $M_5$ | 1500×2100 | 夹板门 | 2 | |
| $C_1$ | 2100×900 | 塑钢固定窗 | 4 | 立面见立面图 |
| $C_2$ | 1500×1800 | 塑钢推拉窗 | 4 | 立面见立面图 |
| $C_3$ | 1200×1200 | 塑钢推拉窗 | 4 | 立面见立面图 |
| $C_4$ | 7325×3700 | 钢化全玻窗 | 2 | 不锈钢包边 |
| $C_5$ | 2100×1800 | 塑钢推拉窗 | 9 | 立面见立面图 |
| $C_6$ | 1200×1500 | 塑钢推拉窗 | 2 | |
| $C_7$ | 3560×2900 | 钢化全玻窗 | 4 | 不锈钢包边 |
| $C_8$ | 8500×2900 | 钢化全玻窗 | 1 | 不锈钢包边 |

## 建筑设计说明

1. 图中所注尺寸除标高以米计外，其余尺寸均以毫米计。
2. 本工程为地上二层建筑物，室内外高差为1.2m，室外地坪以上建筑高度为10.8m。
3. 本工程内外墙为加气混凝土，外墙250mm，内墙200mm，隔墙120mm。
4. 过道门窗墙体阳角处均做1:2.5水泥砂浆护角，高2.0m。
5. 设备管道穿墙处预留洞口，管道安装后应用1:2.5水泥砂浆填实。
6. 本工程中所有楼梯的栏杆扶手及护窗栏杆均选用不锈钢栏杆，楼梯栏杆高1000mm。
7. 木构件，铁件预埋应作防腐处理。
8. 钢筋混凝土顶板抹灰，须事先用1:10水碱洗净后再抹。
9. 本图设计深度仅涉及土建工程及简单的装修，并对施工部位做了建议性装修标注。
10. 施工时应遵守国家的有关规定、规程、规范及注意事项，确保工程质量，各专业图应互相参照，相互配合。
11. 凡图中未注明者均按照国家标准《建筑工程及施工验收规范》的要求进行施工。

图6-2 建施2

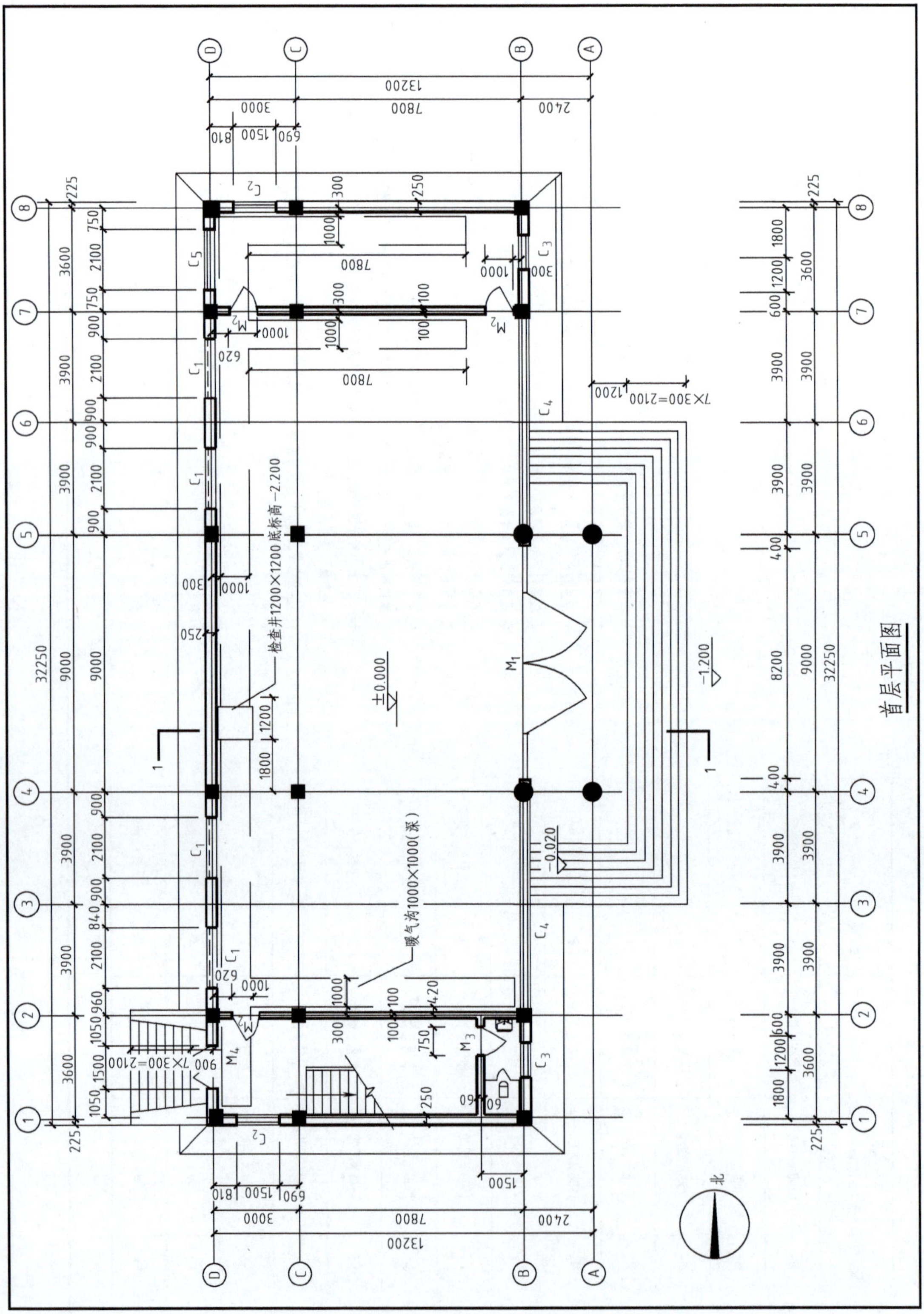


首层平面图

图 6-3 建施 3

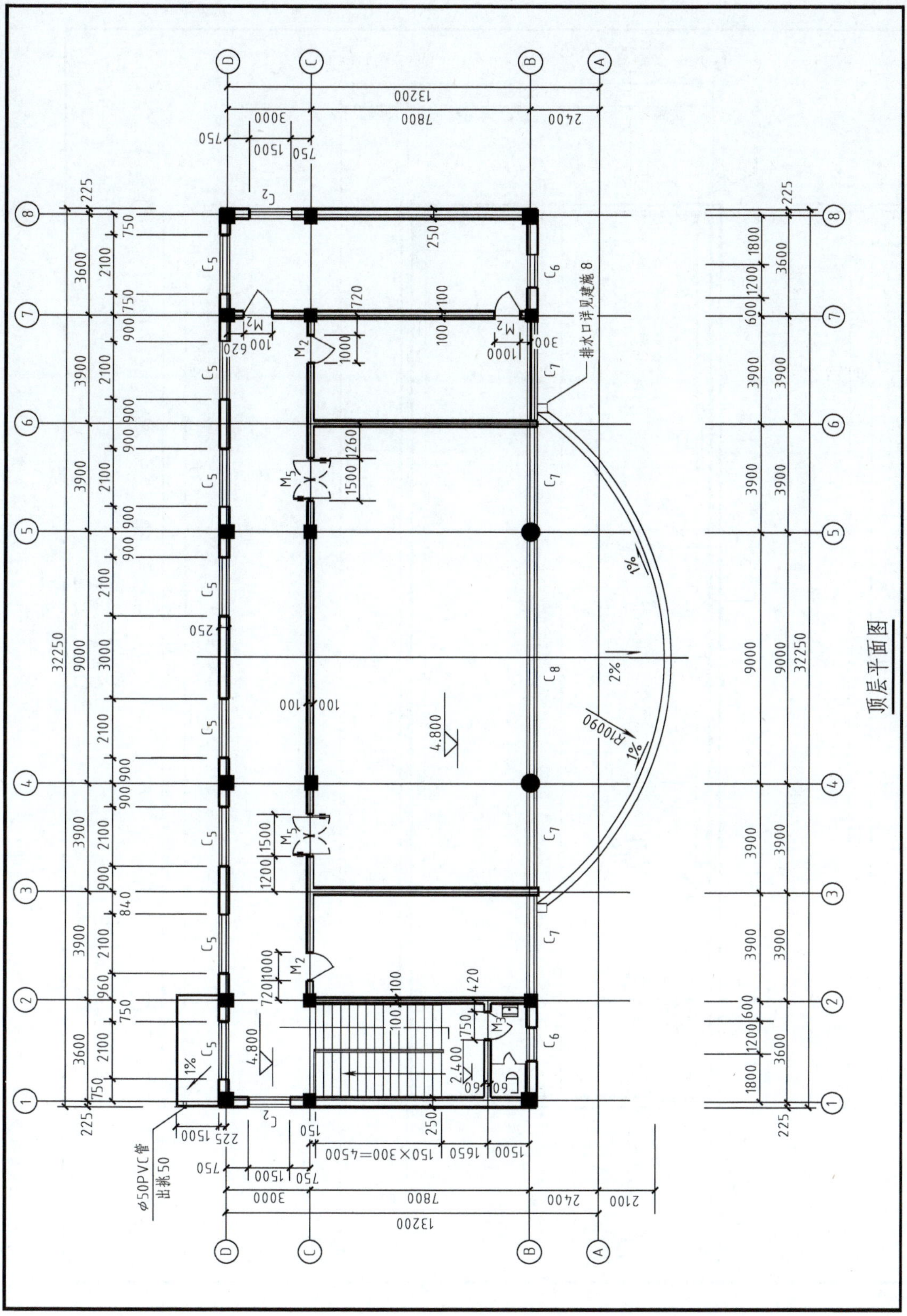


顶层平面图

图6-4 建施4

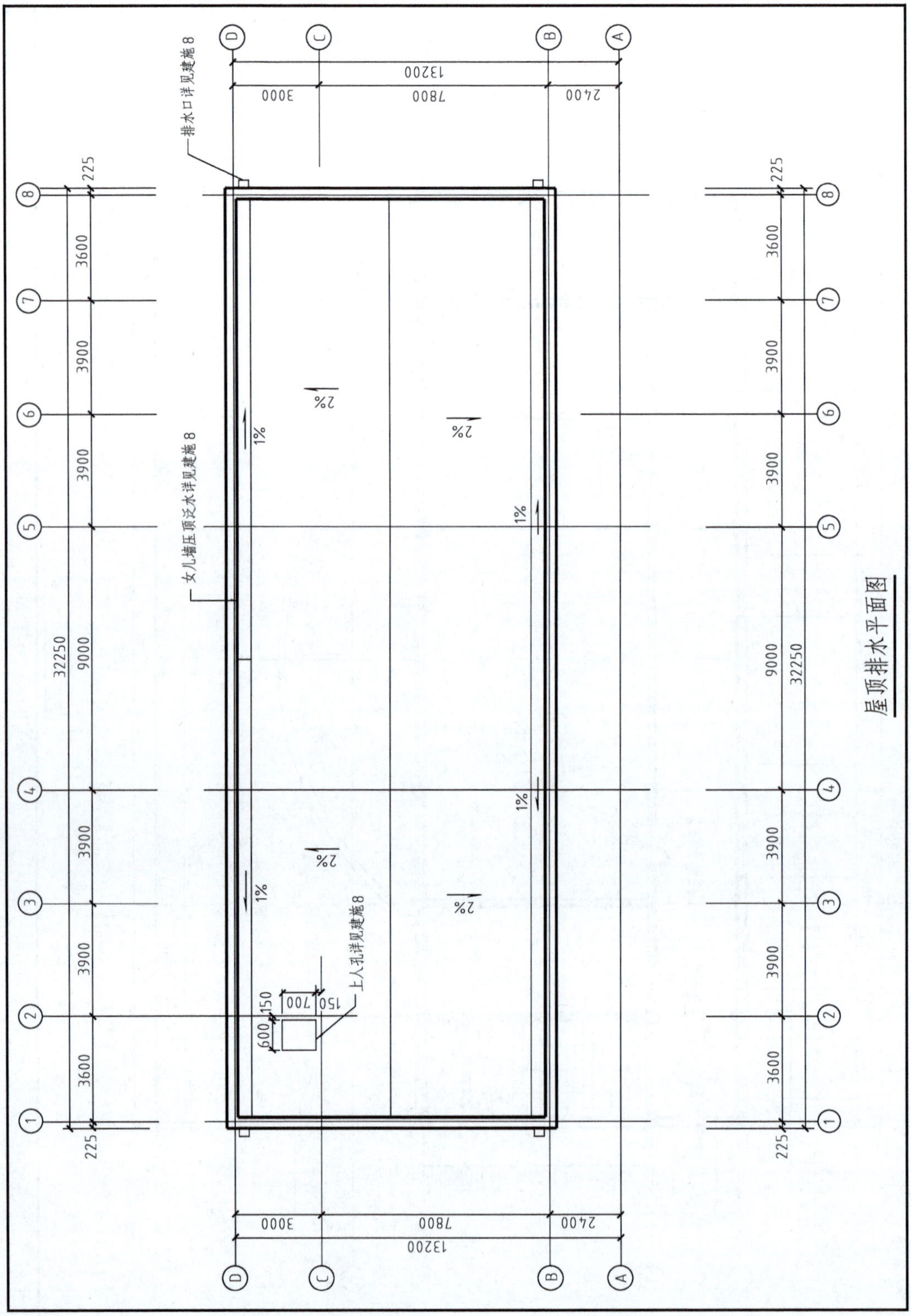
排水口详见建施8
女儿墙压顶泛水详见建施8
上人孔详见建施8
屋顶排水平面图
2%
1%
13200
3000
7800
2400
32250
225
3600
3900
9000
600
700
150

图6-5 建施5

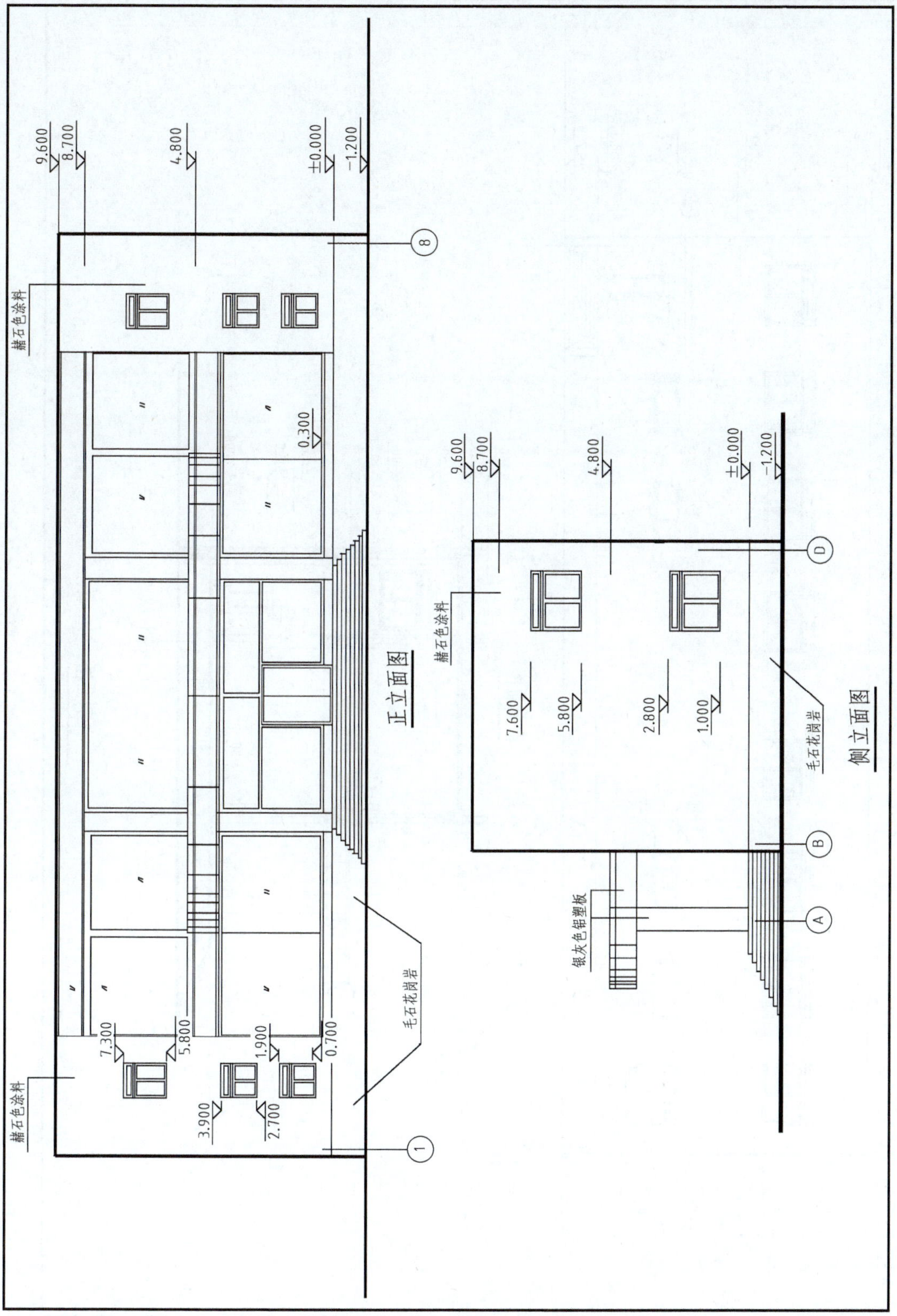
9.600
8.700
4.800
±0.000
-1.200
赭石色涂料
0.300
7.300
5.800
1.900
0.700
3.900
2.700
毛石花岗岩
正立面图
9.600
8.700
4.800
±0.000
-1.200
赭石色涂料
7.600
5.800
2.800
1.000
毛石花岗岩
银灰色铝塑板
侧立面图

图6-6 建施6

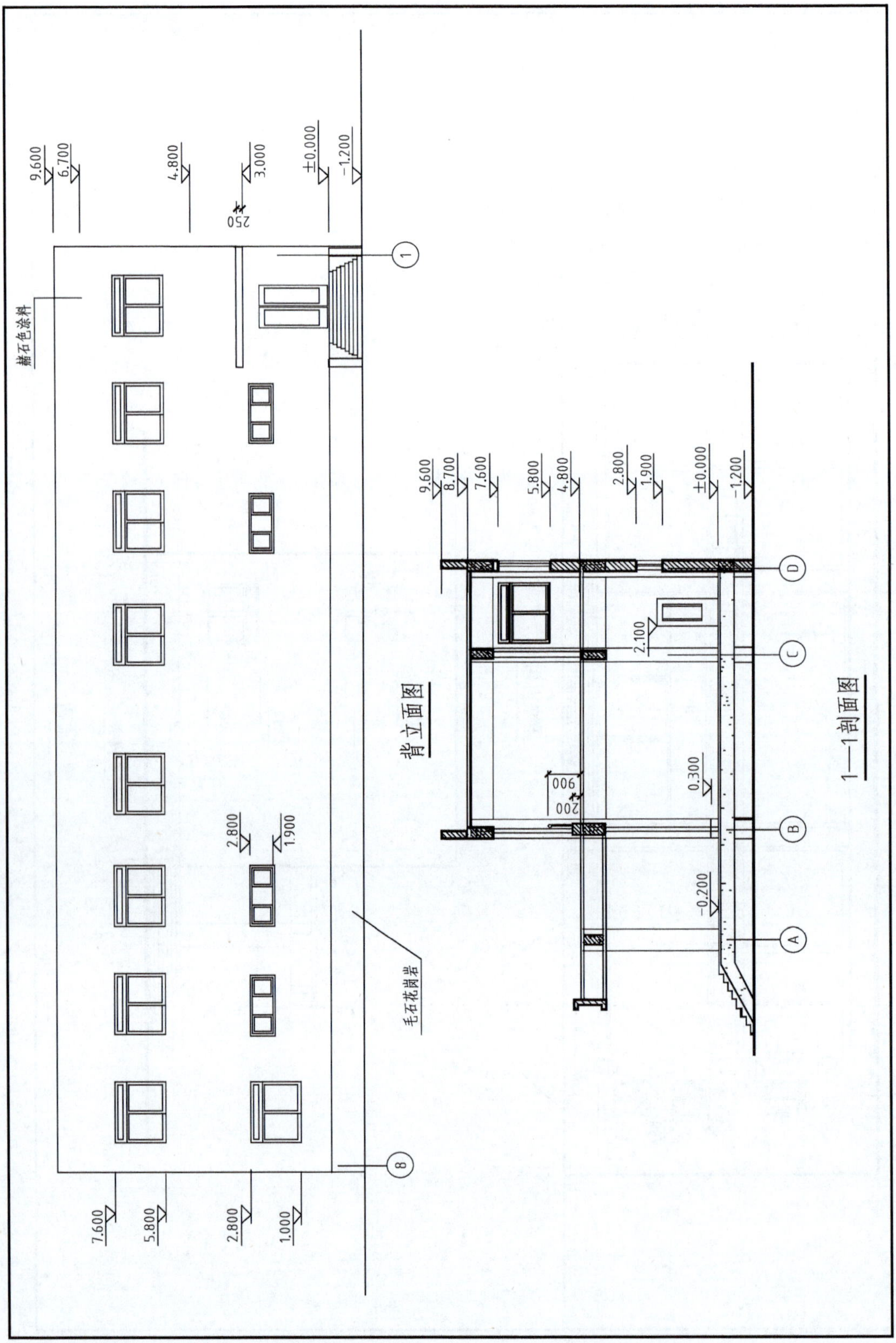

赭石色涂料
毛石花岗岩
背立面图
1—1剖面图
9.600
6.700
4.800
3.000
250
±0.000
−1.200
7.600
5.800
2.800
1.900
1.000
8.700
2.100
0.300
−0.200
900
200


图 6-7 建施 7

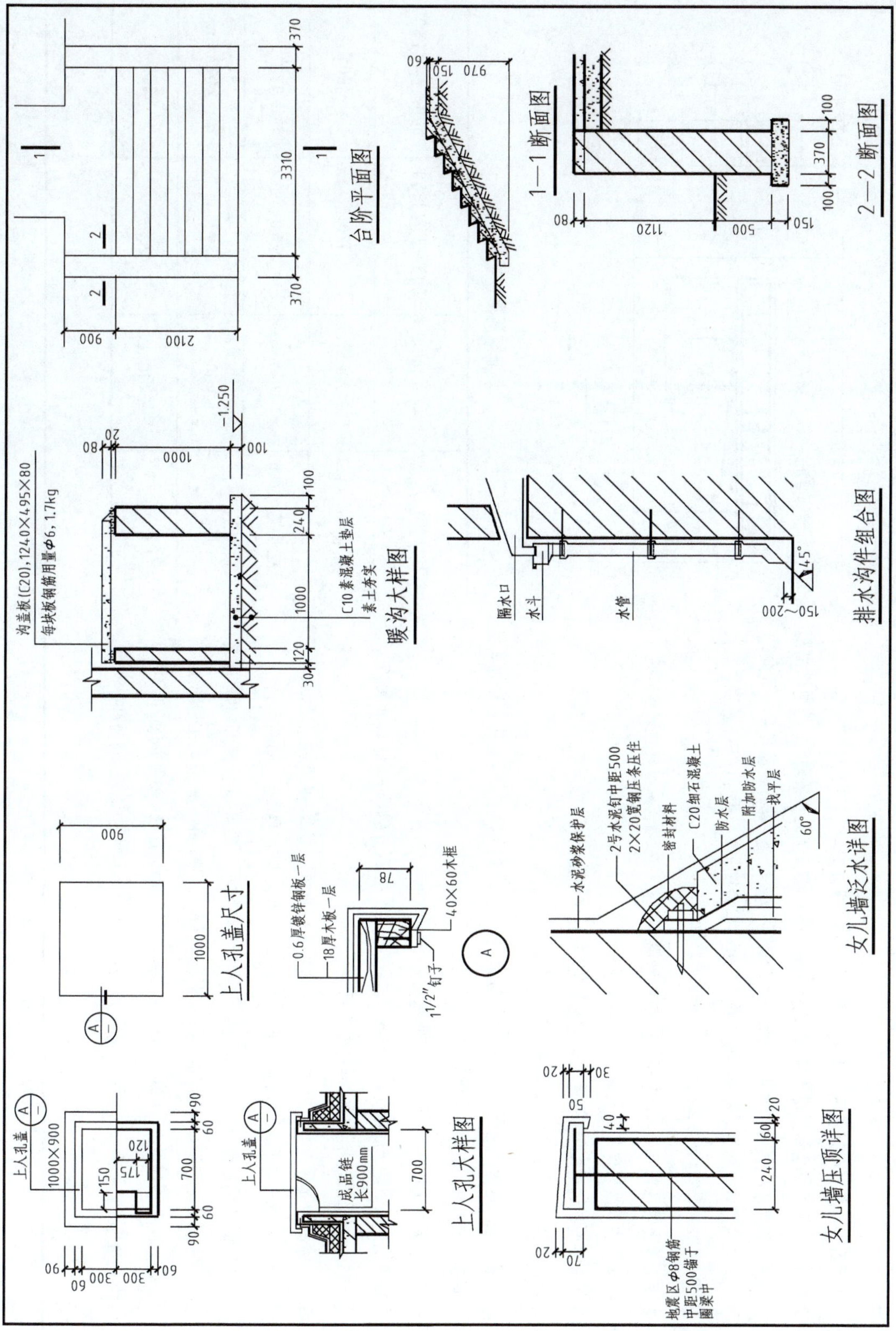
台阶平面图
1—1断面图
2—2断面图
沟盖板(C20),1240×495×80
每块板钢筋用量Φ6，1.7kg
C10素混凝土垫层
素土夯实
暖沟大样图
隔水口
水斗
水管
排水沟件组合图
上人孔盖尺寸
0.6厚镀锌钢板一层
18厚木板一层
40×60木框
1 1/2"钉子
水泥砂浆保护层
2号水泥钉中距500
2×20宽钢压条压住
密封材料
C20细石混凝土
防水层
附加防水层
找平层
女儿墙泛水详图
上人孔盖
1000×900
成品链长900mm
上人孔大样图
地震区Φ8钢筋中距500锚于圈梁中
女儿墙压顶详图

图 6-8　建施 8

## 结构设计说明

1. 图中所标注尺寸除标高以米计外，其余尺寸均以毫米计。
2. 材料：地面以下墙体使用MU10普通烧结黏土砖，M7.5水泥砂浆砌筑。地面以上墙体使用A3.5加气混凝土砌块，M7.5混合砂浆砌筑。基础、基础梁、过梁、构造柱、圈梁混凝土强度等级为C20，框架柱、梁、板为C25，基础素混凝土垫层为C10。钢筋为Ⅰ级(Φ)，Ⅱ级(Ф)。
3. 框架填充墙应沿柱高每隔500配置两根Φ6墙体拉筋，沿墙体通长设置或至同边。
4. 除注明者外，楼板受力钢筋的分布筋均为Φ6@200。
5. 填充墙洞顶过梁按图1设置，填充墙过梁③筋统一为Φ6@200。
6. 钢筋保护层厚：基础35mm；梁、柱25mm；板15mm。
7. 地基处理：基槽开挖至标高 −3.5m，将原土夯实，上打1.0m厚3:7灰土，每边宽出基础1000mm，要求分层夯实。
8. 基底素混凝土100mm厚，每边扩出基础外边缘100mm。
9. 柱在地面以下保护层厚度改为75mm，即柱截面尺寸 $Z_1$由450mm×450mm变为550mm×550mm，$Z_2$由$\phi$500变为$\phi$600。
10. $TZ_1$标高为基础梁~4.760m，断面240mm×240mm，配筋4Ф12，Φ8@200。
    $TZ_2$标高为基础梁~4.760m，断面200mm×200mm，配筋4Ф12，Φ8@200。
    $GZ_1$标高为基础梁~8.700m，断面240mm×240mm，配筋4Ф12，Φ8@200。
    $GZ_2$标高为基础梁4.760~8.700m，断面200mm×200mm，配筋4Ф12，Φ8@200。
    $GZ_3$标高为基础梁~8.700m，断面200mm×200mm，配筋4Ф12，Φ8@200。
11. 女儿墙构造柱间距不大于3m，断面240mm×240mm，配筋4Ф12，Φ6@200。

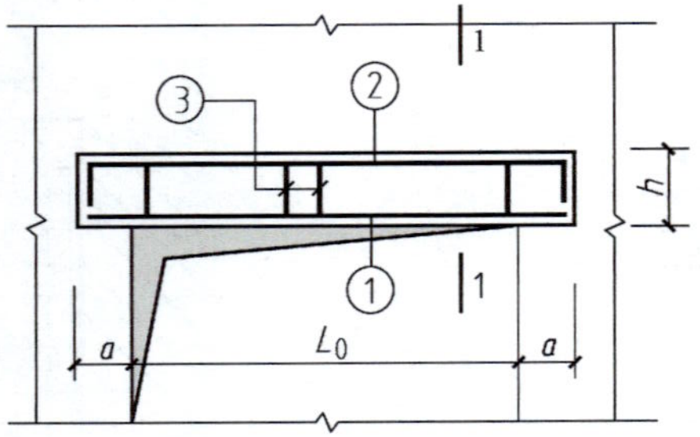


图1过梁

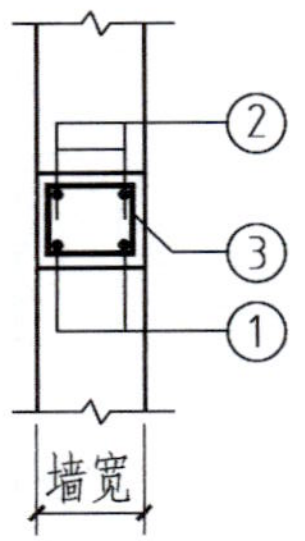


1—1

填充墙洞顶过梁表

| 洞口净跨$L_0$/mm | $L_0$≤1000 | 1000<$L_0$≤1500 | 2000<$L_0$≤2500 |
|---|---|---|---|
| 梁 高 $h$/mm | 120 | 120 | 180 |
| 支座长度 $a$/mm | 240 | 240 | 370 |
| ② | 2Φ10 | 2Φ10 | 2Φ12 |
| ① | 2Φ10 | 2Φ12 | 2Φ14 |

图6-9 结施1

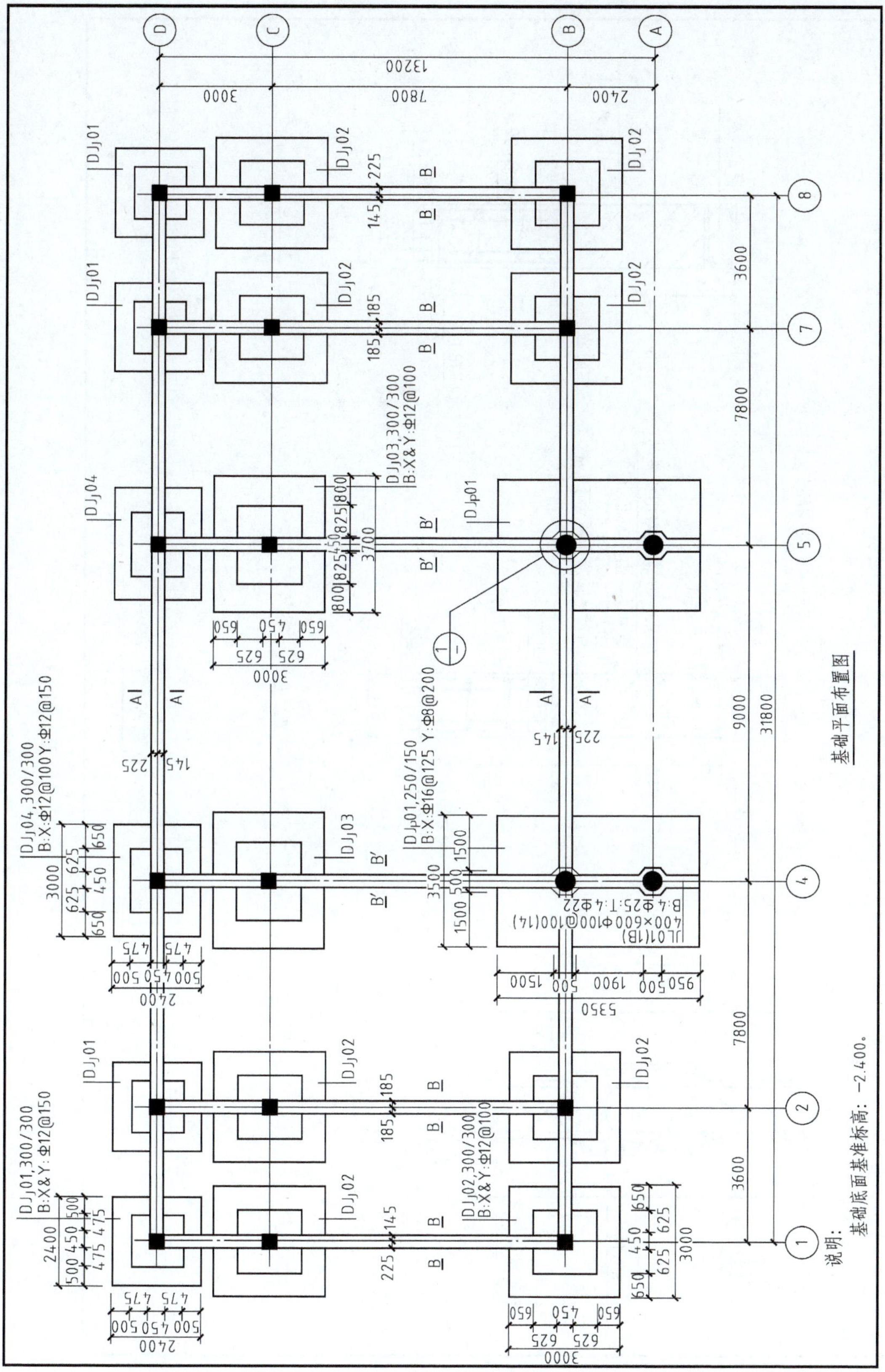
基础平面布置图
说明：
基础底面基准标高：-2.400。
DJj01,300/300
B:X&Y:⏀12@150
DJj02,300/300
B:X&Y:⏀12@100
DJj03,300/300
B:X&Y:⏀12@100
DJj04,300/300
B:X:⏀12@100Y:⏀12@150
DJp01,250/150
B:X:⏀16@125 Y:⏀8@200
JL01(1B)
400×600 ⏀100@100(14)
B:4⏀25;T:4⏀22
13200
31800

图6-10 结施2

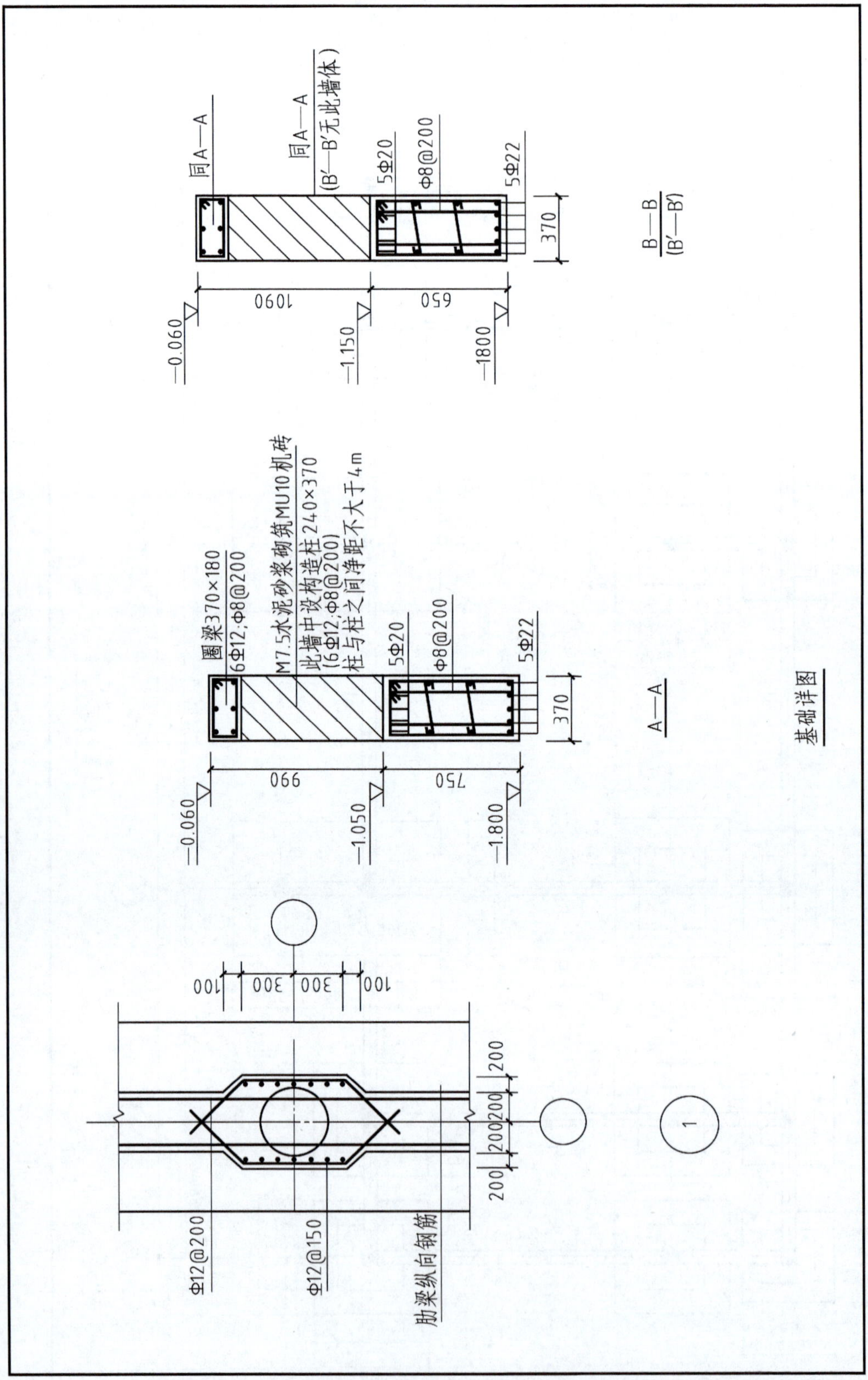
同A—A
同A—A
(B′—B′无此墙体)
5Φ20
Φ8@200
5Φ22
370
1090
650
-0.060
-1.150
-1800
B—B
(B′—B′)
圈梁370×180
6Φ12;Φ8@200
M7.5水泥砂浆砌筑MU10机砖
此墙中设构造柱240×370
(6Φ12;Φ8@200)
柱与柱之间净距不大于4m
5Φ20
Φ8@200
5Φ22
370
990
750
-0.060
-1.050
-1.800
A—A
基础详图
100
300
300
100
200
200
200
200
Φ12@200
Φ12@150
肋梁纵向钢筋
1

图6-11 结施3

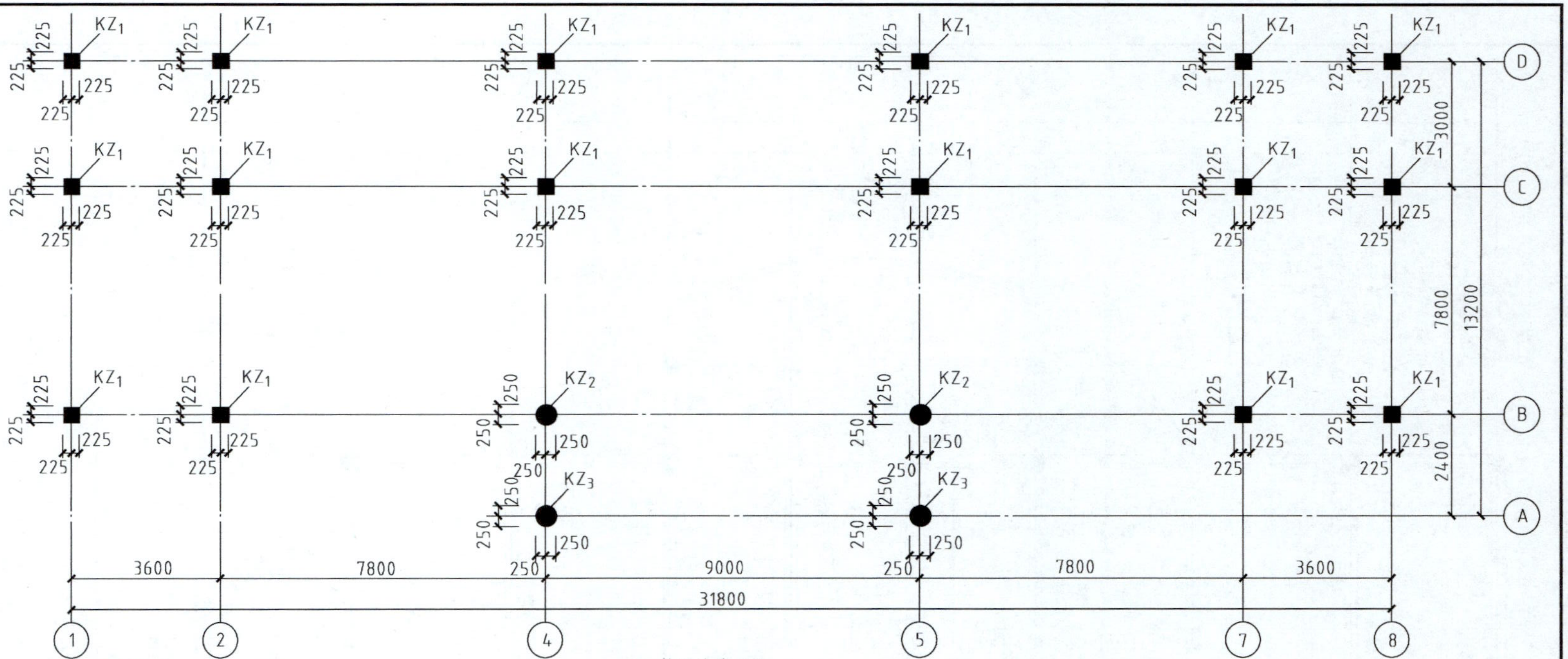


柱平法施工图

柱　表

| 柱号 | 标高 | b×h (圆柱直径D) | 全部纵筋 | 角筋 | b边一侧中部筋 | h边一侧中部筋 | 箍筋类型号 | 箍筋 | 备注 |
|---|---|---|---|---|---|---|---|---|---|
| $KZ_1$ | −1.800~4.760 | 450×450 | 12⌀20 | | | | 1(4×4) | Φ8@100 | |
| | 4.760~8.700 | 450×450 | 12⌀20 | | | | 1(4×4) | Φ8@100/200 | |
| $KZ_2$ | −1.800~4.760 | 500 | 10⌀18 | | | | 2 | Φ8@100/200 | |
| | 4.760~8.700 | 500 | 10⌀18 | | | | 2 | Φ8@100 | |
| $KZ_3$ | −1.800~4.760 | 500 | 10⌀18 | | | | 2 | Φ8@100/200 | |

图 6-12　结施 4

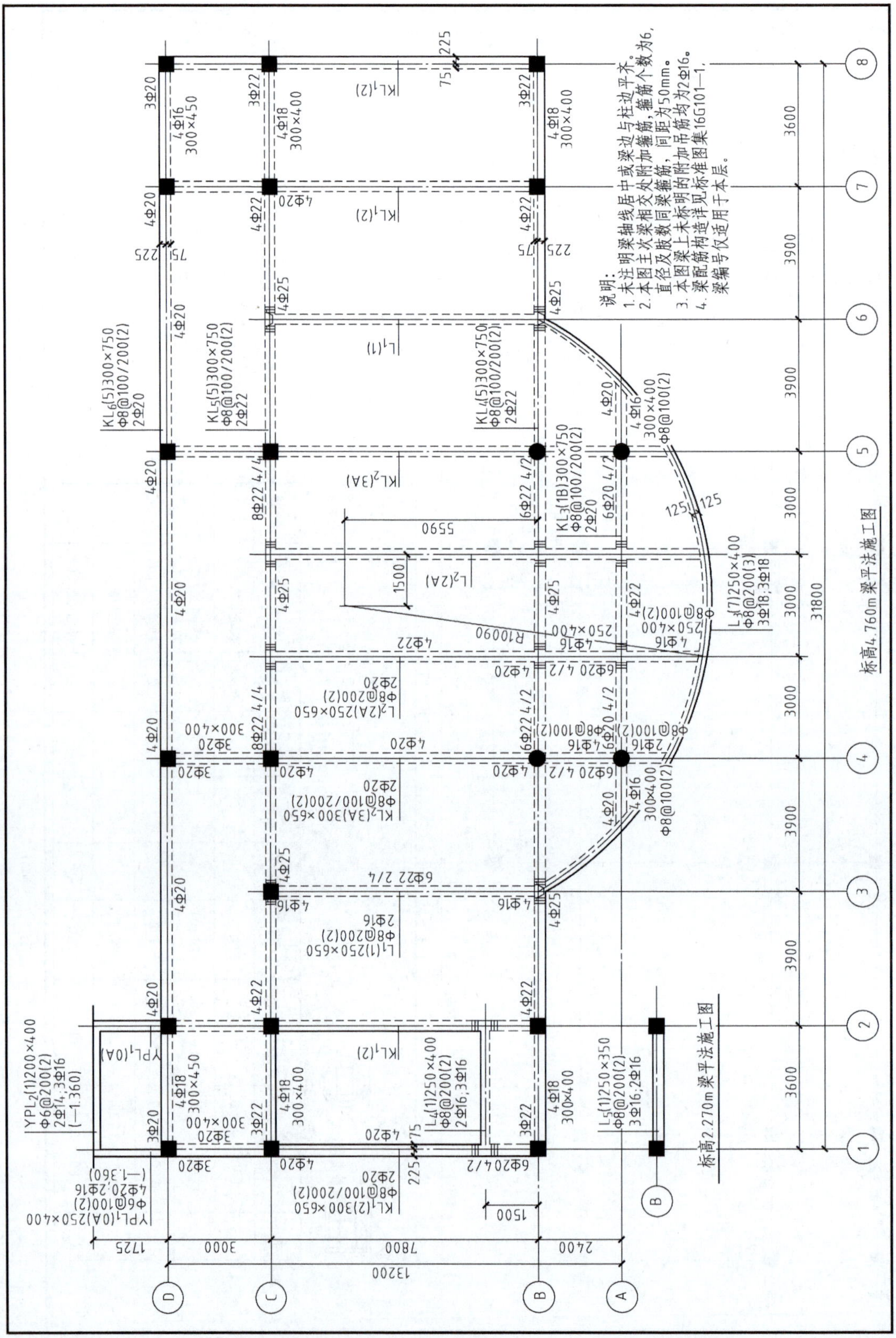
说明：
1. 未注明梁轴线居中或梁边与柱边平齐。
2. 本图主次梁相交处附加箍筋，箍筋个数为6，直径及肢数同梁箍筋，间距为50mm。
3. 本图梁上未标明的附加吊筋均为2Φ16。
4. 梁配筋构造详见标准图集16G101—1，梁编号仅适用于本层。
标高4.760m梁平法施工图
标高2.270m梁平法施工图

图 6-13 结施 5

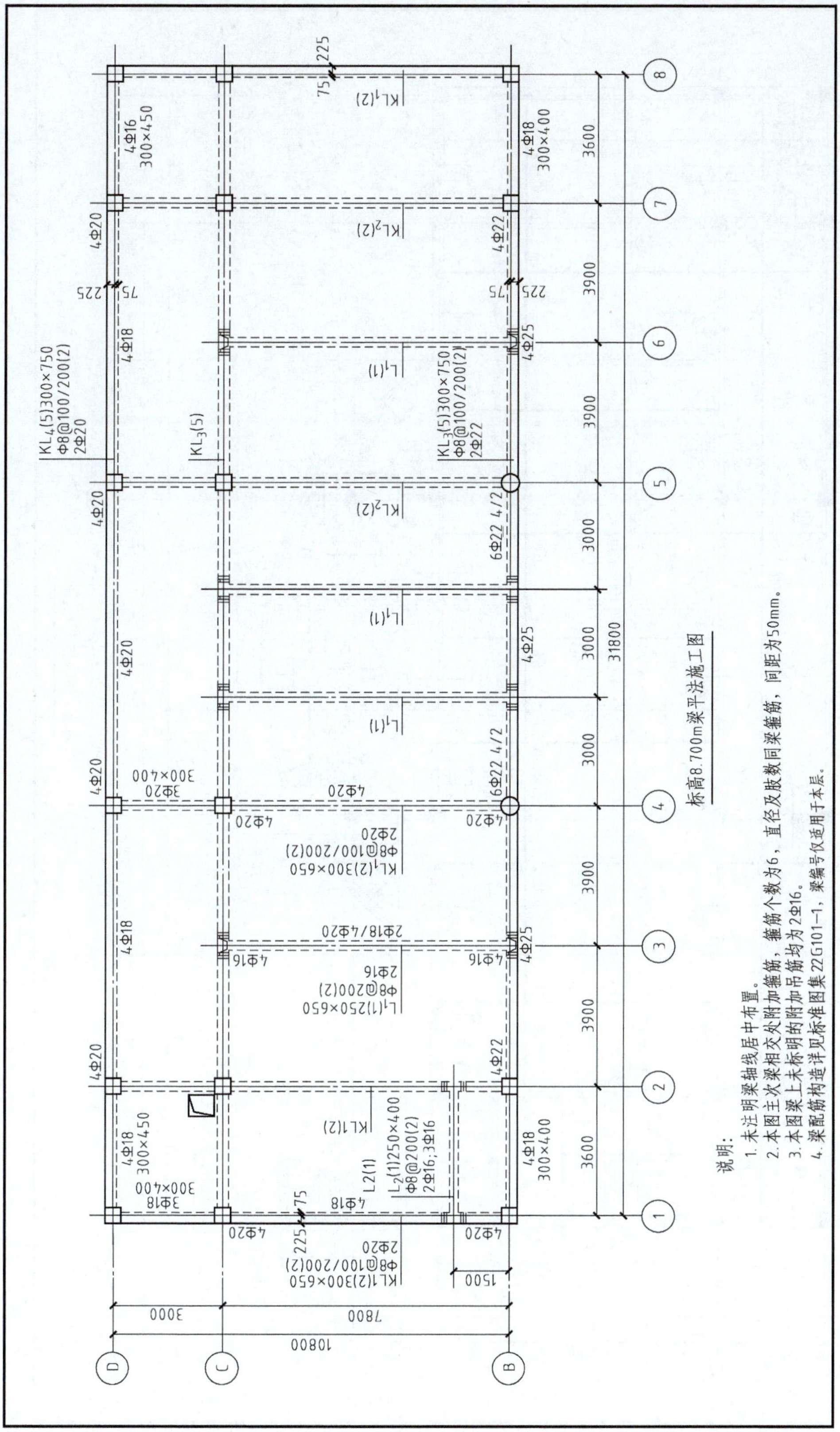
标高8.700m梁平法施工图
说明：
1. 未注明梁轴线居中布置。
2. 本图主次梁相交处附加箍筋，箍筋个数为6，直径及肢数同梁箍筋，间距为50mm。
3. 本图梁上未标明的附加吊筋均为2Φ16。
4. 梁配筋构造详见标准图集22G101—1，梁编号仅适用于本层。
KL1(2)300×650
Φ8@100/200(2)
2Φ20
KL$_1$(2)300×650
Φ8@100/200(2)
2Φ20
L$_1$(1)250×650
Φ8@200(2)
2Φ16
L$_2$(1)250×400
Φ8@200(2)
2Φ16;3Φ16
KL$_3$(5)300×750
Φ8@100/200(2)
2Φ22
KL$_4$(5)300×750
Φ8@100/200(2)
2Φ20
10800
7800
3000
1500
3600
3900
3000
31800

图6-14 结施6

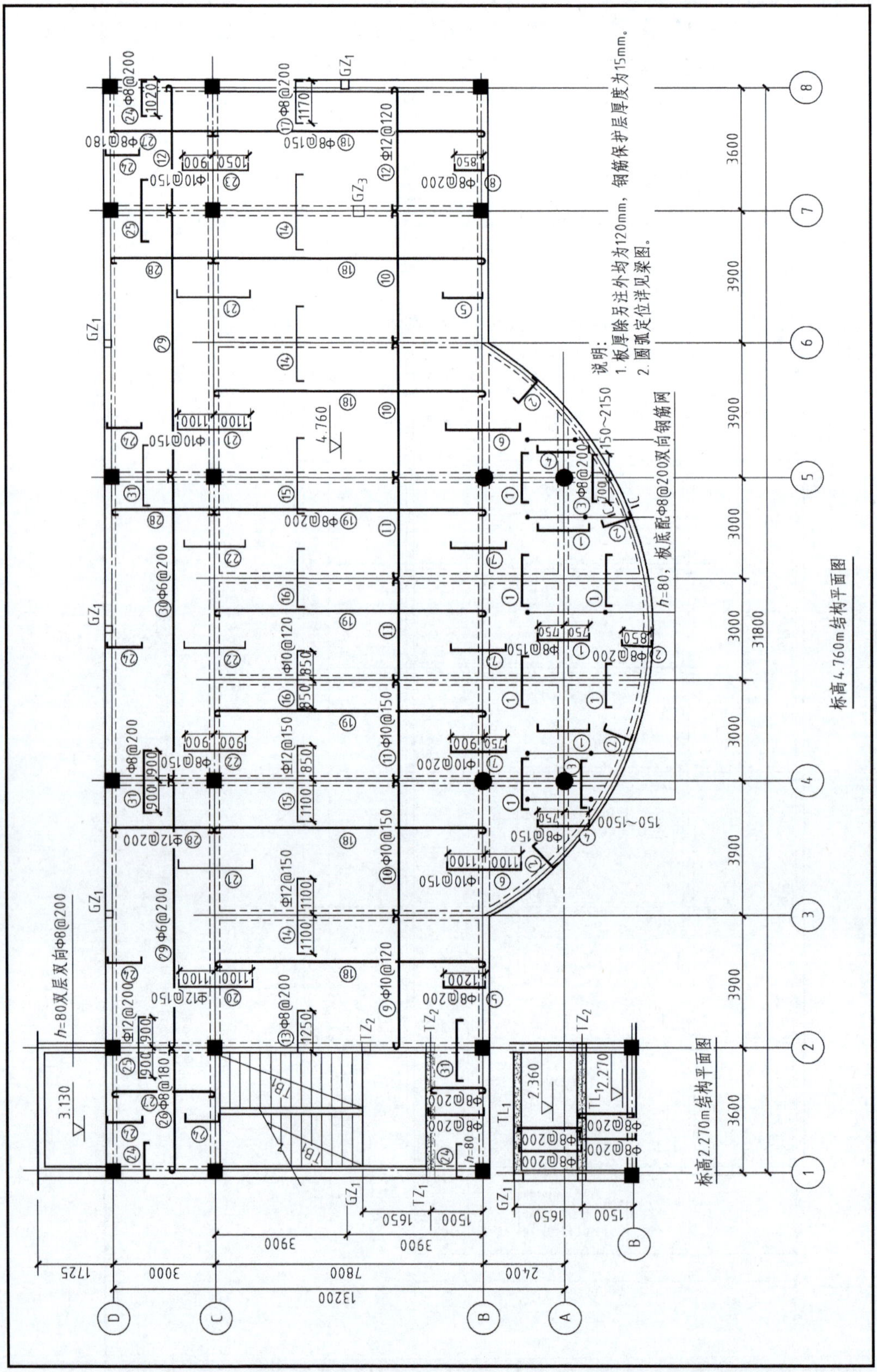
说明：
1.板厚除另注外均为120mm，钢筋保护层厚度为15mm。
2.圆弧定位详见梁图。
h=80，板底配Φ8@200双向钢筋网
h=80双层双向Φ8@200
标高4.760m结构平面图
标高2.270m结构平面图
31800
13200

图6-15 结施7

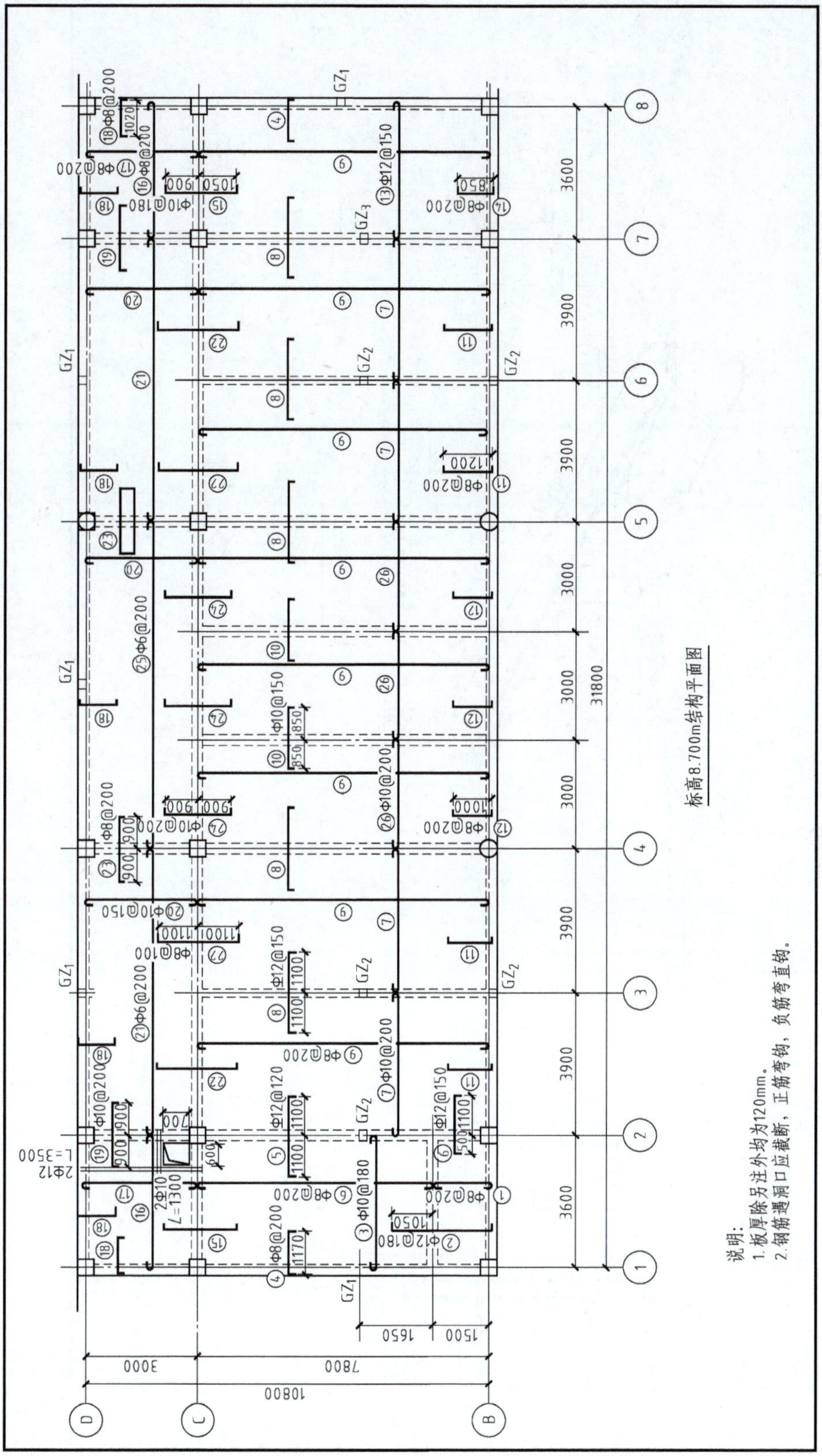


图 6-16　结施 8

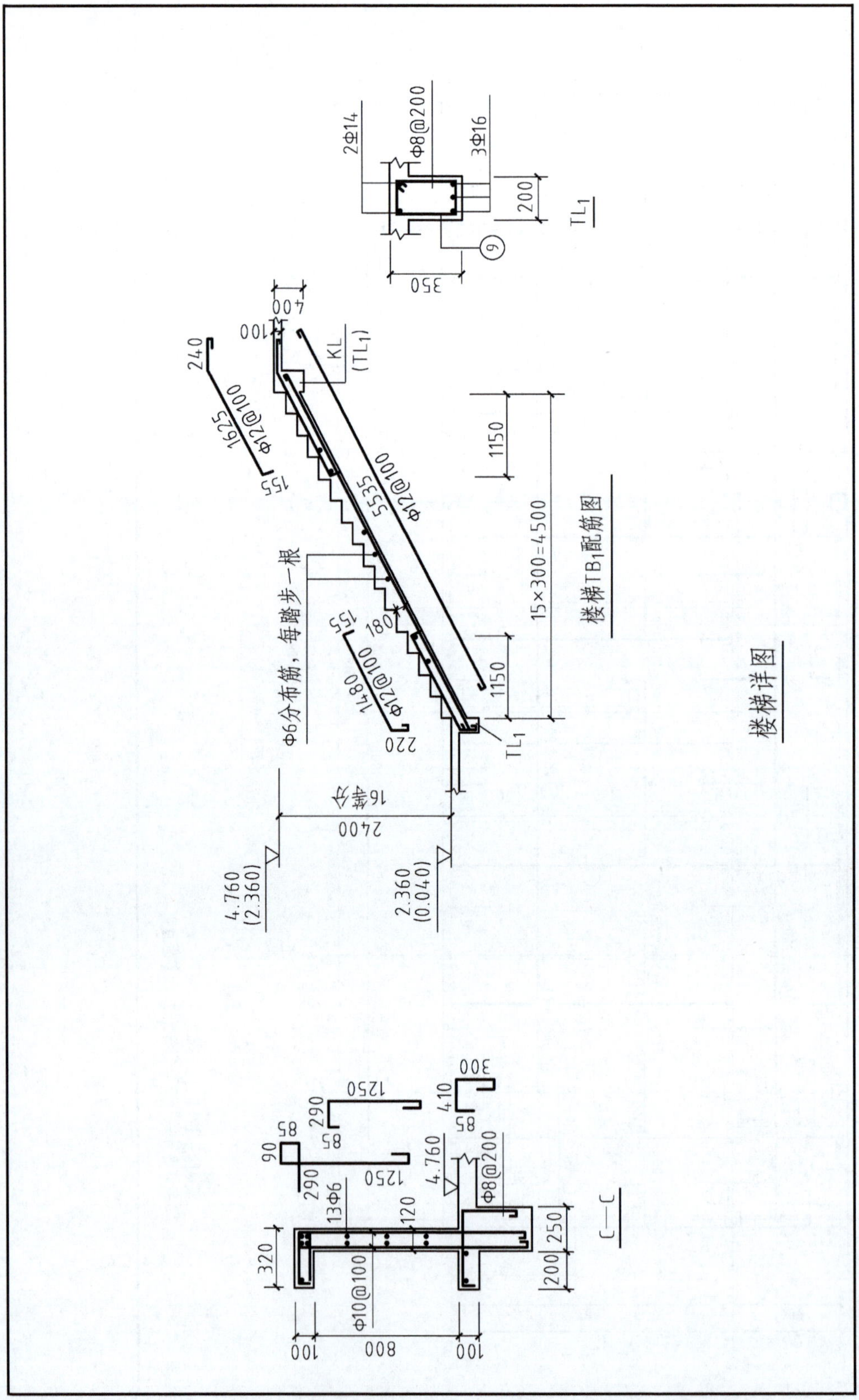
楼梯详图
楼梯TB₁配筋图
TL₁
2Φ14
Φ8@200
3Φ16
200
350
9
KL
(TL₁)
100
400
240
1625
Φ12@100
155
5535
Φ12@100
1150
15×300=4500
1150
Φ6分布筋，每踏步一根
155
180
1480
Φ12@100
220
TL₁
16等分
2400
4.760
(2.360)
2.360
(0.040)
C—C
300
410
85
1250
290
85
85
90
290
1250
4.760
Φ8@200
13Φ6
120
250
200
320
Φ10@100
100
800
100

图 6-17 结施 9

# 任务2 ××办公楼建筑及装饰装修工程工程量清单编制

## ××办公楼建筑及装饰装修工程
## 工 程 量 清 单

招标人：略（单位盖章）

工程造价咨询人：略（单位资质专用章）

法定代表人或其授权人：略（签字或盖章）

法定代表人或其授权人：略（签字或盖章）

编 制 人：略（造价人员签字盖专用章）

复 核 人：略（造价工程师签字盖专用章）

编制时间：××年 ××月 ××日

复核时间：××年 ××月 ××日

### 总说明

工程名称：××办公楼建筑及装饰装修工程

1. 工程概况：建筑面积752.32$m^2$，2层，钢筋混凝土独立基础，框架结构。施工工期3个月。施工现场邻近公路，交通运输方便，拟建建筑物东70m为城市交通道路，西100m为单位活动场所，南7m有围墙，北65m有已建办公楼。施工要防噪声。
2. 招标范围：全部建筑及装饰装修工程。
3. 塑钢窗由专业工程分包，为市场上的中档产品。
4. 工程质量应符合《建筑工程施工质量验收统一标准》（GB 50300—2013）的要求。混凝土均采用商品混凝土，外墙勒脚装饰及室内地面、墙面块料均须为合格品，乳胶漆需为市场上的中档产品。
5. 考虑施工中可能发生的设计变更或清单有误，暂列金额5万元。

### 分部分项工程和单价措施项目清单与计价表（建筑工程部分）

工程名称：××办公楼建筑及装饰装修工程

| 序号 | 项目编码 | 项目名称 | 项目特征描述 | 计量单位 | 工程量 | 金额/元 | | |
|---|---|---|---|---|---|---|---|---|
| | | | | | | 综合单价 | 合价 | 其中：暂估价 |
| | | A 土石方工程 | | | | | | |
| 1 | 010101001001 | 平整场地 | 二类土，土方就地挖填找平 | $m^2$ | 362.81 | | | |
| 2 | 010101003001 | 挖一般土方 | Ⅱ类土，大面积土方开挖，3∶7灰土填料，底面积为600.85$m^2$，挖土深度2.3m，弃土运距3km | $m^3$ | 1452.92 | | | |

（续）

| 序号 | 项目编码 | 项目名称 | 项目特征描述 | 计量单位 | 工程量 | 金额/元 | | |
|---|---|---|---|---|---|---|---|---|
| | | | | | | 综合单价 | 合价 | 其中：暂估价 |
| | | A　土石方工程 | | | | | | |
| 3 | 010103001002 | 基础土方回填 | 回填土夯填，土方运距3km | $m^3$ | 725.25 | | | |
| 4 | 010103001003 | 室内土方回填 | 回填土分层夯填，土方运距3km | $m^3$ | 229.9 | | | |
| | | 分部小计 | | | | | | |
| | | B　地基处理与边坡支护工程 | | | | | | |
| 5 | 010201001001 | 基底3:7灰土填料碾压 | 分层碾压，土方运距3km | $m^3$ | 600.85 | | | |
| | | 分部小计 | | | | | | |
| | | D　砌筑工程 | | | | | | |
| 6 | 010401001001 | 砖基础 | M7.5水泥砂浆，M10标准砖砌筑 | $m^3$ | 30.45 | | | |
| 7 | 010401003001 | 女儿墙 | M7.5混合砂浆砌筑标准砖，厚240mm | $m^3$ | 15.7 | | | |
| 8 | 010402001001 | 加气混凝土砌块墙 | M7.5混合砂浆砌筑加气混凝土砌块外墙，厚250mm | $m^3$ | 78.5 | | | |
| 9 | | 加气混凝土砌块墙 | M7.5混合砂浆砌筑加气混凝土砌块内墙，厚200mm | $m^3$ | 47.18 | | | |
| 10 | | 加气混凝土砌块墙 | M7.5混合砂浆砌筑加气混凝土砌块内墙，厚120mm | $m^3$ | 1.31 | | | |
| 11 | 010401014001 | 砖地沟 | 地沟净宽1m、净高1m，C15素混凝土垫层，M5混合砂浆砌筑 | m | 57.00 | | | |
| 12 | 010401012001 | 零星砌砖 | M5混合砂浆砌筑台阶挡墙 | $m^3$ | 3.60 | | | |
| | | 分部小计 | | | | | | |
| | | E　混凝土及钢筋混凝土工程 | | | | | | |
| 13 | 010501003001 | C20独立基础 | 商品混凝土 | $m^3$ | 65.92 | | | |
| 14 | 010501001001 | C15素混凝土垫层 | 商品混凝土 | $m^3$ | 19.16 | | | |
| 15 | 010502001001 | C25矩形柱（框架柱） | 商品混凝土 | $m^3$ | 34.98 | | | |
| 16 | | C25矩形柱（TZ） | 商品混凝土 | $m^3$ | 0.72 | | | |

（续）

| 序号 | 项目编码 | 项目名称 | 项目特征描述 | 计量单位 | 工程量 | 金额/元 | | |
|---|---|---|---|---|---|---|---|---|
| | | | | | | 综合单价 | 合价 | 其中：暂估价 |
| | | E 混凝土及钢筋混凝土工程 | | | | | | |
| 17 | 010502002003 | C20 构造柱 | 商品混凝土 | $m^3$ | 5.38 | | | |
| 18 | 010502003001 | C25 圆形柱 | 商品混凝土 | $m^3$ | 6.90 | | | |
| 19 | 010503001001 | C20 基础梁 | 商品混凝土 | $m^3$ | 31.46 | | | |
| 20 | 010503002001 | C25 矩形梁 | 商品混凝土 | $m^3$ | 58.08 | | | |
| 21 | 010503004001 | C20 圈梁 | 商品混凝土 | $m^3$ | 6.49 | | | |
| 22 | 010503006001 | C25 弧形梁 | 商品混凝土 | $m^3$ | 1.59 | | | |
| 23 | 010505003001 | C25 平板 | 商品混凝土 | $m^3$ | 84.13 | | | |
| 24 | 010505003002 | C25 雨篷板 | 弧形，商品混凝土 | $m^3$ | 4.51 | | | |
| 25 | 010505006001 | C25 栏板（弧形雨篷处） | 商品混凝土 | $m^3$ | 1.92 | | | |
| 26 | 010505008001 | C25 雨篷板 | 矩形，商品混凝土 | $m^3$ | 0.94 | | | |
| 27 | 010506001001 | C25 楼梯 | 商品混凝土 | $m^2$ | 20.33 | | | |
| 28 | 010507005001 | C25 女儿墙压顶 | 商品混凝土 | m | 85.8 | | | |
| 29 | | C25 栏板处压顶 | 商品混凝土 | m | 20.24 | | | |
| 30 | 010507004001 | C15 台阶 | 商品混凝土 | $m^2$ | 63.02 | | | |
| 31 | 010507001001 | 细石混凝土散水 | 40mm 厚 C20 细石混凝土撒 1:1 水泥砂子压实赶光，150mm 厚 3:7 灰土垫层，素土夯实，向外坡 4%，沥青砂浆嵌缝 | $m^2$ | 70.15 | | | |
| 32 | 010510003001 | C20 预制过梁 | 预制构件 | $m^3$ | 2.50 | | | |
| 33 | 010512008001 | C20 预制沟盖板 | 预制构件 | $m^3$ | 5.7 | | | |
| 34 | 010515001001 | 现浇构件圆钢筋 | $\Phi$4 = 0.037；$\Phi$6.5 = 0.86；$\Phi$8 = 8.76；$\Phi$10 = 3.24；$\Phi$12 = 4.56；$\Phi$20 = 1.35；$\Phi$22 = 1.63 | t | 20.44 | | | |
| 35 | 010515001002 | 现浇构件螺纹钢筋 | $\underline{\Phi}$12 = 1.06；$\underline{\Phi}$14 = 0.043；$\underline{\Phi}$16 = 1.39；$\underline{\Phi}$18 = 2.09；$\underline{\Phi}$20 = 10.08；$\underline{\Phi}$22 = 2.53；$\underline{\Phi}$25 = 2.06 | t | 19.25 | | | |
| 36 | 010515001003 | 砌体拉结筋 | 圆钢筋$\Phi$6.5 | t | 0.43 | | | |
| 37 | 010516002001 | 预制构件圆钢筋$\Phi$6.5 | 圆钢筋$\Phi$6.5 | t | 0.28 | | | |

（续）

| 序号 | 项目编码 | 项目名称 | 项目特征描述 | 计量单位 | 工程量 | 金额/元 | | |
|---|---|---|---|---|---|---|---|---|
| | | | | | | 综合单价 | 合价 | 其中：暂估价 |
| | | E 混凝土及钢筋混凝土工程 | | | | | | |
| 38 | 010516002002 | 预制构件螺纹钢筋 | 螺纹钢筋 | t | 2.26 | | | |
| | | 分部小计 | | | | | | |
| | | G 木结构工程 | | | | | | |
| 39 | 010702005001 | 其他木构件 | 上人孔木盖板 | $m^3$ | 0.016 | | | |
| | | 分部小计 | | | | | | |
| | | J 屋面及防水工程 | | | | | | |
| 40 | 010902001001 | 屋面卷材防水 | SBS 改性沥青卷材防水层（带砂保护层） | $m^2$ | 363.43 | | | |
| 41 | 011101006001 | 屋面找平层 | 20mm 厚 1:2 水泥砂浆找平层 | $m^2$ | 363.43 | | | |
| 42 | 010902004001 | 屋面排水管 | UPVC 排水管 | m | 51.52 | | | |
| | | 分部小计 | | | | | | |
| | | K 保温、隔热、防腐工程 | | | | | | |
| 43 | 011001001001 | 屋面保温 | 60mm 厚屋面外保温聚苯乙烯泡沫塑料板 | $m^2$ | 342.16 | | | |
| 44 | 011001001002 | 屋面找坡 | 1:6 水泥焦渣找 2% 坡，最薄处 30mm 厚 | $m^2$ | 342.16 | | | |
| | | 分部小计 | | | | | | |
| | | | 合　计 | | | | | |

## 分部分项工程和单价措施项目清单与计价表（装饰装修工程部分）

工程名称：××办公楼装饰装修工程

| 序号 | 项目编码 | 项目名称 | 项目特征描述 | 计量单位 | 工程量 | 金额/元 | | |
|---|---|---|---|---|---|---|---|---|
| | | | | | | 综合单价 | 合价 | 其中：暂估价 |
| | | L 楼地面装饰工程 | | | | | | |
| 1 | 011102001001 | 花岗岩地面（一层地面） | 20mm 厚芝麻白磨光花岗岩（600mm×600mm）铺面<br>撒素水泥面（洒适量水）<br>30mm 厚 1:4 干硬性水泥砂浆结合层<br>刷素水泥浆一道 | $m^2$ | 334.79 | | | |
| 2 | 010501001001 | 混凝土垫层（一层地面） | 60mm 厚 C15 混凝土 | $m^3$ | 20.09 | | | |

（续）

| 序号 | 项目编码 | 项目名称 | 项目特征描述 | 计量单位 | 工程量 | 金额/元 | | |
|---|---|---|---|---|---|---|---|---|
| | | | | | | 综合单价 | 合价 | 其中：暂估价 |
| | | L　楼地面装饰工程 | | | | | | |
| 3 | 010404001001 | 灰土垫层（一层地面） | 150mm 厚 3:7 灰土垫层 | $m^3$ | 50.22 | | | |
| 4 | 011102001002 | 花岗岩台阶平台（正立面） | 20mm 厚芝麻白磨光花岗岩（600mm×600mm）铺面<br>撒素水泥面（洒适量水）<br>30mm 厚 1:4 干硬性水泥砂浆结合层刷素水泥浆一道 | $m^2$ | 36.90 | | | |
| 5 | 010501001002 | 混凝土垫层（平台处） | 60mm 厚 C15 混凝土 | $m^3$ | 2.21 | | | |
| 6 | 010404001002 | 灰土垫层（平台处） | 150mm 厚 3:7 灰土垫层<br>素土夯实 | $m^3$ | 5.54 | | | |
| 7 | 011102003001 | 地砖地面（一层卫生间） | 10mm 厚瓷质耐磨地砖（300mm×300mm）铺面，干水泥擦缝<br>撒素水泥面（洒适量水）<br>20mm 厚 1:4 干硬性水泥砂浆结合层<br>60mm 厚 C20 细石混凝土找坡层，最薄处不小于 30mm 厚 | $m^2$ | 4.92 | | | |
| 8 | 010904003001 | 地面涂膜防水（一层卫生间） | 聚氨酯涂膜防水层 1.5～1.8mm，防水层周边卷起 150mm | $m^2$ | 6.3 | | | |
| 9 | 011101006001 | 平面找平层（一层卫生间） | 40mm 厚 C20 细石混凝土随打随抹平 | $m^2$ | 6.3 | | | |
| 10 | 010404001003 | 灰土垫层（一层卫生间） | 150mm 厚 3:7 灰土垫层 | $m^3$ | 0.74 | | | |
| 11 | 011102003002 | 地砖楼面（+2.270m 卫生间） | 10mm 厚瓷质耐磨地砖（300mm×300mm）铺面，干水泥擦缝<br>撒素水泥面（洒适量水）<br>20mm 厚 1:4 干硬性水泥砂浆结合层<br>60mm 厚 C20 细石混凝土找坡层，最薄处不小于 30mm 厚 | $m^2$ | 4.92 | | | |
| 12 | 010904003002 | 楼面涂膜防水（+2.270m 卫生间） | 聚氨酯涂膜防水层 1.5～1.8mm，防水层周边卷起 150mm | $m^2$ | 6.3 | | | |
| 13 | 011101006002 | 平面砂浆找平层（+2.270m 卫生间） | 20mm 厚 1:3 水泥砂浆找平层，四周抹八字角 | $m^2$ | 6.3 | | | |

（续）

| 序号 | 项目编码 | 项目名称 | 项目特征描述 | 计量单位 | 工程量 | 金额/元 | | |
|---|---|---|---|---|---|---|---|---|
| | | | | | | 综合单价 | 合价 | 其中：暂估价 |
| | | L　楼地面装饰工程 | | | | | | |
| 14 | 011102003002 | 全玻磁化砖楼面 | 8mm 厚米黄全玻磁化砖（600mm×600mm）铺面，干水泥擦缝<br>撒素水泥面（洒适量水）<br>20mm 厚 1∶4 干硬性水泥砂浆结合层<br>20mm 厚 1∶3 水泥砂浆找平层<br>现浇混凝土楼板 | $m^2$ | 303.65 | | | |
| 15 | 011101001001 | 水泥砂浆台阶面层（背立面台阶） | 20mm 厚 1∶2.5 水泥砂浆抹面压实赶光<br>素水泥浆结合层一道 | $m^2$ | 7.94 | | | |
| 16 | 010404001004 | 灰土垫层（背立面台阶处） | 150mm 厚 3∶7 灰土垫层，素土夯实 | $m^3$ | 1.31 | | | |
| 17 | 011101001002 | 水泥砂浆面层（背立面台阶平台） | 20mm 厚 1∶2.5 水泥砂浆抹面压实赶光<br>素水泥浆结合层一道 | $m^2$ | 1.99 | | | |
| 18 | 010501001003 | 混凝土垫层（背立面台阶平台处） | 60mm 厚 C15 混凝土 | $m^3$ | 0.12 | | | |
| 19 | 010404001004 | 灰土垫层（背立面台阶平台处） | 150mm 厚 3∶7 灰土垫层，素土夯实 | $m^3$ | 0.3 | | | |
| 20 | 011107001001 | 花岗岩台阶（正立面台阶） | 30mm 厚芝麻白机刨花岗岩（350mm×1200mm）铺面，稀水泥擦缝<br>撒素水泥面（洒适量水）<br>30mm 厚 1∶4 干硬性水泥砂浆结合层，向外坡 1%<br>刷素水泥浆结合层一道 | $m^2$ | 55.08 | | | |
| 21 | 010404001005 | 灰土垫层（正立面台阶处） | 150mm 厚 3∶7 灰土垫层 | $m^3$ | 11.85 | | | |
| 22 | 011105002001 | 花岗岩踢脚线（平直部分） | 稀水泥擦缝<br>安装 12mm 厚高 120mm 花岗岩板<br>20mm 厚 1∶2 水泥砂浆灌贴<br>刷界面处理剂一道 | $m^2$ | 35.01 | | | |
| 23 | 011105002002 | 花岗岩踢脚线（锯齿形部分） | 稀水泥擦缝<br>安装 12mm 厚高 120mm 花岗岩板<br>20mm 厚 1∶2 水泥砂浆灌贴<br>刷界面处理剂一道 | $m^2$ | 1.90 | | | |

（续）

| 序号 | 项目编码 | 项目名称 | 项目特征描述 | 计量单位 | 工程量 | 金额/元 | | |
|---|---|---|---|---|---|---|---|---|
| | | | | | | 综合单价 | 合价 | 其中：暂估价 |
| | | L　楼地面装饰工程 | | | | | | |
| 24 | 011106001001 | 花岗岩楼梯面层 | 18mm 厚芝麻白磨光花岗岩（350mm×1200mm）铺面<br>Z5 强力黏结剂<br>20mm 厚 1:3 水泥砂浆找平 | $m^2$ | 22.21 | | | |
| | | 分部小计 | | | | | | |
| | | M　墙、柱面装饰与隔断、幕墙工程 | | | | | | |
| 25 | 011201001001 | 内墙抹灰 | 2mm 厚麻刀灰抹面<br>9mm 厚 1:3 石灰膏砂浆<br>5mm 厚 1:3:9 水泥石灰膏砂浆打底划出纹理<br>刷加气混凝土界面处理剂一道 | $m^2$ | 1128.84 | | | |
| 26 | 011202001001 | 柱面抹灰 | 2mm 厚麻刀灰抹面<br>9mm 厚 1:3 石灰膏砂浆<br>5mm 厚 1:3:9 水泥石灰膏砂浆打底划出纹理<br>刷加气混凝土界面处理剂一道 | $m^2$ | 16.85 | | | |
| 27 | 011201001002 | 外墙抹灰 | 6mm 厚 1:2.5 水泥砂浆找平<br>6mm 厚 1:1:6 水泥石灰膏打底扫毛<br>6mm 厚 1:0.5:4 水泥石灰膏打底扫毛<br>刷加气混凝土界面处理剂一道 | $m^2$ | 615.71 | | | |
| 28 | 011201001003 | 女儿墙里侧抹水泥砂浆 | 8mm 厚 1:2.5 水泥砂浆抹面<br>10mm 厚 1:3 水泥砂浆打底扫毛<br>刷素水泥浆结合层一道（内掺建筑胶） | $m^2$ | 41.69 | | | |
| 29 | 011204001001 | 花岗岩勒脚 | 25mm 厚毛石花岗岩板，稀水泥浆擦缝<br>50mm 宽缝隙用 1:2.5 水泥砂浆灌缝，用双股 18 号铜丝将花岗岩石板与横向钢筋绑牢<br>Φ6 双向钢筋网，纵筋与锚固筋焊牢<br>墙内预埋Φ6 锚固钢筋，纵横间距 500mm 左右 | $m^2$ | 81.54 | | | |
| 30 | 011203001001 | 零星项目一般抹灰 | 8mm 厚 1:2.5 水泥砂浆抹面<br>10mm 厚 1:3 水泥砂浆打底扫毛<br>刷素水泥浆结合层一道（内掺建筑胶） | $m^2$ | 40.39 | | | |

（续）

| 序号 | 项目编码 | 项目名称 | 项目特征描述 | 计量单位 | 工程量 | 金额/元 | | |
|---|---|---|---|---|---|---|---|---|
| | | | | | | 综合单价 | 合价 | 其中：暂估价 |
| | | M 墙、柱面装饰与隔断、幕墙工程 | | | | | | |
| 31 | 011203001002 | 台阶挡墙抹面 | 8mm 厚 1∶2.5 水泥砂浆抹面<br>10mm 厚 1∶3 水泥砂浆打底扫毛 | $m^2$ | 12.83 | | | |
| 32 | 011204003001 | 釉面砖内墙面 | 白水泥擦缝<br>贴 5mm 厚釉面砖<br>8mm 厚 1∶0.1∶2.5 水泥石灰膏砂浆结合层<br>10mm 厚 1∶3 水泥砂浆打底扫毛或划出纹道<br>刷加气混凝土界面处理剂一道（随刷随抹底灰） | $m^2$ | 38.03 | | | |
| 33 | 011208001001 | 铝塑板圆柱面 | 4mm 厚双面铝塑板<br>3mm 厚三合板固定在木龙骨上<br>24mm×30mm 木龙骨中距 500mm | $m^2$ | 66.92 | | | |
| | | 分部小计 | | | | | | |
| | | N 天棚工程 | | | | | | |
| 34 | 011301001001 | 卫生间天棚抹水泥砂浆 | 5mm 厚 1∶2.5 水泥砂浆抹面<br>5mm 厚 1∶3 水泥砂浆打底<br>刷素水泥浆结合层一道（内掺建筑胶） | $m^2$ | 9.84 | | | |
| 35 | 011301001002 | 背立面雨篷底面抹水泥砂浆 | 5mm 厚 1∶2.5 水泥砂浆抹面<br>5mm 厚 1∶3 水泥砂浆打底<br>刷素水泥浆结合层一道（内掺建筑胶） | $m^2$ | 5.93 | | | |
| 36 | 011301001003 | 天棚抹混合砂浆 | 5mm 厚 1∶0.3∶2.5 水泥石灰膏砂浆抹面<br>5mm 厚 1∶0.3∶3 水泥石灰膏砂浆打底扫毛<br>刷素水泥浆结合层一道（内掺建筑胶） | $m^2$ | 790.14 | | | |
| | | 分部小计 | | | | | | |
| | | H 门窗工程 | | | | | | |
| 37 | 010805006001 | 全玻钢化自由门 | 洞口尺寸 8200mm×4000mm | 樘 | 1 | | | |
| 38 | 010802001001 | 全玻平开门制作、安装 | 洞口尺寸 1500mm×2400mm<br>刷调和漆二遍，底油一遍，满刮腻子夹板门 | 樘 | 1 | | | |

（续）

| 序号 | 项目编码 | 项目名称 | 项目特征描述 | 计量单位 | 工程量 | 金额/元 | | |
|---|---|---|---|---|---|---|---|---|
| | | | | | | 综合单价 | 合价 | 其中：暂估价 |
| | | H 门窗工程 | | | | | | |
| 39 | 010801001001 | 夹板门制作、安装 | 洞口尺寸1000mm×2100mm<br>刷调和漆二遍，底油一遍，满刮腻子 | 樘 | 7 | | | |
| 40 | 010801001002 | 夹板门制作、安装 | 洞口尺寸750mm×2000mm<br>刷调和漆二遍，底油一遍，满刮腻子 | 樘 | 2 | | | |
| 41 | 010801001003 | 夹板门制作、安装 | 洞口尺寸1500mm×2100mm<br>刷调和漆二遍，底油一遍，满刮腻子 | 樘 | 2 | | | |
| 42 | 010807001001 | 钢化全玻窗 | 洞口尺寸7325mm×3700mm<br>不锈钢包边 | 樘 | 2 | | | |
| 43 | 010807001002 | 钢化全玻窗 | 洞口尺寸3560mm×2900mm<br>不锈钢包边 | 樘 | 4 | | | |
| 44 | 010807001003 | 钢化全玻窗 | 洞口尺寸8500mm×2900mm<br>不锈钢包边 | 樘 | 1 | | | |
| | | 分部小计 | | | | | | |
| | | P 油漆、涂料、裱糊工程 | | | | | | |
| 45 | 011407001001 | 内墙涂料 | 白色立邦乳胶漆 | $m^2$ | 1107.98 | | | |
| 46 | 011407001002 | 柱面涂料 | 白色立邦乳胶漆 | $m^2$ | 16.71 | | | |
| 47 | 011407001003 | 外墙涂料 | 晋龙外墙涂料 | $m^2$ | 615.71 | | | |
| 48 | 011407002001 | 卫生间天棚涂料 | 白色立邦乳胶漆（抹灰基层上） | $m^2$ | 9.84 | | | |
| 49 | 011407002002 | 背立面雨篷底面涂料 | 晋龙外墙涂料 | $m^2$ | 5.93 | | | |
| 50 | 011407002003 | 天棚涂料 | 白色立邦乳胶漆 | $m^2$ | 790.13 | | | |
| | | 分部小计 | | | | | | |
| | | Q 其他装饰工程 | | | | | | |
| 51 | 011506001001 | 雨篷铝塑板饰面（平面） | 4mm厚双面铝塑板<br>6mm厚纤维水泥加压板固定在木龙骨上<br>24mm×30mm木龙骨中距500mm<br>混凝土雨篷 | $m^2$ | 56.30 | | | |

（续）

| 序号 | 项目编码 | 项目名称 | 项目特征描述 | 计量单位 | 工程量 | 金额/元 | | |
|---|---|---|---|---|---|---|---|---|
| | | | | | | 综合单价 | 合价 | 其中：暂估价 |
| | | Q 其他装饰工程 | | | | | | |
| 52 | 011207001001 | 雨篷铝塑板饰面（立面） | 4mm厚双面铝塑板<br>6mm厚纤维水泥加压板固定在木龙骨上<br>24mm×30mm木龙骨中距500mm<br>混凝土雨篷 | $m^2$ | 26.62 | | | |
| 53 | 011503001001 | 楼梯不锈钢栏杆扶手 | 楼梯栏杆高900mm | m | 12.51 | | | |
| 54 | 011503001002 | 不锈钢防护栏杆 | 栏杆高700mm | m | 22.75 | | | |
| | | 分部小计 | | | | | | |
| | | 合计 | | | | | | |

## 总价措施项目清单与计价表

工程名称：××办公楼建筑及装饰装修工程

| 序号 | 项目名称 | 计算基础 | 费 率（%） | 金额/元 |
|---|---|---|---|---|
| 1 | 安全文明施工 | | | |
| 2 | 二次搬运 | | | |
| 3 | 夜间施工 | | | |
| 4 | 大型机械设备进出场 | | | |
| 5 | 室内空气污染测试 | | | |
| 6 | 工程定位复测、工程点交、场地清理 | | | |
| | 合 计 | | | |

## 单价措施项目清单与计价表

工程名称：××办公楼建筑及装饰装修工程

| 序号 | 项目编码 | 项目名称 | 项目特征描述 | 计量单位 | 工程量 | 金 额/元 | |
|---|---|---|---|---|---|---|---|
| | | | | | | 综合单价 | 合 价 |
| 1 | | 脚手架工程 | | | | | |
| 1.1 | 011701200001 | 主体施工外脚手架 | 钢管扣件式双排脚手架，搭设高度10.80m | $m^2$ | 939.60 | | |
| 1.2 | 011701006001 | 主体施工满堂脚手架 | 钢管扣件式脚手架，一层层高4.80m | $m^2$ | 416.22 | | |
| 1.3 | 011701006002 | 主体施工满堂脚手架 | 钢管扣件式脚手架，二层层高3.90m | $m^2$ | 362.81 | | |
| 1.4 | 011701003001 | 砌筑里脚手架 | 承插式钢管支柱，一层层高4.80m | $m^2$ | 335.05 | | |

（续）

| 序号 | 项目编码 | 项目名称 | 项目特征描述 | 计量单位 | 工程量 | 金额/元 | |
|---|---|---|---|---|---|---|---|
| | | | | | | 综合单价 | 合价 |
| 1 | | 脚手架工程 | | | | | |
| 1.5 | 011701003001 | 砌筑里脚手架 | 承插式钢管支柱，二层层高3.90m | $m^2$ | 374.71 | | |
| 1.6 | 011701006003 | 室内装饰满堂脚手架 | 钢管扣件式脚手架，一层层高4.80m | m | 331.68 | | |
| 1.7 | 011701006004 | 室内装饰满堂脚手架 | 钢管扣件式脚手架，二层层高3.90m | m | 329.64 | | |
| 1.8 | 011701008001 | 室外装饰悬空脚手架 | 手动吊篮脚手架，女儿墙上平距室外设计地坪10.80m | $m^2$ | 939.60 | | |
| 2 | | 混凝土模板及支架（撑） | | | | | |
| 2.1 | 011702001001 | 独立基础 | 现浇钢筋混凝土独立基础，截面如图6-10和图6-11所示 | $m^2$ | 100.98 | | |
| 2.2 | 011702005001 | 基础梁 | 现浇钢筋混凝土基础梁，截面如图6-10和图6-11所示 | $m^2$ | 204.60 | | |
| 2.3 | 011702002001 | 矩形柱 | 现浇钢筋混凝地下及一层矩形柱，$Z_1$截面450mm×450mm，支撑高度5.84m | $m^2$ | 173.72 | | |
| 2.4 | 011702002002 | 矩形柱 | 现浇钢筋混凝土二层矩形柱，$Z_1$截面450mm×450mm，支撑高度3.82m | $m^2$ | 104.58 | | |
| 2.5 | 011702002003 | 矩形柱 | 现浇钢筋混凝土矩形柱，$TZ_1$截面240mm×240mm、$TZ_2$截面200mm×200mm | $m^2$ | 13.46 | | |
| 2.6 | 011702004001 | 圆形柱 | 现浇钢筋混凝土一层圆形柱，$Z_2$、$Z_3$截面$D$=500mm，支撑高度5.84m | $m^2$ | 39.01 | | |
| 2.7 | 011702004002 | 圆形柱 | 现浇钢筋混凝土一层圆形柱，$Z_2$截面$D$=500mm，支撑高度3.82m | $m^2$ | 10.92 | | |
| 2.8 | 011702003001 | 构造柱 | 现浇钢筋混凝土构造柱（标高4.760m处），$GZ_1$截面240mm×240mm、$GZ_2$、$GZ_3$截面200mm×200mm，支撑高度5.84m | $m^2$ | 21.11 | | |
| 2.9 | 011702003002 | 构造柱 | 现浇钢筋混凝土构造柱（标高8.700m处），$GZ_1$截面240mm×240mm，$GZ_2$、$GZ_3$截面200mm×200mm，支撑高度3.82m | $m^2$ | 24.14 | | |
| 2.10 | 011702003003 | 构造柱 | 现浇钢筋混凝土构造柱（女儿墙处），截面240mm×240mm，支撑高度0.84m | $m^2$ | 13.71 | | |

（续）

| 序号 | 项目编码 | 项目名称 | 项目特征描述 | 计量单位 | 工程量 | 金额/元 | |
|---|---|---|---|---|---|---|---|
| | | | | | | 综合单价 | 合价 |
| 2 | 混凝土模板及支架（撑） | | | | | | |
| 2.11 | 011702006001 | 矩形梁 | 现浇钢筋混凝土一层框架梁，截面如图6-14所示，支撑高度3.39m | $m^2$ | 2.74 | | |
| 2.12 | 011702006002 | 矩形梁 | 现浇钢筋混凝土一层框架梁，截面如图6-14所示，支撑高度5.84m | $m^2$ | 266.67 | | |
| 2.13 | 011702006003 | 矩形梁 | 现浇钢筋混凝土二层框架梁，截面如图6-15所示，支撑高度3.82m | $m^2$ | 249.59 | | |
| 2.14 | 011702008001 | 圈梁 | 现浇钢筋混凝土圈梁，截面370mm×180mm | $m^2$ | 34.85 | | |
| 2.15 | 011702010001 | 弧形梁 | 现浇钢筋混凝土雨篷处弧形梁，$1L_3$截面250mm×400mm | $m^2$ | 17.27 | | |
| 2.16 | 011702016001 | 平板 | 现浇钢筋混凝土平板（标高2.270m处），支撑高度3.39m | $m^2$ | 4.47 | | |
| 2.17 | 011702016002 | 平板 | 现浇钢筋混凝土一层平板（标高4.760m处），支撑高度5.84m | $m^2$ | 330.85 | | |
| 2.18 | 011702016003 | 平板 | 现浇钢筋混凝土二层平板（标高8.700m处），支撑高度3.82m | $m^2$ | 297.17 | | |
| 2.19 | 011702021001 | 栏板 | 现浇钢筋混凝土雨篷处弧形栏板 | $m^2$ | 34.07 | | |
| 2.20 | 011702024001 | 楼梯 | 现浇钢筋混凝土直行楼梯 | $m^2$ | 20.33 | | |
| 2.21 | 011702023001 | 雨篷 | 现浇钢筋混凝土矩形雨篷 | $m^2$ | 5.93 | | |
| 2.22 | 011702025001 | 其他现浇构件 | 现浇钢筋混凝土压顶（女儿墙处） | $m^2$ | 15.39 | | |
| 2.23 | 011702025002 | 其他现浇构件 | 现浇钢筋混凝土压顶（弧形栏板处） | $m^2$ | 6.13 | | |
| 2.24 | 011702027001 | 台阶 | 现浇钢筋混凝土台阶 | $m^2$ | 63.02 | | |
| 3 | 垂直运输 | | | | | | |
| 3.1 | 011703001001 | 垂直运输 | 框架结构，檐高10.8m | $m^2$ | 752.32 | | |

## 其他项目清单与计价汇总表

工程名称：××办公楼建筑及装饰装修工程　　　　第　页共　页

| 序号 | 项目名称 | 金额/元 | 结算金额/元 | 备注 |
|---|---|---|---|---|
| 1 | 暂列金额 | 50000 | | 明细详见暂列金额明细表 |

（续）

| 序号 | 项目名称 | 金　额/元 | 结算金额/元 | 备注 |
| --- | --- | --- | --- | --- |
| 2 | 暂估价 | 10000 | | |
| 2.1 | 材料暂估价 | — | | 明细详见材料暂估单价表 |
| 2.2 | 专业工程暂估价 | 10000 | | 明细详见专业工程暂估价表 |
| 3 | 计日工 | | | 明细详见计日工表 |
| 4 | 总承包服务费 | | | 明细详见总承包服务费计价表 |
| 合　计 | | | | — |

注：材料暂估单价进入清单项目综合单价，此处不汇总。

## 暂列金额明细表

工程名称：××办公楼建筑及装饰装修工程　　　　第　页共　页

| 序号 | 项目名称 | 计量单位 | 暂定金额/元 | 备注 |
| --- | --- | --- | --- | --- |
| 1 | 工程量清单中工程量偏差和设计变更 | | 25000 | |
| 2 | 政策性调整和材料价格风险 | | 25000 | |
| 合　计 | | | **50000** | — |

## 材料暂估单价及调整表

工程名称：××办公楼建筑及装饰装修工程　　　　第　页共　页

| 序号 | 材料名称、规格、型号 | 计量单位 | 数量 | | 暂估/元 | | 确认/元 | | 差额±/元 | | 备注 |
| --- | --- | --- | --- | --- | --- | --- | --- | --- | --- | --- | --- |
| | | | 暂估 | 确认 | 单价 | 合价 | 单价 | 合价 | 单价 | 合价 | |
| 1 | 600mm×600mm 芝麻白花岗岩 | $m^2$ | 331 | | 150 | 49650 | | | | | 用于一层地面 |
| 2 | 300mm×300mm 耐磨地砖 | $m^2$ | 10 | | 40 | 400 | | | | | 用于卫生间地面 |
| 3 | 600mm×600mm 全玻磁化砖 | $m^2$ | 302 | | 90 | 27180 | | | | | 用于二层地面 |
| 4 | 350mm×1200mm 芝麻白磨光花岗岩 | $m^2$ | 77 | | 170 | 13090 | | | | | 用于楼梯及台阶面层 |
| 5 | 25mm 厚毛石花岗岩板 | $m^2$ | 82 | | 160 | 4920 | | | | | 用于外墙勒脚 |
| 6 | 5mm 厚内墙釉面砖 | $m^2$ | 38 | | 60 | 2280 | | | | | 用于内墙面 |

注：1. 此表由招标人填写，并在“备注”栏说明暂估价的材料拟用在哪些清单项目上，投标人应将上述材料暂估单价计入工程量清单综合单价报价中。

2. 材料包括原材料、燃料、构配件以及按规定应计入建筑安装工程造价的设备。

## 专业工程暂估价与结算价表

工程名称：××办公楼建筑及装饰装修工程　　　　第　页共　页

| 序号 | 工程名称 | 工程内容 | 暂估金额/元 | 结算金额/元 | 差额±/元 | 备注 |
|---|---|---|---|---|---|---|
| 1 | 塑钢窗 | 制作、安装 | 10000 | | | 用于该办公楼所有采用塑钢窗户的清单项目中 |
| 合　计 | | | **10000** | | | — |

注：此表由招标人填写，投标人应将上述专业工程暂估价计入投标总价中。结算时按合同约定结算金额填写。



## 计日工表

工程名称：　××办公楼建筑及装饰装修工程　　　　第　页共　页

| 编号 | 项目名称 | 单位 | 暂定数量 | 实际数量 | 综合单价/元 | 合价/元 | |
|---|---|---|---|---|---|---|---|
| | | | | | | 暂定 | 实际 |
| 一 | 人　工 | | | | | | |
| 1 | 普工 | 工日 | 50 | | | | |
| 2 | 瓦工 | 工日 | 30 | | | | |
| 3 | 抹灰工 | 工日 | 30 | | | | |
| 人工小计 | | | | | | | |
| 二 | 材　料 | | | | | | |
| 1 | 42.5 级矿渣水泥 | kg | 300 | | | | |
| 材 料 小 计 | | | | | | | |
| 三 | 机械 | | | | | | |
| 1 | 载重汽车 | 台班 | 20 | | | | |
| 机械小计 | | | | | | | |
| 总　计 | | | | | | | |

## 总承包服务费计价表

工程名称：××办公楼建筑及装饰装修工程

| 序号 | 工程名称 | 项目价值/元 | 服务内容 | 费率（%） | 金额/元 |
| --- | --- | --- | --- | --- | --- |
| 1 | 发包人发包专业工程 | 10000 | 1. 按专业工程承包人的要求提供施工工作面并对施工现场进行统一管理，对竣工资料进行统一整理汇总<br>2 为塑钢窗安装后进行补缝和找平并承担相应费用 | | |
| 合　计 | | | | | |

## 规费、税金项目计价表

工程名称：　　　　　　标段：　　　　　　第　页共　页

| 序号 | 项目名称 | 计算基础 | 计算基数 | 费　率（%） | 金　额/元 |
| --- | --- | --- | --- | --- | --- |
| 1 | 规费 | 定额人工费 | | | |
| 1.1 | 社会保险费 | 定额人工费 | | | |
| (1) | 养老保险费 | 定额人工费 | | | |
| (2) | 失业保险费 | 定额人工费 | | | |
| (3) | 医疗保险费 | 定额人工费 | | | |
| (4) | 工伤保险费 | 定额人工费 | | | |
| (5) | 生育保险费 | 定额人工费 | | | |
| 1.2 | 住房公积金 | 定额人工费 | | | |
| 1.3 | 工程排污费 | 按工程所在地环境保护部门收取标准，按实计入 | | | |
| 2 | 税金 | 分部分项工程费+措施项目费+其他项目费+规费-按规定不计税的工程设备费 | | | |
| 合　计 | | | | | |

编制人（造价人员）：　　　　　　　　　　复核人（造价工程师）：

# 任务3 ××办公楼建筑及装饰装修工程招标控制价编制



## 总说明

工程名称：××办公楼建筑及装饰装修工程

1. 工程概况：建筑面积752.32m$^2$，2层，钢筋混凝土独立基础，框架结构。施工工期3个月。施工现场邻近公路，交通运输方便，拟建建筑物东70m处为城市交通道路，西100m处为单位活动场所，南7m处有围墙，北65m处有已建办公楼。施工要防噪声。

2. 招标范围：全部建筑及装饰装修工程。

3. 工程质量应达优良标准。考虑施工中可能发生的设计变更或清单有误，暂列金额5万元。

4. 工期：150天。

5. 招标控制价编制依据：《建设工程工程量清单计价规范》（GB 50500—2013）和《房屋建筑与装饰工程工程量计算规范》（GB 50854—2013），本工程施工图及工程量清单、施工组织设计、某省建设工程计价依据等。工程量清单计价中的人工、材料、机械数量参考工程所在地消耗量定额。在分部分项工程费和单价措施费计价时暂不考虑风险因素。混凝土均采用商品混凝土。

6. 总价措施费按某省建设工程费用定额，各费用项目的计费基础及相应费率见下表：

| 序号 | 工程项目 | 计费基础 | 费率（%） | | |
|---|---|---|---|---|---|
| | | | 安全文明施工费 | 夜间施工费 | 二次搬运费 |
| 1 | 建筑工程 | 直接工程费 | 2.25 | 0.15 | 0.15 |
| 2 | 装饰装修工程 | 直接工程费中的人工费 | 4.69 | 0.44 | 0.90 |

7. 规费费率按某省总承包的费率计算，各费用项目的计费基础及相应费率见下表：

| 序号 | 工程项目 | 计费基础 | 费率（%） | | | | | | |
|---|---|---|---|---|---|---|---|---|---|
| | | | 养老保险费 | 失业保险费 | 医疗保险费 | 工伤保险费 | 生育保险费 | 住房公积金 | 意外伤害保险费 |
| 1 | 建筑工程 | 直接工程费 | 6.58 | 0.32 | 0.96 | 0.16 | 0.10 | 1.36 | 0.16 |
| 2 | 装饰装修工程 | 直接工程费中的人工费 | 32.0 | 2.0 | 6.0 | 1.0 | 0.6 | 0.85 | 0.54 |

8. 企业管理费和利润按某省建设工程费用定额中清单计价费率标准规定，计费基础及相应费率见下表：

| 序号 | 工程项目 | 计费基础 | 费率（%） | |
|---|---|---|---|---|
| | | | 企业管理费 | 利润 |
| 1 | 建筑工程 | 直接费 | 6.39 | 6.20 |
| 2 | 装饰装修工程 | 直接费中的人工费 | 12.00 | 11.50 |

9. 垂直运输机械采用卷扬机，脚手架采用扣件式钢管脚手架。模板采用钢木组合模板。

10. 招标控制总价为**1489317.23**元。

## 1. 单项工程招标控制价/投标报价汇总表

工程名称：××办公楼建筑及装饰装修工程

| 序号 | 单项工程名称 | 金额/元 | 其中 | | |
|---|---|---|---|---|---|
| | | | 暂估价/元 | 安全文明施工费/元 | 规费/元 |
| 1 | ××办公楼建筑 | **991307.85** | **0** | **13352.13** | **67783.39** |
| 2 | ××办公楼装饰装修 | **498009.38** | **111943.10** | **5370.18** | **55290.11** |
| 合计 | | **1489317.23** | **111943.10** | **18722.31** | **123073.5** |

注：本表中暂估价包括分部分项中的暂估价和专业工程暂估价。

## 2. 单位工程招标控制价/投标报价汇总表

### 建筑工程招标控制价/投标报价汇总表

| 序号 | 汇总内容 | 金额/元 | 其中：暂估价/元 |
|---|---|---|---|
| 1 | 分部分项工程费 | 593589.71 | |
| 1.1 | A土石方工程 | 75183.45 | |
| 1.2 | B地基处理与边坡支护工程 | 74571.49 | |
| 1.3 | D砌筑工程 | 55851.20 | |
| 1.4 | E混凝土及钢筋混凝土工程 | 332279.83 | |
| 1.5 | G木结构工程 | 38.29 | |
| 1.6 | J屋面及防水工程 | 29674.97 | |
| 1.7 | K保温、隔热、防腐工程 | 25990.48 | |
| 2 | 措施项目费 | 177237.37 | |
| 2.1 | 单价措施项目费 | 162104.96 | |
| 2.2 | 总价措施项目费 | 15132.41 | |
| 2.2.1 | 其中：安全文明施工费 | 13352.13 | |
| 3 | 其他项目费 | 71008.2 | — |
| 3.1 | 暂列金额 | 50000 | |
| 3.2 | 专业工程暂估价 | | |
| 3.3 | 计日工 | 21008.2 | |
| 3.4 | 总承包服务费 | | |
| 4 | 规费 | 67783.39 | — |
| 4.1 | 工程排污费 | | — |
| 4.2 | 社会保障费 | 57095.55 | — |
| 4.2.1 | 养老保险费 | 46267.08 | — |
| 4.2.2 | 失业保险费 | 2250.07 | — |
| 4.2.3 | 医疗保险费 | 6750.21 | — |
| 4.2.4 | 工伤保险费 | 1125.04 | — |

(续)

| 序号 | 汇总内容 | 金额/元 | 其中：暂估价/元 |
|---|---|---|---|
| 4.2.5 | 生育保险费 | 703.15 | — |
| 4.3 | 住房公积金 | 9562.80 | |
| 4.4 | 危险作业意外伤害保险 | 1125.04 | |
| 5 | 税金 | 81851.11 | |
| | 招标控制价合计 =1 +2 +3 +4 +5 | **991307.85** | |



## 装饰装修工程招标控制价/投标报价汇总表

| 序号 | 汇总内容 | 金额/元 | 其中：暂估价/元 |
|---|---|---|---|
| 1 | 分部分项工程费 | 385309.77 | 111943.10 |
| 1.1 | L 楼地面装饰工程 | 143718.28 | 96614.90 |
| 1.2 | M 墙、柱面装饰与隔断、幕墙工程 | 97629.57 | 15328.20 |
| 1.3 | N 天棚工程 | 19021.47 | |
| 1.4 | H 门窗工程 | 45463.30 | |
| 1.5 | P 油漆、涂料、裱糊工程 | 55813.31 | |
| 1.6 | Q 其他装饰工程 | 23663.84 | |
| 2 | 措施项目费 | 6904.53 | |
| 2.1 | 单价措施项目费 | | |
| 2.2 | 总价措施项目费 | 6904.53 | |
| 2.2.1 | 其中：安全文明施工费 | 5370.18 | |
| 3 | 其他项目费 | 10500 | |
| 3.1 | 暂列金额 | | |
| 3.2 | 专业工程暂估价 | 10000 | |
| 3.3 | 计日工 | | |
| 3.4 | 总承包服务费 | 500 | |
| 4 | 规费 | 55290.11 | — |
| 4.1 | 工程排污费 | | — |
| 4.2 | 社会保障费 | 45419.99 | — |
| 4.2.1 | 养老保险费 | 34938.45 | — |
| 4.2.2 | 失业保险费 | 2183.65 | — |
| 4.2.3 | 医疗保险费 | 6550.96 | — |
| 4.2.4 | 工伤保险费 | 1091.83 | — |
| 4.2.5 | 生育保险费 | 655.10 | — |
| 4.3 | 住房公积金 | 9280.53 | — |
| 4.4 | 危险作业意外伤害保险 | 589.59 | — |
| 5 | 税金 | 41120.04 | — |
| | 招标控制价合计 =1 +2 +3 +4 +5 | **498009.38** | |

## 3. 分部分项工程和单价措施项目清单与计价表

### 建筑工程分部分项工程和单价措施项目清单与计价表

| 序号 | 项目编码 | 项目名称 | 项目特征描述 | 计量单位 | 工程量 | 金额/元 | | |
|---|---|---|---|---|---|---|---|---|
| | | | | | | 综合单价 | 合价 | 其中：暂估价 |
| | | A 土石方工程 | | | | | | |
| 1 | 010101001001 | 平整场地 | 二类土，土方就地挖填找平 | $m^2$ | 362.81 | 6.02 | 2184.12 | |
| 2 | 010101003001 | 挖一般土方 | Ⅱ类土，大面积土方开挖，3∶7灰土填料底面积为600.85$m^2$，挖土深度2.3m，弃土运距3km | $m^3$ | 1452.92 | 19.49 | 28317.41 | |
| 3 | 010103001002 | 基础土方回填 | 回填土夯填，土方运距3km | $m^3$ | 725.25 | 46.78 | 33927.20 | |
| 4 | 010103001003 | 室内土方回填 | 回填土分层夯填，土方运距3km | $m^3$ | 229.9 | 46.78 | 10754.72 | |
| | | 分部小计 | | | | | **75183.45** | |
| | | B 地基处理与边坡支护工程 | | | | | | |
| 5 | 010201001001 | 基底3∶7灰土填料碾压 | 分层碾压，土方运距3km | $m^3$ | 600.85 | 124.11 | 74571.49 | |
| | | 分部小计 | | | | | **74571.49** | |
| | | D 砌筑工程 | | | | | | |
| 6 | 010401001001 | 砖基础 | M7.5水泥砂浆，M10标准砖砌筑 | $m^3$ | 30.45 | 261.47 | 7961.76 | |
| 7 | 010401003001 | 女儿墙 | M7.5混合砂浆砌筑标准砖，厚240mm | $m^3$ | 15.70 | 285.96 | 4489.57 | |
| 8 | 010402001001 | 加气混凝土砌块墙 | M7.5混合砂浆砌筑加气混凝土砌块外墙，厚250mm | $m^3$ | 78.5 | 269.88 | 21185.58 | |
| 9 | | 加气混凝土砌块墙 | M7.5混合砂浆砌筑加气混凝土砌块内墙，厚200mm | $m^3$ | 47.18 | 269.88 | 12732.94 | |
| 10 | | 加气混凝土砌块墙 | M7.5混合砂浆砌筑加气混凝土砌块内墙，厚120mm | $m^3$ | 1.31 | 269.88 | 353.54 | |
| 11 | 010401014001 | 砖地沟 | 地沟净宽1m、净高1m，C15素混凝土垫层，M5混合砂浆砌筑 | m | 57.00 | 139.67 | 7961.19 | |
| 12 | 010401012001 | 零星砌砖 | M5混合砂浆砌筑台阶挡墙 | $m^3$ | 3.60 | 324.06 | 1166.62 | |
| | | 分部小计 | | | | | **55851.20** | |

（续）

| 序号 | 项目编码 | 项目名称 | 项目特征描述 | 计量单位 | 工程量 | 金额/元 | | |
|---|---|---|---|---|---|---|---|---|
| | | | | | | 综合单价 | 合价 | 其中：暂估价 |
| | | E 混凝土及钢筋混凝土工程 | | | | | | |
| 13 | 010501003001 | C20 独立基础 | 商品混凝土 | $m^3$ | 65.92 | 269.54 | 17768.08 | |
| 14 | 010501001001 | C15 素混凝土垫层 | 商品混凝土 | $m^3$ | 19.16 | 251.06 | 4810.31 | |
| 15 | 010502001001 | C25 矩形柱（框架柱） | 商品混凝土 | $m^3$ | 34.98 | 309.18 | 10815.12 | |
| 16 | | C25 矩形柱（TZ） | 商品混凝土 | $m^3$ | 0.72 | 309.18 | 222.61 | |
| 17 | 010502002003 | C20 构造柱 | 商品混凝土 | $m^3$ | 5.38 | 297.29 | 1599.42 | |
| 18 | 010502003001 | C25 圆形柱 | 商品混凝土 | $m^3$ | 6.90 | 308.93 | 2131.62 | |
| 19 | 010503001001 | C20 基础梁 | 商品混凝土 | $m^3$ | 31.46 | 270.66 | 8514.96 | |
| 20 | 010503002001 | C25 矩形梁 | 商品混凝土 | $m^3$ | 58.08 | 296.51 | 17221.30 | |
| 21 | 010503004001 | C20 圈梁 | 商品混凝土 | $m^3$ | 6.49 | 288.33 | 1871.26 | |
| 22 | 010503006001 | C25 弧形梁 | 商品混凝土 | $m^3$ | 1.59 | 309.67 | 492.38 | |
| 23 | 010505003001 | C25 平板 | 商品混凝土 | $m^3$ | 84.13 | 298.43 | 25106.92 | |
| 24 | 010505003002 | C25 雨篷板 | 弧形，商品混凝土 | $m^3$ | 4.51 | 343.43 | 1548.87 | |
| 25 | 010505006001 | C25 栏板（弧形雨篷处） | 商品混凝土 | $m^3$ | 1.92 | 385.11 | 739.41 | |
| 26 | 010505008001 | C25 雨篷板 | 矩形，商品混凝土 | $m^3$ | 0.94 | 343.44 | 322.83 | |
| 27 | 010506001001 | C25 楼梯 | 商品混凝土 | $m^2$ | 20.33 | 78.96 | 1605.26 | |
| 28 | 010507005001 | C25 女儿墙压顶 | 商品混凝土 | m | 85.8 | 6.51 | 558.56 | |
| 29 | | C25 栏板处压顶 | 商品混凝土 | m | 20.24 | 11.6 | 234.78 | |
| 30 | 010507004001 | C15 台阶 | 商品混凝土 | $m^2$ | 63.02 | 45.86 | 2890.10 | |
| 31 | 010507001001 | 细石混凝土散水 | 40mm 厚 C20 细石混凝土撒 1∶1 水泥砂子压实赶光，150mm 厚 3∶7 灰土垫层，素土夯实，向外坡 4%，沥青砂浆嵌缝 | $m^2$ | 70.15 | 49.06 | 3441.56 | |
| 32 | 010510003001 | C20 预制过梁 | 预制构件 | $m^3$ | 2.50 | 790.64 | 1976.60 | |
| 33 | 010512008001 | C20 预制沟盖板 | 预制构件 | $m^3$ | 5.70 | 779.47 | 4442.98 | |

（续）

| 序号 | 项目编码 | 项目名称 | 项目特征描述 | 计量单位 | 工程量 | 金额/元 | | |
|---|---|---|---|---|---|---|---|---|
| | | | | | | 综合单价 | 合价 | 其中：暂估价 |
| | | E 混凝土及钢筋混凝土工程 | | | | | | |
| 34 | 010515001001 | 现浇构件圆钢筋 | Φ4 = 0.037；Φ6.5 = 0.86；Φ8 = 8.76；Φ10 = 3.24；Φ12 = 4.56；Φ20 = 1.35；Φ22 = 1.63 | t | 20.44 | 5370.85 | 109780.17 | |
| 35 | 010515001002 | 现浇构件螺纹钢筋 | Φ12 = 1.06；Φ14 = 0.043；Φ16 = 1.39；Φ18 = 2.09；Φ20 = 10.08；Φ22 = 2.53；Φ25 = 2.06 | t | 19.25 | 5122.7 | 98611.98 | |
| 36 | 010515001003 | 砌体拉结筋 | 圆钢筋Φ6.5 | t | 0.43 | 5556.6 | 2389.34 | |
| 37 | 010516002001 | 预制构件圆钢筋Φ6.5 | 圆钢筋Φ6.5 | t | 0.28 | 5848.46 | 1637.57 | |
| 38 | 010516002002 | 预制构件螺纹钢筋 | 螺纹钢筋 | t | 2.26 | 5108.78 | 11545.84 | |
| | | 分部小计 | | | | | **332279.83** | |
| | | G 木结构工程 | | | | | | |
| 39 | 010702005001 | 其他木构件 | 上人孔木盖板 | $m^3$ | 0.016 | 2393.13 | 38.29 | |
| | | 分部小计 | | | | | **38.29** | |
| | | J 屋面及防水工程 | | | | | | |
| 40 | 010902001001 | 屋面卷材防水 | SBS改性沥青卷材防水层（带砂保护层） | $m^2$ | 363.43 | 63.24 | 22983.31 | |
| 41 | 011101006002 | 屋面找平层 | 20mm厚1∶2水泥砂浆找平层 | $m^2$ | 363.43 | 12.46 | 4528.34 | |
| 42 | 010902004001 | 屋面排水管 | UPVC排水管 | m | 51.52 | 41.99 | 2163.32 | |
| | | 分部小计 | | | | | **29674.97** | |
| | | K 保温、隔热、防腐工程 | | | | | | |
| 43 | 011001001001 | 屋面保温 | 60mm厚屋面外保温聚苯乙烯泡沫塑料板 | $m^2$ | 342.16 | 59.92 | 20502.23 | |
| 44 | 011001001002 | 屋面找坡 | 1∶6水泥焦渣找2%坡，最薄处30mm厚 | $m^2$ | 342.16 | 16.04 | 5488.25 | |
| | | 分部小计 | | | | | **25990.48** | |
| | | 合计 | | | | | **593589.71** | |

装饰装修工程分部分项工程清单与计价表

| 序号 | 项目编码 | 项目名称 | 项目特征描述 | 计量单位 | 工程量 | 金额/元 | | |
|---|---|---|---|---|---|---|---|---|
| | | | | | | 综合单价 | 合价 | 其中：暂估价 |
| | | L 楼地面装饰工程 | | | | | | |
| 1 | 011102001001 | 花岗岩地面（一层地面） | 20mm 厚芝麻白磨光花岗岩（600mm×600mm）铺面<br>撒素水泥面（洒适量水）<br>30mm 厚 1:4 干硬性水泥砂浆结合层<br>刷素水泥浆一道 | $m^2$ | 334.79 | 184.72 | 61842.41 | 50218.5 |
| 2 | 010501001001 | 混凝土垫层（一层地面） | 60mm 厚 C15 混凝土 | $m^3$ | 20.09 | 320.99 | 6448.69 | |
| 3 | 010404001001 | 灰土垫层（一层地面） | 150mm 厚 3:7 灰土垫层 | $m^3$ | 50.22 | 104.95 | 5270.59 | |
| 4 | 011102001002 | 花岗岩台阶平台（正立面） | 20mm 厚芝麻白磨光花岗岩（600mm×600mm）铺面<br>撒素水泥面（洒适量水）<br>30mm 厚 1:4 干硬性水泥砂浆结合层<br>刷素水泥浆一道 | $m^2$ | 36.9 | 184.72 | 6816.17 | 5535 |
| 5 | 010501001002 | 混凝土垫层（平台处） | 60mm 厚 C15 混凝土 | $m^3$ | 2.21 | 320.99 | 709.39 | |
| 6 | 010404001002 | 灰土垫层（平台处） | 150mm 厚 3:7 灰土垫层<br>素土夯实 | $m^3$ | 5.54 | 104.95 | 581.42 | |
| 7 | 011102003001 | 地砖地面（一层卫生间） | 10mm 厚瓷质耐磨地砖（300mm×300mm）铺面，干水泥擦缝<br>素水泥面（洒适量水）<br>20mm 厚 1:4 干硬性水泥砂浆结合层<br>60mm 厚 C20 细石混凝土找坡层，最薄处不小于 30mm 厚 | $m^2$ | 4.92 | 93.09 | 458.00 | 196.8 |
| 8 | 010904003001 | 地面涂膜防水（一层卫生间） | 聚氨酯涂膜防水层 1.5～1.8mm，防水层周边卷起 150mm | $m^2$ | 6.30 | 52.7 | 332.01 | |
| 9 | 011101006001 | 平面找平层（一层卫生间） | 40mm 厚 C20 细石混凝土随打随抹平 | $m^2$ | 6.30 | 18.17 | 114.47 | |
| 10 | 010404001003 | 灰土垫层（一层卫生间） | 150mm 厚 3:7 灰土垫层 | $m^3$ | 0.74 | 104.95 | 77.66 | |

（续）

| 序号 | 项目编码 | 项目名称 | 项目特征描述 | 计量单位 | 工程量 | 金额/元 | | |
|---|---|---|---|---|---|---|---|---|
| | | | | | | 综合单价 | 合价 | 其中：暂估价 |
| | | L　楼地面装饰工程 | | | | | | |
| 11 | 011102003002 | 地砖楼面（+2.270m 卫生间） | 10mm 厚瓷质耐磨地砖（300mm×300mm）铺面，干水泥擦缝<br>撒素水泥面（洒适量水）<br>20mm 厚 1:4 干硬性水泥砂浆结合层<br>60mm 厚 C20 细石混凝土找坡层，最薄处不小于30mm 厚 | $m^2$ | 4.92 | 93.09 | 458 | 196.8 |
| 12 | 010904003002 | 楼面涂膜防水（+2.270m 卫生间） | 聚氨酯涂膜防水层 1.5～1.8mm，防水层周边卷起 150mm | $m^2$ | 6.30 | 52.7 | 332.01 | |
| 13 | 011101006002 | 平面砂浆找平层（+2.270m 卫生间） | 20mm 厚 1:3 水泥砂浆找平层，四周抹八字角 | $m^2$ | 6.30 | 12.07 | 76.04 | |
| 14 | 011102003002 | 全玻磁化砖楼面 | 8mm 厚米黄全玻磁化砖（600mm×600mm）铺面，干水泥擦缝<br>撒素水泥面（洒适量水）<br>20mm 厚 1:4 干硬性水泥砂浆结合层<br>20mm 厚 1:3 水泥砂浆找平层现浇混凝土楼板 | $m^2$ | 303.65 | 120.26 | 36516.95 | 27328.5 |
| 15 | 011101001001 | 水泥砂浆台阶面层（背立面台阶） | 20mm 厚 1:2.5 水泥砂浆抹面压实赶光<br>素水泥浆结合层一道 | $m^2$ | 7.94 | 60.74 | 482.28 | |
| 16 | 010404001004 | 灰土垫层（背立面台阶处） | 150mm 厚 3:7 灰土垫层，素土夯实 | $m^3$ | 1.31 | 104.95 | 137.48 | |
| 17 | 011101001002 | 水泥砂浆面层（背立面台阶平台） | 20mm 厚 1:2.5 水泥砂浆抹面压实赶光<br>素水泥浆结合层一道 | $m^2$ | 1.99 | 12.07 | 24.02 | |
| 18 | 010501001003 | 混凝土垫层（背立面台阶平台处） | 60mm 厚 C15 混凝土 | $m^3$ | 0.12 | 321 | 38.52 | |
| 19 | 010404001004 | 灰土垫层（背立面台阶平台处） | 150mm 厚 3:7 灰土垫层，素土夯实 | $m^3$ | 0.30 | 104.95 | 31.49 | |

（续）

| 序号 | 项目编码 | 项目名称 | 项目特征描述 | 计量单位 | 工程量 | 金额/元 | | |
|---|---|---|---|---|---|---|---|---|
| | | | | | | 综合单价 | 合价 | 其中：暂估价 |
| | | L　楼地面装饰工程 | | | | | | |
| 20 | 011107001001 | 花岗岩台阶（正立面台阶） | 30mm 厚芝麻白机刨花岗岩（350mm × 1200mm）铺面，稀水泥擦缝<br>撒素水泥面（洒适量水）<br>30mm 厚 1:4 干硬性水泥砂浆结合层，向外坡 1%<br>刷素水泥浆结合层一道 | $m^3$ | 55.08 | 204.02 | 11237.42 | 9363.6 |
| 21 | 010404001005 | 灰土垫层（正立面台阶处） | 150mm 厚 3:7 灰土垫层 | $m^3$ | 11.85 | 104.95 | 1243.66 | |
| 22 | 011105002001 | 花岗岩踢脚线（平直部分） | 稀水泥擦缝<br>安装 12mm 厚 120mm 高花岗岩板<br>20mm 厚 1:2 水泥砂浆灌贴<br>刷界面处理剂一道 | $m^2$ | 35.01 | 155.11 | 5430.4 | |
| 23 | 011105002002 | 花岗岩踢脚线（锯齿形部分） | 稀水泥擦缝<br>安装 12mm 厚 120mm 高花岗岩板<br>20mm 厚 1:2 水泥砂浆灌贴<br>刷界面处理剂一道 | $m^2$ | 1.90 | 155.11 | 294.71 | |
| 24 | 011106001001 | 花岗岩楼梯面层 | 18mm 厚芝麻白磨光花岗岩（350mm × 1200mm）铺面<br>Z5 强力黏结剂<br>20mm 厚 1:3 水泥砂浆找平 | $m^2$ | 22.21 | 214.52 | 4764.49 | 3775.7 |
| | | 分部小计 | | | | | **143718.28** | **96614.90** |
| | | M　墙、柱面装饰与隔断、幕墙工程 | | | | | | |
| 25 | 011201001001 | 内墙抹灰 | 2mm 厚麻刀灰抹面<br>9mm 厚 1:3 石灰膏砂浆<br>5mm 厚 1:3:9 水泥石灰膏砂浆打底划出纹理<br>刷加气混凝土界面处理剂一道 | $m^2$ | 1128.84 | 44.91 | 50696.20 | |
| 26 | 011202001001 | 柱面抹灰 | 2mm 厚麻刀灰抹面<br>9mm 厚 1:3 石灰膏砂浆<br>5mm 厚 1:3:9 水泥石灰膏砂浆打底划出纹理<br>刷加气混凝土界面处理剂一道 | $m^2$ | 16.85 | 44.91 | 756.73 | |

（续）

| 序号 | 项目编码 | 项目名称 | 项目特征描述 | 计量单位 | 工程量 | 金额/元 | | |
|---|---|---|---|---|---|---|---|---|
| | | | | | | 综合单价 | 合价 | 其中：暂估价 |
| | | M　墙、柱面装饰与隔断、幕墙工程 | | | | | | |
| 27 | 011201001002 | 外墙抹水泥砂浆 | 6mm 厚 1∶2.5 水泥砂浆找平<br>6mm 厚 1∶1∶6 水泥石灰膏打底扫毛<br>6mm 厚 1∶0.5∶4 水泥石灰膏打底扫毛<br>刷加气混凝土界面处理剂一道 | $m^2$ | 615.71 | 21.48 | 13225.45 | |
| 28 | 011201001003 | 女儿墙内侧抹水泥砂浆 | 8mm 厚 1∶2.5 水泥砂浆抹面<br>10mm 厚 1∶3 水泥砂浆打底扫毛<br>刷素水泥浆结合层一道（内掺建筑胶） | $m^2$ | 41.69 | 19.09 | 795.86 | |
| 29 | 011204001001 | 花岗岩勒脚 | 25mm 厚毛石花岗岩板，稀水泥浆擦缝<br>50mm 宽缝隙用1∶2.5水泥砂浆灌缝，用双股 18 号铜丝将花岗岩石板与横向钢筋绑牢<br>Φ6 双向钢筋网，纵筋与锚固筋焊牢<br>墙内预埋Φ6 锚固钢筋，纵横间距 500mm 左右 | $m^2$ | 81.54 | 246.39 | 20090.64 | 13046.4 |
| 30 | 011203001001 | 零星项目一般抹灰 | 8mm 厚 1∶2.5 水泥砂浆抹面<br>10mm 厚 1∶3 水泥砂浆打底扫毛<br>刷素水泥浆结合层一道（内掺建筑胶） | $m^2$ | 40.39 | 22.08 | 891.81 | |
| 31 | 011203001002 | 台阶挡墙抹面 | 8mm 厚 1∶2.5 水泥砂浆抹面<br>10mm 厚 1∶3 水泥砂浆打底扫毛 | $m^2$ | 12.83 | 19.09 | 244.92 | |
| 32 | 011204003001 | 釉面砖内墙面 | 白水泥擦缝<br>贴 5mm 厚釉面砖<br>8mm 厚 1∶0.1∶2.5 水泥石灰膏砂浆结合层<br>10mm 厚 1∶3 水泥砂浆打底扫毛或划出纹道<br>刷加气混凝土界面处理剂一道（随刷随抹底灰） | $m^2$ | 38.03 | 102.34 | 3891.99 | 2281.8 |

（续）

| 序号 | 项目编码 | 项目名称 | 项目特征描述 | 计量单位 | 工程量 | 金额/元 | | |
|---|---|---|---|---|---|---|---|---|
| | | | | | | 综合单价 | 合价 | 其中：暂估价 |
| | M 墙、柱面装饰与隔断、幕墙工程 | | | | | | | |
| 33 | 011208001001 | 铝塑板圆柱面 | 4mm厚双面铝塑板<br>3mm厚三合板固定在木龙骨上24mm×30mm，木龙骨中距500mm | $m^2$ | 66.92 | 105.14 | 7035.97 | |
| | 分部小计 | | | | | | **97629.57** | **15328.20** |
| | N 天棚工程 | | | | | | | |
| 34 | 011301001001 | 卫生间天棚抹水泥砂浆 | 5mm厚1∶2.5水泥砂浆抹面<br>5mm厚1∶3水泥砂浆打底<br>刷素水泥浆结合层一道（内掺建筑胶） | $m^2$ | 9.84 | 16.21 | 159.51 | |
| 35 | 011301001002 | 背立面雨篷底面抹水泥砂浆 | 5mm厚1∶2.5水泥砂浆抹面<br>5mm厚1∶3水泥砂浆打底<br>刷素水泥浆结合层一道（内掺建筑胶） | $m^2$ | 5.93 | 16.21 | 96.13 | |
| 36 | 011301001003 | 天棚抹混合砂浆 | 5mm厚1∶0.3∶2.5水泥石灰膏砂浆抹面<br>5mm厚1∶0.3∶3水泥石灰膏砂浆打底扫毛<br>刷素水泥浆结合层一道（内掺建筑胶） | $m^2$ | 790.14 | 23.75 | 18765.83 | |
| | 分部小计 | | | | | | **19021.47** | |
| | H 门窗工程 | | | | | | | |
| 37 | 010805006001 | 全玻钢化自由门 | 洞口尺寸8200mm×4000mm | 樘 | 1 | 5010.53 | 5010.53 | |
| 38 | 010802001001 | 全玻平开门制作、安装 | 洞口尺寸1500mm×2400mm<br>刷调和漆二遍，底油一遍，满刮腻子夹板门 | 樘 | 1 | 2161.27 | 2161.27 | |
| 39 | 010801001001 | 夹板门制作、安装 | 洞口尺寸1000mm×2100mm<br>刷调和漆二遍，底油一遍，满刮腻子 | 樘 | 7 | 389.47 | 2726.29 | |

（续）

| 序号 | 项目编码 | 项目名称 | 项目特征描述 | 计量单位 | 工程量 | 金额/元 | | |
|---|---|---|---|---|---|---|---|---|
| | | | | | | 综合单价 | 合价 | 其中：暂估价 |
| | | H 门窗工程 | | | | | | |
| 40 | 010801001002 | 夹板门制作、安装 | 洞口尺寸750mm×2000mm<br>刷调和漆二遍，底油一遍，满刮腻子 | 樘 | 2 | 278.2 | 556.40 | |
| 41 | 010801001003 | 夹板门制作、安装 | 洞口尺寸1500mm×2100mm<br>刷调和漆二遍，底油一遍，满刮腻子 | 樘 | 2 | 584.21 | 1168.42 | |
| 42 | 010807001001 | 钢化全玻窗 | 洞口尺寸7325mm×3700mm<br>不锈钢包边 | 樘 | 2 | 7633.39 | 15266.78 | |
| 43 | 010807001002 | 钢化全玻窗 | 洞口尺寸3560mm×2900mm<br>不锈钢包边 | 樘 | 4 | 2907.74 | 11630.96 | |
| 44 | 010807001003 | 钢化全玻窗 | 洞口尺寸8500mm×2900mm<br>不锈钢包边 | 樘 | 1 | 6942.65 | 6942.65 | |
| | | 分部小计 | | | | | **45463.30** | |
| | | P 油漆、涂料、裱糊工程 | | | | | | |
| 45 | 011407001001 | 内墙涂料 | 白色立邦乳胶漆 | $m^2$ | 1107.98 | 22.83 | 25295.18 | |
| 46 | 011407001002 | 柱面涂料 | 白色立邦乳胶漆 | $m^2$ | 16.71 | 22.83 | 381.49 | |
| 47 | 011407001003 | 外墙涂料 | 晋龙外墙涂料 | $m^2$ | 615.71 | 19.1 | 11760.06 | |
| 48 | 011407002001 | 卫生间天棚涂料 | 白色立邦乳胶漆（抹灰基层上） | $m^2$ | 9.84 | 22.83 | 224.65 | |
| 49 | 011407002002 | 背立面雨篷底面涂料 | 晋龙外墙涂料 | $m^2$ | 5.93 | 19.1 | 113.26 | |
| 50 | 011407002003 | 天棚涂料 | 白色立邦乳胶漆 | $m^2$ | 790.13 | 22.83 | 18038.67 | |
| | | 分部小计 | | | | | **55813.31** | |
| | | Q 其他装饰工程 | | | | | | |
| 51 | 011506001001 | 雨篷铝塑板饰面（平面） | 4mm厚双面铝塑板<br>6mm厚纤维水泥加压板固定在木龙骨上<br>24mm×30mm木龙骨中距500mm<br>混凝土雨篷 | $m^2$ | 56.3 | 171.06 | 9630.68 | |

（续）

| 序号 | 项目编码 | 项目名称 | 项目特征描述 | 计量单位 | 工程量 | 金额/元 | | |
|---|---|---|---|---|---|---|---|---|
| | | | | | | 综合单价 | 合价 | 其中：暂估价 |
| Q 其他装饰工程 | | | | | | | | |
| 52 | 011207001001 | 雨篷铝塑板饰面（立面） | 4mm厚双面铝塑板<br>6mm厚纤维水泥加压板固定在木龙骨上<br>24mm × 30mm 木龙骨中距500mm<br>混凝土雨篷 | $m^2$ | 26.62 | 171.06 | 4553.62 | |
| 53 | 011503001001 | 楼梯不锈钢栏杆扶手 | 楼梯栏杆高900mm | m | 12.51 | 349.93 | 4377.62 | |
| 54 | 011503001002 | 不锈钢防护栏杆 | 栏杆高700mm | m | 22.75 | 224.26 | 5101.92 | |
| 分部小计 | | | | | | | **23663.84** | |
| 合　计 | | | | | | | **385309.77** | **111943.10** |

## 4. 单价措施项目清单与计价表

### 建筑工程单价措施项目清单与计价表

| 序号 | 项目编码 | 项目名称 | 项目特征描述 | 计量单位 | 工程量 | 金额/元 | | |
|---|---|---|---|---|---|---|---|---|
| | | | | | | 综合单价 | 合价 | 其中：暂估价 |
| 1 | 011701200001 | 主体施工外脚手架 | 钢管扣件式双排脚手架，搭设高度10.80m | $m^2$ | 939.60 | 15.09 | 14178.56 | |
| 2 | 011701006001 | 主体施工满堂脚手架 | 钢管扣件式脚手架，一层层高4.80m | $m^2$ | 416.22 | 9.26 | 3854.20 | |
| 3 | 011701006002 | 主体施工满堂脚手架 | 钢管扣件式脚手架，二层层高3.90m | $m^2$ | 362.81 | 9.26 | 3359.62 | |
| 4 | 011701003001 | 砌筑里脚手架 | 承插式钢管支柱，一层层高4.80m | $m^2$ | 335.05 | 7.68 | 2573.18 | |
| 5 | 011701003001 | 砌筑里脚手架 | 承插式钢管支柱，二层层高3.90m | $m^2$ | 374.71 | 7.68 | 2877.77 | |
| 6 | 011701006003 | 室内装饰满堂脚手架 | 钢管扣件式脚手架，一层层高4.80m | m | 331.68 | 9.26 | 3071.36 | |
| 7 | 011701006004 | 室内装饰满堂脚手架 | 钢管扣件式脚手架，二层层高3.90m | m | 329.64 | 9.26 | 3052.47 | |
| 8 | 011701008001 | 室外装饰悬空脚手架 | 手动吊篮脚手架，女儿墙上平距室外设计地坪10.80m | $m^2$ | 939.60 | 11.62 | 10918.15 | |

（续）

| 序号 | 项目编码 | 项目名称 | 项目特征描述 | 计量单位 | 工程量 | 金额/元 | | |
|---|---|---|---|---|---|---|---|---|
| | | | | | | 综合单价 | 合价 | 其中：暂估价 |
| 9 | 011702001001 | 独立基础 | 现浇钢筋混凝土独立基础，截面如图6-10和图6-11所示 | $m^2$ | 100.98 | 40.94 | 4134.12 | |
| 10 | 011702005001 | 基础梁 | 现浇钢筋混凝土基础梁，截面如图6-10和图6-11所示 | $m^2$ | 204.6 | 34.17 | 6991.18 | |
| 11 | 011702002001 | 矩形柱 | 现浇钢筋混凝地下及一层矩形柱，$Z_1$ 截面 450mm × 450mm，支撑高度5.84m | $m^2$ | 173.72 | 45.17 | 7846.93 | |
| 12 | 011702002002 | 矩形柱 | 现浇钢筋混凝土二层矩形柱，$Z_1$ 截面 450mm × 450mm，支撑高度3.82m | $m^2$ | 104.58 | 44.4 | 4643.35 | |
| 13 | 011702002003 | 矩形柱 | 浇钢筋混凝土矩形柱，$TZ_1$ 截面 240mm × 240mm、$TZ_2$ 截面200mm × 200mm | $m^2$ | 13.46 | 44.04 | 592.78 | |
| 14 | 011702004001 | 圆形柱 | 现浇钢筋混凝土一层圆形柱，$Z_2$、$Z_3$ 截面 $D$ = 500mm，支撑高度5.84m | $m^2$ | 39.01 | 79.75 | 3111.05 | |
| 15 | 011702004002 | 圆形柱 | 现浇钢筋混凝土一层圆形柱，$Z_2$ 截面 $D$ = 500mm，支撑高度3.82m | $m^2$ | 10.92 | 77.18 | 842.81 | |
| 16 | 011702003001 | 构造柱 | 现浇钢筋混凝土构造柱（标高4.760m处），$GZ_1$ 截面 240mm × 240mm，$GZ_2$、$GZ_3$ 截面 200mm × 200mm，支撑高度5.84m | $m^2$ | 21.11 | 50.44 | 1064.79 | |
| 17 | 011702003002 | 构造柱 | 现浇钢筋混凝土构造柱（标高8.700m处），$GZ_1$ 截面 240mm × 240mm，$GZ_2$、$GZ_3$ 截面 200mm × 200mm，支撑高度3.82m | $m^2$ | 24.14 | 49.66 | 1198.79 | |
| 18 | 011702003003 | 构造柱 | 现浇钢筋混凝土构造柱（女儿墙处），截面 240mm × 240mm，支撑高度0.84m | $m^2$ | 13.71 | 49.31 | 676.04 | |
| 19 | 011702006001 | 矩形梁 | 现浇钢筋混凝土一层框架梁，截面如图6-14所示，支撑高度3.39m | $m^2$ | 2.74 | 38.31 | 104.97 | |
| 20 | 011702006002 | 矩形梁 | 现浇钢筋混凝土一层框架梁，截面如图6-14所示，支撑高度5.84m | $m^2$ | 266.67 | 57.08 | 15221.52 | |

（续）

| 序号 | 项目编码 | 项目名称 | 项目特征描述 | 计量单位 | 工程量 | 金额/元 | | |
|---|---|---|---|---|---|---|---|---|
| | | | | | | 综合单价 | 合价 | 其中：暂估价 |
| 21 | 011702006003 | 矩形梁 | 现浇钢筋混凝土二层框架梁，截面如图6-15所示，支撑高度3.82m | $m^2$ | 249.59 | 38.31 | 9561.79 | |
| 22 | 011702008001 | 圈梁 | 现浇钢筋混凝土圈梁，截面370mm×180mm | $m^2$ | 34.85 | 36.64 | 1276.90 | |
| 23 | 011702010001 | 弧形梁 | 现浇钢筋混凝土雨篷处弧形梁，$1L_3$ 截面250mm×400mm | $m^2$ | 17.27 | 73.73 | 1273.32 | |
| 24 | 011702016001 | 平板 | 现浇钢筋混凝土平板（标高2.270m处），支撑高度3.39m | $m^2$ | 4.47 | 38.03 | 169.99 | |
| 25 | 011702016002 | 平板 | 现浇钢筋混凝土一层平板（标高4.760m处），支撑高度5.84m | $m^2$ | 330.85 | 50.41 | 16678.15 | |
| 26 | 011702016003 | 平板 | 现浇钢筋混凝土二层平板（标高8.700m处），支撑高度3.82m | $m^2$ | 297.17 | 47.85 | 14219.58 | |
| 27 | 011702021001 | 栏板 | 现浇钢筋混凝土雨篷处弧形栏板 | $m^2$ | 34.07 | 26.23 | 893.66 | |
| 28 | 011702024001 | 楼梯 | 现浇钢筋混凝土直行楼梯 | $m^2$ | 20.33 | 95.73 | 1946.19 | |
| 29 | 011702023001 | 雨篷 | 现浇钢筋混凝土矩形雨篷 | $m^2$ | 5.93 | 69.04 | 409.41 | |
| 30 | 011702025001 | 其他现浇构件 | 现浇钢筋混凝土压顶（女儿墙处） | $m^2$ | 15.39 | 36.64 | 563.89 | |
| 31 | 011702025002 | 其他现浇构件 | 现浇钢筋混凝土压顶（弧形栏板处） | $m^2$ | 6.13 | 73.73 | 451.96 | |
| 32 | 011702027001 | 台阶 | 现浇钢筋混凝土台阶 | $m^2$ | 63.02 | 29.75 | 1874.85 | |
| 33 | 011703001001 | 垂直运输 | 框架结构、檐高10.8m | $m^2$ | 752.32 | 22.40 | 16851.97 | |
| 34 | 011705001002 | 大型机械设备进出场及安拆 | | 台·次 | 1 | 5619.66 | 5619.66 | |
| | | | 合计 | | | | **162104.96** | |

## 装饰装修工程单价措施项目清单与计价表

| 序号 | 项目编码 | 项目名称 | 项目特征描述 | 计量单位 | 工程量 | 金额/元 | | |
|---|---|---|---|---|---|---|---|---|
| | | | | | | 综合单价 | 合价 | 其中：暂估价 |
| | — | — | — | — | — | — | — | |
| | | | 合计 | | | | **0** | |

## 5. 总价措施项目清单与计价表

### 建筑工程总价措施项目清单与计价表

| 序号 | 项目编码 | 项目名称 | 计算基础 | 费率（%） | 金额/元 | 调整费率（%） | 调整后金额/元 | 备注 |
|---|---|---|---|---|---|---|---|---|
| 1 | 011707001001 | 安全文明施工（含环境保护、文明施工、安全施工、临时设施） | 分部分项直接费 | 2.25 | 13352.13 | | | |
| 2 | 011707004001 | 二次搬运 | 分部分项直接费 | 0.15 | 890.14 | | | |
| 3 | 011707002001 | 夜间施工 | 分部分项直接费 | 0.15 | 890.14 | | | |
| 合计 | | | | | **15132.41** | | | |

### 装饰装修工程总价措施项目清单与计价表

| 序号 | 项目编码 | 项目名称 | 计算基础 | 费率（%） | 金额/元 | 调整费率（%） | 调整后金额/元 | 备注 |
|---|---|---|---|---|---|---|---|---|
| 1 | 011707001001 | 安全文明施工（含环境保护、文明施工、安全施工、临时设施） | 分部分项人工费 | 4.69 | 5370.18 | | | |
| 2 | 011707002001 | 夜间施工 | 分部分项人工费 | 0.44 | 503.82 | | | |
| 3 | 011707004001 | 二次搬运 | 分部分项人工费 | 0.9 | 1030.53 | | | |
| 合计 | | | | | **6904.53** | | | |

## 6. 其他项目清单与计价表

### （1）建筑工程其他项目清单与计价汇总表

| 序号 | 项目名称 | 金额/元 | 结算金额/元 | 备注 |
|---|---|---|---|---|
| 1 | 暂列金额 | 50000 | | 明细详见暂列金额明细表 |
| 2 | 暂估价 | 0 | | |
| 2.1 | 材料暂估价 | — | | |
| 2.2 | 专业工程暂估价 | 0 | | |
| 3 | 计日工 | 21008.2 | | 明细详见计日工表 |
| 4 | 总承包服务费 | 0 | | |
| 合计 | | **71008.2** | | — |

暂列金额明细表

| 序号 | 项目名称 | 计量单位 | 暂定金额/元 | 备注 |
|---|---|---|---|---|
| 1 | 工程量清单中工程量偏差和设计变更 | 元 | 25000 | |
| 2 | 政策性调整和材料价格风险 | 元 | 25000 | |
| 合　计 | | | **50000** | — |

注：此表由招标人填写，如不能详列，也可只列暂列金额总额，投标人应将上述暂列金额计入投标总价中。

计日工表

| 编号 | 项目名称 | 单位 | 暂定数量 | 实际数量 | 综合单价/元 | 合价/元 | |
|---|---|---|---|---|---|---|---|
| | | | | | | 暂定 | 实际 |
| 1 | 人工 | | | | | | |
| | 普工 | 工日 | 50 | | 78.81 | 3940.50 | |
| | 瓦工 | 工日 | 30 | | 84.44 | 2533.20 | |
| | 抹灰工 | 工日 | 30 | | 90.07 | 2702.10 | |
| 人工小计 | | | | | | **9175.80** | |
| 2 | 材料 | | | | | | |
| | 42.5级矿渣水泥 | kg | 300 | | 0.41 | 123 | |
| 材料小计 | | | | | | **123** | |
| 3 | 机械 | | | | | | |
| | 载重汽车 | 台班 | 20 | | 585.47 | 11709.40 | |
| 机械小计 | | | | | | 11709.40 | |
| 总　计 | | | | | | **21008.2** | |

注：此表“项目名称”“暂定数量”由招标人填写，编制招标控制价时，单价由招标人按有关计价规定确定；投标时，单价由投标人自主报价，按暂定数量计算合价计入投标总价中。结算时，按发承包双方确认的实际数量计算合价。

（2）装饰装修工程其他项目清单与计价汇总表

| 序号 | 项目名称 | 金额/元 | 结算金额/元 | 备注 |
|---|---|---|---|---|
| 1 | 暂列金额 | 0 | | |
| 2 | 暂估价 | 10000 | | |
| 2.1 | 材料暂估价 | — | | 明细详见材料暂估价表 |
| 2.2 | 专业工程暂估价 | 10000 | | 明细详见专业工程暂估价表 |
| 3 | 计日工 | | | |
| 4 | 总承包服务费 | 500 | | 明细详见总承包服务费计价表 |
| 合　计 | | **10500** | | — |

注：材料暂估单价进入清单项目综合单价，此处不汇总。

## 材料暂估价表

| 序号 | 材料（工程设备）名称、规格、型号 | 计量单位 | 数量 | | 暂估/元 | | 确认/元 | | 差额 ±/元 | | 备注 |
|---|---|---|---|---|---|---|---|---|---|---|---|
| | | | 暂估 | 确认 | 单价 | 合价 | 单价 | 合价 | 单价 | 合价 | |
| 1 | 600mm × 600mm 芝麻白花岗岩 | $m^2$ | 371.69 | | 150 | 55753.5 | | | | | 用于一层地面及正立面台阶平台 |
| 2 | 300mm × 300mm 耐磨地砖 | $m^2$ | 9.84 | | 40 | 393.6 | | | | | 用于卫生间地面 |
| 3 | 600mm × 600mm 全玻磁化砖 | $m^2$ | 303.65 | | 90 | 27328.5 | | | | | 用于二层地面 |
| 4 | 350mm × 1200mm 芝麻白磨光花岗岩 | $m^2$ | 77.29 | | 170 | 13139.3 | | | | | 用于楼梯及台阶面层 |
| 5 | 25mm 厚毛石花岗岩板 | $m^2$ | 38.03 | | 60 | 2281.8 | | | | | 用于外墙勒脚 |
| 6 | 5mm 厚内墙釉面砖 | $m^2$ | 81.54 | | 160 | 13046.40 | | | | | 用于内墙面 |
| | 合计 | | | | | **111943.10** | | | | | |

注：此表由招标人填写暂估单价，并在“备注”栏说明暂估价的材料拟用在哪些清单项目上，投标人应将上述材料、工程设备暂估单价计入工程量清单综合单价报价中。

## 专业工程暂估价表

| 序号 | 工程名称 | 工程内容 | 暂估金额/元 | 结算金额/元 | 差额±/元 | 备注 |
|---|---|---|---|---|---|---|
| 1 | 塑钢窗 | 制作、安装 | 10000 | | | |
| 合　计 | | | **10000** | | | — |

注：此表“暂估金额”由招标人填写，投标人应将“暂估金额”计入投标总价中。结算时按合同约定结算金额填写。

## 总承包服务费计价表

| 序号 | 项目名称 | 项目价值/元 | 服务内容 | 计算基础 | 费率（%） | 金额/元 |
|---|---|---|---|---|---|---|
| 1 | 发包人发包专业工程 | 10000 | 1. 按专业工程承包人的要求提供施工工作面并对施工现场进行统一管理，对竣工资料进行统一整理汇总<br>2. 为塑钢窗安装后进行补缝和找平并承担相应费用 | 项目价值 | 5 | 500 |
| 合　计 | | | | | | **500** |

注：此表“项目名称”“服务内容”由招标人填写，编制招标控制价时，“费率”及“金额”由招标人按有关计价规定确定；投标时，“费率”及“金额”由投标人自主报价，计入投标总价中。

# 7. 规费、税金项目清单与计价表

## 建筑工程规费、税金项目清单与计价表

| 序号 | 项目名称 | 计算基础 | 计算基数 | 计算费率（%） | 金额/元 |
|---|---|---|---|---|---|
| 1 | 规费 | 工程排污费＋社会保障费＋住房公积金＋危险作业意外伤害保险 | 67783.39 | | 67783.39 |
| 1.1 | 工程排污费 | | | | |
| 1.2 | 社会保障费 | 养老保险费＋失业保险费＋医疗保险费＋工伤保险费＋生育保险费 | 57095.55 | | 57095.55 |
| 1.2.1 | 养老保险费 | 分部分项预算价直接费＋技术措施预算价直接费＋组织措施直接费＋计日工直接费－只取税金项预算价直接费－不取费项预算价直接费 | 703147.13 | 6.58 | 46267.08 |
| 1.2.2 | 失业保险费 | 分部分项预算价直接费＋技术措施预算价直接费＋组织措施直接费＋计日工直接费－只取税金项预算价直接费－不取费项预算价直接费 | 703147.13 | 0.32 | 2250.07 |
| 1.2.3 | 医疗保险费 | 分部分项预算价直接费＋技术措施预算价直接费＋组织措施直接费＋计日工直接费－只取税金项预算价直接费－不取费项预算价直接费 | 703147.13 | 0.96 | 6750.21 |
| 1.2.4 | 工伤保险费 | 分部分项预算价直接费＋技术措施预算价直接费＋组织措施直接费＋计日工直接费－只取税金项预算价直接费－不取费项预算价直接费 | 703147.13 | 0.16 | 1125.04 |
| 1.2.5 | 生育保险费 | 分部分项预算价直接费＋技术措施预算价直接费＋组织措施直接费＋计日工直接费－只取税金项预算价直接费－不取费项预算价直接费 | 703147.13 | 0.1 | 703.15 |
| 1.3 | 住房公积金 | 分部分项预算价直接费＋技术措施预算价直接费＋组织措施直接费＋计日工直接费－只取税金项预算价直接费－不取费项预算价直接费 | 703147.13 | 1.36 | 9562.80 |
| 1.4 | 危险作业意外伤害保险 | 分部分项预算价直接费＋技术措施预算价直接费＋组织措施直接费＋计日工直接费－只取税金项预算价直接费－不取费项预算价直接费 | 703147.13 | 0.16 | 1125.04 |
| 2 | 税金 | 分部分项工程费＋措施项目费＋其他项目费＋规费－不取费项市场价直接费 | 909456.74 | 9 | 81851.11 |
| | | 合计 | | | **149635.74** |

## 装饰装修工程规费、税金项目清单与计价表

| 序号 | 项目名称 | 计算基础 | 计算基数 | 计算费率（%） | 金额/元 |
|---|---|---|---|---|---|
| 1 | 规费 | 工程排污费＋社会保障费＋住房公积金＋危险作业意外伤害保险 | 55290.11 | | 55290.11 |

（续）

| 序号 | 项目名称 | 计算基础 | 计算基数 | 计算费率（%） | 金额/元 |
|---|---|---|---|---|---|
| 1.1 | 工程排污费 | | | | |
| 1.2 | 社会保障费 | 养老保险费 + 失业保险费 + 医疗保险费 + 工伤保险费 + 生育保险费 | 45419.99 | | 45419.99 |
| 1.2.1 | 养老保险费 | 分部分项预算价人工费 + 组织措施项目人工费 + 技术措施预算价人工费 + 计日工人工费 − 只取税金项预算价人工费 − 不取费项预算价人工费 | 109182.65 | 32 | 34938.45 |
| 1.2.2 | 失业保险费 | | 109182.65 | 2 | 2183.65 |
| 1.2.3 | 医疗保险费 | | 109182.65 | 6 | 6550.96 |
| 1.2.4 | 工伤保险费 | | 109182.65 | 1 | 1091.83 |
| 1.2.5 | 生育保险费 | | 109182.65 | 0.6 | 655.10 |
| 1.3 | 住房公积金 | | 109182.65 | 8.5 | 9280.53 |
| 1.4 | 危险作业意外伤害保险 | | 109182.65 | 0.54 | 589.59 |
| 2 | 税金 | 分部分项工程费 + 措施项目费 + 其他项目费 + 规费 − 不取费项市场价直接费 | 449874.95 | 3.477 | 41120.04 |
| 合计 | | | | | **96410.15** |

## 8. 综合单价分析表

### 砖基础综合单价分析表

<table>
<tr><td colspan="2">项目编码</td><td colspan="2">010401001001</td><td colspan="2">项目名称</td><td colspan="2">砖基础</td><td>计量单位</td><td>m³</td><td>工程量</td><td>30.45</td></tr>
<tr><td colspan="12">清单综合单价组成明细</td></tr>
<tr><td rowspan="2">定额编号</td><td rowspan="2">定额项目名称</td><td rowspan="2">定额单位</td><td rowspan="2">数量</td><td colspan="4">单价/元</td><td colspan="4">合价/元</td></tr>
<tr><td>人工费</td><td>材料费</td><td>机械费</td><td>企业管理费和利润</td><td>人工费</td><td>材料费</td><td>机械费</td><td>企业管理费和利润</td></tr>
<tr><td>A3-1换</td><td>砖基础换为【水泥砂浆 砂浆标号M7.5】</td><td>10m³</td><td>0.1</td><td>671.46</td><td>1611.48</td><td>39.37</td><td>292.38</td><td>67.15</td><td>161.15</td><td>3.94</td><td>29.24</td></tr>
<tr><td colspan="2">人工单价</td><td colspan="6">小计</td><td>67.15</td><td>161.15</td><td>3.94</td><td>29.24</td></tr>
<tr><td colspan="2">综合工日57元/工日</td><td colspan="6">未计价材料费</td><td colspan="4">0</td></tr>
<tr><td colspan="8">清单项目综合单价/元</td><td colspan="4">261.47</td></tr>
</table>

（续）

| | 主要材料名称、规格、型号 | 单位 | 数量 | 单价/元 | 合价/元 | 暂估单价/元 | 暂估合价/元 |
|---|---|---|---|---|---|---|---|
| 材料费明细 | 机红砖 240mm×115mm×53mm | 块 | 518.55 | 0.23 | 119.27 | | |
| | 矿渣硅酸盐水泥 32.5 级 | t | 0.06776 | 340 | 23.04 | | |
| | 中（粗）砂 | $m^3$ | 0.28556 | 61 | 17.42 | | |
| | 其他材料费 | | | — | 1.42 | — | 0 |
| | 材料费小计 | | | **—** | **161.15** | **—** | **0** |

## 矩形梁综合单价分析表

| 项目编码 | 010503002001 | | 项目名称 | C25 矩形梁 | | 计量单位 | $m^3$ | 工程量 | 58.08 | | |
|---|---|---|---|---|---|---|---|---|---|---|---|
| 清单综合单价组成明细 | | | | | | | | | | | |
| 定额编号 | 定额项目名称 | 定额单位 | 数量 | 单价/元 | | | | 合价/元 | | | |
| | | | | 人工费 | 材料费 | 机械费 | 企业管理费和利润 | 人工费 | 材料费 | 机械费 | 企业管理费和利润 |
| A4-198 换 | 泵送预拌混凝土单梁、连续梁换为【预拌混凝土 粗集料粒径 5～31.5mm（*T*=190±30mm）碎石混凝土强度等级 C25（32.5 级）中（粗）砂】 | $10m^3$ | 0.1 | 107.73 | 2511.03 | 14.78 | 331.56 | 10.77 | 251.1 | 1.48 | 33.16 |
| 人工单价 | | 小计 | | | | | | **10.77** | **251.1** | **1.48** | **33.16** |
| 综合工日 57 元/工日 | | 未计价材料费 | | | | | | 0 | | | |
| 清单项目综合单价/元 | | | | | | | | 296.51 | | | |

| | 主要材料名称、规格、型号 | 单位 | 数量 | 单价/元 | 合价/元 | 暂估单价/元 | 暂估合价/元 |
|---|---|---|---|---|---|---|---|
| 材料费明细 | 预拌混凝土 粗集料粒径 5～31.5mm（*T*=190±30mm）碎石混凝土强度等级 C25（32.5 级）中（粗）砂 | $m^3$ | 1.02 | 242.63 | 247.48 | | |
| | 其他材料费 | | | — | 3.62 | — | 0 |
| | 材料费小计 | | | **—** | **251.1** | **—** | **0** |

花岗岩地面综合单价分析表

| 项目编码 | | 011102001001 | | 项目名称 | | 花岗岩地面（一层地面） | | 计量单位 | m² | 工程量 | 334.79 |
|---|---|---|---|---|---|---|---|---|---|---|---|
| 清单综合单价组成明细 | | | | | | | | | | | |
| 定额编号 | 定额项目名称 | | 定额单位 | 数量 | 单价/元 | | | | 合价/元 | | |
| | | | | | 人工费 | 材料费 | 机械费 | 企业管理费和利润 | 人工费 | 材料费 | 机械费 | 企业管理费和利润 |
| B1-29换 | 花岗岩楼地面普通干硬性水泥砂浆30mm | | $100m^3$ | 0.01 | 2017.26 | 15680.32 | 0 | 474.05 | 20.17 | 156.8 | 0 | 4.74 |
| 人工单价 | | 小计 | | | | | | | **20.17** | **156.8** | **0** | **4.74** |
| 综合工日63元/工日 | | 未计价材料费 | | | | | | | 0 | | | |
| 清单项目综合单价/元 | | | | | | | | | 181.72 | | | |

| 材料费明细 | 主要材料名称、规格、型号 | 单位 | 数量 | 单价/元 | 合价/元 | 暂估单价/元 | 暂估合价/元 |
|---|---|---|---|---|---|---|---|
| | 花岗岩饰面板济南青600mm×600mm×20mm | m² | 1 | | | 150 | 150 |
| | 矿渣硅酸盐水泥32.5级 | t | 0.0121849 | 340 | 4.14 | | |
| | 中（粗）砂 | m³ | 0.040299 | 61 | 2.46 | | |
| | 其他材料费 | | | — | 0.19 | — | 0 |
| | 材料费小计 | | | **—** | **6.79** | **—** | **150** |

## 9. 主要材料价格表

工程名称：××办公楼工程

| 序号 | 材料编码 | 材料名称 | 规格、型号等特殊要求 | 单位 | 单价/元 |
|---|---|---|---|---|---|
| 1 | | 圆钢 | HRB235，10mm以内 | t | 3530 |
| 2 | | 圆钢 | HRB235，11~20mm | | 3700 |
| 3 | | 圆钢 | HRB235，20mm以上 | | 3640 |
| 4 | | 螺纹钢 | HRB335，20mm以上 | t | 3660 |
| 5 | | 机红砖 | 240mm×115mm×53mm | 块 | 0.23 |
| 6 | | 矿渣硅酸盐水泥 | 32.5级 | t | 340 |
| 7 | | 碎石 | | m³ | 79 |
| 8 | | 中（粗）砂 | | m³ | 61 |
| 9 | | 生石灰粉 | | t | 200 |
| 10 | | 加气混凝土砌块 | | m³ | 155 |
| 11 | | 工程用水 | | m³ | 5.6 |
| 12 | | 水泥砂浆 | M7.5 | m³ | 168.41 |
| 13 | | 混合砂浆 | M7.5 | | 176.64 |

（续）

| 序号 | 材料编码 | 材料名称 | 规格、型号等特殊要求 | 单位 | 单价/元 |
|---|---|---|---|---|---|
| 14 | | 混合砂浆 | M5 | | 153.83 |
| 15 | | 双面铝塑板 | 4mm 厚 | $m^2$ | 73.9 |
| 16 | | 白色立邦内墙乳胶漆 | | kg | 35 |
| 17 | | 晋龙外墙涂料 | | kg | 15 |
| 18 | | 白色硅酸盐水泥 | 白度 80% | t | 600 |
| 19 | | 电 | | kW · h | 0.68 |
| 20 | | 柴油 | | L | 5.63 |
| 21 | | 汽油 | | L | 5.34 |

# 参 考 文 献

[1] 刘富勤，陈友华，宋会莲．工程量清单的编制与投标报价［M］．2 版．北京：北京大学出版社，2016.
[2] 王朝霞．建筑工程定额与计价［M］．6 版．北京：中国电力出版社，2022.
[3] 规范编制组．2013 建设工程计价计量规范辅导［M］．北京：中国计划出版社，2013.